U0173603

EGA 4

ÉLÉMENTS DE GÉOMÉTRIE ALGÉBRIQUE

IV. ÉTUDE LOCALE DES SCHÉMAS ET DES MORPHISMES DE SCHÉMAS

(Seconde Partie)

代数几何学原理

IV. 概形与态射的局部性质

（第二部分）

[法] Alexander Grothendieck 著

（在 Jean Dieudonné 的协助下）

周健 译

高等教育出版社·北京

International Press

Éléments de géométrie algébrique (rédigés avec la collaboration de Jean Dieudonné):
IV. Étude locale des schémas et des morphismes de schémas (Seconde Partie)

图书在版编目（C I P）数据

代数几何学原理．Ⅳ, 概形与态射的局部性质．第二部分 /（法）格罗滕迪克著；周健译．-- 北京：高等教育出版社，2023. 6
ISBN 978-7-04-060292-0

Ⅰ．①代… Ⅱ．①格… ②周… Ⅲ．①代数几何 Ⅳ．① O187

中国国家版本馆 CIP 数据核字（2023）第 055207 号

DAISHUJIHEXUE YUANLI

策划编辑 李 鹏　　责任编辑 李 鹏　　封面设计 于 博　　版式设计 张 杰
责任校对 吕红颖　　责任印制 赵 振

出版发行 高等教育出版社
社 址 北京市西城区德外大街4号
邮政编码 100120
印 刷 北京利丰雅高长城印刷有限公司
开 本 787 mm × 1092 mm 1/16
印 张 17
字 数 320 千字
购书热线 010-58581118
咨询电话 400-810-0598

网 址 http://www.hep.edu.cn
http://www.hep.com.cn
网上订购 http://www.hepmall.com.cn
http://www.hepmall.com
http://www.hepmall.cn

版 次 2023 年 6 月第 1 版
印 次 2023 年 6 月第 1 次印刷
定 价 89.00 元

物 料 号 60292-00

Alexander Grothendieck
(1928.3.28—2014.11.13)

谨以此译本纪念

已故伟大数学家

Alexander Grothendieck

译者前言

这部书的全名是 *Éléments de Géométrie Algébrique*, 通常缩写成 EGA, 是 A. Grothendieck 在 20 世纪 50—60 年代写成的 (在 J. Dieudonné 的协助下). 它对现代数学许多领域的发展产生了深远的影响, 至今仍然是对于概形基本概念与方法的最完整最详尽的理论阐述. 由于丘成桐教授的大力推动和支持, EGA 中译本终于得以出版.

为了方便初次接触这本书的读者, 译者将从以下三个方面做出简要的介绍, 以便读者能够获得一个概略的了解. 这三个方面就是: 一、EGA 的成书背景, 二、EGA 的重要影响, 三、EGA 的翻译经过.

在开始之前, 有必要先厘清一个概念, 即 EGA 有狭义和广义之分. 狭义的 EGA 是指已经完成的第一章到第四章, 发表在 Publications Mathématiques de l'I.H.E.S., Tome 4, 8, 11, 17, 20, 24, 28, 32 (1960—1967) 中①, 广义的 EGA 是指 Grothendieck 关于这本书的写作计划, 在引言中可以看到一个简略的列表, 共包含 13 章, 涉及非常广泛的主题, 并归结到 Weil 猜想的证明上. 后面的各章内容虽然并没有正式写出来, 但大都以草稿的形式出现在了 SGA, FGA② 等多部作品之中, 应该被看成是前四章的自然延续.

本次中译本的范围只是 EGA 的前四章, 但对于下面要谈论的 EGA 来说, 我们不得不作广义的理解, 因为计划中的 13 章内容原本就是一个有机的整体, 各章相互照应, 具有前后贯通的理论构思, 而且说到 EGA 对后来的影响也必须整体地来谈.

①新版 EGA 第一章由 Springer-Verlag 于 1971 年出版.

②SGA 的全称是 *Séminaire de Géométrie Algébrique du Bois-Marie*, FGA 的全称是 *Fondements de la Géométrie Algébrique*.

(一) EGA 的成书背景

代数几何考察由代数方程所定义的几何图形的性质, 已经有漫长而繁复的历史. 特别是其中的代数曲线理论, 这已经被许多代的数学家使用直观几何语言、函数论语言、抽象代数语言等进行过详细的讨论, 并积累了丰富的知识和研究课题.

20 世纪初, 意大利学派的几位数学家 (Castelnuovo, Enriques 等) 进而完成了代数曲面的初步分类. 但在这一阶段, 传统方法开始受到质疑, 仅使用坐标和方程的语言在陈述精细结果时越来越难以满足数学严密性的要求. O. Zariski 意识到了问题的严重性, 开始着手建立代数几何所需的交换代数基础. 他所引入的 Zariski 拓扑、形式全纯函数等概念使代数几何逐步具有了独立于解析语言的另一种陈述和证明方式. J.-P. Serre 的著名文章 FAC 和 GAGA 等① 进而阐明, 借助层上同调的语言, 在 Zariski 拓扑上也可以建立起丰富而且有意义的整体理论. Grothendieck 在 EGA 中继续发展了 Serre 的理论, 把代数闭域上的结果推广为任意环上 (甚至任意概形上) 的相对理论, 使数论和代数几何重新统一在以交换代数和同调代数为基础的完整而严密的体系之下 (此前代数整数环和仿射代数曲线曾被统一在 Dedekind 整环的语言之下), 可以说完成了 Zariski 以来为代数几何建立公理化基础的目标.

Grothendieck 在扉页上把 EGA 题献给了 O. Zariski 和 A. Weil, 这确认了 Zariski 对于 EGA 成书的重大影响. 我们再来看 A. Weil 对于 EGA 的关键影响, 这就要说到 Weil 的著名猜想, 揭示了有限域 (比如 $\mathbb{F} = \mathbb{Z}/p\mathbb{Z}$) 上的代数方程组在基域的所有有限扩张中的有理解个数所具有的神秘规律. Weil 把这种规律用 Zeta 函数② 的语言做出了表达, 列举了 Zeta 函数所应具有的一些性质. 其中还特别指出, 这种 Zeta 函数的某些信息与另一个代数方程组 (前述方程组是这个方程组通过模 p 约化的方式而得到的) 在复数域上所定义出的复流形的几何或拓扑性质会有密切的关联. Weil 还预测到, 为了证明他的这一系列猜想, 有必要对于有限域上的代数几何对象发展出一套上同调理论, 并要求这种上同调具有与复几何中的上同调十分相似的性质. 在此基础上, 上述猜想便可以借助某种 Lefschetz 不动点定理而得以建立.

Weil 的这个思路深刻地影响了代数几何语言的发展. 上面提到的 FAC 就是朝向实现这一目标所迈出的重要一步③. 但是仅靠凝聚层上同调理论被证明是不够的. Grothendieck 在 Serre 工作的基础上完成了一次思想突破, 他意识到层上同调这个

①FAC 的全称是 *Faisceaux Algébriques Cohérents*, 发表在 The Annals of Mathematics, 2nd Ser., Vol. 61, No. 2 (1955), pp. 197–278, 中译名 “代数性凝聚层”; GAGA 的全称是 *Géométrie Algébrique et Géométrie Analytique*, 发表在 Annales de l'institut Fourier, Tome 6 (1956), pp. 1–42, 中译名 “代数几何与解析几何”.

②算术概形都可以定义出 Zeta 函数, 通常就称为 Hasse-Weil Zeta 函数, Riemann Zeta 函数也包含在其中.

③Weil 也以自己的方式为代数几何建立了一套基础理论, 并写出了 *Foundations of Algebraic Geometry* (1946) 及 *Variétés Abéliennes et Courbes Algébriques* (1948) 等书, 他在这个基础上证明了对于曲线的上述猜想.

理论格式可以扩展到更广泛的"拓扑"上, 这种"拓扑"已经不是传统意义下由开集公理所定义的拓扑, 而是要把非分歧的覆叠映射也当作"开集"来使用. 基于这个想法定义出的上同调 (即平展上同调) 后来被证明确实能够满足 Weil 的要求①, 但为了要把该想法贯彻到有限域、代数数域、复数域等各种不同的环境里 (比如为了实现 Weil 猜想中有限域上的几何与复几何的联系), 就必须尽可能地把古典代数几何中的各种几何概念 (如平滑、非分歧等) 推广到更一般的语言背景下.

EGA 和很大部分的 SGA (如前所述, 它们原本就应该是 EGA 的组成部分) 都在致力于完成这种理论构建和语言准备的工作. 最终, Weil 猜想的证明是由 Deligne②完成的, 阅读他的文章就会发现, EGA-SGA 的体系在证明中起到了多么实质的作用.

(二) EGA 的重要影响

EGA-SGA 的出现对于后来的数学发展产生了多方面的深远影响.

首先, 概形已经成为数论和代数几何的基础语言, 它的作用完全类似于流形之于微分几何, 充分印证了这个理论体系的包容性、灵活性、方便性以及严密性.

其次, 在概形理论和方法的基础上, 不仅 Weil 猜想得以圆满解决, 而且很多困难的猜想都陆续获得解决, 比如说 Mordell 猜想、Taniyama-Shimura 猜想、Fermat 大定理等. 以 Mordell 猜想为例, Faltings 最早给出的证明中就使用了 Abel 概形的参模空间、p 可除群、半稳定约化定理等关键工具, 这些都是建立在 EGA-SGA 的体系之上的③. 再看 Fermat 大定理的证明, 它是建立在自守表示的某些结果、模曲线的算术理论、Galois 表示的形变理论等基础上的, 后面的两个理论都离不开 EGA-SGA 的体系.

EGA-SGA 的体系不仅为解决数论中的许多重大猜想奠定了基础, 而且也催生了很多新的观念和理论体系. 试举几个典型的例子如下:

(1) 恒机理论

这是 Grothendieck 为了解决 Weil 猜想中与 Riemann 假设④ 相关的部分而提出的理论设想 (基于 Serre 的结果). 与 Deligne 证明中的独特技巧不同, 该理论试图建立一个良好的"恒机"范畴, 使 Riemann 假设成为一个代数演算的自然结果. 这个思路并没有取得成功, 因为其中涉及的"标准猜想"看起来是极为困难的问题. 但"恒机"的想法本身不仅没有就此消亡, 反而日益显示出强劲的生命力. 它首先在 Deligne 的 Theorie de Hodgc I, II, III 中得到了侧面的印证, 后来又在关于 L 函数特殊值的一系列猜想中扮演了关键角色 (以恒机式上同调的形式) , 并因此促成了

①参考: Grothendieck, *Formule de Lefschetz et rationalité des fonctions L*, Séminaire Bourbaki 1964/65, 279.

②参考: Deligne, *La conjecture de Weil, I*, Publications Mathématiques de l'I.H.E.S., Tome 43, n° 2 (1974), p. 273–307, 中译名"Weil 猜想 I".

③对于 Mordell 猜想本身, 后来也有一些较为"初等"的证明.

④这并不是原始的 Riemann 假设, 只是与它具有类似的形状.

概形同伦理论的发展. 另外值得一提的是, Grothendieck 在构造恒机范畴时所引入的 Tannaka 范畴概念也被证明具有非常普遍的意义.

(2) 代数叠形理论

这起源于 Grothendieck 使用函子语言来重新解释参模理论的工作 (FGA). Hilbert 概形和 Picard 概形的构造是第一批重要的结果, 但后来发现许多在代数几何中很平常的参模函子并不能在概形范畴中得到表识. 代数叠形的概念就是对于概形的一种推广, 目的是把那些有重要意义但又不可表识的参模函子也纳入几何框架之中. 这一理论无论从技术上还是从结果上都是 EGA-SGA 体系的自然延伸, 它的应用范围已经超出数论和代数几何中的问题, 扩展到数学物理等领域.

(3) 导出范畴与转三角范畴

这个理论最初是 Grothendieck 为了恰当表述上同调对偶定理所构思的概念框架. 现在它的应用范围已经扩展到了多个数学分支 (如有限群的模表示、双有理几何、同调镜像对称等), 并被发掘出一些新的意义. Voevodsky 构造恒机范畴的 "导出" 范畴时就使用了这套语言.

(4) p 进刚式解析几何

这个理论最初是 Tate 把 Grothendieck 拓扑的考虑方法引入 p 进解析函数中而定义出来的几何理论, Raynaud 又使用形式概形的语言对它做出了重新的解释. 后来该理论被应用到稳定约化、曲线基本群、p 进合一化理论、p 进 Langlands 对应等诸多问题之中.

限于译者的理解程度, 只能先说到这里, 还有很多话题未能触及.

(三) EGA 的翻译经过

EGA 的中文翻译开始于 2000 年, 到了 2007 年中, 前四章的译稿已大致完成. 在随后的校订工作中, 译者逐渐意识到两个更大的问题.

第一, 我们知道 Grothendieck 写作 EGA 的一个主要动机是要给出 Weil 猜想的详细证明 (除了 Riemann 假设的部分). 但是前四章只是陈述了一些最基础的理论, 尚未深入探讨那些比较核心的话题. 如果不结合后面的内容 (比如 SGA) 来阅读的话, 就看不到这四章理论的许多实际用途, 也不能更充分地理解作者的思维脉络, 而且与后来的那些广泛应用相脱节.

第二, EGA-SGA 体系是建立在一系列预备知识和先行工作的基础上的. 首先, EGA 中大量使用了 Bourbaki 的《数学原理》(特别是《代数学》《交换代数》《一般拓扑学》等卷) 中的结果, 作者 Grothendieck 和协助者 Dieudonné 都是 Bourbaki 学派的成员. 另外, 正如作者在引言中所指出的, 阅读 EGA 还需要准备两本参考书:

R. Godement, *Topologie algébrique et théorie des faisceaux.*①

① 中译名 "代数拓扑与层理论".

A. Grothendieck, *Sur quelques points d'algèbre homologique.*①

最后, 作者还告诉我们, EGA 的前三章完全是脱胎于 Serre 的 FAC. 所以仅从译稿的校订工作来说, 译者也必须对上面提到的这些书籍和论文做出系统的梳理和把握.

这两个问题迫使译者持续对相关的著作加深了解, 并翻译其中的某些部分, 借此来检验 EGA 译稿的准确性和适用性, 提高译文的质量. 这些工作仍在进行中.

由于理解上的不足, 译文中一定还有译者未曾注意到的错漏之处, 敬请读者指正. 译者将另外准备 "勘误与补充" 一文, 报告可能的错误, 并介绍某些背景信息, 以及与其他文献的联系等, 此文将放置在下面的网址中:

http://www.math.pku.edu.cn/teachers/zhjn/ega/index.html

EGA 中译本的出版工作几经波折. 最终能够达成, 与丘成桐教授的运筹和指导是分不开的, 感谢丘成桐教授的关心和鼓励.

在翻译工作的最初几年里, 译者得到了赵春来教授的莫大支持和帮助. 赵老师曾专门组织讨论班, 以早期译稿为素材进行讨论, 初稿得以完成, 完全是得益于赵老师的无私关怀, 译者衷心感谢赵老师长期以来所给予的工作和生活上的多方支持.

巴黎南大学的 Luc Illusie 教授和 J.-M. Fontaine 教授十分关心此译本的出版, 并为此做了许多工作. Illusie 教授热心于中法数学交流, 培养了许多中国学生, 也给予译者很多指导, 他还专门与法文版权所有者 Johanna Grothendieck 女士及法国高等科学研究所 (IHES) 进行联络, 为中文版获得授权创造了良好的条件, 并为此版写了序言. 诚挚感谢 Illusie 教授为此付出的热情和心力. 东京大学的加藤和也教授和巴黎南大学的 Michel Raynaud 教授也给予译者很大鼓励, 在此一并致谢.

译者还要感谢首都师范大学李克正教授、华东师范大学陈志杰教授、台湾大学康明昌教授、中科院晨兴数学中心田野教授、信息工程研究所刘石柱老师以及众多师友对于此项工作给予的热情鼓励. 同时感谢译者所在单位的历任领导对此项工作的理解和包容.

最后, 感谢高等教育出版社王丽萍和李鹏编辑在出版工作上的坚持不懈和精心筹备, 感谢波士顿国际出版社 (International Press of Boston) 秦立新先生的大力协助.

① 中译名 "同调代数中的几个关键问题".

译本序[①]

A. Grothendieck 的 *Éléments de Géométrie Algébrique* (在 J. Dieudonné 的协助下完成) 第一本于 1960 年问世, 最后一本于 1967 年问世, 由法国高等科学研究所 (IHES) 出版. 在这部后来以 EGA 的略称而名世的经典著作中, 作者引入并以极为详尽的形式发展了一套新的语言, 即*概形语言*. 由于这种语言具有清晰准确、表达力强、操作灵活等诸多特性, 它很快就成为在代数几何中被普遍采用的语言.

EGA 并无任何老旧. 时至今日, 它所阐发的那些语言和方法仍然被全世界的数论和代数几何专家们所广泛使用. 尽管从那以后, 某些比概形更一般的几何对象 (比如说代数空间、代数叠形等) 也被定义出来, 并在最近 20 年间被越来越多地应用在诸如参模问题、自守形式理论等课题中, 但对于它们的考察仍然要基于概形的语言.

虽然陆续出现了一些十分优秀的介绍和解释 EGA 的教科书, 但说到对于 EGA 的最佳介绍和解释, 仍然非 EGA 本身莫属. 某些人曾说 EGA 很难懂. 情况恰恰相反, EGA 所具有的清晰性和确切性、始终致力于把问题纳入恰当视野的坚持以及寻求对主要结果做出最佳陈述的努力, 再加上尽量引出众多推论的编排方式等, 都使得阅读 EGA 成为愉快的体验. 而且只要你需要用到一个关于概形的技术性引理, 查遍群书后通常都会在 EGA 中找到它, 甚至可能比你所需要的形式更好, 还饶上一个完整的证明. 即使是初学者也会很快发现, 参考 EGA 远比参考其他教科书获益更多.

然而, EGA 是用法文书写的, 这就带来一些问题. 在 20 世纪 60 年代时, 法文曾经是很通用的数学语言, 但在今天, 掌握法文的数学工作者已逐年减少, 尤其是在

①原文为英文.

亚洲. 我曾在中国多次讲授代数几何课程, 深切体会到中国的青年学生们对于阅读 EGA 的渴望, 以及面对语言障碍时的无奈. 由此可以理解, EGA 的中译本肯定会是非常有用的. 很高兴周健先生成功地完成了这个翻译, 他一定是克服了不少的困难, 其中就包括给众多的法文技术词汇寻找和遴选出恰当的中文表达. 书后附有法中英三语的索引, 从中读者可以查到同一个数学概念在三种语言下的表达方式.

目前出版的这一本是 EGA 的第四章第二部分 (基于最初的版本), 后续各卷都已经翻译出来, 将会陆续推出.

Luc Illusie

引言

献给 Oscar Zariski 和 André Weil

这部书的目的是探讨代数几何学的基础. 原则上我们不假设读者对这个领域有多少了解, 甚至可以说, 尽管具有一些这方面的知识也不无好处, 但有时 (比如习惯于从双有理的视角来考虑问题的话) 对于领会这里将要探讨的理论和方法来说或许是有害的. 不过反过来, 我们要假设读者对于下面一些主题有足够的了解:

a) *交换代数*, 比如 N. Bourbaki 所著《数学原理》丛书的某些卷本 (以及 Samuel-Zariski [13] 和 Samuel [11], [12] 中的一些内容).

b) *同调代数*, 这方面的内容可参考 Cartan-Eilenberg [2](标记为 (M)) 和 Godement [4](标记为 (G)), 以及 A. Grothendieck [6](标记为 (T)).

c) *层的理论*, 主要参考书是 (G) 和 (T). 正是借助这个理论, 我们才得以用 "几何化" 的语言来表达交换代数中的一些重要概念, 并把它们 "整体化".

d) 最后, 读者需要对*函子式语言*相当熟悉, 我们的讨论将严重依赖这种语言, 读者可以参考 (M), (G) 特别是 (T). 本书作者将在另外一篇文章中详细探讨函子理论的基本原理和主要结果.

***

在一篇简短的引言中, 我们没有办法对代数几何学中的 "概形论" 视角做出一个完整的概括, 也没有办法详细论证采取这种视角的必要性, 特别是在结构层中系统地引入幂零元的必要性 (正是因为这个缘故, 有理映射的概念才不得不退居次要的位置, 更为恰当的概念则是 "态射"). 第一章的主要任务是系统地介绍 "概形" 的语言,并希望也能同时说明它的必要性. 对于第一章中所出现的若干概念, 我们不打算在这里给出 “直观” 的解释. 读者如果需要了解其背景的话, 可以参考 A. Grothendieck 于 1958 年在 Edinburgh 国际数学家大会上的报告 [7] 及其文章 [8]. 另外 J.-P. Serre 的工作 [14] (标记为 (FAC)) 可以看作是代数几何学从经典视角转向概形论视角的一个中间环节, 阅读他的文章可以为阅读我们的《代数几何学原理》打下良好的基础.

***

下面是一个非正式的目录, 列出了本书将要讨论的各个主题, 后面的章节以后会有变化:

第一章 — 概形语言.

第二章 — 几类态射的一些基本的整体性质.

第三章 — 代数凝聚层的上同调及其应用.

第四章 — 态射的局部性质.

第五章 — 构造概形的一些基本手段.

第六章 — 下降理论. 构造概形的一般方法.

第七章 — 群概形、主纤维化空间.

第八章 — 纤维化空间的微分性质.

第九章 — 基本群.

第十章 — 留数与对偶.

第十一章 — 相交理论、Chern 示性类、Riemann-Roch 定理.

第十二章 — Abel 概形和 Picard 概形.

第十三章 — Weil 上同调.

原则上所有的章节都是开放的, 以后随时会追加新的内容. 为了减少出版上的麻烦, 追加的内容将出现在其他分册里. 如果有些小节在文章交印时还没有写好, 那么虽然在概述中仍然会提到它们, 但完整的内容将会出现在后面的分册里. 为了方便读者, 我们在 “第零章” 里包含了关于交换代数、同调代数和层理论的许多预备知识, 它们都是正文所需要的. 这些结果基本上都是熟知的, 但是有时可能没办法找到适当的参考文献. 建议读者在正文需要它们而自己又不十分熟悉的时候再去查阅. 我们觉得对于初学者来说, 这是熟悉交换代数和同调代数的一个好方法, 因为如果不了解其应用的话, 单纯学习这些理论将是非常枯燥乏味和令人疲倦的.

***

我们没办法给这本书所提到的诸多概念和结果提供一个历史回顾或综述. 参考文献也只包含了一些对于理解正文来说特别有用的资料, 我们也只对那些最重要的结果给出了来源. 至少从形式上来说, 这本书所要处理的很多主题都是非常新的, 这也解释了为什么这本书很少引用 19 世纪和 20 世纪初那些代数几何学之父们的工作 (我们只是听人说过, 却未曾拜读) 的原因. 然而有必要列举一下对作者有最直接的影响并且对概形理论的形成有重要贡献的一些著作. 首先是 J.-P. Serre 的奠基性工作 (FAC), 与 A. Weil 艰深的古典教科书 *Foundations of algebraic geometry* [18] 相比, 这篇文章更适合于引领初学者 (包括本书的作者之一) 进入代数几何的领域. 该文第一次表明, 在研究 "抽象" 代数多样体时, 我们完全可以使用 "Zariski 拓扑" 来建立它们的代数拓扑理论, 特别是上同调的理论. 进而, 这篇文章里所给出的代数多样体的定义可以非常自然地扩展为概形的定义①. Serre 自己就曾指出, 仿射多样体的上同调理论可以毫不困难地推广到任何交换环 (不仅仅是域上的仿射代数) 上. 本书的第一、二章和第三章前两节本质上就是要把 (FAC) 和 Serre 另一篇文章 [15] 的主要结果搬到这种一般框架之下. 我们也从 C. Chevalley 的 "代数几何讨论班" [1] 上获益良多, 特别是他的 "可构集" 概念在概形理论中是非常有用的 (参考第四章). 我们也借用了他从维数的角度来考察态射的方法 (第四章), 这个方法几乎可以不加改变地应用到概形上. 另外值得一提的是, Chevalley 引入的 "局部环的概形" 这个概念提供了古典代数几何的一个自然的拓展 (尽管不如我们这里的概形概念更具普遍性和灵活性), 第一章 §8 讨论了这个概念与我们的概形概念之间的关系. M. Nagata 在他的系列文章 [9] 中也提出过类似的理论, 他还给出了很多与 Dedekind 环上的代数几何有关的结果②.

***

最后, 毫无疑问一本关于代数几何的书 (尤其是一本讨论基础的书) 必然要受到像 O. Zariski 和 A. Weil 这样一些数学大家的影响. 特别地, Zariski [20] 中的形式全纯函数理论可以借助上同调方法来进行改写, 再加上第三章 §4 和 §5 中的存在性定理 (并结合第六章的下降技术), 就构成了这部书的主要工具之一, 而且在我们看来, 它也是代数几何中最有力的工具之一.

这个技术的使用方法可以简单描述如下 (典型的例子是第九章将要研究的基本群). 对于代数多样体 (更一般地, 概形) 之间的一个紧合态射 (见第二章) $f: X \to Y$ 来说, 我们想要了解它在某一点 $y \in Y$ 邻近的性质, 以期解决一个与 y 的邻近处有关的问题 P, 则可以采取以下几个步骤:

1° 可以假设 Y 是仿射的, 如此一来 X 是定义在 Y 的仿射环 A 上的一个概形,

① Serre 告诉我们, 利用环层来定义多样体结构的想法来源于 H. Cartan, 他在这个想法的基础上发展了他的解析空间理论. 很明显, 在 "解析几何" (与 "代数几何" 一样) 中也可以允许幂零元出现在解析空间的局部环中. H. Grauert [5] 已经开始了这方面的工作(推广了 H. Cartan 和 J.-P. Serre 的定义), 也许不久以后就会建立起更为系统的解析几何理论. 本书的概念和方法显然对解析几何仍有一定的意义, 不过需要克服一些技术上的困难. 可以预见, 由于方法上的简单, 代数几何将成为今后发展解析空间理论时的一个范本.

② 和我们的视角比较接近的工作还有 E. Kähler 的工作 [22] 和 Chow-Igusa 的文章 [3], 他们使用 Nagata-Chevalley 的体系证明了 (FAC) 中的某些结果, 还给出了一个 Künneth 公式.

甚至可以把 A 换成 y 处的局部环. 这个步骤通常是很容易的 (见第五章), 于是问题归结到了 A 是局部环的情形.

2° 考察 A 是 *Artin* 局部环的情形. 为了使问题在 A 不是整环时仍有意义, 有时需要把问题 P 稍微改写一下, 这个阶段可以使我们对问题的 "无穷小" 性质有更多的了解.

3° 借助形式概形的理论 (见第三章, §3, 4 和 5) 我们可以从 Artin 环过渡到完备局部环上.

4° 最后, 若 A 是任意的局部环, 则可以使用 X 上的某些适当概形的 "多相截面" 来逼近给定的 "形式" 截面 (见第四章), 然后由 X 在 A 的完备化环上的基变换概形上的已知结果出发, 就可以推出 X 在 A 的较为简单的 (比如非分歧的) 有限扩张上的基变换概形上的相应结果.

这个简单的描述表明, 系统地考察 Artin 环 A 上的概形是很重要的. Serre 在建立局部类域论时所采用的视角以及 Greenberg 最近的工作都显示, 从这样一个概形 X 出发应该可以函子性地构造出一个定义在 A 的剩余类域 $\boldsymbol{k}$ (假设它是完满域) 上的概形 X', 其维数 (在恰当的条件下) 等于 $n \dim X$, 其中 n 是 A 的长度.

至于 A. Weil 的影响, 我们只需指出, 正是为了发展出一套系统的工具来给出 "Weil 上同调" 的定义, 并且最终证明他在 Diophantus 几何上的著名猜想的需要, 推动作者们写出了这部书, 另外的一个写作动机则是为了给代数几何中的常用概念和方法找到一个自然的理论框架, 使作者们获得一个理解它们的途径.

***

最后, 我们觉得有必要预先告诉读者, 在熟悉概形的语言并且了解到那些直观的几何构造都能够 (以本质上唯一的方式) 翻译成这种语言之前, 无疑会有许多困难需要克服 (对作者来说也是如此). 和数学中的许多理论一样, 最初的几何直观与表述这种理论所需要的普遍且精确的语言之间的距离变得越来越遥远. 在这种情况下, 我们需要克服的心理上的困难主要在于, 必须把集合范畴中的那些熟知的概念 (比如 Descartes 积、群法则、环法则、模法则、纤维丛、齐性主丛等) 移植到各种各样的范畴和对象上 (比如概形范畴, 或一个给定概形上的概形范畴). 对于以数学为职业的人来说, 今后想要避开这种抽象化的努力将是很困难的, 不过, 和我们的前辈接受 "集合论" 的过程相比, 这可能也不算什么.

***

引用时的标号采用自然排序法, 比如在 **III**, 4.9.3 中, **III** 表示章, 4 表示节, 9 表示小节. 对于同一章内部的引用, 我们省略章号.

目录

第四章　概形与态射的局部性质(续)

§2. 基变换与平坦性

与后面的 §6 不同, 本节不假设 Noether 条件 (除少数特殊情形以外). 第一小节和第二小节致力于把交换代数中关于平坦性的那些基础性质 (参考 Bourbaki,《交换代数学》, I) 搬到概形上, 我们逐条列举出来是为了今后参考的方便. 其余各小节的主要任务是考察那些在平坦态射或忠实平坦态射下可以 "下降" 的性质, 即若 $g : Y' \to Y$ 是一个这样的态射, 则我们希望能确认: 对于 Y 的一个子集, 或者一个 $\mathscr{O}_Y$ 模层, 或者一个态射 $X \to Y$, 如果它在 g 下的逆像具有这个性质, 那么它自身也具有该性质. 这里将会局限于考察那些不需要用到 "下降" 理论一般技术 (见第五章) 的性质.

2.1 概形上的平坦模层

(2.1.1) 设 $f : X \to Y$ 是一个概形态射, $\mathscr{F}$ 是一个 $\mathscr{O}_X$ 模层. 还记得 ($\mathbf{0_I}$, 6.7.1) 所谓 $\mathscr{F}$ 在点 $x \in X$ 处是 f 平坦的 (或称 Y 平坦的), 是指 $\mathscr{F}_x$ 是平坦 $\mathscr{O}_{f(x)}$ 模, 所谓 $\mathscr{F}$ 是 f 平坦的 (或称 Y 平坦的), 是指它在所有点 $x \in X$ 处都是 f 平坦的, 最后, 所谓态射 f 在点 $x \in X$ 处是平坦的 (切转: 态射 f 是平坦的), 是指 $\mathscr{O}_X$ 在点 $x \in X$ 处是平坦的 (切转: $\mathscr{O}_X$ 是平坦的). 当 $f = 1_X$ 时, 我们把 $\mathscr{F}$ 在点 $x \in X$ 处是 X 平坦的 (切转: 在任意点 $x \in X$ 处都是 X 平坦的) 简称为 $\mathscr{F}$ 在点 x 处是平坦的 (切转: $\mathscr{F}$ 是平坦的), 这也相当于说, $\mathscr{F}_x$ 是平坦 $\mathscr{O}_x$ 模 (切转: 在任意点 $x \in X$ 处 $\mathscr{F}_x$ 都是平坦 $\mathscr{O}_x$ 模). 还记得我们曾证明了 (**III**, 1.4.15.5) 下面这个性质:

命题 (2.1.2) — 设 A, B 是两个环, $\varphi : A \to B$ 是一个环同态, $X = \operatorname{Spec} B$, $Y = \operatorname{Spec} A$, $f : X \to Y$ 是 φ 所对应的态射, M 是一个 B 模. 则为了使 $\mathscr{F} = \widetilde{M}$ 是 f 平坦的, 必须且只需 M 是一个平坦 A 模.

命题 (2.1.3) — 设 $f : X \to Y$ 是一个概形态射, $\mathscr{F}$ 是一个拟凝聚 $\mathscr{O}_X$ 模层. 则以下诸条件是等价的:

a) 对任意基变换 $g : Y' \to Y$, 我们令 $X' = X \times_Y Y'$, 函子 $\mathscr{G}' \mapsto \mathscr{F} \otimes_Y \mathscr{G}'$ 总是一个从拟凝聚 $\mathscr{O}_{Y'}$ 模层范畴到拟凝聚 $\mathscr{O}_{X'}$ 模层范畴的正合函子.

a′) 条件 a) 对这些典范态射 $g : \operatorname{Spec} \mathscr{O}_y \to Y$ (**I**, 2.4.1) 都成立, 其中 y 跑遍 Y 中的所有点.

b) $\mathscr{F}$ 是 f 平坦的.

问题在 X 和 Y 上是局部性的, 故可以限于考虑 $Y = \operatorname{Spec} B$, $X = \operatorname{Spec} A$, $\mathscr{F} = \widetilde{M}$ (其中 M 是一个 A 模) 的情形. 显然 a) 蕴涵 a′). 条件 a′) 表明, 对任意 $x \in X$, 函子 $N \mapsto M_{\mathfrak{n}} \otimes_{B_{\mathfrak{n}}} N$ 都是取值在 $B_{\mathfrak{n}}$ 模范畴中的正合函子, 其中 $\mathfrak{n}$ 是 B 的理想 $\mathfrak{j}_{f(x)}$, 这意味着 $M_{\mathfrak{n}}$ 是平坦 $B_{\mathfrak{n}}$ 模, 再由 ($\mathbf{0_I}$, 6.3.3) 和 (2.1.2) 就得知, $\mathscr{F}$ 是 f 平坦的. 最后, 为了证明 b) 蕴涵 a), 可以限于考虑 $Y' = \operatorname{Spec} A'$ 并且 $\mathscr{G}' = \widetilde{N'}$ (其中 N' 是一个 A' 模) 的情形, 此时仍可由 (2.1.2) 以及平坦性的定义推出结论, 因为我们有 $(M \otimes_A N')^{\sim} = \mathscr{F} \otimes_{\mathscr{O}_Y} \mathscr{G}'$.

命题 (2.1.4) — 设 $f : X \to Y$, $g : Y' \to Y$ 是两个概形态射, $\mathscr{F}$ 是一个拟凝聚 $\mathscr{O}_X$ 模层, 我们令 $X' = X \times_Y Y'$, $f' = f_{(Y')} : X' \to Y'$, $\mathscr{F}' = \mathscr{F} \otimes_{\mathscr{O}_Y} \mathscr{O}_{Y'}$, 并设 g' 是典范投影 $X' \to X$. 设 x' 是 X' 的一点, $x = g'(x')$, $y' = f'(x')$, $y = g(y') = f(x)$. 若 $\mathscr{F}$ 在点 x 处是 f 平坦的, 则 $\mathscr{F}'$ 在点 x' 处是 f' 平坦的. 特别地, 若 $\mathscr{F}$ 是 f 平坦的, 则 $\mathscr{F}'$ 也是 f' 平坦的. 若 f 是平坦的, 则 f' 也是平坦的.

只需证明第一句话, 利用 (**I**, 3.6.5) 和 (**I**, 2.4.4) 又可以把问题归结到 $Y = \operatorname{Spec} \mathscr{O}_y$, $X = \operatorname{Spec} \mathscr{O}_x$, $Y' = \operatorname{Spec} \mathscr{O}_{y'}$, $\mathscr{F} = \widetilde{M}$ (其中 $M = \mathscr{F}_x$) 的情形. 此时前提条件和 (2.1.2) 表明, $\mathscr{F}$ 是 f 平坦的, 换句话说, 我们把问题归结为证明第二句话的一个特殊情形, 而后者可由 (2.1.3) 立得.

命题 (2.1.5) — 考虑概形态射的交换图表

$$\begin{array}{ccc} X & \xleftarrow{g'} & X' \\ {\scriptstyle f}\downarrow & & \downarrow{\scriptstyle f'} \\ Y & \xleftarrow[g]{} & Y' \\ & & \downarrow{\scriptstyle h} \\ & & Z \end{array},$$

其中 $X' = X \times_Y Y'$ 并且 $f' = f_{(Y')}$. 设 x' 是 X' 的一点, 我们再令 $x = g'(x')$, $y' = f'(x')$, $y = f(x) = g(y')$, $z = h(y')$. 设 $\mathscr{F}$ 是一个在点 x 处 f 平坦的 (切转: 是一个 f 平坦的) 拟凝聚 $\mathscr{O}_X$ 模层, 并设 $\mathscr{G}'$ 是一个在点 y' 处 h 平坦的 (切转: 是一个 h 平坦的) 拟凝聚 $\mathscr{O}_{Y'}$ 模层, 则 $\mathscr{F} \otimes_{\mathscr{O}_{Y'}} \mathscr{G}'$ 是一个在点 x' 处 $(h \circ f')$ 平坦的 (切转: 是一个 $(h \circ f')$ 平坦的) 拟凝聚 $\mathscr{O}_{X'}$ 模层.

与 (2.1.4) 一样, 问题可以归结到 $X = \operatorname{Spec} \mathscr{O}_x$, $Y = \operatorname{Spec} \mathscr{O}_y$, $Y' = \operatorname{Spec} \mathscr{O}_{y'}$ 且 $Z = \operatorname{Spec} \mathscr{O}_z$ 的情形, 于是只需证明 $\mathscr{F} \otimes_{\mathscr{O}_{Y'}} \mathscr{G}'$ 是 $(h \circ f')$ 平坦的即可. 有见于 (2.1.2), 这个命题就是缘自 Bourbaki,《交换代数学》, I, §2, ¥7, 命题 8.

推论 (2.1.6) — 设 $f : X \to Y$, $g : Y \to Z$ 是两个概形态射, $\mathscr{F}$ 是一个 $\mathscr{O}_X$ 模层. 若 $\mathscr{F}$ 在点 $x \in X$ 处是 f 平坦的, 且 g 在点 $f(x)$ 处是平坦的, 则 $\mathscr{F}$ 在点 x 处是 $(g \circ f)$ 平坦的. 特别地, 若 f 和 g 都是平坦态射, 则 $g \circ f$ 也是平坦态射.

这是 (2.1.5) 的特殊情形, 即取 $Y' = Y$, $\mathscr{G}' = \mathscr{O}_{Y'}$.

推论 (2.1.7) — 若 $f : X \to X'$, $g : Y \to Y'$ 是两个平坦 S 态射, 则 $f \times_S g : X \times_S Y \to X' \times_S Y'$ 也是平坦态射.

这是根据 (2.1.4) 和 (2.1.6) (参考 **I**, 3.5.1).

命题 (2.1.8) — 设 $f : X \to Y$ 是一个概形态射,

$$0 \longrightarrow \mathscr{F}' \longrightarrow \mathscr{F} \longrightarrow \mathscr{F}'' \longrightarrow 0$$

是拟凝聚 $\mathscr{O}_X$ 模层的一个正合序列, 并且 $\mathscr{F}''$ 是 Y 平坦的.

(i) 对任意态射 $g : Y' \to Y$ 和任意拟凝聚 $\mathscr{O}_{Y'}$ 模层 $\mathscr{G}'$, 令 $X' = X \times_Y Y'$, 则 $\mathscr{O}_{X'}$ 模层的序列

$$0 \longrightarrow \mathscr{F}' \otimes_Y \mathscr{G}' \longrightarrow \mathscr{F} \otimes_Y \mathscr{G}' \longrightarrow \mathscr{F}'' \otimes_Y \mathscr{G}' \longrightarrow 0$$

总是正合的.

(ii) 为了使 $\mathscr{F}$ 是 Y 平坦的, 必须且只需 $\mathscr{F}'$ 是如此.

显然可以假设 X, Y, Y' 都是仿射概形, 从而由 (2.1.2) 和 ($\mathbf{0_I}$, 6.1.2) 就可以推出结论.

推论 (2.1.9) — 设 $\mathscr{L}^\bullet$ 是拟凝聚 $\mathscr{O}_X$ 模层的一个复形, i 是一个满足下述条件的指标: 对于缀算子 $d^i : \mathscr{L}^i \to \mathscr{L}^{i+1}$ 来说, $\mathscr{B}^{i+1}(\mathscr{L}^\bullet) = \operatorname{Im}(d^i)$ 和 $\mathscr{Z}'^{i+1}(\mathscr{L}^\bullet) = \operatorname{Coker}(d^i)$ 都是 Y 平坦的. 则在 (2.1.8) 的记号下, 典范同态

$$\mathscr{H}^i(\mathscr{L}^\bullet) \otimes_Y \mathscr{G}' \longrightarrow \mathscr{H}^i(\mathscr{L}^\bullet \otimes_Y \mathscr{G}')$$

是一一的.

由于张量积是右正合的, 故我们有

$$\mathscr{Z}'^{i+1}(\mathscr{L}^\bullet)\otimes_Y\mathscr{G}' \;=\; \operatorname{Coker}(d^i\otimes 1) \;=\; \mathscr{Z}'^{i+1}(\mathscr{L}^\bullet\otimes_Y\mathscr{G}')$$

和 $\mathscr{Z}'^i(\mathscr{L}^\bullet)\otimes_Y\mathscr{G}'=\mathscr{Z}'^i(\mathscr{L}^\bullet\otimes_Y\mathscr{G}')$. 进而, 在正合序列

$$0\longrightarrow\mathscr{B}^{i+1}(\mathscr{L}^\bullet)\longrightarrow\mathscr{L}^{i+1}\longrightarrow\mathscr{Z}'^{i+1}(\mathscr{L}^\bullet)\longrightarrow 0$$

中, $\mathscr{Z}'^{i+1}(\mathscr{L}^\bullet)$ 是 Y 平坦的, 从而由 (2.1.8, (i)) 知, 我们有正合序列

$$0\longrightarrow\mathscr{B}^{i+1}(\mathscr{L}^\bullet)\otimes_Y\mathscr{G}'\longrightarrow\mathscr{L}^{i+1}\otimes_Y\mathscr{G}'\longrightarrow\mathscr{Z}'^{i+1}(\mathscr{L}^\bullet\otimes_Y\mathscr{G}')\longrightarrow 0,$$

故得 $\mathscr{B}^{i+1}(\mathscr{L}^\bullet)\otimes_Y\mathscr{G}'=\operatorname{Im}(d^i\otimes 1)=\mathscr{B}^{i+1}(\mathscr{L}^\bullet\otimes_Y\mathscr{G}')$. 这样一来, 由于在正合序列

$$0\longrightarrow\mathscr{H}^i(\mathscr{L}^\bullet)\longrightarrow\mathscr{Z}'^i(\mathscr{L}^\bullet)\longrightarrow\mathscr{B}^{i+1}(\mathscr{L}^\bullet)\longrightarrow 0$$

中 $\mathscr{B}^{i+1}(\mathscr{L}^\bullet)$ 是 Y 平坦的, 故由 (2.1.8, (i)) 和上面所述得知, 我们有正合序列

$$0\longrightarrow\mathscr{H}^i(\mathscr{L}^\bullet)\otimes_Y\mathscr{G}'\longrightarrow\mathscr{Z}'^i(\mathscr{L}^\bullet\otimes_Y\mathscr{G}')\longrightarrow\mathscr{B}^{i+1}(\mathscr{L}^\bullet\otimes_Y\mathscr{G}')\longrightarrow 0,$$

这就证明了推论.

推论 (2.1.10) — *设 $f:X\to Y$ 是一个概形态射, $\mathscr{F}$ 是一个 Y 平坦的拟凝聚 $\mathscr{O}_X$ 模层, $\mathscr{L}_\bullet=(\mathscr{L}_i)_{i\geqslant 0}$ 是 $\mathscr{F}$ 的一个左消解, 由 Y 平坦的拟凝聚 $\mathscr{O}_X$ 模层所组成. 则对任意态射 $g:Y'\to Y$ 和任意拟凝聚 $\mathscr{O}_{Y'}$ 模层 $\mathscr{G}'$, 复形 $\mathscr{L}_\bullet\otimes_Y\mathscr{G}'=(\mathscr{L}_i\otimes_Y\mathscr{G}')_{i\geqslant 0}$ 都是 $\mathscr{F}\otimes_Y\mathscr{G}'$ 的一个左消解.*

进而, 若 $\mathscr{Z}_i(\mathscr{L}_\bullet)=\operatorname{Ker}(\mathscr{L}_i\to\mathscr{L}_{i-1})$, 则这些 $\mathscr{Z}_i(\mathscr{L}_\bullet)$ 都是 Y 平坦的, 并且我们有 $\mathscr{Z}_i(\mathscr{L}_\bullet)\otimes_Y\mathscr{G}'=\mathscr{Z}_i(\mathscr{L}_\bullet\otimes_Y\mathscr{G}')=\operatorname{Ker}(\mathscr{L}_i\otimes_Y\mathscr{G}'\to\mathscr{L}_{i-1}\otimes_Y\mathscr{G}')$.

令 $\mathscr{R}_i=\operatorname{Im}(\mathscr{L}_{i+1}\to\mathscr{L}_i)=\mathscr{Z}_i(\mathscr{L}_\bullet)$, 则有下面的正合序列

$$\begin{gathered}0\longleftarrow\mathscr{F}\longleftarrow\mathscr{L}_0\longleftarrow\mathscr{R}_0\longleftarrow 0,\\ \cdots\cdots\cdots\cdots\cdots,\\ 0\longleftarrow\mathscr{R}_i\longleftarrow\mathscr{L}_{i+1}\longleftarrow\mathscr{R}_{i+1}\longleftarrow 0,\\ \cdots\cdots\cdots\cdots\cdots.\end{gathered}$$

由于 $\mathscr{F}$ 和这些 $\mathscr{L}_i$ 都是 Y 平坦的, 故我们可以通过 (2.1.8, (ii)) 来归纳地导出, 这些 $\mathscr{R}_i$ 也都是 Y 平坦的, 再利用 (2.1.8, (i)), 就得到了下面的正合序列

$$\begin{aligned}&0\longleftarrow\mathscr{F}\otimes_Y\mathscr{G}'\longleftarrow\mathscr{L}_0\otimes_Y\mathscr{G}'\longleftarrow\mathscr{R}_0\otimes_Y\mathscr{G}'\longleftarrow 0,\\ &0\longleftarrow\mathscr{R}_i\otimes_Y\mathscr{G}'\longleftarrow\mathscr{L}_{i+1}\otimes_Y\mathscr{G}'\longleftarrow\mathscr{R}_{i+1}\otimes_Y\mathscr{G}'\longleftarrow 0\qquad(i\geqslant 0),\end{aligned}$$

这就证明了推论.

命题 (2.1.11) — 设 $f: X \to Y$ 是一个平坦态射, $\mathscr{F}$ 是一个有限呈示的拟凝聚 $\mathscr{O}_Y$ 模层. 若 $\mathscr{J}$ 是 $\mathscr{F}$ 在 $\mathscr{O}_Y$ 中的零化子理想层, 则 $f^*\mathscr{J}$ 是 $f^*\mathscr{F}$ 在 $\mathscr{O}_X$ 中的零化子理想层.

事实上, 根据定义, 我们有正合序列 ($\mathbf{0_I}$, 5.3.7)

$$0 \longrightarrow \mathscr{J} \longrightarrow \mathscr{O}_Y \longrightarrow \mathscr{H}om_{\mathscr{O}_Y}(\mathscr{F}, \mathscr{F}),$$

从而由于 f 是平坦的, 故得正合序列

$$0 \longrightarrow f^*\mathscr{J} \longrightarrow \mathscr{O}_X \longrightarrow f^*\mathscr{H}om_{\mathscr{O}_Y}(\mathscr{F}, \mathscr{F}).$$

又因为 (根据前提条件) $\mathscr{F}$ 是有限呈示 $\mathscr{O}_Y$ 模层, 故知 $f^*\mathscr{H}om_{\mathscr{O}_Y}(\mathscr{F}, \mathscr{F})$ 可以典范等同于 $\mathscr{H}om_{\mathscr{O}_X}(f^*\mathscr{F}, f^*\mathscr{F})$ ($\mathbf{0_I}$, 6.7.6), 这就给出了结论.

命题 (2.1.12) — 设 X 是一个概形, $\mathscr{F}$ 是一个有限呈示 $\mathscr{O}_X$ 模层, x 是 X 的一点. 则以下诸条件是等价的:

a) $\mathscr{F}_x$ 是平坦 $\mathscr{O}_x$ 模.

b) 可以找到 x 的一个开邻域 U, 使得 $\mathscr{F}|_U$ 是一个局部自由 $\mathscr{O}_X|_U$ 模层.

事实上, $\mathscr{F}_x$ 是有限呈示 $\mathscr{O}_x$ 模, $\mathscr{O}_x$ 是局部环, 从而 $\mathscr{F}_x$ 是平坦 $\mathscr{O}_x$ 模就等价于它是自由 $\mathscr{O}_x$ 模 (Bourbaki,《交换代数学》, II, §3, ⁂2, 命题 5 的推论 2), 故得结论 ($\mathbf{0_I}$, 5.2.7). 注意到这个命题对任意局部环积空间都是有效的.

命题 (2.1.13) — 设 $f: X \to Y$ 是一个概形态射. 若 f 在点 $x \in X$ 处是平坦的, 并且环 $\mathscr{O}_x$ 是既约的 (切转: 整且整闭的), 则环 $\mathscr{O}_{f(x)}$ 也是既约的 (切转: 整且整闭的). 若 f 是忠实平坦的, 并且 X 是既约的 (切转: 正规的), 则 Y 也是既约的 (切转: 正规的).

我们令 $\mathscr{O}_{f(x)} = A$, $\mathscr{O}_x = B$. 若 B 是平坦 A 模, 则它也是忠实平坦 A 模 ($\mathbf{0_I}$, 6.6.2), 从而 A 可以等同于 B 的一个子环. 若 B 是既约的, 则显然 A 也是如此. 现在假设 B 是整且整闭的, 并设 L 是它的分式域, 此时 $A \subseteq B$ 也是整的. 设 $K \subseteq L$ 是 A 的分式域, 则由前提条件知, $B \cap K = A$ (Bourbaki,《交换代数学》, I, §3, ⁂5, 命题 10). 于是若 $t \in K$ 在 A 上是整型的, 则它也在 B 上是整型的, 从而落在 B 中, 因而 $t \in A$, 这就表明 A 是整闭的.

命题 (2.1.14) — 设 $f: X \to Y$ 是一个忠实平坦态射. 若 X 是局部整的, 并且 Y 的底空间是局部 *Noether* 的, 则 Y 也是局部整的.

事实上, 对任意 $y \in Y$, 均可找到一个 $x \in X$, 使得 $y = f(x)$, 并且根据前提条件, $\mathscr{O}_y$ 可以等同于 $\mathscr{O}_x$ 的一个子环 ($\mathbf{0_I}$, 6.6.1). 由于 $\mathscr{O}_x$ 是整的, 故知 $\mathscr{O}_y$ 也是整的, 这就证明了结论 ($\mathbf{I}$, 5.1.4).

2.2 概形上的忠实平坦模层

命题 (2.2.1) — 设 $f: X \to Y$ 是一个概形态射, $\mathscr{F}$ 是一个拟凝聚 $\mathscr{O}_X$ 模层. 则以下诸条件是等价的:

a) 对任意基变换 $g: Y' \to Y$, 令 $X' = X \times_Y Y'$, 函子 $\mathscr{G}' \mapsto \mathscr{F} \otimes_Y \mathscr{G}'$ 总是一个从拟凝聚 $\mathscr{O}_{Y'}$ 模层范畴到拟凝聚 $\mathscr{O}_{X'}$ 模层范畴的正合忠实函子.

a′) 条件 a) 对所有典范态射 $g: \operatorname{Spec} \mathscr{O}_y \to Y$ (**I**, 2.4.1) 都成立, 其中 y 跑遍 Y.

a″) 条件 a) 对所有典范浸入 $Y' \to Y$ 都成立, 其中 Y' 跑遍 Y 的仿射开子概形的集合.

b) $\mathscr{F}$ 是 Y 平坦的, 并且对任意 $y \in Y$, 我们用 X_y 来记纤维 $f^{-1}(y)$, 则 $\mathscr{O}_{X_y}$ 模层 $\mathscr{F}_y = \mathscr{F} \otimes_Y \boldsymbol{k}(y)$ 总是非零的.

易见 a) 蕴涵 a′) 和 a″). 条件 a′) 首先表明 $\mathscr{F}$ 是 Y 平坦的 (2.1.3), 进而还表明, 对任意 $y \in Y$, 函子 $N \mapsto \mathscr{F} \otimes_{\mathscr{O}_y} \widetilde{N}$ 都是忠实的 (取值在 $\mathscr{O}_y$ 模范畴中), 特别地, 取 $N = \boldsymbol{k}(y)$, 这就得到了 b) 的第二句话. 为了证明 b) 蕴涵 a), 可以限于考虑 Y 仿射的情形, 因为问题在 Y 上是局部性的. 同样地, 为了证明 a″) 蕴涵 a), 也可以限于考虑 Y 仿射的情形, 此时, 如果知道了 $\mathscr{G} \mapsto \mathscr{F} \otimes_Y \mathscr{G}$ 是一个正合忠实函子, 那么就可以推出条件 a). 换句话说, 问题归结为证明下面的命题:

命题 (2.2.2) — 设 $Y = \operatorname{Spec} A$ 是一个仿射概形, $f: X \to Y$ 是一个概形态射, $\mathscr{F}$ 是一个拟凝聚 $\mathscr{O}_X$ 模层. 则 (2.2.1) 的条件 a) 等价于下面任何一个条件:

b′) $\mathscr{F}$ 是 Y 平坦的, 并且对于 Y 的任意闭点 y, 均有 $\mathscr{F}_y \neq 0$.

c) 函子 $\mathscr{G} \mapsto \mathscr{F} \otimes_Y \mathscr{G}$ 是一个从拟凝聚 $\mathscr{O}_Y$ 模层范畴到拟凝聚 $\mathscr{O}_X$ 模层范畴的正合忠实函子.

若 b′) 得到满足, 则至少能找到一个 $x \in f^{-1}(y)$, 使得 $(\mathscr{F}_y)_x \neq 0$. 设 $U = \operatorname{Spec} B$ 是 x 的一个仿射开邻域, 并设 $\mathscr{F}|_U = \widetilde{M}$, 其中 M 是一个 B 模. 则 b′) 表明 $M/\mathfrak{j}_y M \neq 0$, 从而 (因为 M 是平坦 A 模 (2.1.2)) $M \otimes_A A_y$ 是忠实平坦 A_y 模 ($\mathbf{0_I}$, 6.4.5). 若 $y \in Y$ 使得 $(\mathscr{F} \otimes_Y \mathscr{G}) \otimes_{\mathscr{O}_Y} \mathscr{O}_y = 0$, 则有 $(\mathscr{F} \otimes_{\mathscr{O}_Y} \mathscr{O}_y) \otimes_{\mathscr{O}_y} \mathscr{G}_y = 0$, 从而 $\mathscr{G}_y = 0$. 然而如果在 Y 的所有闭点处都有 $\mathscr{G}_y = 0$, 那么就一定有 $\mathscr{G} = 0$, 因为若 $\mathscr{G} = \widetilde{N}$, 则 N 的每个元素的零化子都不能包含在 A 的任何一个极大理想中, 从而只能是 A 全体. 于是由 $\mathscr{F} \otimes_Y \mathscr{G} = 0$ 可以推出 $\mathscr{G} = 0$, 换句话说, 函子 $\mathscr{G} \mapsto \mathscr{F} \otimes_Y \mathscr{G}$ 是忠实的. 此外这个函子也是正合的 (2.1.3), 这就证明了 b′) 蕴涵 c).

最后, 为了证明 c) 蕴涵 a), 可以限于考虑 Y' 是仿射概形的情形, 此时, 由于 $g: Y' \to Y$ 是仿射态射, 从而投影 $g': X' \to X$ 也是仿射态射 (**II**, 1.5.5). 进而, 函子 $\mathscr{H}' \mapsto g'_*(\mathscr{H}')$ 在拟凝聚 $\mathscr{O}_{X'}$ 模层范畴上是正合的 (**I**, 1.6.4), 而且如果令 $g'_*(\mathscr{H}') = \mathscr{H}$, 则有 $\mathscr{H}' = \widetilde{\mathscr{H}}$, 从而上述函子也是忠实的. 于是为了证明 $\mathscr{G}' \mapsto \mathscr{F} \otimes_Y \mathscr{G}'$ 是正合且忠实的, 只需证明函子 $\mathscr{G}' \mapsto g'_*(\mathscr{F} \otimes_Y \mathscr{G}')$ 是正合且忠实的即可.

现在设 $f' = f_{(Y')} : X' \to Y'$, 则有 $g'_*(\mathscr{F} \otimes_Y \mathscr{G}') = g'_*((g'^*\mathscr{F}) \otimes_{\mathscr{O}_{X'}} (f'^*\mathscr{G}'))$. 由于 g 是仿射态射, 故我们有一个典范同构

(2.2.2.1)
$$\mathscr{F} \otimes_{\mathscr{O}_X} f^*g_*\mathscr{G}' \xrightarrow{\sim} g'_*\big((g'^*\mathscr{F}) \otimes_{\mathscr{O}_{X'}} (f'^*\mathscr{G}')\big).$$

事实上, 由 (**II**, 1.5.2) 知, 我们有典范同构

$$f^*g_*\mathscr{G}' \xrightarrow{\sim} g'_*f'^*\mathscr{G}',$$

另一方面, 我们还有典范同态 $\mathscr{F} \to g'_*g'^*\mathscr{F}$ ($\mathbf{0_I}$, 4.4.3.2). 现在把同态 $\mathscr{F} \otimes_{\mathscr{O}_X} f^*g_*\mathscr{G}' \to (g'_*g'^*\mathscr{F}) \otimes_{\mathscr{O}_X} (g'_*f'^*\mathscr{G}')$ 与典范同态 ($\mathbf{0_I}$, 4.2.2.1) 合成, 就得到了同态 (2.2.2.1), 再把问题归结到 X 是仿射概形的情形就可以证明这是一个同构. 在此基础上, 函子 $\mathscr{G}' \mapsto g_*\mathscr{G}'$ 是正合且忠实的, 并且由前提条件知 $\mathscr{G} \mapsto \mathscr{F} \otimes_Y \mathscr{G} = \mathscr{F} \otimes_{\mathscr{O}_X} f^*\mathscr{G}$ 也是如此, 从而它们的合成也是正合且忠实的, 这就证明了 (2.2.1) 和 (2.2.2).

推论 (2.2.3) — 设 $X = \operatorname{Spec} B$, $Y = \operatorname{Spec} A$ 是两个仿射概形, $f : X \to Y$ 是一个态射, $\mathscr{F} = \widetilde{M}$ 是一个拟凝聚 $\mathscr{O}_X$ 模层. 则为了使 $\mathscr{F}$ 满足 (2.2.1) (或 (2.2.2)) 中的等价条件, 必须且只需 A 模 M 是忠实平坦的.

事实上, (2.2.2) 的条件 c) 意味着函子 $N \mapsto M \otimes_A N$ 是一个从 A 模范畴到 B 模范畴的正合忠实函子, 从而由 ($\mathbf{0_I}$, 6.4.1) 就可以推出结论.

定义 (2.2.4) — 若 (2.2.1) 中的等价条件得到满足, 则我们说拟凝聚 $\mathscr{O}_X$ 模层 $\mathscr{F}$ 相对于 f (或相对于 Y) 是忠实平坦的, 简称 $\mathscr{F}$ 是 f 忠实平坦的 (或 Y 忠实平坦的).

注意到这个概念在 Y 上是局部性的, 但在 X 上不是. 特别地, 可能在某些 $x \in X$ 处会有 $\mathscr{F}_x = 0$, 换句话说, $\operatorname{Supp}\mathscr{F}$ 未必等于 X. 尽管如此, 由 (2.2.1, b)) 知, 对任意 $y \in Y$, 至少能找到一个 $x \in f^{-1}(y)$, 使得 $(\mathscr{F}_y)_x = \mathscr{F}_x \otimes_{\mathscr{O}_y} \boldsymbol{k}(y) \neq 0$, 从而也有 $\mathscr{F}_x \neq 0$, 换句话说:

推论 (2.2.5) — 若 $\mathscr{F}$ 是一个 f 忠实平坦的拟凝聚 $\mathscr{O}_X$ 模层, 则有 $f(\operatorname{Supp}\mathscr{F}) = Y$, 从而 f 是映满态射.

这个结果在某种意义上是可逆的:

推论 (2.2.6) — 设 $\mathscr{F}$ 是一个有限型的拟凝聚 $\mathscr{O}_X$ 模层. 则为了使 $\mathscr{F}$ 是 f 忠实平坦的, 必须且只需 $\mathscr{F}$ 是 f 平坦的, 并且 $f(\operatorname{Supp}\mathscr{F}) = Y$.

事实上, 由 (**I**, 9.1.13 和 3.6.1) 知, $\operatorname{Supp}\mathscr{F}_y = f^{-1}(y) \cap \operatorname{Supp}\mathscr{F}$, 从而判别法 (2.2.1, b)) 恰好就是这里的条件.

特别地, 为了使拟凝聚 $\mathscr{O}_X$ 模层 $\mathscr{O}_X$ 是 f 忠实平坦的, 必须且只需它是 f 平坦的, 并且 f 是映满的, 换句话说, 必须且只需态射 f 是忠实平坦的 ($\mathbf{0_I}$, 6.7.8).

把定义 (2.2.4) 中的性质再表达得具体一点, 就是:

命题 (2.2.7) — 设 $f:X\to Y$ 是一个概形态射, $\mathscr{F}$ 是一个 f 忠实平坦的拟凝聚 $\mathscr{O}_X$ 模层. 则为了使拟凝聚 $\mathscr{O}_Y$ 模层的序列 $\mathscr{G}'\to\mathscr{G}\to\mathscr{G}''$ 是正合的, 必须且只需对应的序列 $\mathscr{F}\otimes_Y\mathscr{G}'\to\mathscr{F}\otimes_Y\mathscr{G}\to\mathscr{F}\otimes_Y\mathscr{G}''$ 是正合的. 特别地, 为了使拟凝聚 $\mathscr{O}_Y$ 模层的同态 $u:\mathscr{G}\to\mathscr{G}'$ 是单的 (切转: 是满的, 是一一的, 等于 0), 必须且只需 $1_{\mathscr{F}}\otimes f^*(u):\mathscr{F}\otimes_Y\mathscr{G}\to\mathscr{F}\otimes_Y\mathscr{G}'$ 是如此. 为了使拟凝聚 $\mathscr{O}_Y$ 模层 $\mathscr{G}$ 等于 0, 必须且只需 $\mathscr{F}\otimes_Y\mathscr{G}$ 等于 0. 对任意拟凝聚 $\mathscr{O}_Y$ 模层 $\mathscr{G}$, 映射 $\mathscr{G}'\mapsto\mathscr{F}\otimes_Y\mathscr{G}'$ 都是从 $\mathscr{G}$ 的拟凝聚 $\mathscr{O}_Y$ 子模层的集合到 $\mathscr{F}\otimes_Y\mathscr{G}$ 的拟凝聚 $\mathscr{O}_X$ 子模层的集合的单映射.

为了证明最后一句话, 也就是说, 为了证明对于 $\mathscr{G}$ 的两个拟凝聚 $\mathscr{O}_Y$ 子模层 $\mathscr{G}'$, $\mathscr{G}''$ 来说, 关系式 $\mathscr{F}\otimes_Y\mathscr{G}'=\mathscr{F}\otimes_Y\mathscr{G}''$ 蕴涵了 $\mathscr{G}'=\mathscr{G}''$, 可以 (通过把 $\mathscr{G}''$ 换成 $\mathscr{G}'+\mathscr{G}''$) 限于考虑 $\mathscr{G}'\subseteq\mathscr{G}''$ 的情形, 从而只需把第二句话应用到含入 $u:\mathscr{G}'\to\mathscr{G}''$ 上即可.

推论 (2.2.8) — 设 $f:X\to Y$ 是一个忠实平坦态射. 则对任意拟凝聚 $\mathscr{O}_Y$ 模层 $\mathscr{G}$, 典范映射

(2.2.8.1) $$\Gamma(Y,\mathscr{G})\ \longrightarrow\ \Gamma(X,f^*\mathscr{G})$$

都是单的.

事实上, $\Gamma(Y,\mathscr{G})$ 可以典范等同于 $\mathrm{Hom}_{\mathscr{O}_Y}(\mathscr{O}_Y,\mathscr{G})$ ($\mathbf{0_I}$, 5.1.1), 并且 $\Gamma(X,f^*\mathscr{G})$ 可以典范等同于 $\mathrm{Hom}_{\mathscr{O}_X}(\mathscr{O}_X,f^*\mathscr{G})$. 依照 (2.2.1) 和 (2.2.4), 前提条件表明函子 $\mathscr{G}\mapsto f^*\mathscr{G}$ 是拟凝聚 $\mathscr{O}_Y$ 模层范畴上的正合忠实函子, 从而一个同态 $u:\mathscr{O}_Y\to\mathscr{G}$ 等于 0 当且仅当 $f^*(u):\mathscr{O}_X\to f^*\mathscr{G}$ 等于 0.

注解 (2.2.9) — (2.2.7) 和 (2.2.8) 的结果对任意 $\mathscr{O}_Y$ 模层 $\mathscr{G}'$, $\mathscr{G}$, $\mathscr{G}''$ (不必是拟凝聚的) 也成立. 事实上, 对任意 $y\in Y$, 均可找到一个 $x\in f^{-1}(y)$, 使得 $\mathscr{F}_x$ 是忠实平坦 $\mathscr{O}_y$ 模, 从而函子 $\mathscr{G}_y\mapsto\mathscr{G}_y\otimes_{\mathscr{O}_y}\mathscr{F}_x$ 是忠实的. 由于对所有的 $x\in f^{-1}(y)$, 函子 $\mathscr{G}_y\mapsto\mathscr{G}_y\otimes_{\mathscr{O}_y}\mathscr{F}_x$ 都是正合的, 故我们由此立得结论.

命题 (2.2.10) — 设 $f:X\to Y$, $g:Y'\to Y$, $h:Y'\to Z$ 是三个概形态射, $X'=X\times_Y Y'$, $\mathscr{F}$ 是一个 Y 忠实平坦的拟凝聚 $\mathscr{O}_X$ 模层, $\mathscr{G}'$ 是一个拟凝聚 $\mathscr{O}_{Y'}$ 模层. 则为了使 $\mathscr{G}'$ 是 Z 平坦的 (切转: Z 忠实平坦的) $\mathscr{O}_{Y'}$ 模层, 必须且只需 $\mathscr{F}\otimes_Y\mathscr{G}'$ 是 Z 平坦的 (切转: Z 忠实平坦的) $\mathscr{O}_{X'}$ 模层.

我们已经知道, 若 $\mathscr{G}'$ 是 Z 平坦的, 则 $\mathscr{F}\otimes_Y\mathscr{G}'$ 也是 Z 平坦的 (2.1.5). 考虑任意基变换 $Z''\to Z$, 并设 $X''=X'\times_Z Z''$, 若 $\mathscr{G}'$ 是 Z 忠实平坦的, 则从拟凝聚 $\mathscr{O}_{Z''}$ 模层范畴到拟凝聚 $\mathscr{O}_{X''}$ 模层范畴的函子

(2.2.10.1) $$\mathscr{H}''\ \longmapsto\ \mathscr{H}''\otimes_Z\mathscr{G}'\ \longmapsto\ (\mathscr{H}''\otimes_Z\mathscr{G}')\otimes_Y\mathscr{F}\ =\ \mathscr{H}''\otimes_Z(\mathscr{G}'\otimes_Y\mathscr{F})$$

是两个正合忠实函子的合成, 因而也是正合且忠实的. 反之, 若这个合成函子是正合的 (切转: 正合且忠实的), 则函子 $\mathscr{H}'' \mapsto \mathscr{H}'' \otimes_Z \mathscr{G}'$ 也是正合的 (切转: 正合且忠实的), 因为根据前提条件, 函子 $\mathscr{M}' \to \mathscr{M}' \otimes_Y \mathscr{F}$ 是一个从拟凝聚 $\mathscr{O}_{Y'}$ 模层范畴到拟凝聚 $\mathscr{O}_X$ 模层范畴的正合且忠实函子.

推论 (2.2.11) — (i) 设 $f: X \to Y$, $g: Y' \to Y$ 是两个态射, $X' = X \times_Y Y'$, $\mathscr{F}$ 是一个拟凝聚 $\mathscr{O}_X$ 模层. 若 $\mathscr{F}$ 是 Y 忠实平坦的, 则 $\mathscr{F}' = \mathscr{F} \otimes_Y \mathscr{O}_{Y'}$ 是 Y' 忠实平坦的.

(ii) 设 $f: X \to Y$, $g: Y \to Z$ 是两个态射, $\mathscr{F}$ 是一个 Y 忠实平坦的拟凝聚 $\mathscr{O}_X$ 模层. 则为了使 g 是忠实平坦态射, 必须且只需 $\mathscr{F}$ 是 Z 忠实平坦的.

(iii) 设 $f: X \to Y$, $g: Y \to Z$ 是两个态射, $\mathscr{G}$ 是一个拟凝聚 $\mathscr{O}_Y$ 模层. 假设态射 f 是忠实平坦的. 则为了使 $\mathscr{G}$ 是 Z 平坦的 (切转: Z 忠实平坦的), 必须且只需 $f^*\mathscr{G}$ 是 Z 平坦的 (切转: Z 忠实平坦的).

(iv) 设 $f: X \to Y$, $g: Y \to Z$ 是两个态射, x 是 X 的一点. 假设 f 在点 x 处是平坦的. 则为了使 $g \circ f$ 在点 x 处是平坦的, 必须且只需 g 在点 $f(x)$ 处是平坦的.

为了证明 (i), 只需把 (2.2.10) 中的 Z 换成 Y' 并把 $\mathscr{G}'$ 换成 $\mathscr{O}_{Y'}$ 即可. 为了证明 (ii), 只需把 (2.2.10) 中的态射 $Y' \to Y$ 取为恒同, 并把 $\mathscr{G}'$ 换成 $\mathscr{O}_Y$ 即可. 为了证明 (iii), 只需把 (2.2.10) 中的态射 $Y' \to Y$ 仍然取为恒同, 并把 $\mathscr{F}$ 换成 $\mathscr{O}_X$, 把 $\mathscr{G}'$ 换成 $\mathscr{G}$ 即可. 最后, (iv) 可由 (ii) 导出, 只需把 X 换成 $\operatorname{Spec}\mathscr{O}_x$, 把 $\mathscr{F}$ 换成 $\mathscr{O}_X$, 把 Y 换成 $\operatorname{Spec}\mathscr{O}_{f(x)}$, 并把 Z 换成 $\operatorname{Spec}\mathscr{O}_{g(f(x))}$, 再利用 ($\mathbf{0_I}$, 6.6.2) 即可.

推论 (2.2.12) — 设 Y 是一个仿射概形, $f: X \to Y$ 是一个拟紧态射, $\mathscr{F}$ 是一个拟凝聚 $\mathscr{O}_X$ 模层. 若 $\mathscr{F}$ 是 f 忠实平坦的, 则可以找到一个仿射概形 X' 和一个映满的局部同构 $g: X' \to X$, 使得 $g^*\mathscr{F}$ 成为一个 $f \circ g$ 忠实平坦的模层.

事实上, 由于 X 是拟紧的, 从而是有限个仿射开集 X_i 的并集, 只需取 X' 是 X 在这些 X_i 上所诱导的开子概形的和, 并取 $g: X' \to X$ 是典范态射即可. 易见 g 是忠实平坦的, 从而依照 (2.2.11, (iii)), 前提条件就表明 $g^*\mathscr{F}$ 是 $f \circ g$ 忠实平坦的.

推论 (2.2.13) — (i) 设 $f: X \to Y$, $g: Y' \to Y$ 是两个态射, $X' = X \times_Y Y'$, $f' = f_{(Y')}: X' \to Y'$. 若 f 是忠实平坦态射, 则 f' 也是如此.

(ii) 若 $f: X \to X'$, $g: Y \to Y'$ 是两个忠实平坦 S 态射, 则

$$f \times_S g \ : \ X \times_S Y \longrightarrow X' \times_S Y'$$

也是忠实平坦的.

(iii) 设 $f: X \to Y$, $g: Y \to Z$ 是两个态射, 且 f 是忠实平坦的. 则为了使 g 是平坦态射 (切转: 忠实平坦态射), 必须且只需 $g \circ f$ 是平坦态射 (切转: 忠实平坦态射).

命题 (2.2.14) — 设 $f: X \to Y$ 是一个拟紧的忠实平坦态射. 若 X 是局部

Noether 的, 则 Y 也是如此.

问题在 Y 上是局部性的, 故可假设 $Y=\operatorname{Spec}A$. 由于 f 是拟紧的, 从而由 (2.2.12) 知, 可以限于考虑 $X=\operatorname{Spec}B$ 也是仿射概形的情形. 此时根据前提条件, B 是 Noether 环, 并且是忠实平坦 A 模 (2.2.3), 从而 A 是 Noether 环 ($\mathbf{0_I}$, 6.5.2).

命题 (2.2.15) — 设 $f: X\to Y$ 是一个忠实平坦态射. 若我们用 $\mathfrak{S}(X)$ 和 $\mathfrak{S}(Y)$ 分别表示 X 和 Y 的子概形的集合, 则 $\mathfrak{S}(X)$ 到 $\mathfrak{S}(Y)$ 的映射 $Z\mapsto f^{-1}(Z)$ 是单的.

由于 f 是映满的, 故对于 Y 的一个子概形 Z 的底集合来说, $f(f^{-1}(Z))=Z$. 另一方面, 若 U 是 Y 的一个包含 Z 的开集, 并且 Z 在其中是闭的, 则 $f^{-1}(U)$ 在 X 中是开的, $f^{-1}(Z)$ 在 $f^{-1}(U)$ 中是闭的, 并且 f 的限制 $f^{-1}(U)\to U$ 是忠实平坦态射. 从而我们可以限于考虑 Y 的闭子概形的情形. 现在, 若 Z 是 Y 的一个闭子概形, 对应于 $\mathscr{O}_Y$ 的拟凝聚的理想层 $\mathscr{J}$, 则 $f^{-1}(Z)$ 对应于 $\mathscr{O}_X$ 的拟凝聚理想层 $(f^*\mathscr{J})\mathscr{O}_X$ (**I**, 4.4.5), 并且由于 f 是平坦的, 从而 $(f^*\mathscr{J})\mathscr{O}_X$ 可以等同于 $f^*\mathscr{J}$. 然而映射 $\mathscr{F}\mapsto f^*\mathscr{J}$ 是一个从 $\mathscr{O}_Y$ 的拟凝聚理想层的集合到 $\mathscr{O}_X$ 的拟凝聚理想层的集合的单映射 (2.2.7), 故得结论.

推论 (2.2.16) — 设 X,Y 是两个 S 概形, 若 $S'\to S$ 是一个忠实平坦态射, 则映射 $f\mapsto f_{(S')}$ 是一个从 $\operatorname{Hom}_S(X,Y)$ 到 $\operatorname{Hom}_{S'}(X_{(S')},Y_{(S')})$ 的单映射.

我们有 $X_{(S')}\times_{S'}Y_{(S')}=(X\times_S Y)_{(S')}$ (**I**, 3.3.10), 从而投影态射 $X_{(S')}\times_{S'}Y_{(S')}\to X\times_S Y$ 是忠实平坦的 (2.2.13). $\operatorname{Hom}_S(X,Y)$ 中的元素与 $X\times_S Y$ 中的那些来自 S 态射的图像的子概形是一一对应的 (**I**, 5.3.11), 并且若 Z_f 是 $f\in\operatorname{Hom}_S(X,Y)$ 的图像, 则有 $Z_{f_{(S')}}=g^{-1}(Z_f)$ (**I**, 5.3.12). 从而只需把命题 (2.2.15) 应用到 g 上即可.

命题 (2.2.17) — 设 A 是一个环, B 是一个 A 代数, 并且是忠实平坦的有限呈示 A 模. 则结构同态 $\varphi: A\to B$ 是一个从 A 模 A 到 A 模 B 的某个直和因子的同构. 若 A 是局部环, 则 B 是自由 A 模, 并且它有这样一个基底, 其中包含了 B 的单位元.

依照 Bourbaki,《交换代数学》, II, §3, ¥3, 命题 12, 只需对 A 是局部环的情形来证明这个命题即可, 此时 (前引, ¥2, 命题 5 的推论 2) B 是一个有限型自由 A 模, 从而由前引, 命题 5 就可以推出结论.

2.3 平坦态射的拓扑性质

引理 (2.3.1) — 设 $f: X\to Y$ 是一个紧凑态射, $g: Y'\to Y$ 是一个平坦态射; 令 $X'=X\times_Y Y'$, $f'=f_{(Y')}: X'\to Y'$. 则对任意拟凝聚 $\mathscr{O}_X$ 模层 $\mathscr{F}$, 典范同态

(2.3.1.1) $$g^*f_*\mathscr{F}\longrightarrow f'_*(\mathscr{F}\otimes_{\mathscr{O}_Y}\mathscr{O}_{Y'})$$

都是一一的.

这是 (**III**, 1.4.15) (在 (1.7.21) 中得到改进) 的一个特殊情形.

命题 (2.3.2) — 设 S 是一个概形, $f: X \to Y$ 是一个紧凑 S 态射, 设 Z 是 X 在 f 下的概像 ((**I**, 9.5.3) 和 (1.7.8)), 它是 Y 的子概形, 再设 $j: Z \to Y$ 是典范含入, 从而 $f = j \circ g$, 其中 $g: X \to Z$ 是一个态射 (前引). 设 $h: S' \to S$ 是一个平坦态射, 并且令 $f' = f_{(S')}: X_{(S')} \to Y_{(S')}$, 则 $j' = j_{(S')}: Z_{(S')} \to Y_{(S')}$ 可以等同于 $X_{(S')}$ 在 f' 下的概像到 $Y_{(S')}$ 的典范含入.

由于态射 $Y_{(S')} \to Y$ 是平坦的 (2.1.4), 故可以限于考虑 $S = Y$ 的情形 (**I**, 3.3.11). 设 $f = (\psi, \theta)$, 则 Z 是 S 的这样一个闭子概形, 它所对应的 (拟凝聚) $\mathscr{O}_S$ 理想层 $\mathscr{J}$ 就是同态 $\theta: \mathscr{O}_S \to f_*\mathscr{O}_X$ 的核 (**I**, 9.5.2). 由于 h 是平坦态射, 故知 $\mathscr{O}_{S'}$ 的拟凝聚理想层 $\mathscr{J}\mathscr{O}_{S'}$ 可以等同于 $h^*(\theta): \mathscr{O}_{S'} \to h^*f_*\mathscr{O}_X$ 的核. 现在设 $f' = (\psi', \theta')$, 则易见 (比如归结到 Y 和 Y' 都是仿射概形的情形, 并利用 (**I**, 2.2.4)) $\theta': \mathscr{O}_{S'} \to f'_*(\mathscr{O}_{X'})$ 是典范同态 (2.3.1.1) $h^*f_*\mathscr{O}_X \to f'_*\mathscr{O}_{X'}$ 和 $h^*(\theta)$ 的合成, 从而由 (2.3.1) 和 (**I**, 9.5.2) 就可以推出结论, 因为 f' 是紧凑的 (1.1.2 和 1.2.2).

(2.3.3) 所谓一个态射 $f: X \to Y$ 是拟平坦的, 是指可以找到一个有限型拟凝聚 $\mathscr{O}_X$ 模层 $\mathscr{F}$, 它是 f 平坦的, 并且它的支集等于 X. 所谓 f 是拟忠实平坦的, 是指它是拟平坦且映满的. 平坦态射 (切转: 忠实平坦态射) 都是拟平坦的 (切转: 拟忠实平坦的), 因为 $\mathscr{F} = \mathscr{O}_X$ 就满足上述条件.

由 (2.1.4) 和 (**I**, 9.1.13) 立知, 若 f 是拟平坦的, 则对任意态射 $Y' \to Y$, 态射 $f_{(Y')}: X \times_Y Y' \to Y'$ 总是拟平坦的. 同样地 (有见于 (**I**, 3.5.2)), 若 f 是拟忠实平坦的, 则 $f_{(Y')}$ 也是拟忠实平坦的.

命题 (2.3.4) — 设 $f: X \to Y$ 是一个拟平坦态射 (2.3.3). 则 f 具有下述性质 (依照 (1.10.4), 它们都是等价的):

(i) 对任意 $x \in X$ 以及 $y = f(x)$ 的任意一般化 y', 均可找到 x 的一个一般化 x', 满足 $f(x') = y'$.

(ii) 对任意 $x \in X$, $\operatorname{Spec}\mathscr{O}_{X,x}$ 在 f 下的像都等于 $\operatorname{Spec}\mathscr{O}_{Y,y}$.

(iii) 对于 Y 的任意不可约闭子集 Y', $f^{-1}(Y')$ 的每个不可约分支都笼罩了 Y'.

只需证明其中之一, 比如证明 (ii) 即可. 根据前提条件, 我们有一个有限型拟凝聚 $\mathscr{O}_X$ 模层 $\mathscr{F}$, 它是 f 平坦的, 并且 $\operatorname{Supp}\mathscr{F} = X$. 于是对任意 $x \in X$, $\mathscr{F}_x$ 都是有限型 $\mathscr{O}_x$ 模, 并且不等于 0, 进而, $\mathscr{F}_x$ 是平坦 $\mathscr{O}_y$ 模 (关于同态 $\rho: \mathscr{O}_y \to \mathscr{O}_x$). 由于 ρ 是局部同态, 并且 $\mathscr{F}_x \neq 0$, 故由 Nakayama 引理得知, $\mathscr{F}_x \otimes_{\mathscr{O}_y} \boldsymbol{k}(y) \neq 0$, 从而 $\mathscr{F}_x$ 是忠实平坦 $\mathscr{O}_y$ 模 ($\mathbf{0_I}$, 6.4.1). 因而对于 $\mathscr{O}_y$ 的任何素理想 $\mathfrak{q}$, 均可找到 $\mathscr{O}_x$ 的一个素理想 $\mathfrak{p}$, 使得 $\mathfrak{q} = \rho^{-1}(\mathfrak{p})$ ($\mathbf{0_I}$, 6.5.1), 这就证明了 (ii).

推论 (2.3.5) — 设 $f: X \to Y$ 是一个态射, 且满足 (2.3.4) 中的等价条件 (i), (ii), (iii) (比如当 f 是拟平坦态射或者开态射 (1.10.4) 时).

(i) 设 Z, Z' 是 Y 的两个不可约开子集, 满足 $Z \subseteq Z'$, 并设 T 是 $f^{-1}(Z)$ 的一个不可约分支, 则可以找到 $f^{-1}(Z')$ 的一个不可约分支 T', 它包含了 Z' (从而笼罩了 Z').

(ii) 对于 X 的任意不可约分支 T, $\overline{f(T)}$ 总是 Y 的一个不可约分支.

(iii) 假设 Y 是不可约的, 并且 y 是它的一般点, 再假设 $f^{-1}(y)$ 是不可约的. 则 X 是不可约的.

(i) 只需应用 (2.3.4, (i)), 并取 x 是 T 的一般点 (因而 $y = f(x)$ 是 Z 的一般点), y' 是 Z' 的一般点即可.

(ii) 易见 $\overline{f(T)} = Z$ 是不可约的, 并且依照 (i), Z 不可能严格包含在 Y 的任何一个不可约闭子集 Z' 之中.

(iii) 依照 (ii), X 的每个不可约分支都笼罩了 Y, 从而与 $f^{-1}(y)$ 有交点, 于是由 ($\mathbf{0_I}$, 2.1.8) 就可以推出结论.

命题 (2.3.6) — 设 Y 是一个概形, 且它的不可约分支是局部有限的 (比如当 Y 的底空间是局部 *Noether* 空间时).

(i) 对于 Y 的任何闭子集 W, 只要它在一般化 ($\mathbf{0_I}$, 2.1.2) 下稳定, 就一定是开集. 特别地, Y 的连通分支都是开的.

(ii) 设 $f: X \to Y$ 是一个**闭**态射, 并满足 (2.3.4) 中的等价条件 (i), (ii), (iii) (比如当 f 是拟平坦态射或者开态射时). 则 X 的任何连通分支 C 在 f 下的像都是 Y 的连通分支.

(iii) 设 $f: X \to Y$ 是一个态射, 并满足 (2.3.4) 中的等价条件 (i), (ii), (iii), 而且对任意 $y \in Y$, 集合 $f^{-1}(y)$ 都是有限的 (比如当 f 是拟有限态射或者紧贴态射时). 则 X 的不可约分支是局部有限的.

(i) 若 $y \in W$, 则由前提条件知, 对于 Y 的那些包含了 y 的不可约分支 Y_i ($1 \leqslant i \leqslant m$) 来说, 其一般点 η_i 都落在 W 中, 从而由于 W 是闭的, 故这些不可约分支自身也包含在 W 中. 根据前提条件, 可以找到 y 的一个邻域 U, 使得 U 就是这些 $U \cap Y_i$ 的并集 ($\mathbf{0_I}$, 2.1.6), 故有 $U \subseteq W$, 从而 W 是开的. 由于对任意 $y \in Y$, $\overline{\{y\}}$ 都是连通的, 故知 Y 的连通分支在一般化下总是稳定的, 从而第二句话可由第一句话立得.

(ii) 由于 C 在 X 中是闭的, 故根据前提条件, $f(C)$ 在 Y 中是闭的. 进而, 由于 C 在一般化下稳定, 故由 f 上的条件知, $f(C)$ 在一般化下稳定, 从而依照 (i), $f(C)$ 是既开又闭的, 又因为它是连通的, 故知它是 Y 的一个连通分支.

(iii) 设 $x \in X$, 根据前提条件, 可以找到 $y = f(x)$ 的一个开邻域 U, 它只与 Y 的有限个不可约分支 Y_i $(1 \leqslant i \leqslant n)$ 有交点. 设 y_i 是 Y_i 的一般点 $(1 \leqslant i \leqslant n)$. 对于 X 的任何一个与 $f^{-1}(U)$ 有交点的不可约分支 Z 来说, 它的一般点 z 必然包含在某个集合 $f^{-1}(y_i)$ 之中 (2.3.4). 而根据前提条件, 这些集合都是有限的, 这就证明了结论.

命题 (2.3.7) — 设 $f : X \to Y$ 是任何一个态射, $g : Y' \to Y$ 是一个拟平坦态射, $X' = X \times_Y Y'$, $f' = f_{(Y')} : X' \to Y'$.

(i) 若 f 是拟紧且笼罩性的, 则 f' 也是如此.

(ii) 若 X 的每个不可约分支都笼罩了 Y 的某个不可约分支, 则 X' 的每个不可约分支也都笼罩了 Y' 的某个不可约分支.

设 $g' : X' \to X$ 是典范投影, 它是一个拟平坦态射 (2.3.3).

(i) 我们知道 (1.1.2) f' 是拟紧的. 进而, 若 y' 是 Y' 的一个极大点 (1.1.4), 则 $y = g(y')$ 是 Y 的一个极大点 (2.3.4, (iii)). 根据前提条件 (1.1.5), 可以找到 $x \in X$, 使得 $f(x) = y$, 从而 (**I**, 3.4.7) 可以找到 $x' \in X'$, 使得 $f'(x') = y'$.

(ii) 设 x' 是 X' 的一个极大点, 并设 $x = g'(x')$, 则由 (2.3.4, (ii)) 知, x 是 X 的一个极大点, 并且根据前提条件, $y = f(x)$ 是 Y 的一个极大点. 我们令 $y' = f'(x')$, 则有 $g(y') = y$, 只需证明 y' 是 Y' 的一个极大点即可. 依照 (**I**, 5.1.7) 和 (2.3.3), 可以限于考虑 X 和 Y 都是既约概形的情形, 从而 $\mathscr{O}_x$ 和 $\mathscr{O}_y$ 都是域. 进而, 依照 (**I**, 3.6.5) 和 (**I**, 2.4.4), 可以限于考虑 $Y = \operatorname{Spec} \mathscr{O}_y$ 和 $Y' = \operatorname{Spec} \mathscr{O}_{y'}$ 的情形. 此时 f 是平坦态射, 因为 $\mathscr{O}_y$ 是一个域 (2.1.2), 于是 f' 也是平坦的 (2.1.4), 从而由 (2.3.4, (ii)) 知, $y' = f'(x')$ 是 Y' 的一个极大点.

推论 (2.3.8) (Zariski) — 设 A, B 是两个 *Noether* 局部环, $\mathfrak{m}$, $\mathfrak{n}$ 是它们的极大理想, $\varphi : A \to B$ 是一个局部同态. 假设下述条件得到满足:

1° B 是本质有限型 A 代数 (1.3.8).

2° A 在 $\mathfrak{m}$ 预进拓扑下的完备化 $\widehat{A}$ 是整的.

3° φ 是单的.

则 A 上的 $\mathfrak{m}$ 预进拓扑就等于由 B 上的 $\mathfrak{n}$ 预进拓扑所诱导的拓扑.

我们令 $B' = B \otimes_A \widehat{A}$, 依照 1°, B' 具有 $S^{-1}(C \otimes_A \widehat{A})$ 的形状, 其中 C 是一个有限型 A 代数, 且 S 是 C 的一个乘性子集, 从而 B' 是 *Noether* 环. 由于 A 可以等同于 $\widehat{A}$ 的一个子环 ($\mathbf{0_I}$, 7.3.5), 故由 2° 知, A 是整的. 进而条件 3° 表明, 可以找到 B 的一个素理想 $\mathfrak{q}$, 它在 A 中的逆像是理想 (0) ($\mathbf{0_I}$, 1.5.8), 从而局部同态 $A \to B/\mathfrak{q}$ 是单的. 故可限于考虑 B 是整局部环的情形. 现在我们把 (2.3.7, (ii)) 的结论应用到 $Y = \operatorname{Spec} A$, $X = \operatorname{Spec} B$, $Y' = \operatorname{Spec} \widehat{A}$ 和 $X' = \operatorname{Spec} B'$ 上, 则由于态射 $Y' \to Y$ 是平坦的, 并且 X (它是整的) 笼罩了整概形 Y, 故知 X' 的任何不可约分支都笼罩了 (整) 概形 Y'. 若 y, x, y' 分别是 Y, X, Y' 的闭点, 则可以找到 (唯一) 一个点

$x' \in X'$, 它位于 x 和 y' 之上 (**I**, 3.4.9), 从而 $\operatorname{Spec} \mathscr{O}_{x'}$ 笼罩了 $\operatorname{Spec} \mathscr{O}_{y'}$. 于是我们有下面这个由 Noether 局部环的局部同态所构成的交换图表

$$\begin{array}{ccc} B = \mathscr{O}_x & \longrightarrow & \mathscr{O}_{x'} \\ {\scriptstyle\varphi}\uparrow & & \uparrow{\scriptstyle v} \\ A = \mathscr{O}_y & \xrightarrow[u]{} & \mathscr{O}_{y'} = \widehat{A}\,, \end{array}$$

其中 u 和 v 都是单的 (**I**, 1.2.7). 从而若把 A 和 $\widehat{A}$ 都等同于 $\mathscr{O}_{x'}$ 的子环, 并且用 $\mathfrak{r}$ 来记 $\mathscr{O}_{x'}$ 的极大理想, 则这些理想 $\mathfrak{r}^k \cap \widehat{A}$ 的交集是 (0) ($\mathbf{0_I}$, 7.3.5). 由于 $\widehat{A}$ 是完备的, 并且这些理想在 $\widehat{A}$ 中都是开的, 故知 (Bourbaki,《交换代数学》, III, §2, ※7, 命题 8) $\widehat{A}$ 的拓扑就是由 $\mathscr{O}_{x'}$ 的 $\mathfrak{r}$ 预进拓扑所诱导的拓扑, 自然 A 的拓扑也是如此 ($\mathbf{0_I}$, 7.3.5). 此外我们有 $\mathfrak{n}^k \cap A \subseteq \mathfrak{r}^k \cap A$, 从而 B 的 $\mathfrak{n}$ 预进拓扑在 A 上所诱导的拓扑比 A 的 $\mathfrak{m}$ 预进拓扑更为精细, 然而 $\mathfrak{m}^k \subseteq \mathfrak{n}^k \cap A$, 故知这两个拓扑是一样的. 证明完毕.

注解 (2.3.9) — 在后面 (7.8.3, (vii)) 我们将看到, 对于代数几何中最常见的那些 Noether 局部环 A 来说, 如果 A 是整且整闭的, 那么 $\widehat{A}$ 也是如此. 这就是为什么在考察域上的代数几何时, 我们一般总是可以把 A 是整且整闭的作为前提条件 (在 (2.3.8) 的陈述中).

定理 (2.3.10) — 设 $f : X \to Y$ 是一个拟平坦态射 (2.3.3). 则对于 Y 的任何投影可构子集 (1.9.4) Z, 均有 $f^{-1}(\overline{Z}) = \overline{f^{-1}(Z)}$.

由于 f 是连续的, 故有 $\overline{f^{-1}(Z)} \subseteq f^{-1}(\overline{Z})$, 从而只需证明, 对任意 $x \in X$, 只要 $f(x) \in \overline{Z}$, 点 x 就必然落在 $f^{-1}(Z)$ 的闭包中. 易见问题在 Y 上是局部性的, 从而可以假设 Y 是仿射的. 依照前提条件, 可以找到一个仿射概形 Y' 和一个态射 $g : Y' \to Y$, 使得 $g(Y') = Z$ (1.9.5, (ix)). 设 Y_1 是 Y' 在 g 下的概像 (**I**, 9.5.3), 并设 X_1 是 X 的闭子概形 $f^{-1}(Y_1)$, 若 $f_1 : X_1 \to Y_1$ 是 f 在 X_1 上的限制, 则 f_1 是拟平坦的 (2.3.3), 从而我们可以把 X, Y 分别换成 X_1, Y_1, 换句话说, 可以假设 g 是笼罩性的. 现在令 $X' = X \times_Y Y'$, 并设 f' 和 g' 分别是 X' 到 Y' 和 X 的投影, 则我们有下面的交换图表

$$\begin{array}{ccc} X & \xleftarrow{g'} & X' \\ {\scriptstyle f}\downarrow & & \downarrow{\scriptstyle f'} \\ Y & \xleftarrow[g]{} & Y'\,. \end{array}$$

由于 f 是拟平坦的, g 是拟紧且笼罩性的, 故由 (2.3.7) 知 (把 f 和 g 的角色互换), g' 是笼罩性的, 这就证明了定理.

推论 (2.3.11) — 设 f 是一个拟紧的拟平坦态射, F 是 X 的一个闭子集, 且满足 $F = f^{-1}(f(F))$, 则有 $F = f^{-1}(\overline{f(F)})$.

设 Y' 是 X 的这样一个既约子概形, 它以 F 为底空间 (**I**, 5.2.1), 再设 $j: Y' \to X$ 是典范含入, 则 $f \circ j$ 是拟紧的 (1.1.2), 从而 $Z = f(F)$ 是 Y 的一个投影可构子集 (1.9.5, (vii)), 于是由 F 是闭集就可以推出结论.

我们还可以把 (2.3.11) 的结果写成 $F = f^{-1}(f(X) \cap \overline{f(F)})$ 的形状, 换句话说, 为了使 Y 的子空间 $f(X)$ 的一个子集 $Z \subseteq f(X)$ 是闭的, 必须且只需它的逆像 $f^{-1}(Z)$ 在 X 中是闭的. 这表明 Y 在 $f(X)$ 上所诱导的拓扑就是 X 的拓扑在 f 所定义的等价关系下的商拓扑. 特别地:

推论 (2.3.12) — 设 $f: X \to Y$ 是一个拟紧且拟忠实平坦的态射 (2.3.3)[①]. 则 Y 的拓扑就是 X 的拓扑在 f 所定义的等价关系下的商拓扑 (换句话说, 为了使 $Z \subseteq Y$ 在 Y 中是闭的 (切转: 开的), 必须且只需 $f^{-1}(Z)$ 在 X 中是闭的 (切转: 开的)).

事实上, 我们有 $f(X) = Y$.

推论 (2.3.13) — 设 X, Y 是两个 S 概形, $f: X \to Y$ 是一个拟紧忠实平坦的 S 态射. 则为了使 Y 在 S 上是分离的, 必须且只需典范浸入 $j: X \times_Y X \to X \times_S X$ (**I**, 5.3.10) 是闭的.

注意到我们有下面的交换图表 (**I**, 5.3.5)

$$\begin{array}{ccc} X \times_Y X & \xrightarrow{j} & X \times_S X \\ {\scriptstyle\pi}\downarrow & & \downarrow{\scriptstyle f \times_S f} \\ Y & \xrightarrow[\Delta_Y]{} & Y \times_S Y \end{array},$$

它把 $X \times_Y X$ 等同于 $(Y \times_S Y)$ 概形 Y 和 $X \times_S X$ 的纤维积. 由于 f 是映满的, 故知 π 和 $f \times_S f$ 也是如此, 从而对角线 $\Delta_Y(Y)$ 在 $f \times_S f$ 下的逆像就是 $j(X \times_Y X)$ (**I**, 3.4.8). 现在 $f \times_S f$ 是拟紧的忠实平坦态射 (1.1.2 和 2.2.13), 从而只需把 (2.3.12) 应用到这个态射上即可.

推论 (2.3.14) — 设 $f: X \to Y$ 是一个拟紧的拟忠实平坦态射, Z 是 Y 的一个子集. 则为了使 Z 是 Y 的一个投影可构的局部闭子集, 必须且只需 $f^{-1}(Z)$ 是 X 的一个投影可构的局部闭子集.

我们已经知道 (1.9.12), 为了使 Z 是 Y 的投影可构子集, 必须且只需 $f^{-1}(Z)$ 是 X 的投影可构子集. 上述条件显然是必要的. 为了证明它也是充分的, 考虑 Y 的那个以 $\overline{Z}$ 为底空间的既约闭子概形 Y_1, 并设 X_1 是 Y_1 在 f 下的逆像, 则 X_1 的底空间是 $f^{-1}(\overline{Z}) = \overline{f^{-1}(Z)}$ (2.3.10). 由于 $f^{-1}(Z)$ 在 X 中是局部闭的, 故知它在 $\overline{f^{-1}(Z)}$ 中是开的, 从而在 X_1 中是开的. 现在态射 f 的限制 $f_1: X_1 \to Y_1$ 是拟紧且拟忠实

①译注: 前提条件可以减弱为: 对于 Y 的任何仿射开集 V, 均可找到 X 的拟紧开集 U, 使得 $f(U) = V$.

平坦的 (1.1.2 和 2.3.3), 从而由 (2.3.12) 知, Z 在 $\overline{Z}$ 中是开的, 这就表明 Z 在 Y 中是局部闭的.

注解 (2.3.15) — 在 (2.3.12) 中, 只假设 f 忠实平坦是不充分的. 例如, 取 Y 是一条整的准曲线 (**II**, 7.4.2), 取 X 是这些局部概形 $\operatorname{Spec}\mathscr{O}_y$ 的和, 其中 y 跑遍 Y (**I**, 3.1), 并取 f 是典范态射, 则它是忠实平坦的 (**I**, 2.4.2). 设 η 是 Y 的一般点, 则 $Z=\{\eta\}$ 在 Y 中不是开的 (**II**, 7.4.3), 然而 $f^{-1}(Z)=\operatorname{Spec}\mathscr{O}_\eta$, 因为 $\mathscr{O}_\eta$ 是一个域, 从而 $f^{-1}(Z)$ 在 X 中是开的.

2.4 广泛开态射与平坦态射

(2.4.1) 我们在 (**II**, 5.4.9) 中已经定义了广泛闭态射的概念, 还可以用同样的方式给出下面的定义:

定义 (2.4.2) — 所谓一个概形态射 $f: X\to Y$ 是广泛开的 (切转: 是广泛拟双向连续的, 是广泛同胚的), 是指对任意态射 $g: Y'\to Y$, 态射 $f_{(Y')}: X\times_Y Y'\to Y'$ 总是开的 (切转: 总是映到像子空间的同胚, 总是映到 Y' 的同胚).

我们将在后面看到 (14.3.2), 当 Y 是局部 Noether 概形时, 这里所给出的广泛开态射的定义与 (**III**, 4.3.9) 中对于有限型态射所给出的定义是等价的. 读者可以检查一下, 我们在 §14 之前都不会用到从前的定义.

命题 (2.4.3) — (i) 浸入 (切转: 开浸入, 闭浸入) 都是广泛拟双向连续的 (切转: 广泛开的, 广泛闭的).

(ii) 两个广泛开态射 (切转: 广泛闭态射, 广泛拟双向连续态射, 广泛同胚态射) 的合成也是广泛开的 (切转: 广泛闭的, 广泛拟双向连续的, 广泛同胚的).

(iii) 若 $f: X\to Y$ 是一个 S 态射, 并且是广泛开的 (切转: 广泛闭的, 广泛拟双向连续的, 广泛同胚的), 则对任意基变换 $S'\to S$, 态射 $f_{(S')}: X_{(S')}\to Y_{(S')}$ 也是广泛开的 (切转: 广泛闭的, 广泛拟双向连续的, 广泛同胚的).

(iv) 若 $f: X\to X'$, $g: Y\to Y'$ 是两个 S 态射, 并且都是广泛开的 (切转: 广泛闭的, 广泛拟双向连续的, 广泛同胚的), 则 $f\times_S g: X\times_S Y\to X'\times_S Y'$ 也是广泛开的 (切转: 广泛闭的, 广泛拟双向连续的, 广泛同胚的).

(v) 设 $f: X\to Y$, $g: Y\to Z$ 是两个态射, 其中 f 是映满的; 于是若 $g\circ f$ 是广泛开的 (切转: 广泛闭的, 广泛拟双向连续的, 广泛同胚的), 则 g 也是如此.

(vi) 为了使态射 f 是广泛开的 (切转: 广泛闭的, 广泛拟双向连续的, 广泛同胚的), 必须且只需 f_{red} 是广泛开的 (切转: 广泛闭的, 广泛拟双向连续的, 广泛同胚的).

(vii) 设 (U_α) 是 Y 的一个开覆盖. 则为了使态射 $f: X\to Y$ 是广泛开的 (切转: 广泛闭的, 广泛拟双向连续的, 广泛同胚的), 必须且只需对所有 α, 限制态射 $f^{-1}(U_\alpha)\to U_\alpha$ 都是广泛开的 (切转: 广泛闭的, 广泛拟双向连续的, 广泛同胚的).

阐言 (i) 缘自 (**I**, 4.3.2). 阐言 (ii) 可由定义立得, 阐言 (iii) 在归结到 $Y = S$, $Y' = S'$ 的情形 (**I**, 3.3.11) 后也可由定义立得. 我们知道 (iv) 可由 (ii) 和 (iii) (**I**, 3.5.1) 得出. 为了证明 (v), 注意到对任意基变换 $Z' \to Z$, 态射 $f_{(Z')} : X_{(Z')} \to Y_{(Z')}$ 总是映满的 (**I**, 3.5.2), 从而可以限于证明, 若 $g \circ f$ 是开的 (切转: 闭的, 映到像子空间的同胚, 同胚), 则 g 也是如此, 这是一个纯拓扑问题. 对于 $g \circ f$ 是开态射 (切转: 闭态射) 的情形, 由 Bourbaki,《一般拓扑学》, I, 第 3 版, §5, ⁋1, 命题 1 就可以推出 g 是开的 (切转: 闭的). 对于另外两种情况, 我们可以进而假设 $g(f(X)) = g(Y) = Z$, 换句话说可以假设 $g \circ f$ 是 X 到 Z 的同胚. 由于 f 是满映射, 故知 g 必然是一一的, 而根据前面所述, g 是一个连续开映射, 从而 g 就是 Y 到 Z 的同胚.

现在来证明 (vi). 注意到为了使一个态射 g 是开的 (切转: 闭的, 映到像子空间的同胚, 同胚), 必须且只需 g_{red} 具有该性质. 另一方面 (**I**, 5.1.8), 对任意态射 $Y' \to Y$, 我们都有 $(X_{\mathrm{red}} \otimes_{Y_{\mathrm{red}}} Y'_{\mathrm{red}})_{\mathrm{red}} = (X \otimes_Y Y')_{\mathrm{red}}$, 从而由上述注解知, 若 f_{red} 是广泛开的 (切转: 广泛闭的, 广泛拟双向连续的, 广泛同胚的), 则 f 也是如此. 逆命题也能用同样的方法证明, 因为对任意态射 $Y'' \to Y_{\mathrm{red}}$, 我们都有 $(X_{\mathrm{red}} \otimes_{Y_{\mathrm{red}}} Y'')_{\mathrm{red}} = (X \otimes_Y Y'')_{\mathrm{red}}$ (**I**, 5.1.8).

最后, (vii) 的必要性由 (iii) 立得. 反过来, 假设条件 (vii) 得到满足, 并设 $g : Y' \to Y$ 是任意一个态射, 则这些 $g^{-1}(U_\alpha) = U'_\alpha$ 构成了 Y' 的一个开覆盖, 并且如果用 f_α 来记 f 的限制 $f^{-1}(U_\alpha) \to U_\alpha$, 再用 f' 来记态射 $f_{(Y')}$, 则限制 $f'^{-1}(U'_\alpha) \to U'_\alpha$ 恰好就是 $(f_\alpha)_{(U'_\alpha)}$. 从而可以限于证明 f 是开的 (切转: 闭的, 映到像子空间的同胚, 映到 Y 的同胚), 而这是显然的.

命题 (2.4.4) — *一个广泛拟双向连续的态射 $f : X \to Y$ 一定是紧贴的 (从而是分离的 (1.7.7.1)).*

事实上, 根据前提条件, f 是广泛含容的 (**I**, 3.5.11).

命题 (2.4.5) — *(i) 一个整型紧贴映满态射 $f : X \to Y$ 一定是广泛同胚的.*

(ii) 反之, 假设 Y 是局部 Noether 的. 于是若一个有限型态射 $f : X \to Y$ 是广泛同胚的, 则它是有限紧贴映满的.

(i) 只需注意到这三个条件在基变换下都是稳定的 (**I**, 3.5.2, **I**, 3.5.7, **II**, 6.1.5), 并且整型态射总是闭的 (**II**, 6.1.10), 从而易见 f 是 X 到 Y 的一个同胚.

(ii) 由于 f 是有限型且广泛闭的, 同时又是分离的 (2.4.4), 故知它是紧合的 (**II**, 5.4.1), 而且对任意 $y \in Y$, $f^{-1}(y)$ 都只含一点, 从而 (**III**, 4.4.2) f 是有限的. 易见 f 是映满的, 并且还是紧贴的, 因为它是广泛含容的 (**I**, 3.5.11).

定理 (2.4.6) — *设 $f : X \to Y$ 是一个拟平坦的局部有限呈示态射 (2.3.3). 则 f 是广泛开的. 特别地, 窄平坦态射总是广泛开的.*

我们知道对任意基变换 $Y' \to Y$, 态射 $f_{(Y')}$ 总是拟平坦 (2.3.3) 且局部有限呈示的 (1.4.3, (iii)). 从而只需证明 f 是开态射. 然而这可由 (1.10.4) 中 (关于局部有限呈示态射) 的判别法立得, 因为 (1.10.4) 中的条件 b), b′), c) 恰好就是 (2.3.4) 中的条件 (i), (ii), (iii).

推论 (2.4.7) — 对任意概形 Y, 结构态射 $\mathbf{V}_Y^n \to Y$ (其中 $\mathbf{V}_Y^n = Y \otimes_{\mathbb{Z}} \mathrm{Spec}(\mathbb{Z}[T_1, \cdots, T_n])$, 也记作 $Y[T_1, \cdots, T_n]$) 都是广泛开的.

事实上, 对于 $Y = \mathrm{Spec}\, A$, 我们有 $Y[T_1, \cdots, T_n] = \mathrm{Spec}\, A[T_1, \cdots, T_n]$, 并且 $A[T_1, \cdots, T_n]$ 是自由的有限呈示 A 代数.

注解 (2.4.8) — (i) 一个拟紧忠实平坦态射 $f : X \to Y$ 未必是开的, 即使 X 和 Y 都是 Noether 概形. 例如取 Y 是一条整的准曲线 (**II**, 7.4), 一般点为 y, 并设 X 是概形的和 $Y \sqcup \mathrm{Spec}\, \boldsymbol{k}(y)$, f 是典范态射, 则易见 f 是平坦且映满的, 从而是忠实平坦的, 并且也是拟紧的, 然而 X 中的开集 $\mathrm{Spec}\, \boldsymbol{k}(y)$ 在 f 下的像是集合 $\{y\}$, 它在 Y 中并不是开的 (**II**, 7.4.3).

(ii) 对任意概形 X, 典范态射 $f : X_{\mathrm{red}} \to X$ 都是闭浸入, 而且是广泛同胚的 (2.4.4, (vi)). 若 X 是局部 Noether 的, 则 f 仅在 X 是既约概形时才是平坦的, 此时 $f = 1_X$ (2.2.17).

命题 (2.4.9) — 设 Y 是一个**离散**概形. 则任何态射 $f : X \to Y$ 都是广泛开的.

问题在 Y 上是局部性的 (2.4.3, (vii)), 故可限于考虑 Y 的底空间只含一点的情形. 把 f 换成 f_{red} (2.4.3, (vi)), 则可以进而假设 Y 是某个域 k 的谱. 另一方面, 对任意基变换 $Y' \to Y$, X 的所有仿射开集在 $X' = X \times_Y Y'$ 中的逆像可以覆盖 X', 从而我们可以假设 $X = \mathrm{Spec}\, B$, 其中 B 是一个 k 代数. 问题是要证明, 对任意 k 代数 A', 若令 $B' = B \otimes_k A'$, 则任何形如 $U = D(t)$ $(t \in B')$ 的开集在 $f' : \mathrm{Spec}\, B' \to \mathrm{Spec}\, A'$ 下的像都是开的. 现在 B 是它的那些有限型 k 子代数的递增滤相族 (B_α) 的归纳极限, 从而 (由于函子 $\varinjlim$ 与张量积可交换) B' 是这些 A' 代数 $B_\alpha \otimes_k A' = B'_\alpha$ 的归纳极限. 我们可以找到一个 α, 使得 t 是某个元素 $t_\alpha \in B'_\alpha$ 在 B' 中的像, 从而 $D(t)$ 就是开集 $U_\alpha = D(t_\alpha)$ 在典范态射 $u_\alpha : \mathrm{Spec}\, B' \to \mathrm{Spec}\, B'_\alpha$ 下的逆像 (**I**, 1.2.2.2). 但由于 k 是一个域, 故知 B_α 是有限呈示 k 代数和平坦 k 模, 从而 B'_α 是有限呈示 A' 代数和平坦 A' 模. 于是由 (2.4.6) 可知, U_α 在 $f'_\alpha : \mathrm{Spec}\, B'_\alpha \to \mathrm{Spec}\, A'$ 下的像在 $\mathrm{Spec}\, A'$ 中是开的, 因而问题归结为证明 $f'(U) = f'_\alpha(U_\alpha)$. 易见 $f'(U) \subseteq f'_\alpha(U_\alpha)$, 从而只需再证明, 对任意点 $y' = f'_\alpha(U_\alpha)$, 交集 $V = U \cap f'^{-1}(y')$ 都不是空的. 但我们有 $V = u_\alpha^{-1}(V_\alpha)$, 其中 $V_\alpha = U_\alpha \cap {f'_\alpha}^{-1}(y')$. 换句话说, V_α 是概形 $\mathrm{Spec}(B'_\alpha \otimes_{A'} \boldsymbol{k}(y')) = \mathrm{Spec}(B_\alpha \otimes_k \boldsymbol{k}(y'))$ 的一个非空开集 (根据 y' 的定义), 并且 V 是它在态射 $v : \mathrm{Spec}(B \otimes_k \boldsymbol{k}(y') \to \mathrm{Spec}(B_\alpha \otimes_k \boldsymbol{k}(y'))$ 下的逆像. 由于 B_α 是 B 的一个子代数, 并且 k 是域, 故根据平坦性, 同态 $B_\alpha \otimes_k \boldsymbol{k}(y') \to B \otimes_k \boldsymbol{k}(y')$ 是单的, 从而

态射 v 是笼罩性的 (**I**, 1.2.7), 这就完成了证明.

推论 (2.4.10) — 设 k 是一个域, X,Y 是两个 k 概形, 则投影态射 $X\times_k Y\to X$ 是广泛开的. 特别地, 对于 k 的任意扩张 K, 投影态射 $X_{(K)}\to X$ 都是广泛开的.

只需把 (2.4.9) 应用到结构态射 $Y\to \operatorname{Spec} k$ 上即可.

注解 (2.4.11) — 若 $f:X\to Y$ 是一个开态射, 则对于 Y 的任意子集 E, 均有 $f^{-1}(\overline{E})=\overline{f^{-1}(E)}$ (Bourbaki, 《一般拓扑学》, I, 第 3 版, §5, ※4, 命题 7). 这个结果可以应用到比如 f 是窄平坦态射的情况 (2.4.6), 也可以应用到 f 是投影态射 $X\times_k Y\to X$ 的情况, 其中 X,Y 都是域 k 上的概形 (2.4.10), 从而推广了 (2.3.10).

2.5 在忠实平坦下降时模层性质的保持情况

命题 (2.5.1) — 设 $f:X\to Y$ 是一个态射, $\mathscr{F}$ 是一个拟凝聚 $\mathscr{O}_X$ 模层, $g:Y'\to Y$ 是一个忠实平坦态射, $X'=X\times_Y Y'$, $f'=f_{(Y')}:X'\to Y'$, $\mathscr{F}'=\mathscr{F}\otimes_{\mathscr{O}_Y}\mathscr{O}_{Y'}$. 则为了使 $\mathscr{F}$ 是 f 平坦的 (切转: f 忠实平坦的), 必须且只需 $\mathscr{F}'$ 是 f' 平坦的 (切转: f' 忠实平坦的).

我们可以使用 (2.2.10), 并把 $X,Y',Z,\mathscr{F},\mathscr{G}'$ 分别换成 $Y',X,Y,\mathscr{O}_{Y'},\mathscr{F}$, 由此得知, 为了使 $\mathscr{F}$ 是 f 平坦的 (切转: f 忠实平坦的), 必须且只需 $\mathscr{F}'$ 是 $g\circ f'$ 平坦的 (切转: $g\circ f'$ 忠实平坦的). 而如果 $g':X'\to X$ 是典范投影, 则 g' 是忠实平坦的 (2.2.13), 并且 $g\circ f'=f\circ g'$; 从而为了使 $\mathscr{F}'$ 是 $f\circ g'$ 平坦的 (切转: $f\circ g'$ 忠实平坦的), 必须且只需 $\mathscr{F}$ 是 f 平坦的 (切转: f 忠实平坦的) (2.2.11, (iii)).

命题 (2.5.2) — 设 $f:X'\to X$ 是一个拟紧忠实平坦态射, $\mathscr{F}$ 是一个拟凝聚 $\mathscr{O}_X$ 模层, $\mathscr{F}'=f^*\mathscr{F}$. 考虑下面几条关于拟凝聚模层的性质:

(i) 有限型;

(ii) 有限呈示;

(iii) 有限型且局部自由;

(iv) 局部自由且秩为 n.

于是若 $\boldsymbol{P}$ 是上面任何一个性质, 则为了使 $\mathscr{F}$ 具有 $\boldsymbol{P}$ 性质, 必须且只需 $\mathscr{F}'$ 具有该性质.

为了使一个拟凝聚 $\mathscr{O}_X$ 模层是有限型且局部自由的, 必须且只需它在 X 上是有限呈示且平坦的 (Bourbaki, 《交换代数学》, II, §5, ※2, 定理 1 的推论 2, 并利用 (2.1.2)). 依照 (2.5.1) (在其中取 f 是恒同), 为了使 $\mathscr{F}$ 在 X 上是平坦的, 必须且只需 $\mathscr{F}'$ 在 X' 上是平坦的, 故为了在情形 (iii) 中证明这个命题, 只需证明 (i) 和 (ii) 都是成立的. 对于 (iv) 来说也是如此, 这是因为 $f^*\mathscr{O}_Y^n=\mathscr{O}_X^n$, 从而若 $\mathscr{F}$ 和 $\mathscr{F}'$ 都是有限型且局部自由的, 并且 $x=f(x')$, 则 $\mathscr{F}$ 在 x 处的秩等于 $\mathscr{F}'$ 在 x' 处的秩, 从而由

f 是映满的就可以推出上述阐言. 下面考虑情形 (i) 和 (ii), 注意到问题在 X 上是局部性的, 故我们可以假设 X 是仿射的. 此时由 (2.2.12) 知, 我们有一个仿射概形 X'' 和一个忠实平坦态射 $g: X'' \to X'$, 且后者是局部同构. 从而 $f^*\mathscr{F}$ 具有 $\boldsymbol{P}$ 性质就等价于 $g^*f^*\mathscr{F}$ 具有 $\boldsymbol{P}$ 性质. 这样我们就把问题归结到了 $X = \operatorname{Spec} A$, $X' = \operatorname{Spec} A'$ 的情形, 从而有见于 (2.2.3) 和 (**II**, 6.1.4.1), 只需证明下面这件事.

引理 (2.5.3) — 设 A 是一个环, A' 是一个忠实平坦 A 代数, M 是一个 A 模, $M' = M \otimes_A A'$. 则为了使 M 是有限型的 (切转: 有限呈示的), 必须且只需 M' 是如此.

证明见 Bourbaki,《交换代数学》, I, §3, ※6, 命题 11.

注解 (2.5.4) — 如果仅假设 f 是拟忠实平坦 (2.3.3) 且拟紧的, 则 (2.5.2) 的结论对于性质 (i) 和 (ii) 仍然有效. 事实上, 这归结为证明 (Bourbaki, 前引):

引理 (2.5.4.1) — 设 $\rho: A \to A'$ 是一个环同态, 并且它所对应的态射 $f: \operatorname{Spec} A' \to \operatorname{Spec} A$ 是映满的. 假设可以找到一个有限型 A' 模 N', 它是 A 平坦的, 并且支集等于 $\operatorname{Spec} A'$. 则对于一个 A 同态 $u: P \to Q$ 来说, 只要 $u \otimes 1: P \otimes_A A' \to Q \otimes_A A'$ 是满的, u 就是满的.

事实上, 我们首先可以推出同态 $u \otimes 1_{N'}: (P \otimes_A A') \otimes_{A'} N' \to (Q \otimes_A A') \otimes_{A'} N'$ 是满的. 设 $\mathfrak{q}$ 是 A' 的一个素理想, 并设 $\mathfrak{p} = \rho^{-1}(\mathfrak{q})$, 则与之对应的同态 $(P \otimes_A N')_{\mathfrak{q}} \to (Q \otimes_A N')_{\mathfrak{q}}$ 也是满的, 并且可以写成 $u_{\mathfrak{p}} \otimes 1: P_{\mathfrak{p}} \otimes_{A_{\mathfrak{p}}} N'_{\mathfrak{q}} \to Q_{\mathfrak{p}} \otimes_{A_{\mathfrak{p}}} B'_{\mathfrak{q}}$ ($\mathbf{0_I}$, 1.5.4). 根据前提条件, $N'_{\mathfrak{q}} \neq 0$, 而且 $N'_{\mathfrak{q}}$ 是平坦 $A_{\mathfrak{p}}$ 模 ($\mathbf{0_I}$, 6.3.1), 故依照 Nakayama 引理, 我们有 $\mathfrak{q}N'_{\mathfrak{q}} \neq N'_{\mathfrak{q}}$, 自然也有 $\mathfrak{p}N'_{\mathfrak{q}} \neq N'_{\mathfrak{q}}$, 从而 $N'_{\mathfrak{q}}$ 是一个忠实平坦 $A_{\mathfrak{p}}$ 模 ($\mathbf{0_I}$, 6.4.1). 由此得知, $u_{\mathfrak{p}}$ 是满的 ($\mathbf{0_I}$, 6.4.1), 这件事对所有 $\mathfrak{p} \in \operatorname{Spec} A$ 都是成立的, 因为 f 是映满的, 这就最终推出了 u 是满的 (Bourbaki,《交换代数学》, II, §3, ※3, 定理 1).

命题 (2.5.5) — 设 $f: X \to Y$ 是一个态射, $\mathscr{F}$ 是一个 f 平坦的有限型拟凝聚 $\mathscr{O}_X$ 模层, $\mathscr{E}$ 是一个有限型拟凝聚 $\mathscr{O}_Y$ 模层, 对任意 $y \in Y$, 令 $\mathscr{F}_y = \mathscr{F} \otimes_{\mathscr{O}_Y} \boldsymbol{k}(y)$. 则为了使点 $x \in X$ 是 $\operatorname{Supp}(\mathscr{E} \otimes_Y \mathscr{F})$ 的极大点, 必须且只需 $y = f(x)$ 是 $\operatorname{Supp} \mathscr{E}$ 的极大点而且 x 是 $\operatorname{Supp} \mathscr{F}_y$ 在 $f^{-1}(y)$ 中的极大点. 在这样的条件下, 我们有

$$\textbf{(2.5.5.1)} \qquad \operatorname{long}((\mathscr{E} \otimes_Y \mathscr{F})_x) = \operatorname{long}(\mathscr{E}_y) \cdot \operatorname{long}((\mathscr{F}_y)_x).$$

易见 $f(\operatorname{Supp}(\mathscr{E} \otimes_Y \mathscr{F})) \subseteq \operatorname{Supp} \mathscr{E}$ ($\mathbf{0_I}$, 5.2.2), 从而 $\operatorname{Supp}(\mathscr{E} \otimes_Y \mathscr{F})$ 的每个不可约分支都包含在 $\operatorname{Supp} \mathscr{E}$ 的某个不可约分支之中. 我们可以限于考虑 $\operatorname{Supp} \mathscr{F} = X$ 的情形. 事实上 ((**I**, 9.3.5) 的订正), 由于 $\mathscr{F}$ 是有限型的, 故可找到 X 的一个以 $\operatorname{Supp} \mathscr{F}$ 为底空间的闭子概形 X', 和一个有限型拟凝聚 $\mathscr{O}_{X'}$ 模层 $\mathscr{G}$, 使得 $\mathscr{F} = j_*\mathscr{G}$, 其中 $j: X' \to X$ 是典范含入. 我们令 $f' = f \circ j$, 则易见 $\mathscr{G}$ 是 f' 平坦的, 并且 $\operatorname{Supp}(\mathscr{E} \otimes_Y \mathscr{F}) = \operatorname{Supp}(\mathscr{E} \otimes_Y \mathscr{G})$.

从而可以假设 $\operatorname{Supp}\mathscr{F}=X$, 若 Z 是 $\operatorname{Supp}\mathscr{E}$ 的一个不可约分支, 则有 $f^{-1}(Z)\subseteq \operatorname{Supp}(\mathscr{E}\otimes_Y\mathscr{F})$ (**I**, 9.1.13), 并且由 (2.3.4) 知, $f^{-1}(Z)$ 的每个不可约分支都笼罩了 Z. 换句话说, 若 x 是 $\operatorname{Supp}(\mathscr{E}\otimes_Y\mathscr{F})$ 的某个包含在 $f^{-1}(Z)$ 中的不可约分支的一般点, 则 $y=f(x)$ 就是 Z 的一般点. 进而 ($\mathbf{0_I}$, 2.1.8), x 也是 $f^{-1}(y)=\operatorname{Supp}\mathscr{F}_y$ 的某个不可约分支的一般点 (**I**, 9.1.13), 并且反过来这些不可约分支的一般点也都是 $f^{-1}(Z)$ 的不可约分支的一般点.

只需再证明最后的公式 (2.5.5.1). 我们有 $(\mathscr{E}\otimes_Y\mathscr{F})_x=\mathscr{E}_y\otimes_{\mathscr{O}_y}\mathscr{F}_x$ (**I**, 9.1.12), 并且 $(\mathscr{F}_y)_x=\mathscr{F}_x/\mathfrak{m}_y\mathscr{F}_x$, 从而问题归结为证明下面这件事:

引理 (2.5.5.2) — 设 A, B 是两个局部环, $\rho:A\to B$ 是一个局部同态, $\mathfrak{m}$ 是 A 的极大理想. 设 M 是一个 A 模, N 是一个 B 模, 并且它作为 A 模是忠实平坦的, 再假设 $N/\mathfrak{m}N$ 是有限长的 B 模, 则我们有

(2.5.5.3) $$\operatorname{long}_B(M\otimes_A N) \;=\; \operatorname{long}_A(M)\cdot\operatorname{long}_B(N/\mathfrak{m}N)\,.$$

若 M 是无限长的, 则 $M\otimes_A N$ 也是如此, 因为对于 M 的任何一个由 M 的 n 个子模 M_i $(1\leqslant i\leqslant n)$ 所组成的严格递增序列来说, 这些 $M_i\otimes_A N$ 都可以等同于 $M\otimes_A N$ 的 B 子模, 并且是两两不同的. 由于 $N\neq\mathfrak{m}N$ (因为 N 是忠实平坦 A 模), 故知公式 (2.5.5.3) 在这个情形下是对的. 以下假设 M 是有限长的. 若 $M=0$, 则 (2.5.5.3) 的两端都是 0, 从而我们可以假设 $M\neq 0$. 这些 $\mathfrak{m}^kM$ 都是 M 的子模, 因而都是有限长的, 若 $\mathfrak{m}^kM\neq 0$, 则由 Nakayama 引理知, $\mathfrak{m}^{k+1}M\neq\mathfrak{m}^kM$, 从而必有一个整数 r 使得 $\mathfrak{m}^rM=0$. 现在这些 $\mathfrak{m}^kM\otimes_A N$ 都可以等同于 $M\otimes_A N$ 的 B 子模, 并且 $(\mathfrak{m}^kM\otimes_A N)/(\mathfrak{m}^{k+1}M\otimes_A N)$ 同构于 $(\mathfrak{m}^kM/\mathfrak{m}^{k+1}M)\otimes_A N$, 从而也同构于 $(\mathfrak{m}^kM/\mathfrak{m}^{k+1}M)\otimes_{A/\mathfrak{m}}(N/\mathfrak{m}N)$ $(0\leqslant k\leqslant r-1)$. 把后面这个模看成 B 模, 则它的长度等于 $\operatorname{long}_B(N/\mathfrak{m}N)$ 与 $(A/\mathfrak{m})$ 向量空间 $\mathfrak{m}^kM/\mathfrak{m}^{k+1}M$ 的秩 (也等于 A 模 $\mathfrak{m}^kM/\mathfrak{m}^{k+1}M$ 的长度) 的乘积. 对 $0\leqslant k\leqslant r-1$ 求和, 这就立即推出了公式 (2.5.5.3).

注解 (2.5.5.4) — 注意到对于一个有限型 A 模 N 来说, N 是忠实平坦 A 模的条件等价于 $N\neq 0$ 且 N 是平坦 A 模. 事实上, 此时由 Nakayama 引理就可以证明 $\mathfrak{m}N\neq N$.

引理 (2.5.6) — 设 B 是一个未必交换的环, V, W 是两个同构的左 B 模, C 是环 $\operatorname{End}_B(V)$, 并设 $M=\operatorname{Hom}_B(V,W)$, 且赋予了典范的右 C 模结构. 则 M 作为 C 模同构于 C_d, 进而对于一个元素 $u\in M$ 来说, 以下诸条件是等价的:

a) $\{u\}$ 是 C 模 M 的一个基底;

b) u 是 V 到 W 的一个同构.

若 u 是 V 到 W 的一个同构, 则由 C 到 M 的映射 $v\mapsto u\circ v$ 显然是一一映射, 从而 b) 蕴涵 a). 反之, 假设 $\{u\}$ 是 C 模 M 的一个基底. 根据前提条件, 我们有一个从 V 到 W 的同构

u', 于是 $\{u'\}$ 也是 M 的一个基底, 从而可以找到 C 中的一个可逆元 w (也就是说, 可以找到 V 的一个自同构 w), 使得 $u = u' \circ w$, 这就表明 u 是 V 到 W 的一个同构.

推论 (2.5.7) — B, V 和 W 上的前提条件与 (2.5.6) 相同, 进而假设下列条件之一得到满足:

(i) V 和 W 都是 *Noether* B 模,

(ii) V 和 W 在 B 的某个交换子环上都是有限呈示的.

则 (2.5.6) 的条件a) 和b) 还等价于下面每个条件:

a′) u 是 C 模 M 的一个生成元.

b′) u 是 V 到 W 的一个满同态.

事实上, A 模 E 到自身的一个满同态在下面两个情形下都是一一的: 1° E 是 Noether A 模 (Bourbaki,《代数学》, VIII, §2, ¥2, 引理 3); 2° A 是交换的, 并且 E 是有限呈示 A 模 (8.9.3)[①]. 从而 b) 和 b′) 是等价的. 另一方面, 若 u 可以生成 M, 并且 $\{u'\}$ 是 M 的一个基底, 则可以找到 $v \in C$, 使得 $u' = u \circ v$, 这表明 u 是满同态, 从而 a′) 蕴涵 b′), 最后 a) 显然蕴涵 a′), 这就证明了推论.

命题 (2.5.8) — 设 A 是一个半局部的交换环, B 是一个 A 代数 (未必交换), V 和 W 是两个 B 模. 设 A' 是一个交换 A 代数, 并且是**忠实平坦** A 模. 令 $B' = B \otimes_A A'$, $V' = V \otimes_A A'$, $W' = W \otimes_A A'$, 从而 B' 是一个 A' 代数, V' 和 W' 都是 B' 模. 我们再假设下列条件之一得到满足:

(i) A 和 A' 都是 *Noether* 环, V 和 W 都是有限型 A 模;

(ii) B 是有限型 A 模, V 是有限型投射 B 模, 并且也是有限呈示 A 模.

于是若 V' 和 W' 是同构的 B' 模, 则 V 和 W 是同构的 B 模.

注意到在情形 (ii) 中, 由于 W' 与 V' 是 A' 同构的, 从而是有限型 A' 模, 这就表明 W 是有限型 A 模 (Bourbaki,《交换代数学》, I, §3, ¥6, 命题 11), 从而在这两个情形中, V 和 W 都是有限型 A 模. 进而:

(2.5.8.1) 在条件 (i) 或 (ii) 下, $\mathrm{Hom}_B(V,W)$ 是有限型 A 模.

在情形 (i) 中这是显然的, 因为此时 $\mathrm{Hom}_A(V,W)$ 是有限型 A 模, 而 $\mathrm{Hom}_B(V,W)$ 是 $\mathrm{Hom}_A(V,W)$ 的一个 A 子模. 在情形 (ii) 中, V 是某个自由 B 模 B_s^n 的直和因子, 从而 $\mathrm{Hom}_B(V,W)$ 是 $\mathrm{Hom}_B(B_s^n,W) = W^n$ 的直和因子, 而由于 W 是有限型 A 模, 故知 $\mathrm{Hom}_B(V,W)$ 也是如此.

我们令

$$C = \mathrm{End}_B(V), \quad M = \mathrm{Hom}_B(V,W),$$

则在情形 (i) 和 (ii) 中, 它们都是有限型 A 模. 我们知道在条件 (i) 或 (ii) 下, 典范同态

(2.5.8.2) $$\mathrm{Hom}_A(V,W) \otimes_A A' \longrightarrow \mathrm{Hom}_{A'}(V',W')$$

都是一一的 (Bourbaki,《交换代数学》, II, §2, ¥10, 命题 11). 由于 A' 是平坦 A 模, 故我们可以把

①读者可以检验, (2.5.7) 和 (2.5.8) 在 §9 之前都没有被使用过.

$\mathrm{Hom}_B(V,W)\otimes_A A'$ 典范等同于 $\mathrm{Hom}_A(V,W)\otimes_A A'$ 的一个 A' 子模. 这个子模在同态 (2.5.8.2) 下的像包含在 $\mathrm{Hom}_{B'}(V',W')$ 之中, 因为对于 $u\in\mathrm{Hom}_B(V,W)$ 和 $a'\in A'$ 来说, $u\otimes a'$ 在 (2.5.8.2) 下的像就是这样一个同态 $u':V'\to W'$, 它满足 $u'(x\otimes 1)=u(x)\otimes a'$. 从而对任意 $b\in B$, 我们都有 $u'((b\otimes 1)(x\otimes 1))=u'(bx\otimes 1)=u(bx)\otimes a'=bu(x)\otimes a'=(b\otimes 1)(u(x)\otimes a')$, 故得上述阐言. 在此基础上:

(2.5.8.3) 在条件 (i) 或 (ii) 下, 同态

(2.5.8.4)
$$\mathrm{Hom}_B(V,W)\otimes_A A' \longrightarrow \mathrm{Hom}_{B'}(V',W')$$

是一一的.

对每个 $b\in B$, 我们用 $h(b)$ (切转: $h'(b)$) 来记 V (切转: W) 的同筋 $x\mapsto bx$, 它是一个 A 自同态. 设 $(b_\alpha)_{\alpha\in I}$ 是 A 代数 B 的一个生成元组, 则从 $\mathrm{Hom}_A(V,W)$ 到 $(\mathrm{Hom}_A(V,W))^I$ 的映射

$$u \longmapsto \big(h'(b_\alpha)\circ u-u\circ h(b_\alpha)\big)_{\alpha\in I}$$

是 A 线性的, 并且根据定义, 它的核恰好就是 $\mathrm{Hom}_B(V,W)$. 换句话说, 我们有一个正合序列

$$0\longrightarrow \mathrm{Hom}_B(V,W)\longrightarrow \mathrm{Hom}_A(V,W)\longrightarrow (\mathrm{Hom}_A(V,W))^I .$$

把 A,B,V,W 都换成 A',B',V',W' 也会有类似的结果, 进而我们有下面的图表

(2.5.8.5)
$$\begin{array}{ccccccc}
0\longrightarrow & \mathrm{Hom}_B(V,W)\otimes_A A' & \longrightarrow & \mathrm{Hom}_A(V,W)\otimes_A A' & \longrightarrow & (\mathrm{Hom}_A(V,W))^I\otimes_A A' \\
& \downarrow r & & \downarrow s & & \downarrow t \\
0\longrightarrow & \mathrm{Hom}_{B'}(V',W') & \longrightarrow & \mathrm{Hom}_{A'}(V',W') & \longrightarrow & (\mathrm{Hom}_{A'}(V',W'))^I
\end{array}$$

其中 r 是同态 (2.5.8.4), s 是同态 (2.5.8.2), t 是合成同态

$$(\mathrm{Hom}_A(V,W))^I\otimes_A A' \xrightarrow{\ w\ } (\mathrm{Hom}_A(V,W)\otimes_A A')^I \xrightarrow{\ s^I\ } (\mathrm{Hom}_{A'}(V',W'))^I ,$$

这里的 w 是典范同态 (Bourbaki, 《代数学》, II, 第 3 版, §3, ※7). 很容易验证图表 (2.5.8.5) 是交换的, 并且由于 A' 是平坦 A 模, 故它的两行都是正合的. 最后, 我们已经知道 s 是一个同构, 从而 s^I 也是如此. 在情形 (ii) 中, 可以取 I 是有限的, 此时 w 就是一一的 (Bourbaki, 前引, 命题 7), 在情形 (i) 中, 注意到若 B' (切转: B'') 是 B 在 h (切转: h') 下的像, 它包含在 $\mathrm{End}_A(V)$ (切转: $\mathrm{End}_A(W)$) 中, 则 B' 和 B'' 都是有限型 A 模, 从而我们仍然可以取 I 是有限的. 故在任何一种情形下, t 都是一一的, 由此就可以推出 r 也是一一的.

从而由 (2.5.8.4) 知, 若我们令

$$C' = C\otimes_A A', \quad M' = M\otimes_A A',$$

则有下面的典范一一映射

(2.5.8.6)
$$C' \xrightarrow{\sim} \mathrm{End}_{B'}(V'), \quad M' \xrightarrow{\sim} \mathrm{Hom}_{B'}(V',W'),$$

其中第一个箭头是 A' 代数的一个同构, 第二个箭头与第一个合起来构成右 C' 模的一个双重同构.

(2.5.8.7) *归结到* $V = B_s$ *的情形.* — V' 和 W' 是同构的 B' 模这个条件就蕴涵了 C'_d 和 M' 是同构的右 C' 模 (2.5.6). 现在我们来说明, 为了证明 (2.5.8), 只需找到一个元素 $u \in M$, 使得 u 可以生成右 C 模 M. 事实上, 此时 $u' = u \otimes 1$ 就是右 C' 模 M' 的一个生成元, 在情形 (i) 中, V' 和 W' 都是有限型的 A' 模, 从而是 Noether 的 (因为 A' 是 Noether 环), 在情形 (ii) 中, V' 和 W' 是 (同构的) 有限呈示 A' 模. 从而可以把 (2.5.7) 应用到 A', B', V' 和 W' 上, 由此就得知, u' 是 V' 到 W' 的一个 B' 同构. 而由于 A' 在 A 上是忠实平坦的, 故可由此推出 u 是一一的 ($\mathbf{0}_{\mathrm{I}}$, 6.4.1), 这就是 (2.5.8) 的结论. 注意到在情形 (i) 中, C 和 M 都是有限型 A 模, 而在情形 (ii) 中, C 是 (参考 (2.5.8.1) 中的讨论) V^n 的一个直和因子, 从而是有限型投射 A 模, 于是问题归结为在 $V = B_s$ 的情形下证明 (2.5.8) (记号随之改变), 且为此只需证明 B 模 W 有一个生成元即可. 注意到此时 B 还是一个有限型 A 模.

(2.5.8.8) *归结到* A *和* A' *都是域并且* B *是* A *上的中心单代数的情形.* — 设 $\mathfrak{r}$ 是半局部环 A 的根, 则只需证明 $W/\mathfrak{r}W$ 是单苇 $(B/\mathfrak{r}B)$ 模即可, 这是因为, 若我们有一个满同态 $B_s/\mathfrak{r}B_s \to W/\mathfrak{r}W$, 则通过合成就给出了一个同态 $B_s \to B_s/\mathfrak{r}B_s \to W/\mathfrak{r}W$, 它本身 (由于 B_s 是自由 B 模) 又可以写成 $B_s \xrightarrow{f} W \to W/\mathfrak{r}W$, 这样一来上述满同态就是 $f \otimes 1 : B_s \otimes_A (A/\mathfrak{r}) \to W \otimes_A (A/\mathfrak{r})$. 由于 W 是有限型 A 模, 故由 Nakayama 引理就可以证明 f 是满的 (Bourbaki, 《交换代数学》, II, §3, ※2, 命题 4 的推论 1). 现在我们令 $A_1 = A/\mathfrak{r}$, $A'_1 = A' \otimes_A A_1 = A'/\mathfrak{r}A'$, $B_1 = B/\mathfrak{r}B = B \otimes_A A_1$, $W_1 = W/\mathfrak{r}W = W \otimes_A A_1$, 则把 A, A', B, $V = B_s$, W 分别换成 A_1, A'_1, B_1, $V_1 = (B_1)_s$, W_1 之后条件 (i) (切转: (ii)) 仍然是成立的. 进而, $V'_1 = V' \otimes_A A_1 = V_1 \otimes_{A_1} A'_1$ 和 $W'_1 = W' \otimes_A A_1 = W_1 \otimes_{A_1} A'_1$ 是 B'_1 同构的 (此处 $B'_1 = B' \otimes_A A_1 = B_1 \otimes_{A_1} A'_1$), 并且 A'_1 是忠实平坦 A_1 模. 从而为了证明 (2.5.8), 可以假设 A 是有限个域的乘积. 由于 B 是有限型 A 模, 故知它是 *Artin* 环, 设 $\mathfrak{R}$ 是它的根. 现在只需证明 $W/\mathfrak{R}W$ 是单苇 $(B/\mathfrak{R})$ 模即可, 因为利用上面的方法和 Nakayama 引理就可以推出 W 是单苇 B 模. 另一方面, $W'/\mathfrak{R}W'$ 可以 $(B'/\mathfrak{R}B')$ 同构于 $(B'/\mathfrak{R}B')_s$, 且我们有 $B'/\mathfrak{R}B' = (B \otimes_A A') \otimes_B (B/\mathfrak{R}) = (B/\mathfrak{R}) \otimes_A A'$ 以及 $W'/\mathfrak{R}W' = (W \otimes_A A') \otimes_B (B/\mathfrak{R}) = (W/\mathfrak{R}W) \otimes_A A'$. 从而可以进而假设 $\mathfrak{R} = (0)$, 也就是说, B 是一个半单 A 代数.

现在我们注意到, 由于 A 是有限个域 k_i $(1 \leqslant i \leqslant n)$ 的乘积, 故知 A' 是这些 k_i 代数 A'_i $(1 \leqslant i \leqslant n)$ 的直合, 并且每个 A'_i 都可被 k_j $(j \neq i)$ 所零化. 由 A' 是忠实平坦 A 模的条件知, 这些 A'_i 都不等于 0, 因而 A'_i 有一个商代数 A''_i 成为域, 于是这些 A''_i 的直合 A'' 是一个忠实平坦 A 模, 并且是 A' 的一个商代数. 现在我们取 $B'' = B' \otimes_{A'} A'' = B \otimes_A A''$, 则 $W'' = W' \otimes_{A'} A'' = W \otimes_A A''$ 是一个同构于 B''_s 的 B'' 模, 从而可以把 A' 换成 A'' 来证明 (2.5.8), 也就是说, 可以假设 A' 也是有限个域的乘积.

设 Z 是 B 的中心, 则它是有限个域的乘积, 并且是一个有限型 A 模. 注意到 B 和 W 都是有限型 Z 模, 进而若我们令 $Z' = Z \otimes_A A'$, 则有 $B' = B \otimes_Z Z'$ 和 $W' = W \otimes_Z Z'$, 并且 Z' 是忠实平坦 Z 模. 从而可以在前提条件中把 A 换成 Z, 换句话说, 可以假设 A 就是 B 的中心, 并且 B 是半单的, 而 A' 是有限个域的乘积. 若 k_i $(1 \leqslant i \leqslant n)$ 是 A 的这些域分量, 则 B 是单环 B_i 的直合, k_i 是 B_i 的中心, 并且 W 是子模 W_i $(1 \leqslant i \leqslant n)$ 的直和, W_i 可被 B_j $(j \neq i)$ 所

零化. 进而, 由前面的结果知, 可以假设 A' 是有限个域 k_i' $(1 \leqslant i \leqslant n)$ 的乘积, 其中 k_i' 是 k_i 的扩张, 并且可被 k_j $(j \neq i)$ 所零化. 现在 B_s' 和 W' 是同构的 B' 模这个条件就表明, 对任意 i, $(B_i \otimes_{k_i} k_i')_s$ 和 $W_i \otimes_{k_i} k_i'$ 都是同构的 $(B_i \otimes_{k_i} k_i')$ 模, 从而只需对 $n = 1$ 的情形来证明 (2.5.8) 即可, 也就是说, 可以假设 A 和 A' 都是域, 并且 B 是 A 上的中心单代数.

(2.5.8.9) 证明的完成. — 我们知道 (Bourbaki,《代数学》, VIII, §5, 命题 6 和 8) 任何一个 B 模都是这样一些 B 模的直和, 它们都同构于 B 的极小理想, 并且两个在 A 上有限秩的 B 模是同构的当且仅当它们在 A 上的秩相等. 根据前提条件, 我们有 $[W' : A'] = [B_s' : A']$, 同时也有 $[W' : A'] = [W : A]$ 和 $[B_s' : A'] = [B_s : A]$, 从而 $[W : A] = [B_s : A]$, 这就完成了证明.

2.6 在忠实平坦下降中态射的集合论性质和拓扑性质的保持情况

命题 (2.6.1) — 设 $f : X \to Y$ 是 S 概形的一个 S 态射, $g : S' \to S$ 是一个映满态射, $X' = X_{(S')}$, $Y' = Y_{(S')}$, $f' = f_{(S')} : X' \to Y'$. 考虑下面一些关于态射的性质:

(i) 映满;

(ii) 含容;

(iii) 具有有限的纤维 (**作为**集合);

(iv) 一一映射;

(v) 紧贴.

于是若令 $\boldsymbol{P}$ 是上面任何一个性质, 则当 f' 具有 $\boldsymbol{P}$ 性质时, f 也具有该性质.

由于投影态射 $Y' \to Y$ 也是映满的 (**I**, 3.5.2), 故依照 (**I**, 3.3.11), 可以限于考虑 $Y = S$, $Y' = S'$ 的情形. 对每个 $y \in Y$ (切转: $y' \in Y'$), 我们把纤维概形 $f^{-1}(y)$ (切转: ${f'}^{-1}(y')$) (**I**, 3.6.2) 记作 X_y (切转: $X'_{y'}$), 则对于 $y' \in Y'$ 和 $y = g(y')$, 我们有一个典范同构 $X'_{y'} \xrightarrow{\sim} X_y \otimes_{\boldsymbol{k}(y)} \boldsymbol{k}(y')$ (**I**, 3.6.4). 由于态射 $\operatorname{Spec} \boldsymbol{k}(y') \to \operatorname{Spec} \boldsymbol{k}(y)$ 是映满的, 故知投影 $X'_{y'} \to X_y$ 也是映满的 (**I**, 3.5.2), 从而若 $X'_{y'}$ 非空 (切转: 最多有一个点, 是有限集合), 则 X_y 也非空 (切转: 最多有一个点, 是有限集合). 由于 $g : Y' \to Y$ 是映满的, 这就证明了与 (i), (ii) 和 (iii) 相对应的情形, 并且 (iv) 可由 (i) 和 (ii) 推出. 最后, 为了证明 (v), 只需说明若 f' 是广泛含容的 (**I**, 3.5.11), 则 f 也是如此. 为此设 $Y_1 \to Y$ 是任意一个态射, 并且令 $X_1 = X \otimes_Y Y_1$ 和 $f_1 = f_{(Y_1)}$. 另一方面, 我们令 $Y_1' = Y_1 \otimes_Y Y'$, $X_1' = X' \times_{Y'} Y_1' = X_1 \times_{Y_1} Y_1'$, $f_1' = f'_{(Y_1')} = (f_1)_{(Y_1')} : X_1' \to Y_1'$, 由于 $g' = g_{(Y_1)} : Y_1' \to Y'$ 是映满的 (**I**, 3.5.2), 并且 f' 是广泛含容的, 故知 f_1' 是含容的, 再由 (ii) 知, f_1 也是含容的, 这就得到了我们的结论.

命题 (2.6.2) — 记号与 (2.6.1) 相同, 假设态射 $g : S' \to S$ 是拟紧忠实平坦的. 考虑下面一些关于态射的性质:

(i) 开;

(ii) 闭;

(iii) 拟紧而且是映到像子空间的同胚;

(iv) 同胚.

于是若令 $\boldsymbol{P}$ 是上面任何一个性质, 则当 f' 具有 $\boldsymbol{P}$ 性质时, f 也具有该性质.

由于态射 $Y' \to Y$ 是拟紧忠实平坦的 (2.2.13 和 1.1.2), 故依照 (**I**, 3.3.11), 可以限于考虑 $Y = S$, $Y' = S'$ 的情形. 设 g' 是投影 $X' \to X$, 则对于 X 的任意子集 M, 我们都有 $g^{-1}(f(M)) = f'(g'^{-1}(M))$ (**I**, 3.4.8). 若 f' 是开态射 (切转: 闭态射), 则对 X 的任意开子集 (切转: 闭子集) M, $f'(g'^{-1}(M))$ 总是 Y' 的开子集 (切转: 闭子集), 并且由于 g 是拟紧忠实平坦的, 故知 $f(M)$ 在 Y 中是开的 (切转: 闭的) (2.3.12). 这就证明了对应于 (i) 和 (ii) 的情形. 下面我们来证明对应于 (iii) 的情形 (由此又可以推出对应于 (iv) 的情形, 这是基于 (2.6.1, (iv))). 依照 (2.6.1, (ii)), f 是含容的, 从而只需再证明 f 作为从 X 到 $f(X)$ 的映射是一个拟紧开映射即可. 由于 f' 是拟紧的, 故知 f 也是拟紧的 (1.1.4), 于是只需证明, 对于 X 的任意闭子集 Z, 均有 $Z = f^{-1}(\overline{f(Z)})$. 由于 g' 是映满的, 故这个关系式等价于 $g'^{-1}(Z) = g'^{-1}(f^{-1}(\overline{f(Z)}))$, 或写成 $g'^{-1}(Z) = f'^{-1}(g^{-1}(\overline{f(Z)}))$. 现在由于 f 是拟紧的, 故它与典范含入 $Z \to X$ 的合成也是拟紧的 (这里的 Z 是指 X 的那个以 Z 为底空间的既约闭子概形). 把 (2.3.10) 应用到 Y 的子集 $f(Z)$ (态射 $f|_Z$ 的像) 上可以得到 $g^{-1}(\overline{f(Z)}) = \overline{g^{-1}(f(Z))}$, 从而只需证明 $Z' = f'^{-1}(\overline{f'(Z')})$ 即可, 此处我们令 $Z' = g'^{-1}(Z)$. 然而根据前提条件, f' 是 X' 到 $f'(X')$ 的一个同胚, 故这个等式成立.

注解 (2.6.3) — 在 (i) 和 (ii) 的情形中, (2.6.2) 的结论在只假设 g 是拟紧的拟忠实平坦态射 (2.3.3) 时也是成立的. 事实上, 依照 (2.1.4), (**I**, 3.5.2) 和 (**I**, 9.1.13.1), 仍然只需要考虑 $Y = S$, $Y' = S'$ 的情形, 从而由 (2.3.12) 就可以推出结论. 在 (iii) 和 (iv) 的情形, (2.6.2) 的结论在只假设 g 拟忠实平坦时也是成立的, 只要 f 是拟紧的. 事实上, 上面的证明只用到了 (2.3.10) 以及 g 是映满的这个事实. 最后, 若 g 是窄忠实平坦的, 或者 g 是映满的并且 S 是离散的, 则 (2.6.2) 的结论对于下述性质来说也是成立的:

(iii 改) 是映到像子空间的同胚.

这件事的证明实际上已经包含在 (2.6.2) 的证明以及注解 (2.4.11) 之中.

推论 (2.6.4) — 记号与 (2.6.1) 相同, 假设态射 $g : S' \to S$ 是拟紧忠实平坦的. 考虑下面一些关于态射的性质:

(i) 广泛开;

(ii) 广泛闭;

(iii) 拟紧且广泛拟双向连续;

(iv) 广泛同胚;

(v) 拟紧;

(vi) 拟紧且具有笼罩性.

于是若令 $\boldsymbol{P}$ 是上面任何一个性质, 则为了使 f 具有 $\boldsymbol{P}$ 性质, 必须且只需 f' 具有该性质.

关于性质 (v) 和 (vi) 的结果是前面的 (1.1.4), (1.1.6) 和 (2.3.7) 的推论. 对于其他几个性质, 条件的必要性缘自 (2.4.3). 反之, 假设, 比如 f' 是广泛开的, 并设 $Y_1 \to Y$ 是任意一个态射, 我们令 $X_1 = X \times_Y Y_1$, $f_1 = f_{(Y_1)}$. 另一方面, 我们令 $Y_1' = Y_1 \times_Y Y'$, $X_1' = X' \times_{Y'} Y_1' = X_1 \times_{Y_1} Y_1'$, $f_1' = f'_{(Y_1')} = (f_1)_{(Y_1')} : X_1' \to Y_1'$, 由于 $g' = g_{(Y')} : Y_1' \to Y'$ 是拟紧忠实平坦的 (2.2.13 和 1.1.2), 并且 f' 是广泛开的, 故知 f_1' 是开的, 于是由 (2.6.2) 知, f_1 是开的, 从而 f 是广泛开的. 其他几个情形也可以用同样的方法来证明.

注意到在现在这些情形下, 我们仍然可以把 "忠实平坦" 换成 "拟忠实平坦", 并且当 g 还是局部有限呈示态射的时候, 或者 g 是映满态射并且 S 是离散概形的时候, 性质 (iii) 可以换成下面这个性质:

(iii 改) 广泛拟双向连续.

2.7 在忠实平坦下降中态射的其他一些性质的保持情况

命题 (2.7.1) — 设 $f : X \to Y$ 是 S 概形的一个 S 态射, $g : S' \to S$ 是一个拟紧忠实平坦态射, $X' = X_{(S')}$, $Y' = Y_{(S')}$, $f' = f_{(S')} : X' \to Y'$. 考虑下面一些关于态射的性质:

(i) 分离;

(ii) 拟分离;

(iii) 局部有限型;

(iv) 局部有限呈示;

(v) 有限型;

(vi) 有限呈示;

(vii) 紧合;

(viii) 同构;

(ix) 单态射;

(x) 开浸入;

(xi) 拟紧浸入;

(xii) 闭浸入;

(xiii) 仿射;

(xiv) 拟仿射;

(xv) 有限;

(xvi) 拟有限;

(xvii) 整.

于是若令 $\boldsymbol{P}$ 是上面任何一个性质, 则为了使 f 具有 $\boldsymbol{P}$ 性质, 必须且只需 f' 具有该性质.

我们在第一、二章和第四章 §1 中已经证明, 若 f 具有上述 $\boldsymbol{P}$ 性质, 则 f' 也具有该性质 (且不需要对 $g: S' \to S$ 附加任何条件), 只需再证明它们的逆命题. 由于投影 $Y' \to Y$ 是拟紧忠实平坦态射 (2.2.13 和 1.1.2), 故依照 (**I**, 3.3.11), 可以限于考虑 $S = Y$, $S' = Y'$ 的情形.

(i) f 是分离的即意味着对角线态射 $\Delta_f : X \to X \times_Y X$ 是闭的. 由于 $\Delta_{f'} = (\Delta_f)_{(Y')}$ (**I**, 5.3.4), 故依照 (2.6.2), 若 $\Delta_{f'}$ 是闭的, 则 Δ_f 也是闭的, 从而 f 是分离的.

(ii) 我们已经在更弱的条件下给出了这件事的证明 (1.2.5).

(iii) 和 (iv): 问题显然在 X 和 Y 上都是局部性的, 从而有见于 (2.2.12), 只需证明下面这个引理:

引理 (2.7.1.1) — 设 A 是一个环, B 是一个 A 代数, A' 是一个 A 代数, 并且是忠实平坦 A 模, $B' = B \otimes_A A'$. 则为了使 B 是有限型 (切转: 有限呈示) A 代数, 必须且只需 B' 是有限型 (切转: 有限呈示) A' 代数.

我们已经知道了条件的必要性, 且不需要对 A' 附加任何条件 (1.3.4, 1.3.6, 1.4.3 和 1.4.6). 现在假设 B' 是有限型 A' 代数, 设 $(B_\alpha)_{\alpha \in I}$ 是 B 的全体 A 子代数的递增滤相族, 则有 $B = \varinjlim B_\alpha$, 从而也有 $B' = \varinjlim (B_\alpha \otimes_A A')$, 因为张量积与归纳极限是可交换的. 若 (x'_i) 是 A' 代数 B' 的一个有限的生成元组, 则可以找到一个指标 α, 使得所有 x'_i 都落在 B' 的子代数 $B_\alpha \otimes_A A'$ 中, 从而 $B' = B_\alpha \otimes_A A'$, 又因为 A' 是忠实平坦的, 故有 $B = B_\alpha$ ($\mathbf{0_I}$, 6.4.1).

进而假设 B' 是有限呈示 A' 代数, 则由上面所述知, B 是有限型 A 代数, 故可找到一个多项式 A 代数 $C = A[T_1, \cdots, T_m]$ 和一个 A 代数满同态 $C \to B$. 设 $\mathfrak{I}$ 是该同态的核, 则我们有正合序列 $0 \to \mathfrak{I} \to C \to B \to 0$, 由此又导出一个正合序列 $0 \to \mathfrak{I}' \to C' \to B' \to 0$ (因为 A' 是 A 平坦的), 其中 $C' = C \otimes_A A' = A'[T_1, \cdots, T_m]$ 且 $\mathfrak{I}' = \mathfrak{I} \otimes_A A'$ (把它等同于 C' 的一个理想). 由于 B' 是有限呈示 A' 代数, 故知 $\mathfrak{I}'$ 是有限型 C' 模 (1.4.4), 然而我们有 $\mathfrak{I}' = \mathfrak{I} \otimes_C C'$, 并且 C' 是忠实平坦 C 模 (2.2.13 和 2.2.3), 故可由 $\mathfrak{I}'$ 是有限型 C' 模的条件推出 $\mathfrak{I}$ 是有限型 C 模 (Bourbaki,《交换代数学》, I, §3, ¥6, 命题 11), 从而 B 是有限呈示 A 代数.

(v) 缘自 (iii) 和 (2.6.4, (v)) (依照 (1.5.2)).

(vi) 缘自 (iv), (v) 和 (ii) (依照 (1.6.1)).

(vii) 缘自 (i), (v) 和 (2.6.4, (ii)) (**II**, 5.4.1).

(viii) 我们首先注意到, 由于 f' 是一个同构, 故它是广泛同胚的, 从而 f 也是如此 (2.6.4), 由此已经能够得知, f 是拟紧分离的 (2.4.4). 令 $f=(\psi,\theta)$, 其中 ψ 是同胚, 问题是要证明, $\theta:\mathscr{O}_Y\to f_*\mathscr{O}_X$ 是 $\mathscr{O}_Y$ 模层的同构. 若我们令 $f'=(\psi',\theta')$, 则同态 $\theta':\mathscr{O}_{Y'}\to f'_*(\mathscr{O}_{X'})$ 是典范同态 $g^*f_*\mathscr{O}_X\to f'_*(\mathscr{O}_{X'})$ 与 $g^*(\theta)$ 的合成 (2.3.2). 然而由 g 上的条件知, 前一个同态是一一的 (2.3.1), 从而若 θ' 是一一的, 则 $g^*(\theta)$ 也是如此, 又因为 g 是忠实平坦的, 故知 θ 是一一的 (2.2.7), 这就证明了 (viii).

(ix) 这是缘自 (viii), (**I**, 5.3.4) 和 (**I**, 5.3.8), 后者把关于单态射的问题归结为关于同构的问题.

(x) 若 f' 是开浸入, 则 $f'(X')$ 在 Y' 中是开的, 并且 $f'(X')=g^{-1}(f(X))$ (**I**, 3.4.8), 从而由 (2.3.12) 知, $f(X)$ 是开的. 有见于 (1.1.2) 和 (2.2.13), 我们可以把 Y (切转: Y') 换成它在开子集 $f(X)$ (切转: $f'(X')$) 上所诱导的子概形, 此时 f' 就是一个同构, 从而根据 (viii), f 也是同构, 这就证明了 (x).

(xi) 若 f' 是拟紧浸入, 则 f' 是紧凑态射 (1.2.2), 从而由 (ii) 和 (2.6.4, (v)) 知, f 也是紧凑的. 设 Z 是 X 在 f 下的概像子概形 (1.7.8), 我们再令 $f=j\circ g$, 其中 $j:Z\to Y$ 是典范含入, 则有 $f'=j'\circ g'$, 其中 $j'=j_{(Y')}$, $g'=g_{(Y')}$, 且已经知道 j' 可以典范等同于 X' 在 f' 下的概像子概形 Z' 到 Y' 的典范含入 $Z'\to Y'$ (2.3.2). 现在 f' 上的前提条件表明, g' 是开浸入 (**I**, 9.5.10), 从而根据 (x), g 也是开浸入, 这就证明了 f 是浸入.

(xii) f (切转: f') 是闭浸入就等价于 f (切转: f') 既是拟紧浸入又是闭态射, 从而我们看到 (xii) 缘自 (xi) 和 (2.6.2, (ii)).

(xiii) 和 (xiv) 假设 f' 是仿射的 (切转: 拟仿射的), 则 f' 就是紧凑的 (**II**, 5.1.1), 从而根据 (ii) 和 (2.6.4, (v)), f 也是紧凑的. 我们令 $\mathscr{A}=f_*\mathscr{O}_X$, $\mathscr{A}'=f'_*\mathscr{O}_{X'}$, 依照 (2.3.1), $\mathscr{O}_{Y'}$ 代数层的典范同态 $g^*\mathscr{A}\to\mathscr{A}'$ 是一一的. 由此可知, 若 $h:Z=\operatorname{Spec}\mathscr{A}\to Y$ 是结构态射, 则结构态射 $h':Z'=\operatorname{Spec}\mathscr{A}'\to Y'$ 可以等同于 $h_{(Y')}$ (**II**, 1.5.2). 现在设 $u:X\to Z$ (切转: $u':X'\to Z'$) 是与 $\mathscr{A}$ (切转: $\mathscr{A}'$) 的恒同同态相对应的 Y 态射 (切转: Y' 态射) (**II**, 1.2.7), 则我们有交换图表

$$\begin{array}{ccc} X & \longleftarrow & X' \\ {\scriptstyle u}\downarrow & & \downarrow{\scriptstyle u'} \\ Z & \xleftarrow{\;g'\;} & Z' \\ {\scriptstyle h}\downarrow & & \downarrow{\scriptstyle h'} \\ Y & \xleftarrow[\;g\;]{} & Y' \end{array}$$

并且 $h' \circ u' = f'$, 故由 (**II**, 1.2.7) 知 $u' = u_{(Z')}$. 进而, g' 也是拟紧忠实平坦的 (1.1.2 和 2.2.13). 在此基础上, f' 上的前提条件表明, u' 是一个同构 (切转: 开浸入) (**II**, 5.1.6), 于是由 (viii) (切转: (x)) 知, u 是一个同构 (切转: 开浸入), 故得 (xiii) (切转: (xiv)).

(xv) 若 f' 是有限的, 则它是仿射的, 从而根据 (xiii), f 也是仿射的. 进而, 在 (xiii) 的证明中所引入的那些记号下, $\mathscr{A}'$ 是有限型 $\mathscr{O}_{Y'}$ 模层, 并且 $\mathscr{A}'$ 同构于 $g^*\mathscr{A}$, 于是由 (2.5.2) 知, $\mathscr{A}$ 是有限型 $\mathscr{O}_Y$ 模层, 从而 f 是有限态射.

(xvi) f 是拟有限的这个条件相当于说, f 是有限型态射, 并且对任意 $y \in Y$, $f^{-1}(y)$ 都是有限的 (**II**, 6.2.2 和 **I**, 6.4.4), 从而由 (v) 和 (xv) 就可以推出结论.

(xvii) 在 (xv) 中我们已经看到 f 是仿射的. 于是可以限于考虑 $Y = \operatorname{Spec} A$, $Y' = \operatorname{Spec} A'$ 的情形, 此时 $X = \operatorname{Spec} B$, $X' = \operatorname{Spec} B'$, 其中 $B' = B \otimes_A A'$. 把 B 写成它的有限型 A 子代数 B_α 的归纳极限, 则我们有 $B' = \varinjlim B'_\alpha$, 其中 $B'_\alpha = B_\alpha \otimes_A A'$, 并且这些 B'_α 都是有限型的 A' 代数. 然而根据前提条件, B' 在 A' 上是整型的, 从而 B'_α 是有限型 A' 模, 于是由 (2.5.2) 知, B_α 是有限型 A 模. 证明完毕.

推论 (2.7.2) — 前提条件和记号与 (2.7.1) 相同, 再假设 f 是拟紧的. 设 $\mathscr{L}$ 是一个可逆 $\mathscr{O}_X$ 模层, $\mathscr{L}' = \mathscr{L} \otimes_{\mathscr{O}_Y} \mathscr{O}_{X'}$ 是它的逆像. 则为了使 $\mathscr{L}$ 是 f 丰沛的 (切转: f 极丰沛的), 必须且只需 $\mathscr{L}'$ 是 f' 丰沛的 (切转: f' 极丰沛的).

条件是必要的, 且不需要对 $g : S' \to S$ 附加任何前提条件 (**II**, 4.4.10 和 4.6.13). 下面证明它也是充分的, 和 (2.7.1) 一样, 可以限于考虑 $S = Y$, $S' = Y'$ 的情形. $\mathscr{L}'$ 上的前提条件表明, f' 是拟紧分离的 (**II**, 4.6.1), 从而 f 也是如此 ((2.6.4, (v)) 和 (2.7.1, (i))). 我们令 $\mathscr{E} = f_*\mathscr{L}$, $\mathscr{E}' = f'_*\mathscr{L}'$, 则由 (2.3.1) 知, 典范同态 $u : g^*\mathscr{E} \to \mathscr{E}'$ 是一一的. 若 $\mathscr{L}'$ 是 f' 极丰沛的, 则典范同态 $\sigma' : f'^*\mathscr{E}' \to \mathscr{L}'$ 是满的, 并且态射 $r' = r_{\mathscr{L}',\sigma'} : X' \to \mathbf{P}(\mathscr{E}')$ 是一个浸入 (**II**, 4.4.4, b)), 从而必然是拟紧的 (1.1.2, (v)). 由于 $u : g^*\mathscr{E} \to \mathscr{E}'$ 是一一的, 故知若 $h : \mathbf{P}(\mathscr{E}) \to Y$, $h' : \mathbf{P}(\mathscr{E}') \to Y'$ 是结构态射, 则 h' 可以等同于 $h_{(Y')}$ (**II**, 4.1.3). 另一方面, 若我们用 g' 来记投影 $X' \to X$, 则 g' 是忠实平坦的 (2.2.13), 且有 $f \circ g' = g \circ f'$, 很容易验证同态 $g'^*(\sigma) : g'^* f^* f_* \mathscr{L} \to g'^*\mathscr{L}$ 与合成同态

$$f'^* g^* f_* \mathscr{L} \xrightarrow{f'^*(u)} f'^* f'_* \mathscr{L}' \xrightarrow{\sigma'} \mathscr{L}'$$

是相等的 (比如可以把问题归结到 Y 和 Y' 都仿射的情形). 由于 σ' 是满的, 并且 $f'^*(u)$ 是一一的, 故知 $g'^*(\sigma)$ 是满的, 从而 σ 也是如此 (2.2.7). 由此得知, 态射 $r = r_{\mathscr{L},\sigma} : X \to \mathbf{P}(\mathscr{E})$ 是处处有定义的 (**II**, 3.7.4), 进而, 若我们令 $P = \mathbf{P}(\mathscr{E})$, $P' = \mathbf{P}(\mathscr{E}')$, 并设 g'' 是投影 $P' \to P$, 则 r' 可以等同于 $r_{(P')}$ (**II**, 4.2.10), 并且 g'' 是拟紧忠实平坦的 (1.1.2 和 2.2.13). 从而由 (2.7.1, (xi)) 就可得知, r 是一个浸入, 因而 $\mathscr{L}$ 是极丰沛的 (**II**, 4.4.4, b)).

现在我们假设 $\mathscr{L}'$ 是 f' 丰沛的, 为了证明 $\mathscr{L}$ 是 f 丰沛的, 可以限于考虑 Y 是仿射概形的情形 (**II**, 4.6.4), 且依照 (2.2.12) 和 (**II**, 4.6.13), 还可以假设 Y' 也是仿射的. 此时 X 和 X' 都是拟紧分离概形, 于是为了证明 $\mathscr{L}$ 是 f 丰沛的, 我们可以使用判别法 (**II**, 4.6.8, c)). 设 $\mathscr{F}$ 是一个有限型的拟凝聚 $\mathscr{O}_X$ 模层, 若 $\sigma : f^* f_*(\mathscr{F} \otimes \mathscr{L}^{\otimes n}) \to \mathscr{F} \otimes \mathscr{L}^{\otimes n}$ 是典范同态, 则根据上面所述, 并借助 ($\mathbf{0_I}$, 4.3.3.1), 我们看到 $g'^*(\sigma)$ 就是合成同态

$$f'^* g^* f_*(\mathscr{F} \otimes \mathscr{L}^{\otimes n}) \xrightarrow{f'^*(u)} f'^* f'_*(\mathscr{F}' \otimes \mathscr{L}'^{\otimes n}) \xrightarrow{\sigma'} \mathscr{F}' \otimes \mathscr{L}'^{\otimes n},$$

其中 $\mathscr{F}' = g'^* \mathscr{F}$, 且 u 是典范同态 $g^* f_*(\mathscr{F} \otimes \mathscr{L}^{\otimes n}) \to f'_*(\mathscr{F}' \otimes \mathscr{L}'^{\otimes n})$. 我们知道 u 对任意 n 都是一一的 (2.3.1), 另一方面, 由于 $\mathscr{F}'$ 是有限型拟凝聚的, 故 $\mathscr{L}'$ 是 f' 丰沛的这个条件就表明, 可以找到一个 n_0, 使得当 $n \geqslant n_0$ 时 σ' 是满的. 从而当 $n \geqslant n_0$ 时 $g'^*(\sigma)$ 也是满的, 且由于 g' 是忠实平坦的, 故知 σ 对于这些 n 来说也是满的 (2.2.7), 这就完成了证明.

注解 (2.7.3) — (i) 由 (2.6.1), (2.6.4) 和 (2.5.4.1) 知, 即使我们只假设 g 是拟紧且拟忠实平坦的 (2.3.3), 命题 (2.7.1) 的结论在情形 (i), (iii), (v), (vii) 和 (xvi) 时也仍然是对的. 另外我们在前面指出, 只要假设 g 是映满且拟紧的, (2.7.1) 的结论在情形 (ii) 时就仍然是对的.

(ii) 在 (2.7.1) 的记号和前提条件下, 完全有可能出现这样一种情况, 即 f 是紧合的, f' 是射影的, 但 f 不是拟射影的. 事实上, Hironaka [34] 给出了一个紧合但非射影的态射 $f : X \to Y$ 的例子, 其中 X 和 Y 是同一个域 k 上的两个正则 ($\mathbf{0_I}$, 4.1.4) 有限型分离概形, 并且 Y 在 k 上是射影的, 进而, Y 是两个仿射开集 Y_i $(i = 1, 2)$ 的并集, 且两个态射 $f_i : X \times_Y Y_i \to Y_i$ $(i = 1, 2)$ 都是射影的. 现在设 $Y' = Y_1 \sqcup Y_2$ 是概形之和, 则易见典范态射 $g : Y' \to Y$ (它在 Y_1 和 Y_2 上分别是典范含入) 是忠实平坦的, 并且依照 (**I**, 5.5.10), 它是拟紧的. 于是尽管 $f' : X \times_Y Y' \to Y'$ (它在每个 Y_i 上分别重合于 f_i) 是射影的 (**II**, 5.5.6), f 却不是射影的. 从而依照 (2.7.2), 可以找到一个可逆 $\mathscr{O}_{X'}$ 模层 $\mathscr{L}'$, 它是 f' 丰沛的, 但不能写成 $g'^* \mathscr{L}$ 的形状, 其中 $\mathscr{L}$ 是任何可逆 $\mathscr{O}_X$ 模层.

(iii) 在 (2.7.1) 的前提条件下, 完全有可能出现这样一种情况, 即 f' 是一个局部同构, 但 f 不是局部浸入. 事实上, 设 k 是一个域, $\overline{k}$ 是 k 的代数闭包, K 是 k 的一个有限可分扩张, 且不等于 k, 考虑结构态射 $f : X \to Y$, 其中 $X = \operatorname{Spec} K$, $Y = \operatorname{Spec} k$, 则它不是局部浸入, 但如果取 $Y' = \operatorname{Spec} \overline{k}$, 则态射 $Y' \to Y$ 是拟紧忠实平坦的, 并且 f' 是局部同构, 因为 $X' = X \times_Y Y'$ 是有限个同构于 Y' 的概形之和.

2.8 1 维正则基概形上的概形, 一般纤维的闭子概形的闭包

命题 (2.8.1) — 设 Y 是一个 1 维不可约正则局部 *Noether* 概形, 一般点为 η,

$f: X \to Y$ 是一个态射, $X_\eta = f^{-1}(\eta)$ 是一般点处的纤维, $i: X_\eta \to X$ 是典范态射. 设 $\mathscr{F}$ 是一个拟凝聚 $\mathscr{O}_X$ 模层, $\mathscr{F}_\eta = i^*\mathscr{F}$, $\mathscr{G}'$ 是 $\mathscr{F}_\eta$ 的一个 $\mathscr{O}_{X_\eta}$ 商模层, 再设 $\overline{\mathscr{G}'}$ 是 $\mathscr{F}$ 在合成同态 ($\mathbf{0_I}$, 4.4.3.2)

$$\mathscr{F} \xrightarrow{\rho_{\mathscr{F}}} i_* i^* \mathscr{F} \longrightarrow i_* \mathscr{G}'$$

下的像 (它是 $\mathscr{O}_X$ 模层). 则 $\overline{\mathscr{G}'}$ 是 $\mathscr{F}$ 的一个拟凝聚且 f 平坦的 $\mathscr{O}_X$ 商模层, 满足 $i^*\overline{\mathscr{G}'} = \mathscr{G}'$, 并且是 $\mathscr{F}$ 的具有该性质的唯一一个 $\mathscr{O}_X$ 商模层.

由于 i_* 是紧凑的 (1.1.2 和 1.2.2), 故由 (1.7.4) 知, 对任意拟凝聚 $\mathscr{O}_{X_\eta}$ 模层 $\mathscr{H}'$ 来说, $i_*\mathscr{H}'$ 总是拟凝聚 $\mathscr{O}_X$ 模层. 进而, 根据定义 ($\mathbf{0_I}$, 3.4.1), 对 X 的任意开集 U, 均有 $(i_*\mathscr{H}')|_U = (i|_{U\cap X_\eta})_*(\mathscr{H}'|_{U\cap X_\eta})$. 只要我们在 X 和 Y 都仿射的情形下证明了这个命题, 一般情形就可以通过黏合而得到, 因为可以使用仿射情形时的唯一性. 换句话说, 问题归结为证明下面的引理:

引理 (2.8.1.1) — 设 A 是一个 1 维正则 ($\mathbf{0}$, 17.3.6) *Noether* 整环, K 是它的分式域, M 是一个 A 模, N' 是 $M_{(K)} = M \otimes_A K$ 除以 K 子模 P' 后的 K 商模, $\overline{N'}$ 是 M 在合成同态 $M \to M_{(K)} \to N'$ 下的像. 则 $\overline{N'}$ 是平坦 A 模, 并且它是 M 的具有下述性质的唯一一个商模 N: 它是一个平坦 A 模, 并使得满同态 $M_{(K)} \to N_{(K)}$ 的核就等于 P'.

对于 A 的任何极大理想 $\mathfrak{m}$ 来说, $A_{\mathfrak{m}}$ 都是 1 维正则局部环, 从而是离散赋值环, 于是一个 A 模 N 是平坦的就等价于它是无挠的 ($\mathbf{0_I}$, 6.3.4). 由于 N' 是一个 K 向量空间, 故它是无挠 A 模, 从而 $\overline{N'}$ 也是如此 (因为 $\overline{N'}$ 是 N' 的子模), 进而, 很容易验证 $\overline{N'}_{(K)}$ 可以等同于 N'. 反之, 若 N 是 M 的一个 A 商模, 并且具有所说的性质, 则由 N 是平坦 A 模可知, 典范同态 $N \to N_{(K)} = N \otimes_A K$ 是单的. 由于 $N_{(K)}$ 可以等同于 N', 故由下述图表的交换性就可以推出结论

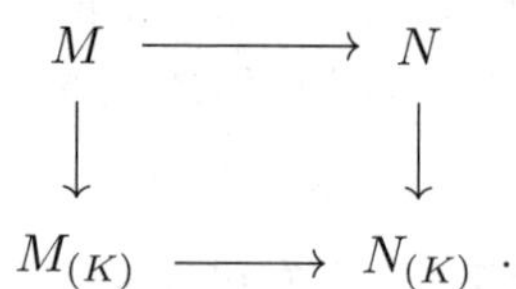

$$\begin{array}{ccc} M & \longrightarrow & N \\ \downarrow & & \downarrow \\ M_{(K)} & \longrightarrow & N_{(K)} \end{array}.$$

推论 (2.8.2) — 在 (2.8.1) 的条件下, 为了使 $\mathscr{F}$ 是 f 平坦的, 必须且只需典范同态 $\mathscr{F} \to i_*\mathscr{F}_\eta = i_*i^*\mathscr{F}$ 是单的.

(2.8.3) 这个 $\mathscr{O}_X$ 模层 $\overline{\mathscr{G}'}$ 是 $\mathscr{F}$ 和 $\mathscr{G}'$ 的函子, 具体来说, 若 $\mathscr{F}_1, \mathscr{F}_2$ 是两个拟凝聚 $\mathscr{O}_X$ 模层, $u: \mathscr{F}_1 \to \mathscr{F}_2$ 是一个 $\mathscr{O}_X$ 同态, $\mathscr{G}'_i$ 是 $(\mathscr{F}_i)_\eta$ 的一个 $\mathscr{O}_{X_\eta}$ 商模层 $(i = 1, 2)$, $v: \mathscr{G}'_1 \to \mathscr{G}'_2$ 是一个同态, 并使下面的图表成为交换的:

$$\begin{array}{ccc} (\mathscr{F}_1)_\eta & \xrightarrow{i^*(u)} & (\mathscr{F}_2)_\eta \\ \downarrow & & \downarrow \\ \mathscr{G}'_1 & \xrightarrow[v]{} & \mathscr{G}'_2 \end{array}$$

(同态 v (只要它是存在的) 可被这个性质唯一确定), 于是图表

$$\begin{array}{ccc} \mathscr{F}_1 & \xrightarrow{u} & \mathscr{F}_2 \\ \downarrow & & \downarrow \\ i_*\mathscr{G}'_1 & \xrightarrow[i_*(v)]{} & i_*\mathscr{G}'_2 \end{array}$$

是交换的, 从而我们有唯一一个同态 $w:\overline{\mathscr{G}'_1}\to\overline{\mathscr{G}'_2}$, 使得下面的图表是交换的:

$$\begin{array}{ccc} \mathscr{F}_1 & \xrightarrow{u} & \mathscr{F}_2 \\ \downarrow & & \downarrow \\ \overline{\mathscr{G}'_1} & \xrightarrow[w]{} & \overline{\mathscr{G}'_2} \end{array}.$$

命题 (2.8.4) — Y 上的前提条件与 (2.8.1) 相同, 设 X_1, X_2 是两个 Y 概形, $\mathscr{F}_i$ 是一个拟凝聚 $\mathscr{O}_{X_i}$ 模层, $\mathscr{G}'_i$ 是 $(\mathscr{F}_i)_\eta$ 的一个 $\mathscr{O}_{(X_i)_\eta}$ 商模层 $(i=1,2)$. 则有

(2.8.4.1) $$\overline{\mathscr{G}'_1}\otimes_{\mathscr{O}_Y}\overline{\mathscr{G}'_2} = \overline{\mathscr{G}'_1\otimes_{\boldsymbol{k}(\eta)}\mathscr{G}'_2}.$$

事实上, 我们令 $X=X_1\times_Y X_2$, 则 (2.8.4.1) 的左边是一个拟凝聚 $\mathscr{O}_X$ 模层, 并且是 Y 平坦的 ($\mathbf{0_I}$, 6.2.1), 它在 X_η 中的逆像是 $\mathscr{G}'_1\otimes_{\boldsymbol{k}(\eta)}\mathscr{G}'_2$ (**I**, 9.1.5), 并且后者是 $\mathscr{F}_1\otimes_{\mathscr{O}_Y}\mathscr{F}_2$ 的一个商模层, 从而由 (2.8.1) 中的唯一性就可以推出结论.

命题 (2.8.5) — X 和 Y 上的前提条件与 (2.8.1) 相同, 设 Z' 是 X_η 的一个闭子概形. 则 X 有唯一一个满足下述条件的闭子概形 $\overline{Z'}$: 它是 Y 平坦的, 并且 $i^{-1}(\overline{Z'})=Z'$.

若 $\mathscr{J}'$ 是 $\mathscr{O}_{X_\eta}$ 的那个定义了 Z' 的拟凝聚理想层, 则只需把 (2.8.1) 应用到 $\mathscr{F}=\mathscr{O}_X$ 和 $\mathscr{G}'=\mathscr{O}_{X_\eta}/\mathscr{J}'$ 上即可. 事实上, 若 $\overline{\mathscr{G}'}=\mathscr{O}_X/\mathscr{J}$, 则我们有 $\mathscr{J}'=(i^*\mathscr{J})\mathscr{O}_{X_\eta}$, 从而 $i^{-1}(\overline{Z'})=Z'$ (**I**, 4.4.5).

注意到概形 $\overline{Z'}$ 就是 Z' 在合成态射 $Z'\to X_\eta\xrightarrow{i}X$ 下的概像, 其中第一个箭头是典范含入 (**I**, 9.5.3). $\overline{Z'}$ 的底空间是 Z' 在 X 中的闭包 (**I**, 9.5.4), 这说明了记号的合理性. 我们也把 $\overline{Z'}$ 称为 Z' 在 X 中的闭包子概形.

推论 (2.8.6) — 设 X_1, X_2 是两个 Y 概形, Z'_i 是 $(X_i)_\eta$ 的一个闭子概形 $(i = 1, 2)$. 则有

$$\overline{Z'_1} \times_Y \overline{Z'_2} = \overline{Z'_1 \times_{\boldsymbol{k}(\eta)} Z'_2}. \tag{2.8.6.1}$$

这是缘自 (2.8.4) 和 (2.8.5).

§3. 支承素轮圈与准素分解

在本节中, 我们将把 Bourbaki,《交换代数学》, IV 中关于模的那些结果转换成概形的语言. 下面的一些概念只适用于局部 *Noether* 概形.

3.1 模的支承素轮圈

定义 (3.1.1) — 设 X 是一个局部 *Noether* 概形[①], $\mathscr{F}$ 是一个拟凝聚 $\mathscr{O}_X$ 模层. 所谓点 $x \in X$ 支承着 $\mathscr{F}$, 或者说 x 是 $\mathscr{F}$ 的一个支承点, 是指 $\mathscr{O}_x$ 的极大理想 $\mathfrak{m}_x$ 支承着 $\mathscr{O}_x$ 模 $\mathscr{F}_x$ (换句话说, $\mathfrak{m}_x$ 是 $\mathscr{F}_x$ 中的某个元素的零化子). 我们把 $\mathscr{F}$ 的全体支承点 $x \in X$ 的集合记作 $\operatorname{Ass}\mathscr{F}$. 所谓 X 的一个不可约闭子集 Z 是 $\mathscr{F}$ 的支承素轮圈, 是指它的一般点支承着 $\mathscr{F}$. 当 $\mathscr{F} = \mathscr{O}_X$ 时, 我们也把 $\mathscr{F}$ 的支承点 (切转: 支承素轮圈) 称为概形 X 的支承点 (切转: 支承素轮圈).

所谓 $\mathscr{F}$ (切转: X) 的一个支承素轮圈是内嵌的, 是指它包含在 $\mathscr{F}$ (切转: X) 的另一个支承素轮圈之中 (换句话说, 它在支承素轮圈的集合中不是极大的).

X 的各个不可约分支恰好就是 X 的极大支承素轮圈, 或称非内嵌的支承素轮圈.

易见若 $x \in \operatorname{Ass}\mathscr{F}$, 则有 $\mathscr{F}_x \neq 0$, 换句话说

$$\operatorname{Ass}\mathscr{F} \subseteq \operatorname{Supp}\mathscr{F}. \tag{3.1.1.1}$$

若点 $x \in X$ 支承着 $\mathscr{F}$, 则它显然也支承着 $\mathscr{F}|_U$, 其中 U 是 x 的任何一个开邻域, 反之, 若对于 x 的某个开邻域 U 来说, x 支承着 $\mathscr{F}|_U$, 则 x 也支承着 $\mathscr{F}$.

最后我们注意到, 对于一个拟凝聚 $\mathscr{O}_X$ 模层 $\mathscr{F}$ 来说, 内嵌支承素轮圈的存在性问题是一个局部性问题, 因为若 y 和 z 是 $\operatorname{Ass}\mathscr{F}$ 中的两个点, 且满足 $y \in \overline{\{z\}}$, 则 y 的任何邻域都包含了 z.

[①] 译注: 在原文中, 这个定义对概形 X 并没有任何限制条件, 但后来的研究结果表明, 当 X 不是局部 Noether 概形时, 应该采用另外的定义方法. 所以我们要把这个定义限制在局部 Noether 概形上.

命题 (3.1.2) — 设 A 是一个 *Noether* 环, M 是一个 A 模, $X=\operatorname{Spec}A$, $\mathscr{F}=\widetilde{M}$, 则为了使点 $x\in X$ 支承着 $\mathscr{F}$, 必须且只需 A 的素理想 $\mathfrak{j}_x$ 支承着 A 模 M (换句话说, $\mathfrak{j}_x$ 是某个元素 $f\in M$ 的零化子).

这是缘自定义 (3.1.1) 和 Bourbaki, 前引, §1, ¥2, 命题 5 的推论 (应用到 $S=A\smallsetminus\mathfrak{j}_x$ 上).

命题 (3.1.3) — 设 X 是一个局部 *Noether* 概形, $\mathscr{F}$ 是一个拟凝聚 $\mathscr{O}_X$ 模层, x 是 X 的一点, Z 是 X 的那个以 $\overline{\{x\}}$ 为底空间的既约闭子概形 (**I**, 5.2.1). 则以下诸条件是等价的:

a) $x\in\operatorname{Ass}\mathscr{F}$.

b) 可以找到 x 的一个开邻域 U 和一个截面 $f\in\Gamma(U,\mathscr{F})$, 使得 $U\cap Z$ 就等于 $\operatorname{Supp}(\mathscr{O}_U\cdot f)$.

b′) 可以找到 x 的一个开邻域 U 和一个截面 $f\in\Gamma(U,\mathscr{F})$, 使得 $U\cap Z$ 成为 $\operatorname{Supp}(\mathscr{O}_U\cdot f)$ 的一个不可约分支.

c) 可以找到 x 的一个开邻域 U 和 $\mathscr{F}|_U$ 的这样一个子模层, 它与 $\mathscr{O}_Z|_U$ 是同构的 (这里把 $\mathscr{O}_Z$ 等同于 $\mathscr{O}_X$ 的商).

c′) 可以找到 x 的一个开邻域 U 和 $\mathscr{F}|_U$ 的一个凝聚子模层 $\mathscr{G}$, 使得 $U\cap Z$ 成为 $\operatorname{Supp}\mathscr{G}$ 的一个不可约分支.

易见 c) 蕴涵 b), 因为只需取 $f\in\Gamma(U,\mathscr{F})$ 是与 $\mathscr{O}_Z|_U$ 的单位元截面相对应的那个元素即可. 由于 $U\cap Z$ 是不可约的 ($\mathbf{0_I}$, 2.1.6), 故知 b) 蕴涵 b′), 而 b′) 蕴涵 c′) 是因为 $\mathscr{O}_X$ 是凝聚的 ($\mathbf{0_I}$, 5.3.4). 为了证明 c′) 蕴涵 a), 可以限于考虑 $U=X=\operatorname{Spec}A$, $\mathscr{F}=\widetilde{M}$, $\mathscr{G}=\widetilde{N}$ 的情形, 其中 A 是一个 Noether 环, M 是一个 A 模, N 是 M 的一个有限型子模. 此时我们知道 $\operatorname{Supp}\mathscr{G}$ 中的极小元就是 $V(\operatorname{Ann}(N))$ 的极大点 ($\mathbf{0_I}$, 1.7.4), 且它们也是 $\operatorname{Ass}N$ 中的极小元 (Bourbaki,《交换代数学》, IV, §1, ¥3, 命题 7 的推论 1). 由于 $\operatorname{Ass}N\subseteq\operatorname{Ass}M=\operatorname{Ass}\mathscr{F}$, 故知 c′) 蕴涵 a). 最后, 依照 (3.1.2), a) 蕴涵 c), 只要我们仍取 X 是仿射概形, $\mathscr{F}=\widetilde{M}$, 且 Z 是由理想 fA 所定义的闭子概形即可 (记号与 (3.1.2) 相同).

推论 (3.1.4) — 设 X 是一个局部 *Noether* 概形, $\mathscr{F}$ 是一个凝聚 $\mathscr{O}_X$ 模层. 则 $\mathscr{F}$ 的支承素轮圈中的极大元恰好就是 $\operatorname{Supp}\mathscr{F}$ 的不可约分支, 并且这些分支的一般点 $x\in X$ 就是使 $\mathscr{F}_x$ 成为有限长的非零 $\mathscr{O}_x$ 模的那些点.

事实上, 若 x 是 $\operatorname{Supp}\mathscr{F}$ 的某个不可约分支 Z 的一般点, 则由 (3.1.3) 中 a) 和 c′) 的等价性知, x 落在 $\operatorname{Ass}\mathscr{F}$ 中, 并且 Z 是 $\mathscr{F}$ 的一个支承素轮圈, 且依照 (3.1.1.1), 它必然是极大的. 逆命题可由 (3.1.1.1) 立得, 而最后一句话显然是一个局部问题, 故可使用 Bourbaki,《交换代数学》, IV, §2, ¥5, 命题 7 的推论 2.

推论 (3.1.5) — 设 X 是一个局部 *Noether* 概形, $\mathscr{F}$ 是一个拟凝聚 $\mathscr{O}_X$ 模层. 则为了使 $\mathscr{F}=0$, 必须且只需 $\operatorname{Ass}\mathscr{F}=\varnothing$.

问题是局部性的, 故可归结到 X 是仿射概形的情形, 此时由 (3.1.2) 和 Bourbaki,《交换代数学》, IV, §1, ✶1, 命题 2 的推论 1 立得结论.

命题 (3.1.6) — 设 X 是一个局部 *Noether* 概形, $\mathscr{F}$ 是一个凝聚 $\mathscr{O}_X$ 模层. 则 $\operatorname{Ass}\mathscr{F}$ 是局部有限的 (也就是说, X 的任何点都有这样一个邻域, 它与 $\operatorname{Ass}\mathscr{F}$ 的交集是有限的).

只需考虑 X 是仿射概形 (从而是 Noether 概形) 的情形, 此时由 (3.1.2) 和 Bourbaki,《交换代数学》, IV, §1, ✶4, 定理 2 的推论就可以推出结论.

命题 (3.1.7) — 设 X 是一个局部 *Noether* 概形.

(i) 设 $0 \to \mathscr{F}' \to \mathscr{F} \to \mathscr{F}'' \to 0$ 是拟凝聚 $\mathscr{O}_X$ 模层的一个正合序列, 则我们有 $\operatorname{Ass}\mathscr{F}' \subseteq \operatorname{Ass}\mathscr{F} \subseteq \operatorname{Ass}\mathscr{F}' \cup \operatorname{Ass}\mathscr{F}''$.

(ii) 设 $\mathscr{F}$ 是一个拟凝聚 $\mathscr{O}_X$ 模层, $(\mathscr{F}_\alpha)$ 是由 $\mathscr{F}$ 的某些拟凝聚 $\mathscr{O}_X$ 子模层所构成的族, 且这些 $\mathscr{F}_\alpha$ 的并集等于 $\mathscr{F}$, 则有 $\operatorname{Ass}\mathscr{F} = \bigcup\limits_\alpha \operatorname{Ass}\mathscr{F}_\alpha$.

(iii) 对任意拟凝聚 $\mathscr{O}_X$ 模层的族 $(\mathscr{F}_\alpha)$, 均有 $\operatorname{Ass}\big(\bigoplus\limits_\alpha \mathscr{F}_\alpha\big) = \bigcup\limits_\alpha \operatorname{Ass}\mathscr{F}_\alpha$.

问题可以立即归结为模上的相应陈述 (Bourbaki, 前引, §1, ✶1, 公式 (1), 命题 3 及其推论 1).

命题 (3.1.8) — 设 X 是一个局部 *Noether* 概形, $\mathscr{F}$ 是一个拟凝聚 $\mathscr{O}_X$ 模层, U 是 X 的一个开集, $\mathscr{J}$ 是 $\mathscr{O}_X$ 的这样一个凝聚理想层, 它定义了 X 的一个以 $X \smallsetminus U$ 为底空间的闭子概形. 则以下诸条件是等价的:

a) $\operatorname{Ass}\mathscr{F} \subseteq U$.

b) 对任意仿射开集 V 和 $\mathscr{F}$ 在 V 上的任意截面, 只要该截面限制到 $V \cap U$ 上是 0, 它本身就是 0.

c) 典范同态 $\mathscr{F} \to \mathscr{H}om_{\mathscr{O}_X}(\mathscr{J}, \mathscr{F})$ 是单的.

问题是局部性的, 故可假设 $X = \operatorname{Spec} A$, 其中 A 是一个 Noether 环, $\mathscr{F} = \widetilde{M}$, 其中 M 是一个 A 模, $\mathscr{J} = \widetilde{\mathfrak{J}}$, 其中 $\mathfrak{J}$ 是 A 的一个理想. 同态 $M \to \operatorname{Hom}_A(\mathfrak{J}, M)$ 把 $m \in M$ 对应到那个从 $\mathfrak{J}$ 到 M 的同态 $x \mapsto xm$, 如果它不是单的, 那么就意味着可以找到 M 中的一个元素 $m \neq 0$, 使得 $\mathfrak{J}m = 0$.

我们首先证明 c) 蕴涵 a). 事实上, 若 $\operatorname{Ass}\mathscr{F}$ 与 $X \smallsetminus U$ 有交点, 则可以找到一个素理想 $\mathfrak{p} \in \operatorname{Ass} M$, 它包含了 $\mathfrak{J}$, 从而可以找到 M 中的一个元素 $m \neq 0$, 使得 $\mathfrak{J}m = 0$. 其次证明 b) 蕴涵 c). 事实上, 若能找到 M 中的一个元素 $m \neq 0$, 使得 $\mathfrak{J}m = 0$, 则对任意素理想 $\mathfrak{q} \not\supseteq \mathfrak{J}$, 均可找到一个没有落在 $\mathfrak{q}$ 中的元素 $a \in \mathfrak{J}$, 从而关系式 $am = 0$ 就蕴涵着 m 在 $M_\mathfrak{q}$ 中的典范像是 0, 换句话说, m 是 $\mathscr{F}$ 的这样一个非零整体截面, 它在 U 上的限制是 0. 最后来证明 a) 蕴涵 b). 注意到典范同态 $M \to \prod\limits_{\mathfrak{p} \in \operatorname{Ass} M} M_\mathfrak{p}$ 是单的. 事实上, 若 N 是该同态的核, 则有 $\operatorname{Ass} N \subseteq \operatorname{Ass} M$, 假如我们有一个 $\mathfrak{p} \in \operatorname{Ass} N$,

那就可以找到一个元素 $n \in N$, 它以 $\mathfrak{p}$ 为零化子. 而根据 N 的定义, 我们就有一个元素 $s \notin \mathfrak{p}$, 使得 $sn = 0$, 但这是不合理的. 由此得知 $\operatorname{Ass} N = \varnothing$, 从而 $N = 0$. 现在由条件 a) 可知, 若 $m \in M$ 是 $\mathscr{F}$ 的一个整体截面, 并且它在 U 上的限制是 0, 则对任意 $\mathfrak{p} \in \operatorname{Ass} M$, m 在 $M_{\mathfrak{p}}$ 中的典范像都是 0, 从而 $m = 0$. 证明完毕.

推论 (3.1.9) — 设 X 是一个局部 *Noether* 概形, $\mathscr{F}$ 是一个拟凝聚 $\mathscr{O}_X$ 模层, f 是 $\mathscr{O}_X$ 的一个整体截面. 则为了使 f 是 $\mathscr{F}$ 正则的 (**0**, 15.2.2), 必须且只需 $\operatorname{Ass} \mathscr{F} \subseteq X_f$.

事实上, 易见 f 是 $\mathscr{F}$ 正则的就等价于典范同态 $\mathscr{F} \to \mathscr{H}om_{\mathscr{O}_X}(f\mathscr{O}_X, \mathscr{F})$ 是单的, 从而只需把 (3.1.8) 应用到理想层 $\mathscr{J} = f\mathscr{O}_X$ 上即可.

命题 (3.1.10) — 设 X, Y 是两个局部 *Noether* 概形, $f: X \to Y$ 是一个整型态射. 则对任意拟凝聚 $\mathscr{O}_X$ 模层 $\mathscr{F}$, 均有 $f(\operatorname{Ass} \mathscr{F}) = \operatorname{Ass} f_* \mathscr{F}$.

由于问题在 Y 上是局部性的, 并且态射 f 是仿射的, 故可立即归结为 Y 是仿射概形的情形, 换句话说, 问题归结为

引理 (3.1.10.1) — 设 A, B 是两个 *Noether* 环, $\rho: A \to B$ 是一个环同态, 并使 B 成为一个整型 A 代数, 再设 M 是一个 B 模. 则这些素理想 $\mathfrak{p} \in \operatorname{Ass} M_{[\rho]}$ 刚好就是那些素理想 $\mathfrak{q} \in \operatorname{Ass} M$ 在 ρ 下的逆像.

事实上, 若 $\mathfrak{q} \in \operatorname{Ass} M$, 则 $\mathfrak{q}$ 是某个元素 $x \in M$ 在 B 中的零化子, 从而 $\rho^{-1}(\mathfrak{q})$ 就是 x 在 A 中的零化子. 反之, 设 $\mathfrak{p} \in \operatorname{Ass} M_{[\rho]}$, 则 $\mathfrak{p}$ 是某个元素 $x \in M$ 在 B 中的零化子 $\mathfrak{b}$ 在 A 中的逆像, 从而由 Cohen-Seidenberg 第一定理知, 可以找到 B 的一个包含 $\mathfrak{b}$ 的素理想 $\mathfrak{q}$, 它的逆像恰好就是 $\mathfrak{p}$ (Bourbaki,《交换代数学》, V, §2, ¥1, 定理 1 的推论 2). 显然可以假设 $\mathfrak{q}$ 是满足该条件的素理想中的极小元 (通过考虑所有介于 $\mathfrak{q}$ 与 $\mathfrak{b}$ 之间的素理想). 由于子模 $B \cdot x \subseteq M$ 同构于 $B/\mathfrak{b}$, 故我们知道此时 $\mathfrak{q} \in \operatorname{Ass}(B/\mathfrak{b}) \subseteq \operatorname{Ass} M$ (Bourbaki,《交换代数学》, IV, §1, ¥4, 定理 2).

* **(追加 $_{\mathrm{IV}}$, 17) 注解 (3.1.10.2)** — 设 X, Y 是两个局部 *Noether* 概形, $f: X \to Y$ 是一个紧凑态射, $\mathscr{F}$ 是一个拟凝聚 $\mathscr{O}_X$ 模层, 则 $f_*\mathscr{F}$ 是一个拟凝聚 $\mathscr{O}_Y$ 模层 (1.7.4), 且我们有

(3.1.10.3)
$$\operatorname{Ass} f_*\mathscr{F} \subseteq f(\operatorname{Ass} \mathscr{F}).$$

事实上, 设 $y \in \operatorname{Ass} f_*\mathscr{F}$, 则由于态射 $\operatorname{Spec} \mathscr{O}_{Y,y} \to Y$ 是平坦的, 故依照 (2.3.1), $(f_*\mathscr{F})_y$ 就等于 $(f'_*(\mathscr{F}'))_y$, 其中 $f': X \times_Y \operatorname{Spec} \mathscr{O}_{Y,y} \to \operatorname{Spec} \mathscr{O}_{Y,y}$ 是 f 在基变换下所导出的态射, 并且 $\mathscr{F}' = \mathscr{F} \otimes_{\mathscr{O}_Y} \mathscr{O}_{Y,y}$. 从而在证明 (3.1.10.3) 时, 我们可以把 Y 换成 $\operatorname{Spec} \mathscr{O}_{Y,y}$, 把 f 换成 f', 并把 $\mathscr{F}$ 换成 $\mathscr{F}'$ (利用 (**I**, 3.6.5) 和 $\operatorname{Ass} \mathscr{F}$ 的定义). 根据定义, 可以找到一个非零元 $t_y \in (f_*\mathscr{F})_y$, 它以 $\mathfrak{m}_y$ 为零化子, 且由于 $(f_*\mathscr{F})_y$ 可以等同于 $\Gamma(Y, f_*\mathscr{F})$ (因为 Y 是局部概形), 故知 t_y 也可以等同于一个截面 $s \in \Gamma(X, \mathscr{F})$.

从而 s 的零化子理想层 (在 $\mathscr{O}_X$ 中) 包含了 $\mathfrak{m}_y\mathscr{O}_X$, 于是由 ($\mathbf{0_I}$, 1.7.4) 知, s 的支集 (也就是使得 $s_x \neq 0$ 的那些 $x \in X$ 的集合) 包含在 $f^{-1}(y)$ 之中. 假如 $f^{-1}(y)$ 是空的, 则必有 $s = 0$, 这是不合理的. 现在 $\mathscr{F}$ 的凝聚 $\mathscr{O}_X$ 子模层 $\mathscr{O}_X s$ 并不等于 0, 从而 $\operatorname{Ass}(\mathscr{O}_X s) \neq \varnothing$ (3.1.5). 然而 $\operatorname{Ass}(\mathscr{O}_X s) \subseteq \operatorname{Supp}(\mathscr{O}_X s) \subseteq f^{-1}(y)$, 并且 $\operatorname{Ass}(\mathscr{O}_X s) \subseteq \operatorname{Ass}\mathscr{F}$ (3.1.7), 故知 $y \in f(\operatorname{Ass}\mathscr{F})$.

(3.1.10.4) 注意到即使 f 是紧合态射, 也未必有 $f(\operatorname{Ass}\mathscr{F}) \subseteq \operatorname{Ass} f_*\mathscr{F}$. 比如我们可以取 Y 是域 k 的谱, X 是 k 上的射影空间 (例如 $\mathbf{P}^1_k$), 此时 $\mathscr{F} = \mathscr{O}_X(-1)$ 是一个非零凝聚 $\mathscr{O}_X$ 模层, 并且 $\Gamma(X, \mathscr{F}) = 0$ (**III**, 2.1.13), 从而 $\operatorname{Ass} f_*\mathscr{F} = \varnothing$, 但 $\operatorname{Ass}\mathscr{F} \neq \varnothing$. *

推论 (3.1.11) — *在 (3.1.10) 的前提条件下, 为了使 $\mathscr{F}$ 没有内嵌支承素轮圈, 只需 $f_*\mathscr{F}$ 是如此.*

事实上, 假设 $f_*\mathscr{F}$ 没有内嵌支承素轮圈. 首先注意到下面的事实: 若 A 是域 k 上的一个整型代数, 则 A 的所有素理想都是极大的 (Bourbaki, 《交换代数学》, V, §2, ¥1, 命题 1). 于是由 (**I**, 6.2.2) 知, f 的纤维都是离散空间, 若 x, x' 是 $\operatorname{Ass}\mathscr{F}$ 中的两个不同的点, 则当 $f(x) = f(x')$ 时, 这两个点中的任何一个都不在另一个的闭包之中, 而当 $f(x) \neq f(x')$ 时, 由 (3.1.10) 和前提条件知, $f(x)$ 和 $f(x')$ 中的任何一个都不在另一个的闭包之中, 从而 x 和 x' 也是如此.

注解 (3.1.12) — 在 (3.1.10) 的前提条件下, 完全有可能 $\mathscr{F}$ 并没有内嵌支承素轮圈, 但 $f_*\mathscr{F}$ 有内嵌支承素轮圈. 例如我们取 k 是一个域, $Y = \operatorname{Spec} k[T]$ (“仿射直线”), X 是 $X_1 = Y$ 与 $X_2 = \operatorname{Spec} k$ 的和, 再取 $X_2 \to Y$ 是与典范同态 $k[T] \to k[T]/\mathfrak{m}$ 相对应的态射, 其中 $\mathfrak{m}$ 是极大理想 (T). 易见态射 $f : X \to Y$ 是有限的, 若我们令 $\mathscr{F} = \mathscr{O}_X$, 则 $\mathscr{F}$ 没有内嵌支承素轮圈, 然而 $f_*\mathscr{F} = \widetilde{M}$, 其中 M 是 $k[T]$ 模 $k[T]$ 与 k 的直和, 从而 $\operatorname{Ass} M$ 就是由 Y 的一般点 (0) 与点 $\mathfrak{m}$ 所组成的.

命题 (3.1.13) — *设 X 是一个局部 Noether 概形, U 是 X 的一个开集, $i : U \to X$ 是典范含入. 则对任意拟凝聚 $\mathscr{O}_U$ 模层 $\mathscr{F}$, 均有 $\operatorname{Ass} i_*\mathscr{F} = \operatorname{Ass}\mathscr{F}$.*

还记得 $i_*\mathscr{F}$ 是一个拟凝聚 $\mathscr{O}_X$ 模层 (1.2.2 和 1.7.4). 由于 $i_*\mathscr{F}|_U = \mathscr{F}$, 故我们有 $(\operatorname{Ass} i_*\mathscr{F}) \cap U = \operatorname{Ass}\mathscr{F}$, 从而只需证明 $\operatorname{Ass} i_*\mathscr{F} \subseteq U$ 即可. 再根据 (3.1.8), 只需证明对于 X 的任何一个仿射开集 V 来说, $i_*\mathscr{F}$ 在 V 上的一个截面只要限制在 $U \cap V$ 上是 0, 它本身就是 0, 但这个条件显然成立, 因为 $\Gamma(V, i_*\mathscr{F}) = \Gamma(U \cap V, \mathscr{F}) = \Gamma(U \cap V, i_*\mathscr{F})$.

3.2 单频分解

命题 (3.2.1) — *设 X 是一个局部 Noether 概形, U 是 X 的一个稠密开集. 则以下诸条件是等价的:*

a) X 是既约的.

b) X 在 U 上所诱导的子概形是既约的, 并且 X 没有内嵌支承素轮圈.

c) X 没有内嵌支承素轮圈, 并且对于 X 的任何不可约分支的一般点 x, 均有 $\operatorname{long}(\mathscr{O}_x) = 1$.

在这些条件下, X 的支承素轮圈就等同于 X 的不可约分支.

易见若 X 是既约的, 则它在 U 上所诱导的子概形也是既约的. 进而, 是否有内嵌支承素轮圈的问题是局部性的, 故可限于考虑 $X = \operatorname{Spec} A$ 是仿射概形的情形, 其中 A 是一个 Noether 环. 若 A 是既约的, 则 A 的全体极小素理想就构成了 (0) 的一个精简准素分解 (Bourbaki, 《交换代数学》, IV, §2, ¥5, 命题 10), 并且它们就是 $\operatorname{Ass} A$ 中的所有元素, 从而 A 没有内嵌支承素轮圈, 这就证明了 a) 蕴涵 b). 另外, b) 蕴涵 c) 是显然的, 因为 X 的任何不可约分支的一般点 x 都落在 U 中, 从而 $\mathscr{O}_x$ 是一个域. 最后, c) 蕴涵 a), 事实上, 只需注意到若 $\mathscr{N}$ 是 $\mathscr{O}_X$ 的诣零根, 它是拟凝聚理想层, 则根据前提条件, $\operatorname{Supp}\mathscr{N}$ 不可能包含 X 的任何不可约分支的一般点, 假如 $\operatorname{Supp}\mathscr{N}$ 不是空集, 并设 x 是这个闭集的一个极大点, 则 (3.1.3, c′)) 的判别法就表明 $x \in \operatorname{Ass}\mathscr{O}_X$, 从而 $\overline{\{x\}}$ 成为 X 的一个内嵌支承素轮圈, 这就与前提条件产生了矛盾, 从而 $\mathscr{N} = 0$.

定义 (3.2.2) — 设 X 是一个局部 *Noether* 概形, $\mathscr{F}$ 是一个凝聚 $\mathscr{O}_X$ 模层. 所谓 $\mathscr{F}$ 是既约的, 是指它满足下面两个条件: 1° $\mathscr{F}$ 没有内嵌支承素轮圈; 2° 对于 $\operatorname{Supp}\mathscr{F}$ 的任何极大点 x, 均有 $\operatorname{long}(\mathscr{F}_x) = 1$.

条件 1° 表明, $\mathscr{F}$ 的支承素轮圈就是 $\operatorname{Supp}\mathscr{F}$ 的不可约分支 (3.1.4), 条件 2° 表明, 在每个分支的一般点 x 处, 均有 $\operatorname{long}(\mathscr{F}_x) = 1$.

对于仿射概形 X, 上述定义可以转化为 Noether 环 A 上的既约模的概念: 所谓一个有限型 A 模是既约的, 是指它没有内嵌支承素理想, 并且对任意 $\mathfrak{p} \in \operatorname{Ass} M$, 均有 $\operatorname{long}_{A_\mathfrak{p}}(M_\mathfrak{p}) = 1$. 回到局部 Noether 概形 X 和凝聚 $\mathscr{O}_X$ 模层 $\mathscr{F}$ 的情形, 所谓 $\mathscr{F}$ 在点 $x \in X$ 处是既约的, 是指 $\mathscr{F}_x$ 是既约 $\mathscr{O}_x$ 模. 这也相当于说, 在局部概形 $\operatorname{Spec}\mathscr{O}_x$ 上, $\widetilde{\mathscr{F}_x}$ 是既约的. 从而它还等价于说, x 没有落在 $\mathscr{F}$ 的任何一个内嵌支承素轮圈中, 并且对于 $\operatorname{Supp}\mathscr{F}$ 的每个满足 $x \in \overline{\{z\}}$ 的极大点 z, 均有 $\operatorname{long}(\mathscr{F}_z) = 1$. 易见若一个凝聚 $\mathscr{O}_X$ 模层 $\mathscr{F}$ 是既约的, 则它在 X 的任何点处都是既约的. 反之, 若 $\mathscr{F}$ 在点 x 处是既约的, 则可以找到 x 的一个开邻域 U, 使得 $\mathscr{F}|_U$ 是既约 $\mathscr{O}_U$ 模层. 事实上, 只需取 U 是一个与 $\mathscr{F}$ 的任何内嵌支承素轮圈都不相交的开邻域即可 (这样的邻域总是存在的, 因为这些素轮圈所构成的集合是局部有限的). 最后, $\mathscr{O}_X$ 在点 x 处是既约的就等价于 X 在点 x 处是既约的.

命题 (3.2.3) — 设 X 是一个局部 *Noether* 概形, U 是 X 的一个开集, $\mathscr{F}$ 是一个凝聚 $\mathscr{O}_X$ 模层, 并假设 $U \cap \operatorname{Supp}\mathscr{F}$ 在 $\operatorname{Supp}\mathscr{F}$ 中是稠密的. 则以下诸条件是等价

的:

a) $\mathscr{F}$ 是既约的.

b) $\mathscr{F}|_U$ 是既约的, 并且 $\mathscr{F}$ 没有内嵌支承素轮圈.

c) 可以找到 X 的一个既约闭子概形 X' 和一个凝聚 $\mathscr{O}_{X'}$ 模层 $\mathscr{F}'$, 使得 $j_*\mathscr{F}' = \mathscr{F}$, 其中 $\mathscr{F}'$ 是无挠的, $j : X' \to X$ 是典范含入, 并且 $\mathscr{F}'$ 在 X' 的所有不可约分支上的一般秩都是 1.

进而, 若这些条件得到满足, 则子概形 X' 是由 $\mathscr{F}$ 的零化子理想层 $\mathscr{J}$ 所定义的.

为了证明 c) 蕴涵 a), 依照 (3.1.3), 可以限于考虑 $X' = X$ 是整概形的情形, 设 x 是它的一般点, 进而可以假设 $X = \operatorname{Spec} A$, 其中 A 是整环, 并且 $\mathscr{F} = \widetilde{M}$, 其中 M 是一般秩为 1 的无挠 A 模. 此时 M 的零化子就是 (0), 故有 $\operatorname{Ass}\mathscr{F} = \{x\}$, 并且 $\mathscr{F}_x$ 同构于 $\mathscr{O}_x$, 也就是 A 的分式域, 从而定义 (3.2.2) 中的条件得到了满足. 由于是否有内嵌支承素轮圈的问题是局部性的, 故易见若 $\mathscr{F}$ 没有这种支承素轮圈, 并且 $U \cap \operatorname{Supp}\mathscr{F}$ 在 $\operatorname{Supp}\mathscr{F}$ 中是稠密的, 则必有 $\operatorname{Ass}\mathscr{F} = \operatorname{Ass}\mathscr{F}|_U$, 从而 a) 和 b) 是等价的. 若 a) 得到了满足, 则我们可以取 X' 是 X 的那个以 $\operatorname{Supp}\mathscr{F}$ 为底空间的既约闭子概形 (**I**, 5.2.1), 并设 $\mathscr{F}' = j^*\mathscr{F}$, 现在 $\operatorname{Ass}\mathscr{F}$ 中的任何点 x 必然都是 X' 的极大点, 且由于 $\operatorname{long}(\mathscr{F}_x) = 1$, 故知 $\mathscr{F}'_x$ 同构于 $\mathscr{F}_x$, 从而同构于域 $\boldsymbol{k}(x) = \mathscr{O}_{X',x}$, 这就证明 $\mathscr{F}'$ 的一般秩是 1, 并且它是无挠的 (**I**, 7.4.6 和 7.4.2). 最后一句话是显然的, 因为在任意一点 $y \in X'$ 处, $\mathscr{O}_{X',y}$ 模层 $\mathscr{F}'_y$ 的零化子总是 0.

定义 (3.2.4) — 设 X 是一个局部 *Noether* 概形, $\mathscr{F}$ 是一个拟凝聚 $\mathscr{O}_X$ 模层. 所谓 $\mathscr{F}$ 是单频的, 是指 $\operatorname{Ass}\mathscr{F}$ 只含一个元素 x. 现在我们进而假设 $\mathscr{F}$ 是有限型的, 所谓 $\mathscr{F}$ 是整的, 是指 $\mathscr{F}$ 既是单频的, 又是既约的 (换句话说, $\operatorname{long}(\mathscr{F}_x) = 1$). 所谓拟凝聚 $\mathscr{O}_X$ 模层 $\mathscr{F}$ 的一个拟凝聚 $\mathscr{O}_X$ 子模层 $\mathscr{G}$ 在 $\mathscr{F}$ 中是准素的, 是指 $\mathscr{F}/\mathscr{G}$ 是单频的.

对于一个仿射概形 X, 上述定义可以转化为 Noether 环 A 上的整模的概念: 所谓一个 A 模 M 是整的, 是指它既是有限型的, 又是单频的 (也就是说, $\operatorname{Ass} M$ 只含一个素理想 $\mathfrak{p}$), 而且还满足 $\operatorname{long}_{A_{\mathfrak{p}}}(M_{\mathfrak{p}}) = 1$. 回到局部 Noether 概形 X 和凝聚 $\mathscr{O}_X$ 模层 $\mathscr{F}$ 的情形, 所谓 $\mathscr{F}$ 在点 $x \in X$ 处是整的, 是指 $\mathscr{F}_x$ 是一个整 $\mathscr{O}_x$ 模. 这也相当于说, x 只落在了 $\mathscr{F}$ 的唯一一个支承素轮圈 (且一定不是内嵌的) 之中, 并且在它的一般点 z 处, 还必须有 $\operatorname{long}(\mathscr{F}_z) = 1$. 易见若 $\mathscr{F}$ 是一个整的凝聚 $\mathscr{O}_X$ 模层, 则它在 X 的任意点处都是整的. 反之, 若 $\mathscr{F}$ 在点 x 处是整的, 则可以找到 x 的一个开邻域 U, 使得 $\mathscr{F}|_U$ 是整的 $\mathscr{O}_U$ 模层. 这只要取开集 U 使得 $\mathscr{F}|_U$ 成为既约 $\mathscr{O}_X$ 模层即可 (3.2.2).

所谓一个局部 Noether 概形 X 是单频的, 是指 $\mathscr{O}_X$ 是单频的 (由此就可以推出 X 是不可约的). 为了使 X 是整的, 必须且只需 $\mathscr{O}_X$ 模层 $\mathscr{O}_X$ 是整的 ((**I**, 2.1.8) 和

(3.2.1)). 若 $\mathscr{O}_X$ 在点 x 处是整的, 也就是说环 $\mathscr{O}_x$ 是整的, 则我们说 X 在点 x 处是整的. 所谓 X 的一个闭子概形 Y 在 X 中是准素的, 是指定义了 Y 的那个理想层 $\mathscr{J}$ 在 $\mathscr{O}_X$ 中是准素的.

定义 (3.2.5) — 设 X 是一个局部 *Noether* 概形, $\mathscr{F}$ 是一个凝聚 $\mathscr{O}_X$ 模层. 所谓 $\mathscr{F}$ 的一个单频分解, 是指 $\mathscr{F}$ 的这样一族 $\mathscr{O}_X$ 商模层 $(\mathscr{F}_\alpha)_{\alpha\in I}$, 它满足以下条件: 每个 $\mathscr{F}_\alpha$ 都是单频的, 族 $(\operatorname{Supp}\mathscr{F}_\alpha)$ 是局部有限的, 并且典范同态 $\mathscr{F}\to\bigoplus_{\alpha\in I}\mathscr{F}_\alpha$ 是单的. 所谓一个这样的分解是精简的, 是指这些集合 $\operatorname{Ass}\mathscr{F}_\alpha$ 两两不同, 并且不可能找到一个子集 $J\subsetneq I$, 使得子族 $(\mathscr{F}_\alpha)_{\alpha\in J}$ 也能成为 $\mathscr{F}$ 的一个单频分解.

若 $(\mathscr{F}_\alpha)_{\alpha\in I}$ 是 $\mathscr{F}$ 的一个单频分解 (切转: 精简单频分解), 并且令 $\mathscr{F}_\alpha=\mathscr{F}/\mathscr{G}_\alpha$, 则我们也把 $\mathscr{F}$ 的 $\mathscr{O}_X$ 子模层的族 $(\mathscr{G}_\alpha)_{\alpha\in I}$ 称为 0 在 $\mathscr{F}$ 中的一个准素分解. 注意到典范同态 $\mathscr{F}\to\bigoplus_{\alpha\in I}\mathscr{F}_\alpha$ 是单的这个条件也等价于下面的条件: $\bigcap_{\alpha\in I}\mathscr{G}_\alpha=0$.

若 $(\mathscr{F}_\alpha)$ 是 $\mathscr{F}$ 的一个单频分解, 则为了使它是精简的, 必须且只需这些 $\operatorname{Ass}\mathscr{F}_\alpha$ 两两不同, 并且都包含在 $\operatorname{Ass}\mathscr{F}$ 中. 进而对每个 $\alpha\in I$, 设 $\operatorname{Ass}\mathscr{F}_\alpha=\{x_\alpha\}$, 则映射 $\alpha\mapsto x_\alpha$ 是 I 到 $\operatorname{Ass}\mathscr{F}$ 的一一映射. 事实上, 这些性质都是局部性的, 从而可由 Bourbaki,《交换代数学》, IV, §2, ¥3, 命题 4 导出.

命题 (3.2.6) — 设 X 是一个局部 *Noether* 概形, $\mathscr{F}$ 是一个凝聚 $\mathscr{O}_X$ 模层. 则 $\mathscr{F}$ 总有这样一个精简单频分解 $(\mathscr{F}^{(x)})_{x\in\operatorname{Ass}\mathscr{F}}$, 它是由凝聚 $\mathscr{O}_X$ 模层所组成的, 并且对任意 $x\in\operatorname{Ass}\mathscr{F}$, 均有 $\operatorname{Ass}\mathscr{F}^{(x)}=\{x\}$. 对于 $x\in\operatorname{Ass}\mathscr{F}$, 若 $\overline{\{x\}}$ 不是内嵌支承素轮圈, 则 $\mathscr{F}^{(x)}$ 是唯一确定的, 它就是典范同态 $\mathscr{F}\to i_*i^*\mathscr{F}$ 的像, 其中 i 是典范态射 $\operatorname{Spec}\boldsymbol{k}(x)\to X$.

对任意 $x\in\operatorname{Ass}\mathscr{F}$, 设 U 是 x 的一个仿射开邻域, 环为 A, 并设 $\mathscr{F}|_U=\widetilde{M}$, 其中 M 是一个有限型 A 模. 我们知道 (Bourbaki,《交换代数学》, IV, §1, ¥1, 命题 4) M 有这样一个子模 N, 它满足以下条件: 对于 $P=M/N$, 我们有 $\operatorname{Ass}P=\{x\}$, 并且 $\operatorname{Ass}N=\operatorname{Ass}M\smallsetminus\{x\}$. 设 $\mathscr{G}=\widetilde{P}$, 这是一个拟凝聚 $\mathscr{O}_U$ 模层, 设 j 是典范含入 $U\to X$, 再设 $u:j^*\mathscr{F}\to\mathscr{G}$ 是与同态 $M\to P$ 相对应的满同态, 由此导出一个同态 $j_*(u):j_*j^*\mathscr{F}\to j_*\mathscr{G}$, 从而通过合成又得到下述同态

$$v\ :\ \mathscr{F}\xrightarrow{\ \rho_{\mathscr{F}}\ }j_*j^*\mathscr{F}\xrightarrow{\ j_*(u)\ }j_*\mathscr{G}\,,$$

并且 u 就是 v 在 U 上的限制. 我们用 $\mathscr{F}^{(x)}$ 来记 $\mathscr{F}$ 在这个同态下的像, 则它是凝聚 $\mathscr{O}_X$ 模层 (**I**, 6.1.1). 依照 (3.1.13), 我们有 $\operatorname{Ass}j_*\mathscr{G}=\{x\}$, 自然也有 (3.1.7) $\operatorname{Ass}\mathscr{F}^{(x)}=\{x\}$, 因为 $\mathscr{F}^{(x)}\neq 0$. 进而, 对于 $\mathscr{N}^{(x)}=\operatorname{Ker}(v)$, 我们有 $\mathscr{N}^{(x)}|_U=\widetilde{N}$, 从而 $x\notin\operatorname{Ass}\mathscr{N}^{(x)}$. 由此就可以得知同态 $\mathscr{F}\to\bigoplus_{x\in\operatorname{Ass}\mathscr{F}}\mathscr{F}^{(x)}$ 是单的, 这是因为, 它的核 $\mathscr{H}$ 包含在每个 $\mathscr{N}^{(x)}$ 之中, 从而 $\operatorname{Ass}\mathscr{H}$ 包含在这些 $\operatorname{Ass}\mathscr{N}^{(x)}$ 的交集之中, 但这是空集, 因而 (3.1.5) $\mathscr{H}=0$. 注意到 $\operatorname{Ass}\mathscr{F}$ 是局部有限的 (3.1.6), 故易见 $(\mathscr{F}^{(x)})_{x\in\operatorname{Ass}\mathscr{F}}$

就是 $\mathscr{F}$ 的一个满足所述条件的精简单频分解. 当 $\overline{\{x\}}$ 不是内嵌支承素轮圈时, 确定 $\mathscr{F}^{(x)}$ 的问题是局部性的, 再利用 (**I**, 1.6.7), 就可以从 Bourbaki,《交换代数学》, IV, §2, ✻3, 命题 5 得出结果.

推论 (3.2.7) — 在 (3.2.6) 的前提条件下, 若 $\mathscr{F}$ 没有内嵌支承素轮圈, 则 $\mathscr{F}$ 只有一个精简单频分解.

推论 (3.2.8) — 设 X 是一个 *Noether* 概形, $\mathscr{F}$ 是一个凝聚 $\mathscr{O}_X$ 模层. 则 $\mathscr{F}$ 有这样一个由凝聚 $\mathscr{O}_X$ 子模层所组成的有限滤解 $(\mathscr{F}_i)_{0\leqslant i\leqslant n}$, 它满足条件: $\mathscr{F}_0=\mathscr{F}$, $\mathscr{F}_n=0$, 各个顺次商模 $\mathscr{F}_i/\mathscr{F}_{i+1}$ 要么是 0, 要么是单频的, 并且 $\operatorname{Ass}(\mathscr{F}_i/\mathscr{F}_{i+1})\subseteq\operatorname{Ass}\mathscr{F}$.

事实上, $\mathscr{F}$ 同构于某个有限直和 $\bigoplus\limits_{j=1}^{n}\mathscr{G}_j$ 的一个 $\mathscr{O}_X$ 子模层, 其中每个 $\mathscr{G}_j$ 都是单频的凝聚 $\mathscr{O}_X$ 模层 (3.2.6). 由于 $\mathscr{G}_j$ 的拟凝聚 $\mathscr{O}_X$ 子模层要么是 0 要么是单频的 (3.1.7), 故知 $\mathscr{F}_i=\mathscr{F}\cap(\bigoplus\limits_{j=1}^{n-i}\mathscr{G}_j)$ 就满足上述条件, 因为 $\mathscr{F}_i/\mathscr{F}_{i+1}$ 同构于 $\mathscr{G}_{n-i}$ 的一个凝聚 $\mathscr{O}_X$ 子模层.

* **(追加 $_{\text{IV}}$, 18) 注解 (3.2.9)** — 对于概形 X 的每个点 s, 我们用 $i_s:\operatorname{Spec}\boldsymbol{k}(s)\to X$ 来记典范态射, 它是拟紧单态射. 对任意 $\boldsymbol{k}(s)$ 模 $G(s)$, 若把它看作 $\operatorname{Spec}\boldsymbol{k}(s)$ 上的模层, 则 $(i_s)_*G(s)$ 是拟凝聚 $\mathscr{O}_X$ 模层 (1.7.4). 容易证明, $(i_s)_*G(s)$ 在点 $x\notin\overline{\{s\}}$ 处的茎条都等于 0, 而在其他点处的茎条都同构于 $G(s)$. 若 X 是局部 Noether 的, 并且 $G(s)$ 是有限长的, 则易见 $\operatorname{Ass}(i_s)_*G(s)$ 只包含一点 s, 换句话说, $(i_s)_*G(s)$ 是单频的.

现在假设 X 是局部 Noether 的, 并且 $\mathscr{F}$ 是凝聚 $\mathscr{O}_X$ 模层. 另一方面, 设 S 是 X 的一个离散子集, 并且对任意 $s\in S$, 我们令 $\mathscr{F}(s)=i_s^*\mathscr{F}$, 它是 $\boldsymbol{k}(s)$ 模. 对每个点 $s\in S$, 取 $\mathscr{F}(s)$ 的一个有限长的商模 $G(s)$. 则我们有凝聚 $\mathscr{O}_X$ 模层的典范同态

$$u\ :\ \mathscr{F}\ \longrightarrow\ \bigoplus_{s\in S}(i_s)_*(\mathscr{F}(s))\ \longrightarrow\ \bigoplus_{s\in S}(i_s)_*(G(s))$$

(因为 S 在 X 中是局部有限的). 设 $\mathscr{H}=\operatorname{Ker}(u)$, 则 $\mathscr{G}=\mathscr{F}/\mathscr{H}$ 是凝聚 $\mathscr{O}_X$ 模层, 并且从 u 可以导出一个单同态

$$v\ :\ \mathscr{G}\ \longrightarrow\ \bigoplus_{s\in S}(i_s)_*(G(s))\,,$$

现在设 $\mathscr{G}^{(s)}$ 是 $\mathscr{G}$ 在 $(i_s)_*(G(s))$ 中的像, 则 $(\mathscr{G}^{(s)})_{s\in S}$ 就是 $\mathscr{G}$ 的一个单频分解, 当这些 $G(s)$ 都不等于 0 时, 这个分解还是精简的, 并且 $\operatorname{Ass}\mathscr{G}=S$ (从而 $\mathscr{G}$ 没有内嵌支承素轮圈). 由此我们得到一个一一映射 $(G(s))_{s\in S}\mapsto\mathscr{G}$, 其中 S 跑遍 X 的那些满足条件 “对任意 $s\in S$, 均有 $\mathscr{F}(s)\neq0$” 的离散子集, 且对每个 S, $(G(s))_{s\in S}$ 跑遍 $\mathscr{F}(s)$ 的那些有限长的非零商模. 另一方面, $\mathscr{G}$ 跑遍 $\mathscr{F}$ 的那些没有内嵌支承素轮圈的凝聚 $\mathscr{O}_X$ 商模层. 上述映射的逆映射把每个 $\mathscr{G}$ 都对应到它的精简单频分支. *

3.3 与平坦性条件的关系

命题 (3.3.1) — 设 X, Y 是两个局部 *Noether* 概形, $f: X \to Y$ 是一个态射, $\mathscr{F}$ 是一个 f 平坦的拟凝聚 $\mathscr{O}_X$ 模层, $\mathscr{E}$ 是一个拟凝聚 $\mathscr{O}_Y$ 模层. 对任意 $y \in Y$, 我们令 $\mathscr{F}_y = \mathscr{F} \otimes_{\mathscr{O}_Y} \boldsymbol{k}(y)$, 则有

(3.3.1.1)
$$\operatorname{Ass}(\mathscr{E} \otimes_{\mathscr{O}_Y} \mathscr{F}) = \bigcup_{y \in \operatorname{Ass}\mathscr{E}} \operatorname{Ass}\mathscr{F}_y\,.$$

(这里我们把 $\mathscr{F}_y$ 理解为纤维 $f^{-1}(y)$ 上的一个层, 并把这根纤维等同于 X 的一个子空间 (**I**, 3.6.1)). 问题在 X 和 Y 上是局部性的, 故可归结到 X 和 Y 都是仿射概形的情形, 此时命题缘自 Bourbaki,《交换代数学》, IV, §2, ¥6, 定理 2.

推论 (3.3.2) — 设 Y 是一个局部 *Noether* 概形, 并且没有内嵌支承素轮圈, $f: X \to Y$ 是一个态射, $\mathscr{F}$ 是一个 f 平坦的拟凝聚 $\mathscr{O}_X$ 模层. 则对任意 $x \in \operatorname{Ass}\mathscr{F}$, $f(x)$ 都是 Y 的一个极大点.

只需把 (3.3.1) 应用到 $\mathscr{E} = \mathscr{O}_Y$ 的情形即可, 因为根据前提条件, $\operatorname{Ass}\mathscr{O}_Y$ 就是 Y 的极大点的集合.

推论 (3.3.3) — 在 (3.3.1) 的前提条件下, 再假设 $\mathscr{E}$ 和 $\mathscr{F}$ 都是凝聚的. 则以下诸条件是等价的:

a) $\mathscr{E} \otimes_Y \mathscr{F}$ 没有内嵌支承素轮圈.

b) 对任意 $y \in \operatorname{Ass}\mathscr{E} \cap f(\operatorname{Supp}\mathscr{F})$, $\overline{\{y\}}$ 总是 $\mathscr{E}$ 的一个非内嵌的支承素轮圈, 并且 $\mathscr{F}_y$ 没有内嵌支承素轮圈.

假设 a) 得到满足. 前提条件表明 $\mathscr{E} \otimes_Y \mathscr{F}$ 是凝聚 $\mathscr{O}_X$ 模层 ($\mathbf{0_I}$, 5.3.11 和 5.3.5), 从而它的支承素轮圈就是 $\operatorname{Supp}(\mathscr{E} \otimes_Y \mathscr{F})$ 的不可约分支 (3.1.4), 并且对于 $\operatorname{Supp}(\mathscr{E} \otimes_Y \mathscr{F})$ 的每个极大点 x 来说, $f(x) = y$ 都是 $\operatorname{Supp}\mathscr{E}$ 的一个极大点, 同时 x 也是 $\operatorname{Supp}\mathscr{F}_y$ 的一个极大点 (2.5.5). 由于 $y \in f(\operatorname{Supp}\mathscr{F})$ 蕴涵了 $\mathscr{F}_y \neq 0$ (**I**, 9.1.13), 故依照 (3.3.1), $\operatorname{Ass}\mathscr{E} \cap f(\operatorname{Supp}\mathscr{F})$ 中的每个点都是 $\operatorname{Supp}(\mathscr{E} \otimes_Y \mathscr{F})$ 的某个极大点在 f 下的像, 从而条件 b) 得到了满足.

反之, 假设 b) 得到满足, 我们来证明, 若 z, z' 是 $\operatorname{Ass}(\mathscr{E} \otimes_Y \mathscr{F})$ 中的两个不同的点, 则其中任何一个都不可能包含在另一个的闭包之中. 首先, 若 $f(z) = f(z') = y$, 则有 $y \in \operatorname{Ass}\mathscr{E}$, 并且 z 和 z' 落在 $\operatorname{Ass}\mathscr{F}_y$ 中 (3.3.1), 从而 $y \in f(\operatorname{Supp}\mathscr{F})$, 根据前提条件, 在 $f^{-1}(y)$ 中, z, z' 两点中的任何一个都不可能包含在另一个的闭包之中, 从而在 X 中这件事也是对的. 其次, 若 $y = f(z)$ 和 $y' = f(z')$ 是不同的点, 则它们都落在 $\operatorname{Ass}\mathscr{E} \cap f(\operatorname{Supp}\mathscr{F})$ 中, 从而在 Y 中, y, y' 两点中的任何一个都不可能包含在另一个的闭包之中. 于是由 f 的连续性知, 在 X 中, z, z' 两点中的任何一个都不可能包含在另一个的闭包之中.

命题 (3.3.4) — 设 X, Y 是两个局部 *Noether* 概形, $f : X \to Y$ 是一个态射, $\mathscr{E}$ 是一个凝聚 $\mathscr{O}_X$ 模层, $\mathscr{F}$ 是一个 f 平坦的凝聚 $\mathscr{O}_X$ 模层. 则以下诸条件是等价的:

a) $\mathscr{E} \otimes_Y \mathscr{F}$ 是既约的 (3.2.2).

b) 对任意 $y \in \operatorname{Ass} \mathscr{E} \cap f(\operatorname{Supp} \mathscr{F})$, $\overline{\{y\}}$ 都是 $\mathscr{E}$ 的一个非内嵌的支承素轮圈, 并且 $\operatorname{long}(\mathscr{E}_y) = 1$, 同时 $\mathscr{F}_y$ 是既约的.

假设 a) 得到满足. 我们已经知道 (3.3.3), 对任意 $y \in \operatorname{Ass} \mathscr{E} \cap f(\operatorname{Supp} \mathscr{F})$, $\overline{\{y\}}$ 总是 $\mathscr{E}$ 的一个非内嵌的支承素轮圈, 并且 $\mathscr{F}_y$ 没有内嵌支承素轮圈. 进而 (2.5.5), 对任意 $x \in \operatorname{Ass}(\mathscr{E} \otimes_Y \mathscr{F}) \cap f^{-1}(y)$, 均有 $1 = \operatorname{long}((\mathscr{E} \otimes_Y \mathscr{F})_x) = \operatorname{long}(\mathscr{E}_y) \cdot \operatorname{long}((\mathscr{F}_y)_x)$, 从而 $\operatorname{long}(\mathscr{E}_y) = \operatorname{long}((\mathscr{F}_y)_x) = 1$, 这就证明了 b).

反之, 假设 b) 得到满足, 我们已经知道, 任何 $x \in \operatorname{Ass}(\mathscr{E} \otimes_Y \mathscr{F})$ 都是 $\operatorname{Supp}(\mathscr{E} \otimes_Y \mathscr{F})$ 的极大点, 并且 $y = f(x)$ 是 $\operatorname{Supp} \mathscr{E}$ 的极大点, x 是 $\operatorname{Supp} \mathscr{F}_y$ 的极大点 (3.3.1 和 3.3.3). 进而由前提条件和 (2.5.5) 知, $\operatorname{long}((\mathscr{E} \otimes_Y \mathscr{F})_x) = 1$, 这就证明了 a).

推论 (3.3.5) — 设 X, Y 是两个局部 *Noether* 概形, $f : X \to Y$ 是一个平坦态射. 若 Y 在 $f(X)$ 的所有点处都是既约的, 并且对任意 $y \in f(X)$, $f^{-1}(y)$ 都是既约 $\boldsymbol{k}(y)$ 概形, 则 X 是既约的.

由于诣零根 $\mathscr{N}_Y$ 是凝聚的, 故知 Y 的既约点的集合是开的 ($\mathbf{0_I}$, 5.2.2), 于是可以限于考虑 Y 是既约概形的情形. 此时只需把 (3.3.4) 应用到 $\mathscr{E} = \mathscr{O}_Y$ 和 $\mathscr{F} = \mathscr{O}_Y$ 的情形即可.

命题 (3.3.6) — 设 S, X, Y 是三个局部 *Noether* 概形, $f : X \to S$, $g : Y \to S$ 是两个态射, $\mathscr{F}$ 是一个拟凝聚 $\mathscr{O}_X$ 模层, $\mathscr{G}$ 是一个 g 平坦的拟凝聚 $\mathscr{O}_Y$ 模层, 再假设 $Z = X \times_S Y$ 也是局部 *Noether* 概形. 对任意一组 (x, y), 其中 $x \in X$, $y \in Y$, 并且 $f(x) = g(y) = s$, 我们设 $T_{x,y}$ 是概形 $\operatorname{Spec}(\boldsymbol{k}(x) \otimes_{\boldsymbol{k}(s)} \boldsymbol{k}(y))$, 并设 $I_{x,y}$ 是 $\operatorname{Ass} \mathscr{O}_{T_{x,y}}$ 在典范单态射 $T_{x,y} \to Z$ (**I**, 3.4.9) 下的像. 则有

$$\textbf{(3.3.6.1)} \qquad \operatorname{Ass}(\mathscr{F} \otimes_S \mathscr{G}) = \bigcup_{x \in \operatorname{Ass} \mathscr{F}} \Big(\bigcup_{y \in \operatorname{Ass} \mathscr{G}_{f(x)}} I_{x,y} \Big),$$

这里对每个 $s \in S$, 我们令 $\mathscr{G}_s = \mathscr{G} \otimes_{\mathscr{O}_S} \boldsymbol{k}(s)$.

设 $p : Z \to X$, $q : Z \to Y$ 是典范投影, 则我们有下面的交换图表

$$\begin{array}{ccc} X & \xleftarrow{\ p\ } & Z \\ {\scriptstyle f}\downarrow & & \downarrow{\scriptstyle q} \\ S & \xleftarrow[\ g\ ]{} & Y \end{array}.$$

令 $\mathscr{G}' = q^* \mathscr{G}$, 因而 $\mathscr{F} \otimes_S \mathscr{G} = \mathscr{F} \otimes_X \mathscr{G}'$. 由于 $\mathscr{G}'$ 是 p 平坦的 (2.1.4), 故由 (3.3.1)

知

(3.3.6.2)
$$\operatorname{Ass}(\mathscr{F}\otimes_S\mathscr{G}) = \bigcup_{x\in\operatorname{Ass}\mathscr{F}}\operatorname{Ass}\mathscr{G}'_x,$$

其中 $\mathscr{G}'_x=\mathscr{G}'\otimes_{\mathscr{O}_X}\boldsymbol{k}(x)$. 设 $s=f(x)$, 则有 $\mathscr{G}'_x=\mathscr{G}_s\otimes_{\boldsymbol{k}(s)}\boldsymbol{k}(x)$, 并且 $p^{-1}(x)=g^{-1}(s)\otimes_{\boldsymbol{k}(s)}\boldsymbol{k}(x)$. 进而, 由于域 $\boldsymbol{k}(x)$ 是平坦 $\boldsymbol{k}(s)$ 模, 故知态射 $p^{-1}(x)\to g^{-1}(s)$ 是平坦的 (2.1.4), 把 (3.3.1) 应用到这个态射上, 我们得到

(3.3.6.3)
$$\operatorname{Ass}\mathscr{G}'_x = \bigcup_{y\in\operatorname{Ass}\mathscr{G}_s}\operatorname{Ass}\mathscr{O}_{T_{x,y}},$$

这就给出了结论.

推论 (3.3.7) — 在 (3.3.6) 的前提条件下, 进而假设 $f(\operatorname{Ass}\mathscr{F})\subseteq\operatorname{Ass}\mathscr{O}_S$. 则有

(3.3.7.1)
$$\operatorname{Ass}(\mathscr{F}\otimes_S\mathscr{G}) = \bigcup_{(x,y)\in C} I_{x,y},$$

其中, C 是满足下述条件的二元组 (x,y) 的集合: $x\in\operatorname{Ass}\mathscr{F}$, $y\in\operatorname{Ass}\mathscr{G}$, 并且 $f(x)=g(y)$.

事实上, 由于 $\mathscr{G}$ 是 g 平坦的, 故由 (3.3.1) 知, "$s\in\operatorname{Ass}\mathscr{O}_S$ 且 $y\in\operatorname{Ass}(\mathscr{G}_s)$" 就等价于 "$y\in\operatorname{Ass}\mathscr{G}$". 于是由 (3.3.6.1) 就可以推出结论.

注解 (3.3.8) — 我们将在后面 (4.2.2) 看到, 在 (3.3.6) 的前提条件下, $T_{x,y}$ 是一个没有内嵌支承素轮圈的概形. 从而若 $\mathscr{F}$ 和各个 $\mathscr{G}_s$ 都没有内嵌支承素轮圈, 则 $\mathscr{F}\otimes_S\mathscr{G}$ 也没有内嵌支承素轮圈.

推论 (3.3.9) — 在 (3.3.7) 的条件下, 我们有

(3.3.9.1)
$$q(\operatorname{Ass}(\mathscr{F}\otimes_S\mathscr{G})) \subseteq \operatorname{Ass}\mathscr{G}$$

(其中 $q:X\times_S Y\to Y$ 是典范投影).

事实上, 若 $(x,y)\in Z$, 则有 $q(I_{x,y})=\{y\}\subseteq\operatorname{Ass}\mathscr{G}$.

3.4 层 $\mathscr{F}/t\mathscr{F}$ 的性质

命题 (3.4.1) — 设 X 是一个局部 *Noether* 概形, t 是 $\mathscr{O}_X$ 的一个整体截面, Y 是 X 的那个由理想层 $t\mathscr{O}_X$ 所定义的闭子概形. 设 $\mathscr{F}$ 是一个凝聚 $\mathscr{O}_X$ 模层, S 是 X 的那个以 $\operatorname{Supp}\mathscr{F}$ 为底空间的既约闭子概形, (S_i) 是 X 的那些以 S 的各个不可约分支为底空间的既约闭子概形, 再设 s_i 是 S_i 的一般点. 最后, 设 Z 是 $\operatorname{Supp}(\mathscr{F}/t\mathscr{F})=S\cap Y$ 的一个不可约分支, z 是它的一般点.

(i) 若 $Z \subseteq S_i$, 则 Z 是 $S_i \cap Y$ 的一个不可约分支.

(ii) 若 Z 不等于任何一个 S_i, 则有

$$\textbf{(3.4.1.1)} \qquad \operatorname{long}((\mathscr{F}/t\mathscr{F})_z) \geqslant \sum_i \operatorname{long}(\mathscr{F}_{s_i}),$$

其中的求和取遍那些满足 $Z \subseteq S_i$ 的指标 i.

(iii) 假设 Z 不等于任何一个 S_i. 则为了使 (3.4.1.1) 成为等式, 必须且只需下面两个条件都得到满足:

α) t_z 是 $\mathscr{F}_z$ 正则的 (**0**, 15.1.4).

β) 对所有满足 $Z \subseteq S_i$ 的指标 i 来说, t_z 在 $\mathscr{O}_{S_i,z}$ 中的典范像都可以生成该环的极大理想 (这表明 $\mathscr{O}_{S_i,z}$ 是一个离散赋值环, 并且 t_z 的像就是该环的一个合一化子).

(i) 设 $j: Y \to X$ 是典范含入, 则我们有 $\mathscr{F}/t\mathscr{F} = \mathscr{F} \otimes_{\mathscr{O}_X} \mathscr{O}_Y = j^*\mathscr{F}$, 从而根据 (**I**, 9.1.13), $\operatorname{Supp}(\mathscr{F}/t\mathscr{F}) = j^{-1}(S) = S \cap Y$, 故得结论.

(ii) 和 (iii). 由于满足 $Z \subseteq S_i$ 的那些 s_i 恰好就是落在 $\operatorname{Spec}\mathscr{O}_z$ 中的元素, 从而, 为了证明 (ii) 和 (iii), 我们可以把 X 换成 $\operatorname{Spec}\mathscr{O}_z$. 设 $M = \mathscr{F}_z$, 我们可以假设 $\mathscr{F} = \widetilde{M}$, 从而 $\mathscr{F}_{s_i} = M_{\mathfrak{p}_i}$, 其中 $\mathfrak{p}_i$ 是 $\mathscr{O}_z$ 的各个极小素理想. 此外, 由于 M 是一个有限型 $\mathscr{O}_z$ 模, 故我们有 $S = S'_{\mathrm{red}}$, 其中 $S' = \operatorname{Spec}(\mathscr{O}_z/\mathfrak{a})$, 而 $\mathfrak{a}$ 是 M 在 $\mathscr{O}_z$ 中的零化子 ($\mathbf{0_I}$, 1.7.4), 并且不管我们是把 M 看作 $\mathscr{O}_z$ 模还是看作 $(\mathscr{O}_z/\mathfrak{a})$ 模, (3.4.1.1) 两边的数值都不变, 从而最终可以把 X 换成 $S' = \operatorname{Spec} A$, 其中 A 是一个 Noether 局部环, 并且 M 是忠实 A 模. 由于 Z 在 S 中是闭的, 故前提条件 "对每个 i 都有 $Z \neq S_i$" 就意味着 $s_i \notin Z$, 从而 $\dim A > 0$. 最后, z 是 Z (它是某个 $S_i \cap V(t)$ 的不可约分支) 的一般点的事实就意味着 A/tA 的维数是 0 (换句话说, 它是 *Artin* 局部环). 从而问题归结为证明下面的引理:

引理 (3.4.1.2) — 设 A 是一个正维数的 *Noether* 局部环, $\mathfrak{p}_i$ 是 A 的所有极小素理想, $\mathfrak{m}$ 是它的极大理想, t 是 $\mathfrak{m}$ 中的一个元素, 并且使 A/tA 成为 *Artin* 环. 则对每个有限型 A 模 M, 均有

$$\textbf{(3.4.1.3)} \qquad \operatorname{long}(M/tM) \geqslant \sum_i \operatorname{long}(M_{\mathfrak{p}_i}).$$

进而, 为了使上式成为等式, 必须且只需下面两个条件都得到满足:

α) t 是 M 正则的,

β) 对每个满足 $M_{\mathfrak{p}_i} \neq 0$ 的指标 i 来说, t 在 $A/\mathfrak{p}_i$ 中的像都可以生成该环的极大理想 (这表明 $A/\mathfrak{p}_i$ 是离散赋值环).

由于 A 不是 0 维的, 并且 A/tA 是 Artin 环, 故必有 $\dim A = 1$ (**0**, 16.3.4), 并且对每个指标 i, 均有 $t \notin \mathfrak{p}_i$, 这是因为, 主理想 (t) 现在是 A 的一个定义理想, 从而包含了极大理想 $\mathfrak{m}$ 的某个方幂. 设 N 是由 M 中的那些可被 t 的某个方幂所零化 (或

等价地, 可被 $\mathfrak{m}$ 的某个方幂所零化) 的元素组成的子模, 若我们令 $P = M/N$, 则 t 是 P 正则的, 因为当 $x \in M$ 满足 $tx \in N$ 时, 必可找到一个整数 k, 使得 $t^k(tx) = 0$, 从而 $x \in N$. 在此基础上, 我们还有以下引理.

引理 (3.4.1.4) — 设 A 是一个环,

$$0 \longrightarrow M' \longrightarrow M \longrightarrow M'' \longrightarrow 0$$

是 A 模的一个正合序列. 若 $t \in A$ 是 M'' 正则的, 则序列

$$0 \longrightarrow M'/tM' \longrightarrow M/tM \longrightarrow M''/tM'' \longrightarrow 0$$

也是正合的.

由于 $M/tM = M \otimes_A (A/tA)$, 故只需证明 M'/tM' 处的正合性即可. 现在若 M' 中的一个元素 x' 在 M 中的像 x 满足 $x = ty$, 其中 $y \in M$, 则我们看到 x, y 在 M'' 中的像 x'', y'' 也满足 $x'' = ty''$. 然而 $x'' = 0$, 故由前提条件可以推出 $y'' = 0$, 从而 y 是某个元素 $y' \in M'$ 的像, 并且由 $x = ty$ 又可以推出 $x' = ty'$, 因为 $M' \to M$ 是单的.

基于这个引理, 我们就得到了下面的关系式

(3.4.1.5) $$\operatorname{long}(M/tM) = \operatorname{long}(N/tN) + \operatorname{long}(P/tP).$$

另一方面, 对任意 i, 均有 $N_{\mathfrak{p}_i} = 0$, 因为 $t \notin \mathfrak{p}_i$. 从而 $M_{\mathfrak{p}_i} = P_{\mathfrak{p}_i}$, 于是为了证明 (3.4.1.3), 只需把 M 换成 P, 并对 P 进行证明即可. 反过来看, 若 (3.4.1.3) 是等式, 则由关于 P 的那个不等式以及 (3.4.1.5) 可知, 此时必有 $\operatorname{long}(N/tN) = 0$, 从而 $N/tN = 0$, 最终得到 $N = 0$ (这是根据 Nakayama 引理, 因为 N 是有限型的). 现在 $N = 0$ 又表明 t 是 M 正则的. 从而问题归结为 $M = P$ 的情形, 也就是说, 我们可以假设 t 已经是 M 正则的. 注意到这蕴涵着 $\mathfrak{m} \notin \operatorname{Ass} M$, 因为 t 不能零化 M 中的任何非零元. 由于 A 是 1 维的, 从而必然有 $\operatorname{Ass} M \subseteq \bigcup_i \{\mathfrak{p}_i\}$.

现在我们对 $n = \sum_i \operatorname{long}(M_{\mathfrak{p}_i})$ 进行归纳. 若 $n = 0$, 则对每个 i, 必有 $M_{\mathfrak{p}_i} = 0$, 从而 $M = 0$, 因为任何一个 $\mathfrak{p}_i$ 都没有落在 $\operatorname{Ass} M$ 中. 此时 (3.4.1.3) 的两边都是 0, 并且 (3.4.1.2) 中的条件 β) 自动消失. 若 $n > 0$, 则基于 (3.4.1) 的证明开始处的讨论, 可以进而假设 M 是忠实 A 模, 这表明对所有 i, 都有 $M_{\mathfrak{p}_i} \neq 0$ (Bourbaki,《交换代数学》, II, §2, ※2, 命题 4 的推论 2), 因而 $\operatorname{Ass} M = \bigcup_i \{\mathfrak{p}_i\}$.

首先假设 $n = 1$, 此时 A 只有一个极小素理想 $\mathfrak{p}$, 而 $M_{\mathfrak{p}}$ 的长度是 1 就意味着 $M_{\mathfrak{p}}$ 同构于剩余类域 $k = A_{\mathfrak{p}}/\mathfrak{p}A_{\mathfrak{p}}$ (作为 $A_{\mathfrak{p}}$ 模). 因而 $M_{\mathfrak{p}}$ 可被 $\mathfrak{p}A_{\mathfrak{p}}$ 所零化, 从而 $\mathfrak{p}$ 就是 M 的零化子 (Bourbaki,《交换代数学》, II, §2, ※4, 公式 (9)), 这就说明了

$\mathfrak{p} = (0)$, 因为我们已经假设了 M 是忠实的, 从而 A 是整环. 在此基础上, $M \neq 0$ 的条件表明 $M/tM \neq 0$ (根据 Nakayama 引理), 从而 $\operatorname{long}(M/tM) \geqslant 1$, 这就证明了此情形下的 (3.4.1.3). 进而, 若 $\operatorname{long}(M/tM) = 1$, 则 M 必然是单苇的 (Bourbaki,《交换代数学》, II, §3, ¥2, 命题 4 的推论 2), 从而同构于某个商模 $A/\mathfrak{b}$. 由于它还是忠实的, 故必有 $\mathfrak{b} = (0)$, 因而 M 同构于 A. 现在 $\operatorname{long}(A/tA) = 1$, 从而 tA 必然等于极大理想 $\mathfrak{m}$, 又因为 A 是 Noether 整局部环, 这就证明了 A 是离散赋值环 (Bourbaki,《交换代数学》, VI, §3, ¥6, 命题 9), 并且 t 是一个合一化子. 反之, 若 A 是离散赋值环, t 是它的一个合一化子, 则 $\operatorname{long}(M_{\mathfrak{p}}) = 1$, 并且如果 t 是 M 正则的, 那么 M 就是无挠的, 从而同构于 A 的一个子模 (因为 M 是有限型的), 因而同构于 A 本身, 故有 $\operatorname{long}(M/tM) = \operatorname{long}(A/tA) = 1$.

现在我们假设 $n \geqslant 2$, 此时我们有这样一个正合序列

$$0 \longrightarrow M' \longrightarrow M \longrightarrow M'' \longrightarrow 0,$$

其中 $M' \neq 0$, $M'' \neq 0$, 并且 $\operatorname{Ass} M = \operatorname{Ass}(M') \cup \operatorname{Ass}(M'')$. 事实上, 若 $\operatorname{Ass} M$ 含有多于一个元素, 则由 Bourbaki,《交换代数学》, IV, §1, ¥1, 命题 4 就可以得出这个结果, 相反地, 如果 $\operatorname{Ass} M$ 只含有一个素理想, 那么这个素理想必然就是 A 的唯一一个极小素理想, 此时由前提条件知, $\operatorname{long}(M_{\mathfrak{p}}) \geqslant 2$, 于是只需取 M' 是 $M_{\mathfrak{p}}$ 的任何一个非零真子模的逆像即可. 由于 t 是 M 正则的, 故知 t 没有落在 $\operatorname{Ass} M$ 中的任何一个素理想之中 (Bourbaki,《交换代数学》, IV, §1, ¥1, 命题 2 的推论 2), 从而基于同样的理由, t 既是 M' 正则的, 也是 M'' 正则的. 根据 (3.4.1.4), 后面这个性质就表明序列

$$0 \longrightarrow M'/tM' \longrightarrow M/tM \longrightarrow M''/tM'' \longrightarrow 0$$

是正合的. 此外, 对任意 i, 序列

$$0 \longrightarrow M'_{\mathfrak{p}_i} \longrightarrow M_{\mathfrak{p}_i} \longrightarrow M''_{\mathfrak{p}_i} \longrightarrow 0$$

都是正合的, 从而我们有

$$\begin{aligned} \operatorname{long}(M/tM) &= \operatorname{long}(M'/tM') + \operatorname{long}(M''/tM''), \\ \operatorname{long}(M_{\mathfrak{p}_i}) &= \operatorname{long}(M'_{\mathfrak{p}_i}) + \operatorname{long}(M''_{\mathfrak{p}_i}). \end{aligned}$$

于是由归纳假设就可以推出不等式 (3.4.1.3). 进而, 为了使等号成立, 必须且只需与 M' 和 M'' 相对应的不等式都成为等式. 依照归纳假设, 这就等价于所有满足 $M'_{\mathfrak{p}_i} \neq 0$ 或 $M''_{\mathfrak{p}_i} \neq 0$ 的 $\mathfrak{p}_i$ 都具有性质 β), 而这恰好是那些满足 $M_{\mathfrak{p}_i} \neq 0$ 的素理想 $\mathfrak{p}_i$. 证明完毕.

推论 (3.4.2) — 在 (3.4.1) 的一般条件下, 假设 Z 不等于任何一个 S_i, 并且 $\operatorname{long}((\mathscr{F}/t\mathscr{F})_z) = 1$. 则只有一个 S_i 能够包含 Z, 并且对于这个 S_i 来说, $\operatorname{long}(\mathscr{F}_{s_i}) = 1$. 进而, $\mathscr{O}_{S,z}$ 是一个离散赋值环, t_z 是它的一个合一化子, 并且 t_z 是 $\mathscr{F}_z$ 正则的.

这可由 (3.4.1) 立得, 因为此时 (3.4.1.1) 成了等式.

命题 (3.4.3) — 设 X 是一个局部 *Noether* 概形, t 是 $\mathscr{O}_X$ 的一个整体截面, Y 是 X 的那个由理想层 $t\mathscr{O}_X$ 所定义的闭子概形. 设 $\mathscr{F}$ 是一个凝聚 $\mathscr{O}_X$ 模层, T 是 $\mathscr{F}$ 的一个支承素轮圈, T' 是 $T\cap Y$ 的一个不可约分支, x 是 T' 的一般点. 假设 t_x 是 $\mathscr{F}_x$ 正则的, 则有 $x\in \mathrm{Ass}(\mathscr{F}/t\mathscr{F})$.

利用 (3.4.1) 的证明方法, 我们可以把问题归结到 $X=\mathrm{Spec}\,\mathscr{O}_x$ 的情形, 此时 (有见于 (3.1.2)) 由 (**0**, 16.4.6.3) 就能导出结论.

命题 (3.4.4) — 设 X 是一个局部 *Noether* 概形, t 是 $\mathscr{O}_X$ 的一个整体截面, Y 是 X 的那个由理想层 $t\mathscr{O}_X$ 所定义的闭子概形. 设 $\mathscr{F}$ 是一个凝聚 $\mathscr{O}_X$ 模层, (S_i) 是 $\mathrm{Supp}\,\mathscr{F}$ 的全体不可约分支. 设 y 是 Y 的一点, 且满足: t_y 是 $\mathscr{F}_y$ 正则的, 且 $\mathscr{F}/t\mathscr{F}$ 的任何内嵌支承素轮圈都不包含 y. 则 $\mathrm{Supp}(\mathscr{F}/t\mathscr{F})$ 的那些包含 y 的不可约分支恰好就是由各个 $S_i\cap Y$ 的那些包含 y 的不可约分支所组成的, 并且 $\mathscr{F}$ 的任何一个包含 y 的支承素轮圈都不是内嵌的.

我们首先来证明第二句话. 设 $T\supseteq T_1$ 是 $\mathscr{F}$ 的两个包含 y 的支承素轮圈, 若 x 是 $T\cap Y$ 的某个包含 y 的不可约分支的一般点, 则 x 是 y 的一个一般化, 从而包含在 y 的所有邻域中, 并且由 t_y 是 $\mathscr{F}_y$ 正则的就可以推出 t_x 是 $\mathscr{F}_x$ 正则的 (**0**, 15.2.4), 从而依照 (3.4.3), 我们有 $x\in \mathrm{Ass}(\mathscr{F}/t\mathscr{F})$. 设 x_1 是 $T_1\cap Y$ 的某个包含 y 的不可约分支的一般点, 并设 x 是 $T\cap Y$ 的某个包含 x_1 的不可约分支的一般点, 则由上面所述得知, x_1 和 x 都落在 $\mathrm{Ass}(\mathscr{F}/t\mathscr{F})$ 中, 且由于 $x_1\in\overline{\{x\}}$, 故前提条件表明 $x_1=x$. 现在我们把 X 的那两个以 T 和 T_1 为底空间的既约闭子概形仍记作 T 和 T_1, 并且令 $A=\mathscr{O}_{T,x}$, $A_1=\mathscr{O}_{T_1,x}$, 从而我们有 $A_1=A/\mathfrak{p}$, 其中 $\mathfrak{p}$ 是 A 的一个素理想. 根据 x 和 x_1 的定义, A/tA 和 A_1/tA_1 都是 *Artin* 环, 另一方面, 我们在上面已经看到, t_x 是 $\mathscr{F}_x$ 正则的, 从而 x 没有落在 $\mathrm{Ass}\,\mathscr{F}$ 中, 因而 A_1 不是 Artin 环. 由此得知 $\dim A=\dim A_1=1$, 这就表明 $\mathfrak{p}=(0)$, 从而 $A=A_1$ (**0**, 16.1.2.2). 由于 $\mathrm{Spec}\,A$ 和 $\mathrm{Spec}\,A_1$ 分别在 T 和 T_1 中是稠密的, 故必有 $T=T_1$.

从而包含 y 的那些 S_i 都是 $\mathscr{F}$ 的支承素轮圈. 若 x 是 $S_i\cap Y$ 的某个包含 y 的不可约分支的一般点, 则仍然由 (**0**, 15.2.4) 可知, t_x 是 $\mathscr{F}_x$ 正则的, 从而根据 (3.4.3), $x\in\mathrm{Ass}(\mathscr{F}/t\mathscr{F})$, 这就证明了 (3.4.4) 的第一句话.

命题 (3.4.5) — 设 X 是一个局部 *Noether* 概形, t 是 $\mathscr{O}_X$ 的一个整体截面, Y 是 X 的那个由理想层 $t\mathscr{O}_X$ 所定义的闭子概形. 设 $\mathscr{F}$ 是一个凝聚 $\mathscr{O}_X$ 模层, y 是 Y 的一点. 假设 t_y 是 $\mathscr{F}_y$ 正则的, 并且 $\mathscr{F}/t\mathscr{F}$ 在点 y 处是整的 (3.2.4). 则 $\mathscr{F}$ 在点 y 处是整的.

有见于 (3.4.4), 只需证明 y 只能包含在 $\mathrm{Supp}\,\mathscr{F}$ 的唯一一个不可约分支中, 并且

若 s 是该分支的一般点, 则有 $\operatorname{long}(\mathscr{F}_s)=1$. 根据前提条件, y 只落在 $\operatorname{Supp}(\mathscr{F}/t\mathscr{F})$ 的唯一一个不可约分支中, 并且若 z 是该分支的一般点, 则有 $\operatorname{long}((\mathscr{F}/t\mathscr{F})_z)=1$. 从而由 (3.4.2) 就可以推出结论.

命题 (3.4.6) — 前提条件与 (3.4.1) 相同, 设 x 是 Y 的一点. 假设 Y 没有包含任何一个包含了 x 的 S_i, 并且 $\mathscr{F}/t\mathscr{F}$ 在点 x 处是既约的 (3.2.2). 则 t_x 是 $\mathscr{F}_x$ 正则的, 并且 $\mathscr{F}$ 在点 x 处是既约的. 进而, 若 z_j 是 $\operatorname{Supp}(\mathscr{F}/t\mathscr{F})$ 的某个包含 x 的不可约分支的一般点, 则 z_j 只包含在唯一一个 S_i 之中, 并且 $\mathscr{O}_{S,z_j}$ 是一个离散赋值环, t_{z_j} 是它的一个合一化子.

t_x 的 $\mathscr{F}_x$ 正则性可由下述引理推出 (应用到环 $\mathscr{O}_x$ 上):

引理 (3.4.6.1) — 设 A 是一个 *Noether* 环, M 是一个有限型 A 模, $\mathfrak{p}_i$ 是 $\operatorname{Supp}M$ 中的那些极小元. t 是 A 的一个元素. 假设 t 没有落在任何一个 $\mathfrak{p}_i$ 之中, 并且 M/tM 是一个既约 A 模 (3.2.2). 则 t 是 M 正则的.

任何素理想 $\mathfrak{p}\in\operatorname{Supp}M$ 都包含了某个 $\mathfrak{p}_i$. 由于 t 没有落在任何一个 $\mathfrak{p}_i$ 之中, 故知 t 在 $M_{\mathfrak{p}}$ 上所定义的同筋不是幂零的 (Bourbaki,《交换代数学》, IV, §1, ¥4, 命题 9 的推论). 我们用 N 来记 M 的那个由所有可被 t 的某个方幂所零化的元素组成的子模, 再令 $P=M/N$. 首先来证明 $N=0$. 由于 t 是 P 正则的, 故我们有一个正合序列 (3.4.1.4)

$$0\longrightarrow N/tN\longrightarrow M/tM\longrightarrow P/tP\longrightarrow 0\,.$$

由于 N 是有限型的, 故它可被 t 的某个方幂所零化, 从而只需证明 $N/tN=0$. 现在 N/tN 是 M/tM 的一个子模, 故只需证明对任意 $\mathfrak{p}\in\operatorname{Ass}(M/tM)$, 均有 $(N/tN)_{\mathfrak{p}}=0$, 也就是说, 对任意 $\mathfrak{p}\in\operatorname{Ass}(M/tM)$, 同态 $u_{\mathfrak{p}}:(M/tM)_{\mathfrak{p}}\to(P/tP)_{\mathfrak{p}}$ 都是一一的. 我们有 $(P/tP)_{\mathfrak{p}}\neq 0$. 事实上, 由于 $\mathfrak{p}\in\operatorname{Supp}(M/tM)=\operatorname{Supp}M\cap V(t)$ ($\mathbf{0_I}$, 1.7.5), 故知 t 在 $A_{\mathfrak{p}}$ 中的像包含在极大理想 $\mathfrak{p}A_{\mathfrak{p}}$ 之中, 从而由 $P_{\mathfrak{p}}=tP_{\mathfrak{p}}$ 的条件将可推出 $P_{\mathfrak{p}}=0$ (根据 Nakayama 引理), 因而 $M_{\mathfrak{p}}=N_{\mathfrak{p}}$, 这样一来 t 在 $M_{\mathfrak{p}}$ 上所定义的同筋就成为幂零的, 这与前面所述是矛盾的, 因为 $\mathfrak{p}\in\operatorname{Supp}M$. 在此基础上, M/tM 既约这个条件蕴涵着 $\operatorname{long}((M/tM)_{\mathfrak{p}})=1$, 又因为 $(P/tP)_{\mathfrak{p}}\neq 0$, 从而 $u_{\mathfrak{p}}$ 必然是单的, 这就证明了引理.

根据前提条件, $\mathscr{F}/t\mathscr{F}$ 的任何一个内嵌支承素轮圈都不包含 x, 从而依照 (3.4.4), $\mathscr{F}$ 的任何一个内嵌支承素轮圈也都不包含 x. 另一方面, 把 (3.4.2) 应用到 $\operatorname{Supp}(\mathscr{F}/t\mathscr{F})$ 的那些包含 x 的不可约分支上, 我们看到对于每个包含 x 的 S_i, 均有 $\operatorname{long}(\mathscr{F}_{s_i})=1$, 这就证明了 $\mathscr{F}_x$ 是既约的. 最后一句话也是 (3.4.2) 的推论.

推论 (3.4.7) — 设 A 是一个 *Noether* 局部环, $\mathfrak{m}$ 是它的极大理想, M 是一个有限型 A 模, $(x_i)_{1\leqslant i\leqslant k}$ 是 $\mathfrak{m}$ 的一族元素, 并且构成了 M 的一个子参数系 ($\mathbf{0}$, 16.3.6).

于是若 A 模 $N=M/\big(\sum_{i=1}^{k}x_iM\big)$ 是整的 (3.2.4), 则 M 也是整的, 并且序列 $(x_i)_{1\leqslant i\leqslant k}$ 是 M 正则的.

对 k 使用归纳法, 问题立刻归结为 $k=1$ 的情形, 且我们可以把 x_1 改记为 x. 根据前提条件, x 是 M 的一个子参数系, 故有 $\dim N=\dim M-1$ ($\mathbf{0}$, 16.3.7). 我们令 $n=\dim N$, 则在 $\operatorname{Supp}M$ 中有这样一个极小元 $\mathfrak{p}$, 它满足 $\dim(M/\mathfrak{p}M)=n+1$ ($\mathbf{0}$, 16.3.4), 并且对任意正整数 j, 同样有 $\dim(M/\mathfrak{p}^jM)=n+1$ ($\mathbf{0}$, 16.3.5). 进而, x 也是 $M/\mathfrak{p}^jM$ 的一个子参数系 ($\mathbf{0}$, 16.3.5), 从而若令 $M'=M/\mathfrak{p}^jM$, $N'=M'/xM'$, 则有 $\dim N'=n$. 我们显然有一个满同态 $v:N\to N'$, 下面来证明 v 是一一的. 事实上, 令 $P=\operatorname{Ker}(v)$, 则有 $\operatorname{Ass}P\subseteq\operatorname{Ass}N$, 且因为 N 是整的, 故 $P\neq0$ 的条件将表明 $\operatorname{Ass}P$ 和 $\operatorname{Ass}N$ 都只含一点 $\mathfrak{q}$, 并且 $\operatorname{Ass}N=\operatorname{Supp}N$. 但由于 $\dim N'=\dim N$, 故有 $N'_{\mathfrak{q}}\neq0$, 于是由 $\operatorname{long}(N_{\mathfrak{q}})=1$ 的前提条件可以推出 $\operatorname{long}(N'_{\mathfrak{q}})=1$ (因为 $N_{\mathfrak{q}}\to N'_{\mathfrak{q}}$ 是满的). 从而我们将有 $P_{\mathfrak{q}}=0$, 与前提条件矛盾, 这就证明了上述阐言. 但此时 N' 是整的 (因为它同构于 N), 进而, N' 的支集 (等于 $\operatorname{Supp}M$ 和 $V(x)$ 的交集) 并不包含 $\operatorname{Supp}M'$, 且后面这个集合是不可约的. 于是依照 (3.4.6), M'/xM' 是整的 (从而是既约的) 这个前提条件就蕴涵着 x 是 M' 正则的. 由此得知, M 上的同筋 $z\mapsto xz$ 的核包含在每个 $\mathfrak{p}^jM\subseteq\mathfrak{m}^jM$ 之中, 从而这个核是 0 ($\mathbf{0_I}$, 7.3.5), 这表明 x 是 M 正则的. 现在我们可以使用 (3.4.5), 这就证明了 M 是整的.

注解 (3.4.8) — 若我们在 (3.4.7) 中把 "整" 都换成 "既约", 则结论不一定成立. 比如考虑域 K 上的多项式环 $C=K[X,Y,Z]$ 和它的商环 $B=C/\mathfrak{p}\mathfrak{q}$, 其中 $\mathfrak{p}=CZ$, $\mathfrak{q}=CX^2+CY$. 现在 $CX+CY+CZ$ 在 B 中的像是 B 的一个极大理想, 设 A 是 B 在这个极大理想处的局部环. 若 x, z 是 X, Z 在 A 中的典范像, 则易见 $xz\neq0$, 但 $x^2z^2=0$, 另一方面, 由于 A/xA 同构于 $K[Y,Z]/(YZ)$, 故我们有 $\dim(A/xA)=1$, 同时 $\dim A=2$, 从而 x 落在 A 的某个参数系中 ($\mathbf{0}$, 16.3.4), 此时 A/xA 是既约的, 但 A 不是.

命题 (3.4.9) — *设 A 是一个 Noether 环, M 是一个有限型 A 模, f 是 A 的一个 M 正则元, 并假设 M/fM 没有内嵌支承素理想. 若 $\mathfrak{p}_i$ $(1\leqslant i\leqslant m)$ 是 M/fM 的各个支承素理想, 则对任意正整数 n, f^nM 都等于这些 $f^nM_{\mathfrak{p}_i}$ 在典范映射 $M\to M_{\mathfrak{p}_i}$ $(1\leqslant i\leqslant m)$ 下的逆像的交集.*

问题归结为证明, 这些 $\mathfrak{p}_i$ 也是 M/f^nM 的支承素理想, 因为这样一来 f^nM 关于各个 $\mathfrak{p}_i$ 的饱和化就是 f^nM 在 M 中的 (必然是唯一的) 精简准素分解里的那些子模. 现在根据 (3.1.7), 我们有

$$\operatorname{Ass}(f^{n-1}M/f^nM)\ \subseteq\ \operatorname{Ass}(M/f^nM)\ \subseteq\ \operatorname{Ass}(M/f^{n-1}M)\ \cup\ \operatorname{Ass}(f^{n-1}M/f^nM),$$

且由于 f 是 M 正则的, 故知 $f^{n-1}M/f^nM$ 同构于 M/fM, 从而只要对 n 进行归纳

就可以完成证明.

§4. 代数概形的基域变换

4.1 代数概形的维数

我们将在 §5 中讨论一般概形的维数理论, 但是代数概形的维数理论可以用很初等的方法来展开, 并且由于它还表现出了某些很特殊的性状, 所以我们选择在这里给出一个简短的讨论, 这并不依赖于后面的一般理论.

设 K 是一个域, L 是 K 的一个扩张, 我们将用 $\{L:K\}$ 来记 L 在 K 上的超越次数.

定义 (4.1.1) — 设 k 是一个域, X 是一个局部有限型 k 概形. 我们定义 X 的维数就是下面这个数

(4.1.1.1) $$\dim X \;=\; \sup_x \{\boldsymbol{k}(x):k\}\,,$$

其中 x 跑遍 X 的极大点的集合.

我们将在 §5 (5.2.2) 中看到, 定义 (4.1.1) 并不依赖于使 X 在其上为局部有限型概形的那个基域 k 的选择, 并且这样定义出来的数值 $\dim X$ 与 X 的底空间的维数 (定义 (**0**, 14.1.2)) 是一致的. 显然有 $\dim X = \dim X_{\mathrm{red}}$.

注意到这里的每个 $\boldsymbol{k}(x)$ 都是 k 的有限型扩张 (**I**, 6.3.3), 从而它们在 k 上都有有限的超越次数. 若 X 在 k 上是有限型的, 并且非空, 则它是 Noether 的 (**I**, 6.3.7), 从而只有有限个不可约分支, 因而 $\dim X$ 就是有限的, 并且 $\geqslant 0$. 定义 (4.1.1) 还表明

$$\dim\varnothing \;=\; -\infty\,.$$

如果我们用 (X_α) 来记 X 的那些以各个不可约分支为底空间的既约闭子概形 (**I**, 5.2.1), 则易见

(4.1.1.2) $$\dim X \;=\; \sup_\alpha \dim X_\alpha\,.$$

从而我们只需计算整概形 (在 k 上局部有限型) 的维数即可. 最后, 对于任何一个处处稠密的开集 U, 若仍以 U 来记 X 在其上所诱导的子概形, 则显然有

(4.1.1.3) $$\dim X \;=\; \dim U\,.$$

这就把维数的计算归结到了窄仿射 k 概形的情形.

定理 (4.1.2) — 设 X, Y 是域 k 上的两个局部有限型概形, $f: X \to Y$ 是一个 k 态射.

(i) 若 f 是拟紧且笼罩性的, 则有 $\dim Y \leqslant \dim X$.

(ii) 若 f 是拟有限的, 则有 $\dim X \leqslant \dim Y$.

(iii) 假设 X 在 k 上是有限型的. 则为了使 $\dim X \geqslant n$ (切转: $\dim X \leqslant n$, $\dim X = n$), 必须且只需能找到 X 的一个稠密开集 U 和一个 k 态射 $g: U \to \mathbf{V}(k^n)$ ($= \operatorname{Spec} k[T_1, \cdots, T_n]$, 也记作 $\mathbf{V}_k^n$), 且其中 g 是映满的 (切转: 有限的, 有限映满的). 若 X 是仿射概形, 则我们可以取 $U = X$.

(i) 若 y 是 Y 的一个极大点, 则我们知道 $f^{-1}(y)$ 包含了 X 的一个极大点 x (1.1.5), 从而 $\boldsymbol{k}(x)$ 是 $\boldsymbol{k}(y)$ 的扩张, 故我们有不等式 $\{\boldsymbol{k}(y) : k\} \leqslant \{\boldsymbol{k}(x) : k\} \leqslant \dim X$, 这就证明了 (i).

(ii) 若 x 是 X 的一个极大点, 则 $\boldsymbol{k}(x)$ 是 $\boldsymbol{k}(f(x))$ 的一个有限扩张 (**II**, 6.2.2), 从而它们在 k 上具有相同的超越次数. 考虑 Y 的那个以 $\overline{\{f(x)\}}$ 为底空间的既约闭子概形, 则问题归结为证明下面这个结果:

推论 (4.1.2.1) — 设 Y 是一个局部有限型 k 概形, 则对于 Y 的任意子概形 Z, 均有 $\dim Z \leqslant \dim Y$. 进而假设 Y 的所有不可约分支都具有相同的维数, 则为了使 Z 在 Y 中是稀疏的, 必须且只需 $\dim Z < \dim Y$.

事实上, 设 z 是 Z 的一个极大点, 考虑 Y 的那个以包含 z 的不可约分支为底空间的既约闭子概形, 则可以把问题归结到 Y 是整概形的情形, 设它的一般点是 y, 然后, 考虑 Y 的一个包含 z 的仿射开集, 问题又归结为 Y 在 k 上窄仿射的情形, 设 $Y = \operatorname{Spec} A$, 并设 Z 在 Y 中是闭的, 则 $Z = \operatorname{Spec}(A/\mathfrak{a})$, 其中 $\mathfrak{a}$ 是整环 A 的一个理想, 且不等于 A. 依照正规化引理 (Bourbaki,《交换代数学》, V, §3, ¥1, 定理 1), 可以找到 A 中的一个有限序列 $(x_i)_{1 \leqslant i \leqslant n}$, 满足下述条件: 这些 x_i 在 k 上是代数无关的, A 在环 $B = k[x_1, \cdots, x_n]$ 上是整型的, 并且 $\mathfrak{a} \cap B$ 是由 $(x_i)_{1 \leqslant i \leqslant n}$ 的一个子族 $(x_i)_{1 \leqslant i \leqslant p}$ (可以是空的) 所生成的. 设 $g: Y \to \operatorname{Spec} B = \mathbf{V}_k^n$ 是与典范含入 $B \to A$ 相对应的笼罩性有限态射, 由于 $C = B/(\mathfrak{a} \cap B)$ 同构于 $k[x_{p+1}, \cdots, x_n]$, 故知 g 在 Z 上诱导了一个笼罩性有限态射 $Z \to \mathbf{V}_k^{n-p}$, 从而我们有 $\{\boldsymbol{k}(y) : k\} = n$ 和 $\{\boldsymbol{k}(z) : k\} = n - p$, 因为 $\boldsymbol{k}(y)$ (切转: $\boldsymbol{k}(z)$) 是 $\boldsymbol{k}(g(y))$ (切转: $\boldsymbol{k}(g(z))$) 的有限扩张. 这就证明了 (4.1.2.1) 的第一句话. 进而, 若 $p = 0$, 则必有 $z = y$, 因为 y 是唯一一个在 g 下能映到 $\mathbf{V}_k^n$ 的一般点的点, 从而在这种情况下, Z 包含了 Y 的一个非空开集. 相反地, 若 $p > 0$, 则必有 $z \neq y$, 从而 $\overline{\{z\}}$ 在 $\overline{\{y\}}$ 中是稀疏的, 这就完成了 (4.1.2.1) 的证明.

(iii) 条件的充分性可由 (i) 和 (ii) 以及 (1.5.4, (v)) 立得. 为了证明必要性, 我们可以取 X 的这样一个稠密开集 U, 它是一些仿射开集 U_i $(1 \leqslant i \leqslant m)$ 的并集, 这些

U_i 都是不可约的, 两两不相交, 并且每个 U_i 都包含了 X 的某个极大点 ($\mathbf{0_I}$, 2.1.6). 进而可以假设 X 是既约的, 并且若 X 是仿射的, 则可以直接取 $U = X$. (4.1.2.1) 中的讨论过程表明, 若 $\dim U_i = n_i$, 则可以找到一个 k 态射 $g_i : U_i \to \mathbf{V}_k^{n_i}$, 它是笼罩性的有限态射, 从而是映满的 (**II**, 6.1.10). 现在设 $n = \dim X = \sup_i n_i$, 则对于每个 n_i, 我们都有一个态射 $h_i : \mathbf{V}_k^{n_i} \to \mathbf{V}_k^n$, 它是与典范同态 $k[T_1, \cdots, T_n] \to k[T_1, \cdots, T_{n_i}]$ 相对应的闭浸入, 并且在 $n_i = n$ 时就是恒同. 由于 U 是这些 U_i 的和, 故我们可以取 $g : U \to \mathbf{V}_k^n$ 是这样一个态射, 它在 U_i 上重合于 $h_i \circ g_i$, 这个 g 显然是映满且有限的. 当 $n' \geqslant n$ 时, 把 g 与典范闭浸入 $\mathbf{V}_k^n \to \mathbf{V}_k^{n'}$ 合成, 就得到一个有限态射 $U \to \mathbf{V}_k^{n'}$, 当 $n' \leqslant n$ 时, 可以同样把 g 与那个由典范含入 $k[T_1, \cdots, T_{n'}] \to k[T_1, \cdots, T_n]$ 所产生的典范态射 $p : \mathbf{V}_k^n \to \mathbf{V}_k^{n'}$ 合成, 由于 p 是忠实平坦的, 从而该态射是映满的.

注解 (4.1.3) — 推论 (4.1.2.1) 表明, 在公式 (4.1.1.1) 中, 我们可以假设 x 跑遍了 X 的所有点的集合.

推论 (4.1.4) — *设 X 是一个在域 k 上局部有限型的概形, K 是 k 的一个扩张, 则有 $\dim(X \otimes_k K) = \dim X$.*

显然可以限于考虑 X 在 k 上是有限型的这个情形, 此时态射 $u : X \otimes_k K \to X$ 是忠实平坦的 (2.2.13, (i)), 从而如果 U 是 X 的一个稠密开集, 那么 $u^{-1}(U) = U \otimes_k K$ 在 $X \otimes_k K$ 中就是稠密的 (2.3.10). 若 $g : U \to \mathbf{V}_k^n$ 是映满且有限的, 则 $g_{(K)} : U \otimes_k K \to \mathbf{V}_K^n$ 也是如此 (**I**, 3.5.2 和 **II**, 6.1.5), 这就推出了结论.

推论 (4.1.5) — *设 X 和 Y 是两个在域 k 上局部有限型的概形, 则 $\dim(X \times_k Y) = \dim X + \dim Y$.*

只需证明若 x (切转: y) 是 X (切转: Y) 的一点, U (切转: V) 是 x (切转: y) 的一个仿射开邻域, 且满足 $\{\boldsymbol{k}(x) : k\} = m = \dim U$ 和 $\{\boldsymbol{k}(y) : k\} = n = \dim V$, 则我们有 $\dim(U \times_k V) = m + n$, 换句话说, 依照 (4.1.2), 可以假设我们有映满的有限 k 态射 $f : X \to \mathbf{V}_k^m$, $g : Y \to \mathbf{V}_k^n$. 此时 $f \times g : X \times_k Y \to \mathbf{V}_k^{m+n}$ 也是映满且有限的 (**I**, 3.5.2 和 **II**, 6.1.5), 这就推出了结论.

4.2 代数概形上的支承素轮圈

命题 (4.2.1) — *设 K 和 L 是域 k 的两个扩张, 并且 $K \otimes_k L$ 是 Noether 环. 则 $K \otimes_k L$ 的支承素理想都是极小素理想, 并且若 E 是 $K \otimes_k L$ 在这样一个素理想处的局部环的剩余类域, 则有*

$$\{E : K\} = \{L : k\}, \quad \{E : L\} = \{K : k\}, \tag{4.2.1.1}$$

从而

(4.2.1.2) $$\{E : k\} = \{K : k\} + \{L : k\}.$$

我们知道 K 是 k 的某个平凡或纯超越扩张 $K' = k(\mathbf{t})$ (其中 $\mathbf{t} = (t_\alpha)_{\alpha\in I}$ 是一族未定元) 上的代数扩张, 环 $k[\mathbf{t}] \otimes_k L = L[\mathbf{t}]$ 是整的, 从而 $K' \otimes_k L$ 也是整的, 因为它是前者的分式环, 进而 $K' \otimes_k L$ 的分式域就是 $L[\mathbf{t}]$. 于是我们得到一个典范同态的交换图表

(4.2.1.3)
$$\begin{array}{ccccc} K & \longrightarrow & K \otimes_k L & \longrightarrow & K \otimes_{K'} L(\mathbf{t}) \\ \uparrow & & \uparrow & & \uparrow \\ K' & \longrightarrow & K' \otimes_k L & \longrightarrow & L(\mathbf{t}) \\ \uparrow & & \uparrow & & \\ k & \longrightarrow & L & & . \end{array}$$

由于 K 在 K' 上是忠实平坦的, 故知 $K \otimes_k L = K \otimes_{K'} (K' \otimes_k L)$ 在 $K' \otimes_k L$ 上是忠实平坦的, 从而 $K' \otimes_k L$ 是 Noether 环 ($\mathbf{0_I}$, 6.5.2), 进而, $K' \otimes_k L$ 可以等同于 $K \otimes_k L$ 的一个子环. $K \otimes_k L$ 的每个支承素理想 $\mathfrak{p}$ 与 $K' \otimes_k L$ 的交集都是 (0), 因为 $K' \otimes_k L$ 中的非零元在 $K \otimes_k L$ 中不会是零因子 ($\mathbf{0_I}$, 6.3.4 和 Bourbaki,《交换代数学》, IV, §1, ¥1, 命题 2 的推论 3). 由于 K 在 K' 上还是代数的, 故知 $K \otimes_k L$ 在 $K' \otimes_k L$ 上是整型的, 于是 $K \otimes_k L$ 的那些与 $K' \otimes_k L$ 的交集是 (0) 的素理想之间不存在包含关系 (Bourbaki,《交换代数学》, V, §2, ¥1, 命题 1 的推论 1), 这就证明了第一句话 (Bourbaki,《交换代数学》, IV, §1, ¥3, 命题 7 的推论 1). 进而, $\mathfrak{p}$ 处的剩余类域 E 是 $K' \otimes_k L$ 在 (0) 处的剩余类域 (也就是 $L(\mathbf{t})$) 的一个代数扩张, 从而 $\{E : L\} = \{L(\mathbf{t}) : L\} = \operatorname{Card}(I) = \{K : k\}$, 换句话说, (4.2.1.1) 的第二个等式成立. 把 K 和 L 的位置交换一下, 又可以得到 (4.2.1.1) 的第一个等式, 这就证明了 (4.2.1.2).

* **(追加 $_{\mathrm{IV}}$, 19) 注解 (4.2.1.4)** — 在 (4.2.1) 的前提条件下, 我们还有

(4.2.1.5) $$\dim(K \otimes_k L) = \inf(\{K : k\}, \{L : k\}),$$

其中若两个域 K, L 的超越次数都是无限的 (可以取任意基数), 则左边应理解为 $+\infty$ (这里的维数是由 ($\mathbf{0}$, 16.1.1) 所定义的).

事实上, 不妨假设 $\{K : k\} \leqslant \{L : k\}$, 并且 $\{K : k\} = n < +\infty$. 在 (4.2.1) 的证明中我们已经看到, $K \otimes_k L$ 是 $K' \otimes_k L$ 上的整型代数, 从而它们具有相同的维数 ($\mathbf{0}$, 16.1.5). 故可限于考虑 $K = k(T_1, \cdots, T_n)$ 的情形. 此时 $K \otimes_k L$ 是 $k[T_1, \cdots, T_n] \otimes_k L = L[T_1, \cdots, T_n]$ 的一个分式环, 并且维数是 n (5.5.4), 因而 $\dim(K \otimes_k L) \leqslant n$ ($\mathbf{0}$, 16.1.3.1). 为了证明 $\dim(K \otimes_k L) = n$, 显然只需证明, 可以找到 $\operatorname{Spec} L[T_1, \cdots, T_n]$ 的这样一

个 L 有理点, 它落在 $\operatorname{Spec}(K\otimes_k L)$ 中 (5.2.3), 或者说 (**I**, 1.7.4), 可以找到一个 L 同态 $u: K\otimes_k L\to L$. 根据张量积的定义, 这就相当于证明, 可以找到一个 k 同态 $v: K\to L$, 但这是显然的, 因为我们假设了 $\{K:k\}\leqslant\{L:k\}$. 现在若 $\{K:k\}\leqslant\{L:k\}$, 并且这两个基数都是无限的, 则同理可知, $\operatorname{Spec}L[\mathbf{t}]$ 有一个落在 $\operatorname{Spec}(K\otimes_k L)$ 中的有理点. 然而任何一个从 $L[\mathbf{t}]$ 到 L 的 L 同态的核都是由一族 $(t_\alpha-a_\alpha)_{\alpha\in I}$ (其中 $a_\alpha\in L$) 所生成的极大理想. 易见这样一个极大理想总包含了一个无限长的严格递减素理想序列, 从而 $L[\mathbf{t}]$ 在该极大理想处的局部环不是 Noether 的, 并且维数是无限的, 由于它是 $K\otimes_k L$ 的一个局部环, 故知 $K\otimes_k L$ 也不是 Noether 的, 并且维数是无限的. *

推论 (4.2.2) — 在 (3.3.6) 的前提条件下, 这些概形 $T_{x,y}$ (它们都是局部 *Noether* 的) 都没有内嵌支承素轮圈.

推论 (4.2.3) — 在 (3.3.6) (切转: (3.3.7)) 的前提条件下, 若 $\mathscr{F}$ 和每个 $\mathscr{G}_s$ $(s\in S)$ (切转: $\mathscr{F}$ 和 $\mathscr{G}$) 都没有内嵌支承素轮圈, 则 $\mathscr{F}\otimes_S\mathscr{G}$ 也是如此.

这可由 (4.2.2), (3.3.2) 以及 (3.3.6) 的证明过程推出. 特别地, 由于域 k 上的任何概形在 k 上总是平坦的, 因而我们已经证明了下述命题中的条目 (i).

命题 (4.2.4) — 设 k 是一个域, X 和 Y 是两个局部 *Noether* k 概形, 并且 $X\times_k Y$ 也是局部 *Noether* 的. 再假设 X 和 Y 都是整的. 则:

(i) $X\times_k Y$ 没有内嵌支承素轮圈, $X\times_k Y$ 的每个不可约分支都笼罩了 X 和 Y, 并且这些分支与 $\operatorname{Spec}(\mathrm{R}(X)\otimes_k\mathrm{R}(Y))$ 的不可约分支 (换句话说, $\mathrm{R}(X)\otimes_k\mathrm{R}(Y)$ 的极小素理想) 之间有一个一一对应, 其中 $\mathrm{R}(X)$ 和 $\mathrm{R}(Y)$ 分别是 X 和 Y 的有理函数域.

(ii) 若 $X\times_k Y$ 的一个极大点 z 对应着 $\mathrm{R}(X)\otimes_k\mathrm{R}(Y)$ 的极小素理想 $\mathfrak{p}$, 则局部环 $\mathscr{O}_{X\times_k Y,z}$ 同构于分式环 $(\mathrm{R}(X)\otimes_k\mathrm{R}(Y))_{\mathfrak{p}}$. 特别地, 若 $\mathrm{R}(X)$ 或者 $\mathrm{R}(Y)$ 在 k 上是可分的, 则 $X\times_k Y$ 是既约的.

(iii) 进而, 若 X 和 Y 在 k 上都是局部有限型的, 则 $X\times_k Y$ 的任何不可约分支都具有维数 $\dim X+\dim Y$.

条目 (iii) 可由 (4.2.1.2) 和 (i), (ii) 推出. 为了证明 (ii), 可以限于考虑 $X=\operatorname{Spec}A$, $Y=\operatorname{Spec}B$ 都是仿射概形的情形, 此时 A, B 都是整环, 并且它们的分式域分别是 $K=\mathrm{R}(X)$ 和 $L=\mathrm{R}(Y)$. 条目 (i) 表明, $A\otimes_k B$ 的任何极小素理想 $\mathfrak{q}$ 都是 $K\otimes_k L$ 的某个极小素理想 $\mathfrak{p}$ 与 $A\otimes_k B$ 的交集, 由于 $K\otimes_k L$ 是 $A\otimes_k B$ 的一个分式环, 故由 ($\mathbf{0_I}$, 1.2.5) 就可以推出 $(A\otimes_k B)_{\mathfrak{q}}$ 同构于 $(K\otimes_k L)_{\mathfrak{p}}$.

最后, 设比如说 $\mathrm{R}(Y)$ 在 k 上是可分的, 则我们知道环 $\mathrm{R}(X)\otimes_k\mathrm{R}(Y)$ 是既约的 (Bourbaki,《代数学》, VIII, §7, ¥3, 定理 1), 从而 $X\times_k Y$ 在它的极大点处的局部环都是既约的. 由此就得知 $X\times_k Y$ 是既约的 (3.2.1).

命题 (4.2.5) — 设 k 是一个域, X 和 Y 是两个局部 Noether k 概形, $\mathscr{F}$ (切转: $\mathscr{G}$) 是一个拟凝聚 $\mathscr{O}_X$ 模层 (切转: 拟凝聚 $\mathscr{O}_Y$ 模层). 设 (Z'_λ) (切转: (Z''_μ)) 是 $\mathscr{F}$ (切转: $\mathscr{G}$) 的全体支承素轮圈, 且我们把 X (切转: Y) 的那个以 Z'_λ (切转: Z''_μ) 为底空间的既约闭子概形仍记作 Z'_λ (切转: Z''_μ). 于是若 $Z'_\lambda \times_k Z''_\mu$ 是局部 Noether 的, 则 $Z'_\lambda \times_k Z''_\mu$ 的每个不可约分支 $Z_{\lambda\mu\nu}$ 都笼罩了 Z'_λ 和 Z''_μ, 并且这些 $Z_{\lambda\mu\nu}$ (两两不同) 就是 $\mathscr{F} \otimes_k \mathscr{G}$ 的全体支承素轮圈.

只需把 (4.2.4) 应用到 $\operatorname{Spec} \boldsymbol{k}(x) \times_k \operatorname{Spec} \boldsymbol{k}(y)$ 上即可.

特别地:

推论 (4.2.6) — 设 k 是一个域, X 和 Y 是两个局部 Noether k 概形, 并设 $X \times_k Y$ 也是局部 Noether 的. 设 (Z'_λ) (切转: (Z''_μ)) 是 X (切转: Y) 的那些以各个不可约分支为底空间的既约闭子概形. 则 $Z'_\lambda \times_k Z''_\mu$ 的每个不可约分支 $Z_{\lambda\mu\nu}$ 都笼罩了 Z'_λ 和 Z''_μ, 并且这些 $Z_{\lambda\mu\nu}$ (两两不同) 就是 $X \times_k Y$ 的全体不可约分支.

事实上, 可以限于考虑 X 和 Y 都既约的情形 (**I**, 5.1.8), 此时 X (切转: Y) 的不可约分支就是 $\mathscr{O}_X$ (切转: $\mathscr{O}_Y$) 的支承素轮圈 (3.2.1). 我们把 (4.2.5) 应用到 $\mathscr{F} = \mathscr{O}_X$ 和 $\mathscr{G} = \mathscr{O}_Y$ 上, 并注意到 $\mathscr{O}_X \otimes_k \mathscr{O}_Y = \mathscr{O}_{X \times_k Y}$ (根据定义), 从而由 $\mathscr{O}_X \otimes_k \mathscr{O}_Y$ 没有内嵌支承素轮圈 (4.2.3) (因为根据前提条件, $\mathscr{O}_X$ 和 $\mathscr{O}_Y$ 都没有内嵌支承素轮圈) 就可以推出结论.

把上面这些结果应用到 Y 是 k 的一个扩张 K 的情形, 就得到:

命题 (4.2.7) — 设 k 是一个域, X 是一个 k 概形, K 是 k 的一个扩张, 并且 $X \otimes_k K$ 是局部 Noether 的, $\mathscr{F}$ 是一个拟凝聚 $\mathscr{O}_X$ 模层, x' 是 $X \otimes_k K$ 的一点, x 是它在 X 中的像.

(i) 设 (Z_λ) 是 X 的那些以 $\mathscr{F}$ 的各个支承素轮圈为底空间的既约闭子概形, 则这些 $Z_\lambda \otimes_k K$ 的所有不可约分支 $Z_{\lambda\mu}$ 恰好就是 $\mathscr{F} \otimes_k K$ 的支承素轮圈, 并且 $Z_{\lambda\mu}$ 笼罩了 Z_λ. 进而, 为了使 $Z_{\lambda\mu}$ 是内嵌支承素轮圈, 必须且只需 Z_λ 是内嵌支承素轮圈.

(ii) 为了使 x 落在 $\mathscr{F}$ 的某个内嵌支承素轮圈中, 必须且只需 x' 落在 $\mathscr{F} \otimes_k K$ 的某个内嵌支承素轮圈中. 为了使 $\mathscr{F}$ 没有内嵌支承素轮圈, 必须且只需 $\mathscr{F} \otimes_k K$ 没有内嵌支承素轮圈.

(iii) 满足 $x \in Z_\lambda$ 的指标 λ 恰好就是满足下述条件的那些指标: 可以找到一个指标 μ, 使得 $x' \in Z_{\lambda\mu}$. 特别地, 若 x' 只落在 $\mathscr{F} \otimes_k K$ 的唯一一个支承素轮圈中, 则 x 也只落在 $\mathscr{F}$ 的唯一一个支承素轮圈中.

(iv) 若 X 在 k 上是局部有限型的, 则有 $\dim Z_{\lambda\mu} = \dim Z_\lambda$.

注意到前提条件表明, X 本身也是局部 Noether 的 (2.2.13 和 2.2.14). 条目 (i) 缘自 (4.2.5) 以及 (4.2.3) 的证明过程 (取 $\mathscr{G} = \mathscr{O}_Y$, 其中 $Y = \operatorname{Spec} K$), 而条目 (ii) 和

(iii) 缘自 (i) 和 (2.3.5), 最后, 条目 (iv) 是 (4.2.4, (iii)) 的一个特殊情形.

推论 (4.2.8) — 设 X 在 k 上是局部有限型的, 则 $\mathscr{F}$ 的支承素轮圈的维数的集合与 $\mathscr{F}\otimes_k K$ 的相应维数的集合是一样的, X 的不可约分支的维数的集合与 $X\otimes_k K$ 的相应维数的集合是一样的.

命题 (4.2.9) — 假设 (4.2.5) 的前提条件都是成立的, 并进而假设 $\mathscr{F}$ 和 $\mathscr{G}$ 都是凝聚的. 设 $(\mathscr{F}_\lambda)_{\lambda\in L}$ 和 $(\mathscr{G}_\mu)_{\mu\in M}$ 分别是 $\mathscr{F}$ 和 $\mathscr{G}$ 的单频分解, 对每一组 $(\lambda,\mu)\in L\times M$, 设 $(\mathscr{H}_{\lambda\mu\nu})_{\nu\in S(\lambda,\mu)}$ 是 $\mathscr{F}_\lambda\otimes_k\mathscr{G}_\mu$ 的一个精简单频分解, 其中 $S(\lambda,\mu)=\operatorname{Ass}(\mathscr{F}_\lambda\otimes_k\mathscr{G}_\mu)$ (3.2.5). 则 $(\mathscr{H}_{\lambda\mu\nu})$ (取遍所有三元组 (λ,μ,ν)) 是 $\mathscr{F}\otimes_k\mathscr{G}$ 的一个单频分解, 并且如果 $(\mathscr{F}_\lambda)$ 和 $(\mathscr{G}_\mu)$ 都是精简的, 那么它也是精简的.

注意到 $\mathscr{F}\otimes_k\mathscr{G}$ 和每个 $\mathscr{F}_\lambda\otimes_k\mathscr{G}_\mu$ 都是凝聚的, 并且每个 $\mathscr{F}_\lambda\otimes_k\mathscr{G}_\mu$ 都可以等同于 $\mathscr{F}\otimes_k\mathscr{G}$ 的一个商模层. 根据定义, 每个 $\mathscr{H}_{\lambda\mu\nu}$ 都可以等同于 $\mathscr{F}_\lambda\otimes_k\mathscr{G}_\mu$ 的一个凝聚商模层, 从而也是 $\mathscr{F}\otimes_k\mathscr{G}$ 的一个凝聚商模层. 这些 $\mathscr{H}_{\lambda\mu\nu}$ 的支集所构成的族是局部有限的, 这是因为, $\operatorname{Supp}(\mathscr{F}_\lambda\otimes_k\mathscr{G}_\mu)$ 包含在 $\operatorname{Supp}\mathscr{F}_\lambda\times_k\operatorname{Supp}\mathscr{G}_\mu$ 的底空间之中 (这里的 $\operatorname{Supp}\mathscr{F}_\lambda$ 和 $\operatorname{Supp}\mathscr{G}_\mu$ 分别带有既约诱导闭子概形结构), 并且根据前提条件, 对于给定的 λ 和 μ, 这些 $\mathscr{H}_{\lambda\mu\nu}$ 的支集所构成的族是局部有限的, 故由族 $(\operatorname{Supp}\mathscr{F}_\lambda)$ 和 $(\operatorname{Supp}\mathscr{G}_\mu)$ 都是局部有限的就可以推出上述阐言. 从而为了证明 $(\mathscr{H}_{\lambda\mu\nu})$ 是 $\mathscr{F}\otimes_k\mathscr{G}$ 的一个单频分解, 只需证明典范同态 $\mathscr{F}\otimes_k\mathscr{G}\to\bigoplus\limits_{\lambda,\mu,\nu}\mathscr{H}_{\lambda\mu\nu}$ 是单的即可. 然而它就是下面两个同态的合成 $\mathscr{F}\otimes_k\mathscr{G}\to\bigoplus\limits_{\lambda,\mu}(\mathscr{F}_\lambda\otimes_k\mathscr{G}_\mu)\to\bigoplus\limits_{\lambda,\mu,\nu}\mathscr{H}_{\lambda\mu\nu}$, 其中第二个同态从定义就知道它是单的, 而第一个同态也是单的, 因为它就是典范单同态 $\mathscr{F}\to\bigoplus\limits_{\lambda}\mathscr{F}_\lambda$ 和 $\mathscr{G}\to\bigoplus\limits_{\mu}\mathscr{G}_\mu$ 的张量积 (还记得 $\mathscr{F}$ 和 $\mathscr{G}$ 在 k 上都是平坦的). 最后, 若 $(\mathscr{F}_\lambda)$ 和 $(\mathscr{G}_\mu)$ 都是精简的, 则我们可以假设 $L=\operatorname{Ass}\mathscr{F}$ 和 $M=\operatorname{Ass}\mathscr{G}$, 此时这些 $\mathscr{H}_{\lambda\mu\nu}$ 构成精简分解的事实就来源于这些 $\operatorname{Ass}(\mathscr{F}_\lambda\otimes_k\mathscr{G}_\mu)$ 构成了 $\operatorname{Ass}(\mathscr{F}\otimes\mathscr{G})$ 的一个分割的事实 (利用 (4.2.2), 并参考 (3.2.5)).

推论 (4.2.10) — 在 (4.2.7) 的前提条件下, 进而假设 $\mathscr{F}$ 是凝聚的, 并设 $(\mathscr{F}_\lambda)_{\lambda\in L}$ 是 $\mathscr{F}$ 的一个单频分解, 对每个 $\lambda\in L$, 设 $(\mathscr{F}_{\lambda\mu})_{\mu\in\operatorname{Ass}(\mathscr{F}_\lambda\otimes_k K)}$ 是 $\mathscr{F}_\lambda\otimes_k K$ 的一个精简单频分解. 则 $(\mathscr{F}_{\lambda\mu})$ 是 $\mathscr{F}\otimes_k K$ 的一个单频分解, 并且如果分解 $(\mathscr{F}_\lambda)$ 是精简的, 那么分解 $(\mathscr{F}_{\lambda\mu})$ 也是精简的.

只需把 (4.2.9) 应用到 $Y=\operatorname{Spec}K$, $\mathscr{G}=\mathscr{O}_Y=K$ 上即可, 此时 M 只有一个元素.

4.3 复习: 域的张量积

为了方便读者, 我们先在这里回顾一下域的张量积的某些性质, 以下几个小节将会用到它们, 证明参看 [1].

(4.3.1) 所谓域 k 的一个扩张 L 是纯质的, 是指 k 在 L 中的最大可分代数扩张就是 k 本身.

命题 (4.3.2) — *设 K, L 是域 k 的两个扩张. 若 L 是 k 的一个纯质扩张, 则 $\operatorname{Spec}(L\otimes_k K)$ 是不可约的, 并且若 ξ 是它的一般点, 则 $\boldsymbol{k}(\xi)$ 是 K 的一个纯质扩张. 反之, 若对于 k 的每个有限可分扩张 K 来说, $\operatorname{Spec}(L\otimes_k K)$ 都是不可约的, 则 L 是 k 的一个纯质扩张.*

证明见 [1], p. 14-03 至 14-06.

推论 (4.3.3) — *若 k 是可分闭的 (即 k 的代数闭包在 k 上是紧贴的), 则对于 k 的任意两个扩张 K 和 L 来说, $\operatorname{Spec}(L\otimes_k K)$ 都是不可约的, 反之亦然.*

这可由 (4.3.2) 立得.

推论 (4.3.4) — *设 L 是域 k 的一个扩张, L_s 是 k 在 L 中的最大可分代数扩张 (通常把 L_s 称为 k 在 L 中的可分闭包). 假设 L_s 在 k 上是有限的, 并设 K 是 k 的一个包含 L_s 的 Galois 扩张. 则 $\operatorname{Spec}(L\otimes_k K)$ 具有 $[L_s:k]$ 个不可约分支, 它就是这些分支的和, 并且这些分支的一般点处的剩余类域都是 K 的纯质扩张.*

事实上, 我们有 $L\otimes_k K = L\otimes_{L_s}(L_s\otimes_k K)$, 且我们知道 $L_s\otimes_k K$ 就同构于 $[L_s:k]$ 个与 K 同构的域的乘积 (Bourbaki,《代数学》, VIII, §7, ¥3, 定理 1 的推论 2), 从而 $L\otimes_k K$ 同构于 $[L_s:k]$ 个与 $L\otimes_{L_s} K$ 同构的环的乘积. 由于 L 是 L_s 的一个纯质扩张, 故由 (4.3.2) 就可以推出结论.

命题 (4.3.5) — *设 K, L 是域 k 的两个扩张. 若 L 是 k 的可分扩张, 则环 $L\otimes_k K$ 是既约的. 反之, 若对于 k 的每个有限紧贴扩张 K, 环 $L\otimes_k K$ 都是既约的, 则 L 是 k 的可分扩张.*

证明参考 Bourbaki,《代数学》, VIII, §7, ¥3, 定理 1.

推论 (4.3.6) — *若 k 是完满的, 则对于 k 的任意两个扩张 K 和 L 来说, $K\otimes_k L$ 都是既约的, 反之亦然.*

这可由 (4.3.5) 立得.

推论 (4.3.7) — *设 L 是 k 的一个可分扩张, 并设 K 是 k 的任意一个扩张, 如果 K 和 L 中有一个在 k 上是有限的, 那么半局部环 $L\otimes_k K$ 的剩余类域都是 K 的可分扩张.*

事实上, 我们知道 $L\otimes_k K$ 就是这些剩余类域 E_i 的直合, 从而对于 K 的任意扩张 K' 来说, $L\otimes_k K'$ 都同构于这些环 $E_i\otimes_K K'$ 的直合. 由于 $L\otimes_k K'$ 是既约的, 故依照 (4.3.5), 这些 E_i 在 K 上都是可分的.

推论 (4.3.8) — 若 K 和 L 是 k 的两个有限可分扩张, 则 $K \otimes_k L$ 是 k 的有限个有限可分扩张的乘积.

命题 (4.3.9) — 若 k 是代数闭的, 则对于 k 的任意两个扩张 K 和 L 来说, $L \otimes_k K$ 都是整的, 反之亦然.

这是 (4.3.3) 和 (4.3.6) 的推论, 因为如果一个域既是完满的又是可分闭的, 那么它就是代数闭的.

4.4 代数闭域上的不可约概形与连通概形

(4.4.1) 设 k 是一个域, X 是一个 k 概形, K 是 k 的一个扩张. 由于态射 $\operatorname{Spec} K \to \operatorname{Spec} k$ 是拟紧忠实平坦且广泛开的 (2.4.9), 故知投影态射 $p: X \otimes_k K \to X$ 也是如此 (2.2.13). 从而由 (2.3.5) 知, $X \otimes_k K$ 的每个不可约分支都笼罩了 X 的某个不可约分支, 并且 (由于 p 是映满的) 对于 X 的任何一个不可约分支来说, 均可找到 $X \otimes_k K$ 的一个笼罩它的不可约分支. 这样一来, 由 p 就导出了一个从 $X \otimes_k K$ 的不可约分支集合到 X 的不可约分支集合的满映射. 同样地, 由于 p 是连续的, 并且是满映射, 故知 X 的任何一个连通分支都是 $X \otimes_k K$ 的某些连通分支的并集在 p 下的像. 从而 $X \otimes_k K$ 的任何一个不可约分支 (切转: 连通分支) Z' 都包含在唯一一个形如 $p^{-1}(Z)$ 的集合里, 其中 Z 是 X 的一个不可约分支 (切转: 连通分支), 并且对于 X 的每个以 Z 为底空间的子概形 (仍记作 Z) 来说, Z' 总是 $Z \otimes_k K$ 的一个不可约分支 (切转: 连通分支). 特别地, 若 $X \otimes_k K$ 只有有限个不可约分支 (切转: 连通分支), 且个数为 n (切转: n') (比如当 X 在 k 上是有限型的时候, 因为此时 $X \otimes_k K$ 在 K 上就是有限型的, 从而是 Noether 的), 则 X 的不可约分支 (切转: 连通分支) 的个数 $\leqslant n$ (切转: $\leqslant n'$), 并且为了使后者等于 n (切转: n'), 必须且只需对于 X 的每个以不可约分支 (切转: 连通分支) 为底空间的既约子概形 Z 来说, $Z \otimes_k K$ 都是不可约的 (切转: 连通的) (**I**, 5.1.8). 从而为了使 $X \otimes_k K$ 的不可约分支 (切转: 连通分支) 的个数与 K 无关, 必须且只需对于 X 的任意不可约分支 (切转: 连通分支) Z 以及 k 的任意扩张 K 来说, $Z \otimes_k K$ 都是不可约的 (切转: 连通的).

特别地, 若 $X \otimes_k K$ 是不可约的 (切转: 连通的), 则 X 也是不可约的 (切转: 连通的) (这件事从 p 是满映射的事实就可以推出来). 同样地, 若 $X \otimes_k K$ 是既约的 (切转: 整的), 则 X 也是如此, 因为 p 是忠实平坦的 (2.1.13).

在这一小节和下一小节中, 我们将主要考察当 K 变化时, $X \otimes_k K$ 的不可约分支 (切转: 连通分支) 的变化情况. 上面的讨论已经告诉我们, 这些分支的个数是 K 的一个递增函数.

引理 (4.4.2) — 设 X, X' 是两个拓扑空间, $f: X' \to X$ 是一个连续映射. 假设下述条件得到满足:

(i) f 是开且映满的 (切转: f 把拓扑空间 X 典范等同于 X' 在 f 所定义的等价关系下的商空间).

(ii) 对任意 $x \in X$, $f^{-1}(x)$ 都是不可约的 (切转: 连通的).

则为了使 X' 是不可约的 (切转: 连通的), 必须且只需 X 是不可约的 (切转: 连通的).

与连通有关的部分刚好就是 Bourbaki,《一般拓扑学》, I, 第 3 版, §11, ⁑3, 命题 7, 现在我们来证明与不可约有关的部分. 条件的必要性是显然的, 因为 f 是映满的, 下面证明充分性. 设 X'_1, X'_2 是 X' 的两个闭子集, 且满足 $X' = X'_1 \cup X'_2$, 再设 X_i $(i = 1, 2)$ 是由那些满足 $f^{-1}(x) \subseteq X'_i$ 的点 $x \in X$ 所组成的集合. 则我们有 $X_i = X \smallsetminus f(X' \smallsetminus X'_i)$, 且由于 f 是开的, 故知 X_i $(i = 1, 2)$ 都是 X 的闭子集. 另一方面, 根据前提条件, 对任意 $x \in X$, $f^{-1}(x)$ 都是不可约的, 并且它是两个闭子集 $X'_1 \cap f^{-1}(x)$ 和 $X'_2 \cap f^{-1}(x)$ 的并集, 从而其中之一必然等于 $f^{-1}(x)$, 这就意味着我们必有 $x \in X_1$ 或者 $x \in X_2$, 从而 $X = X_1 \cup X_2$, 现在根据前提条件, X 是不可约的, 故我们得知 $X = X_1$ 或者 $X = X_2$, 从而 $X' = X'_1$ 或者 $X' = X'_2$.

注解 (4.4.3) — 若 X 的拓扑并不是 X' 的拓扑在 f 所定义的等价关系下的商拓扑, 则即使 X 和所有纤维 $f^{-1}(x)$ 都是不可约的, 也不能保证 X' 是连通的, 举例如下: 取 X 是一个不可约分离概形 (比如代数闭域 k 上的仿射直线 $\operatorname{Spec} k[T]$), x_0 是 X 的任何一个闭点, 再取 X' 是 $\{x_0\}$ 与 X 的开子空间 $X \smallsetminus \{x_0\}$ 的和 (作为拓扑空间). 同样地, 若我们把 "f 是开的" 换成 "f 是闭的" (甚至 "f 是紧合的") (这表明 X 上的拓扑恰好就是 X' 上的拓扑在 f 所定义的等价关系下的商拓扑), 则即使 X 和所有纤维 $f^{-1}(x)$ 都是不可约的, 仍不能保证 X' 是不可约的. 举例如下: 仍取 X 是 k 上的仿射直线, 设 P 是 k 上的射影直线, 我们把 $X \times_k P$ 记作 S, 再设 x_0 是 X 的一个闭点, t_0 是 P 的一个闭点, $p : S \to X$ 和 $q : S \to P$ 是两个投影, 现在我们取 X' 是那个以闭子集 $p^{-1}(x_0) \cup q^{-1}(t_0)$ 为底空间的既约子概形, 并取 f 就是 p 在 X' 上的限制, 则 f 是紧合的, 但 X' 不是不可约的.

定理 (4.4.4) — 设 k 是一个代数闭域, X 是一个 k 概形. 若 X 是不可约的 (切转: 连通的), 则对于 k 的任意扩张 K 来说, $X \otimes_k K$ 都是不可约的 (切转: 连通的).

事实上, 我们在 (4.4.1) 中已经看到, 态射 $p : X \otimes_k K \to X$ 是忠实平坦的, 并且是开的, 为了能够应用引理 (4.4.2), 只需验证这些纤维 $p^{-1}(x)$ 都是不可约的即可. 然而 $\boldsymbol{k}(x)$ 概形 $p^{-1}(x)$ 同构于 $\operatorname{Spec}(\boldsymbol{k}(x) \otimes_k K)$ (**I**, 3.6.2), 从而依照 k 上的前提条件以及 (4.3.9), 它是整的.

推论 (4.4.5) — 设 k 是一个代数闭域, X 是一个 k 概形, K 是 k 的一个扩张, $p : X \otimes_k K \to X$ 是典范投影. 若 Z 是 X 的一个不可约子集 (切转: 连通子集), 则 $p^{-1}(Z)$ 也是不可约的 (切转: 连通的). 特别地, 若 X_0 是 X 的一个包含 Z 的不可约

分支 (切转: 连通分支), 则 $p^{-1}(X_0)$ 是 $X \otimes_k K$ 的一个包含 $p^{-1}(Z)$ 的不可约分支 (切转: 连通分支).

第二句话可由 (4.4.1) 和第一句话 (把 Z 换成 X_0) 推出来, 下面我们来证明第一句话. 设 X' 是 $X \otimes_k K$ 的底空间, $Z' = p^{-1}(Z)$, 则 p 在 X' 上定义的等价关系 R 是开的, 从而它在饱和子集 Z' 上所诱导的关系 $R_{Z'}$ 也是如此, 并且 Z 可以等同于商空间 $Z'/R_{Z'}$ (Bourbaki,《一般拓扑学》, I, 第 3 版, §5, ¥2, 命题 4). 从而我们可以把引理 (4.4.2) 应用到 Z 和 Z' 上, 这就证明了 (4.4.5) 的第一句话.

推论 (4.4.6) — 前提条件和记号与 (4.4.5) 相同, 则映射 $Z \mapsto p^{-1}(Z)$ 是一个从 X 的不可约分支 (切转: 连通分支) 的集合到 $X \otimes_k K$ 的不可约分支 (切转: 连通分支) 的集合的一一映射, 并且它的逆映射就是 $Z' \mapsto p(Z')$.

4.5 几何不可约概形与几何连通概形

命题 (4.5.1) — 设 k 是一个域, X 是一个 k 概形, Ω 是 k 的一个代数闭扩张. 设 n (切转: n') 是 $X \otimes_k \Omega$ 的不可约分支 (切转: 连通分支) 集合的基数, 则这个数并不依赖于代数闭域 Ω 的选择. 进而对于 k 的任意扩张 K 来说, $X \otimes_k K$ 的不可约分支 (切转: 连通分支) 集合的基数都 $\leqslant n$ (切转: $\leqslant n'$).

事实上, k 的任何两个代数闭扩张 Ω, Ω' 都可以被看作第三个代数闭扩张 E 的子扩张, 从而我们只要把 (4.4.6) 应用到 $X \otimes_k \Omega$ 和 $X \otimes_k \Omega'$ 以及 Ω 和 Ω' 的共同扩张 E 上, 就可以证明第一句话. 第二句话则缘自 (4.4.1) (取 Ω 是 K 的一个代数闭扩张).

定义 (4.5.2) — 我们把 (4.5.1) 中的这个基数 n (切转: n') 称为 X (相对于 k) 的不可约分支 (切转: 连通分支) 的几何个数. 若 $n = 1$ (切转: $n' \leqslant 1$), 则我们说 X 是一个几何不可约的 (切转: 几何连通的) k 概形.

这样一来, (**III**, 4.3.4) 中的定义就是上述定义的一个特殊情形. 依照 (4.5.1), 以下诸条件是等价的:

a) X 是几何不可约的 (切转: 几何连通的).

b) 对于 k 的任意代数闭扩张 Ω 来说, $X \otimes_k \Omega$ 都是不可约的 (切转: 连通的).

c) 对于 k 的任意扩张 K 来说, $X \otimes_k K$ 都是不可约的 (切转: 连通的).

(4.5.3) 设 X 是一个 k 概形, Z 是 X 的一个局部闭子集. 任意选取 X 的一个以 Z 为底空间的子概形 (**I**, 5.2.1), 并把它仍记为 Z, 则由 (**I**, 5.1.8) 知, 对于 k 的一个扩张 K 来说, $Z \otimes_k K$ 的不可约分支 (切转: 连通分支) 的个数并不依赖于 Z 上的这个子概形结构的选择. 于是我们也能够定义 Z 的不可约分支 (切转: 连通分支) 的几何个数, 只要取 X 的任何一个以 Z 为底空间的子概形即可.

命题 (4.5.4) — 设 X, Y 是两个 k 概形, $f: X \to Y$ 是一个映满的 k 态射. 若 X 是几何不可约的 (切转: 几何连通的), 则 Y 也是如此.

事实上, 对于 k 的任意扩张 K 来说, $f_{(K)}: X_{(K)} \to Y_{(K)}$ 总是映满的 (**I**, 3.5.2), 并且根据前提条件, $X_{(K)}$ 是不可约的 (切转: 连通的), 从而 $Y_{(K)}$ 也是不可约的 (切转: 连通的).

定义 (4.5.5) — 所谓一个概形态射 $f: X \to Y$ 是一贯不可约的 (切转: 一贯连通的), 是指对任意 $y \in Y$, $\boldsymbol{k}(y)$ 概形 $f^{-1}(y)$ 都是几何不可约的 (切转: 几何连通的).

命题 (4.5.6) — (i) 设 X 是一个 k 概形, K 是 k 的一个扩张. 则 $X_{(K)}$ 相对于 K 的不可约分支 (切转: 连通分支) 的几何个数就等于 X 相对于 k 的不可约分支 (切转: 连通分支) 的几何个数. 特别地, 为了使 K 概形 $X_{(K)}$ 是几何不可约的 (切转: 几何连通的), 必须且只需 k 概形 X 是几何不可约的 (切转: 几何连通的).

(ii) 设 $f: X \to Y$, $g: Y' \to Y$ 是两个态射, 并设 $X' = X_{(Y')} = X \otimes_Y Y'$, $f' = f_{(Y')}: X' \to Y'$. 若 f 是一贯不可约的 (切转: 一贯连通的), 则 f' 也是如此. 如果 g 还是映满的, 那么逆命题也成立.

(i) 若 Ω 是 K 的一个代数闭扩张, 则有 $X \otimes_k \Omega = X_{(K)} \otimes_K \Omega$, 故得结论.

(ii) 对任意 $y' \in Y'$, 若我们令 $y = g(y')$, 则有 ${f'}^{-1}(y') = f^{-1}(y) \otimes_{\boldsymbol{k}(y)} \boldsymbol{k}(y')$ (**I**, 3.6.4), 从而由 (i) 立得结论.

命题 (4.5.7) — 设 $f: X \to Y$ 是一个一贯不可约的 (切转: 一贯连通的) 映满态射, $g: Y' \to Y$ 是任意一个态射, 并且令 $X' = X \times_Y Y'$. 于是若 Y' 是不可约的 (切转: 连通的), 并且 f 是广泛开的 (切转: 平坦且拟紧的, 或者广泛开的, 或者广泛闭的), 则 X' 也是不可约的 (切转: 连通的).

f 的这些性质都在基变换下保持稳定, 故我们可以限于考虑 $Y' = Y$ 的情形, 此时只需应用 (4.4.2) 即可 (有见于 (2.3.12)).

推论 (4.5.8) — 设 X, Y 是两个 k 概形.

(i) 若 X 是几何不可约的 (切转: 几何连通的), 并且 Y 是不可约的 (切转: 连通的), 则 $X \times_k Y$ 是不可约的 (切转: 连通的).

(ii) 若 X 和 Y 都是几何不可约的 (切转: 几何连通的), 则 $X \times_k Y$ 也是如此.

(i) 结构态射 $X \to \operatorname{Spec} k$ 是映满的, 并且是广泛开的 (2.4.9), 进而还是一贯不可约的 (切转: 一贯连通的), 从而只需应用 (4.5.7) 即可.

(ii) 若 Ω 是 k 的一个代数闭扩张, 则我们有 $(X \times_k Y)_{(\Omega)} = X_{(\Omega)} \times_\Omega Y_{(\Omega)}$ (**I**, 3.3.10). 根据前提条件, $X_{(\Omega)}$ 和 $Y_{(\Omega)}$ 都是几何不可约的 (切转: 几何连通的) Ω 概形 (4.5.6), 从而只需应用 (i) 即可.

命题 (4.5.9) — 设 X 是一个 k 概形. 则以下诸条件是等价的:

a) X 是几何不可约的 (换句话说, 对于 k 的任意扩张 K 来说, $X \otimes_k K$ 都是不可约的).

b) 对于 k 的每个有限可分扩张 K 来说, $X \otimes_k K$ 都是不可约的.

c) X 是不可约的, 并且若 x 是它的一般点, 则 $\boldsymbol{k}(x)$ 是 k 的一个纯质扩张.

a) 蕴涵 b) 是显然的. 为了证明 b) 蕴涵 c), 我们考虑 k 的一个有限可分扩张 K, 若 $p: X \otimes_k K \to X$ 是典范投影, 则 $X \otimes_k K$ 的极大点恰好就是纤维 $p^{-1}(x) = \operatorname{Spec}(\boldsymbol{k}(x) \otimes_k K)$ 的极大点 ((2.3.4) 和 ($\mathbf{0_I}$, 2.1.8)), 依照 (4.3.2), 该纤维对于 k 的每个有限可分扩张 K 来说都是不可约的就等价于 $\boldsymbol{k}(x)$ 是 k 的一个纯质扩张. 反之, 若 c) 得到满足, 则 (有见于 (4.3.2)) 同样的论证方法表明, 对于 k 的任意扩张 K 来说, $X \otimes_k K$ 都是不可约的, 从而 c) 蕴涵 a).

推论 (4.5.10) — 设 X 是一个不可约 k 概形, x 是它的一般点, k' 是 k 在 $\boldsymbol{k}(x)$ 中的可分闭包, k'' 是 k 的一个包含 k' 的 *Galois* 扩张 (可以是无限次的). 假设 k' 在 k 上是有限的, 则 $X \otimes_k k''$ 的不可约分支都是几何不可约的, 并且它们的个数就等于 $[k':k]$, 这个数也等于 X 的不可约分支的几何个数.

我们可以像 (4.5.9) 那样, 并且问题归结为考虑纤维 $\operatorname{Spec}(\boldsymbol{k}(x) \otimes_k k'')$ 的极大点, 依照 (4.3.4), 它们一共有 $[k':k]$ 个, 并且在这些点处的剩余类域 (这也是 $X \otimes_k k''$ 在这些点处的剩余类域) 都是 k'' 的纯质扩张, 有见于 (4.5.9), 这就证明了推论.

推论 (4.5.11) — 设 X 是一个 k 概形, 假设 X 只有有限个极大点 x_i $(1 \leqslant i \leqslant r)$, 并且对每个 i 来说, k 在 $\boldsymbol{k}(x_i)$ 中的可分闭包 k'_i 在 k 上都是有限的. 则可以找到 k 的一个有限可分扩张 L, 使得 $X \otimes_k L$ 的不可约分支都是几何不可约的, 此时它们的个数等于 $\sum\limits_i [k'_i : k]$, 这也是 X 的不可约分支的几何个数.

把 ($\mathbf{0_I}$, 2.1.8) 应用到 X 的不可约分支及它们在 $X \otimes_k L$ 中的逆像上, 则依照 (2.3.4), $X \otimes_k L$ 的极大点就是各个纤维 $\operatorname{Spec}(\boldsymbol{k}(x_i) \otimes_k L)$ 的那些极大点. 从而只需取 L 是 k 的一个包含了所有 k'_i 的有限 Galois 扩张, 然后应用 (4.5.10) 即可.

特别地, 注意到我们可以把 (4.5.11) 应用到任何有限型 k 概形 X 上, 因为此时 X 是 Noether 的, 从而只有有限个不可约分支, 并且每个 $\boldsymbol{k}(x_i)$ 都是 k 的有限型扩张, 从而 k 在 $\boldsymbol{k}(x_i)$ 中的代数闭包也是如此 ([1], p. 6-06, 引理 5).

注解 (4.5.12) — (i) 在 (4.5.2) 中所定义的这些概念都是依赖于基域 k 的. 为了简单起见, 在需要指明基域的场合, 我们可以用 "k 不可约" (切转: "k 连通") 来代替 "相对于 k 是几何不可约的" (切转: "相对于 k 是几何连通的") 这种说法. 注意这样的表达方法虽然从概形理论来看是很自然的, 但与 Weil 的用语正好相反, 在他那里, "k 不可约" (切转: "k 连通", "k 正规", 等等) 这个词说的是概形 X 的某种不依赖于

"基域" k (换句话说, 不依赖于态射 $X \to \operatorname{Spec} k$) 的内蕴性质, 而我们则把这样的性质直接称为 X 是不可约的 (切转: 连通的, 正规的, 等等)[①]. 另一方面, Weil 使用了 "绝对不可约", "绝对连通", "绝对正规" 等名词来表示概形 $X \otimes_k \Omega$ 的性质, 其中 Ω 是 k 的一个适当的代数闭扩张. 这种名词用法上的差异来源于 Weil 的不同视角, 对于他来说, 一个 "代数概形" V 首先是定义在代数闭域 Ω 上的一个几何对象, 找出一个更小的 "自定义域" k (即找出一个定义在 k 上的概形, 使得 V 是由前者经过基域扩张 $k \to \Omega$ 而得到的) 对他来说只是在 V 上附加了一个结构, 是第二位的事情, 从而他对于 "绝对" (或 "内蕴") 和 "相对于 k" 的区分与我们的正好相反[②]. 因此在下文中, 我们将尽量避免使用 "绝对" 这种词汇, 以免引起误解, 同时当我们以后使用上面所提到的简化方法时 (与以往的用语是矛盾的), 我们都采用 (4.5.12) 中的约定, 以免出现歧义.

(ii) 命题 (4.5.9) 给出了一个确定 k 概形 X 是否几何不可约的 "双有理" 判别法 (换句话说, 只依赖于一般点的剩余类域). 对于几何连通来说, 类似的判别法是不存在的, 比如我们取 $X = \operatorname{Spec}(\mathbb{R}[[T,U]]/(T^2+U^2))$ (T, U 是未定元), 则 X 是整 $\mathbb{R}$ 概形, 并且很容易验证它的有理函数域 $\boldsymbol{k}(x)$ 就是 $\mathbb{C}((T))$. 现在 $X \otimes_{\mathbb{R}} \mathbb{C}$ 可以分解为两个不可约分支 (即两条 "迷向直线"), 它们有一个公共点 (即 $\mathbb{C}[[T,U]]$ 的极大理想 $(T)+(U)$ 在 $\mathbb{C}[[T,U]]/(T^2+U^2)$ 中的像), 从而 $X \otimes_{\mathbb{R}} \mathbb{C}$ 是连通的. 设 X' 是 X 的与极大理想 $(T)+(U) \subseteq \mathbb{R}[[T,U]]$ 相对应的那个闭点在 X 中的 (开) 补集, 则 $X' \otimes_{\mathbb{R}} \mathbb{C}$ 不是连通的, 尽管 X 和 X' 具有相同的有理函数域.

命题 (4.5.13) — *设 X, Y 是两个 k 概形, $f: Y \to X$ 是一个 k 态射. 假设 Y 是几何连通且非空的, 而 X 是连通的. 则 X 是几何连通的.*

设 Ω 是 k 的代数闭包, $X' = X_{(\Omega)}$, $Y' = Y_{(\Omega)}$, $f' = f_{(\Omega)} : Y' \to X'$, 问题是要证明 X' 是连通的. 设 U' 是 X' 的一个既开又闭的非空子集, 注意到态射 $p: X' \to X$ 和 $q: Y' \to Y$ 都是既开 (2.4.10) 又闭的, 因为 Ω 是 k 的代数闭包 (**II**, 6.1.10). 从而 $U = p(U')$ 在 X 中是既开又闭的, 并且非空, 因而就等于 X. 由于 Y 不是空的, 故我们得知 (**I**, 3.4.7), $V' = f'^{-1}(U')$ 也不是空的, 此外它在 Y' 中还是既开又闭的, 但根据前提条件, Y' 是连通的, 从而 $V' = Y'$. 由此就可以导出 $U' = X'$, 否则把同样的方法应用到既开又闭的集合 $X' \smallsetminus U'$ 上将可以推出 $f'^{-1}(X' \smallsetminus U') = Y'$, 这是不合理的, 因为 Y' 不是空的.

推论 (4.5.13.1) — (i) *设 X, Y 是两个 k 概形, $f: Y \to X$ 是一个 k 态射. 若 Y 是几何连通且非空的, 则 X 的那个包含 $f(Y)$ 的连通分支 X_0 也是几何连通的.*

(ii) *设 X 是一个 k 概形. 若 Y 是 X 的一个不可约分支, 并且是几何不可约的, 则 X 的那个包含 Y 的连通分支也是几何连通的.*

[①]译注: 为了避免误解, 我们将不使用 "k 不可约" 等名称.

[②]Zariski 的视角与我们的更为接近, 而且他的用语和我们的用语一般都不会发生冲突.

(i) 可以假设 Y 是既约的, 这样一来 f 可以分解为 $f: Y \xrightarrow{g} X_0 \xrightarrow{j} X$, 这里的 X_0 是指 X 的那个以 X_0 为底空间的既约子概形 (**I**, 5.2.2), 从而只需把 (4.5.13) 应用到 g 上即可.

(ii) 我们仍用 Y 来记某个以 Y 为底空间的子概形, 注意到 Y 当然也是几何连通的, 从而只需把 (i) 应用到典范含入 $Y \to X$ 上即可.

推论 (4.5.14) — 设 X 是一个 k 概形, x 是 X 的一点, 并假设 $\boldsymbol{k}(x)$ 是 k 的纯质扩张 (特别地, 比如可以取 x 是 X 的一个有理点), 则 x 在 X 中的连通分支是几何连通的.

只需把 (4.5.13.1) 应用到 $Y = \operatorname{Spec} \boldsymbol{k}(x)$ 和典范态射 $Y \to X$ 上, 再利用 (4.5.9) (它说明 Y 是几何不可约的) 即可.

命题 (4.5.15) — 设 X 是一个 k 概形, x 是 X 的一点, k' 是 k 在 $\boldsymbol{k}(x)$ 中的可分闭包. 假设下面的条件得到了满足:

(i) X 是连通的.

(ii) k' 是 k 的有限扩张.

则 X 的连通分支的几何个数 $\leqslant [k' : k]$, 并且若 k'' 是 k 的一个包含 k' 的有限 *Galois* 扩张, 则 $X \otimes_k k''$ 的连通分支都是几何连通的.

注意到若 X 在 k 上是局部有限型的, 则条件 (ii) 总是成立的.

依照条件 (ii), 总可以找到 k 的一个包含 k' 的有限 Galois 扩张 k''. 现在我们令 $X'' = X \otimes_k k''$, 则投影态射 $p: X'' \to X$ 是有限忠实平坦的, 从而是闭的 (**II**, 6.1.10), 因而 (2.3.6, (ii)) X'' 的任何连通分支 X''_α 在 p 下的像都等于 X, 故 X''_α 包含了某个点 $x''_\alpha \in p^{-1}(x)$. 然而 $p^{-1}(x)$ 中的点的个数就等于 $\operatorname{Spec}(\boldsymbol{k}(x) \otimes_k k'')$ 的不可约分支的个数 (**I**, 3.4.9), 也就是说, 它等于 $[k' : k]$ (4.3.4), 从而 X'' 的连通分支的个数 $\leqslant [k' : k]$. 依照 (4.3.5) 和 (**I**, 3.4.9), 对任意 $x''_\alpha \in p^{-1}(x)$, $\boldsymbol{k}(x''_\alpha)$ 都是 k'' 的一个纯质扩张. 从而我们可以对 x''_α 和 X'' 应用推论 (4.5.14), 这就证明了 X'' 的任何连通分支都是几何连通的.

推论 (4.5.16) — 设 X 是一个 k 概形, (X_α) 是它的所有连通分支, 且对每个 α, 设 $x_\alpha \in X_\alpha$. 假设下述条件得到了满足:

(i) 族 (X_α) 是有限的.

(ii) 对任意 α, k 在 $\boldsymbol{k}(x_\alpha)$ 中的可分闭包 k'_α 都是 k 的有限扩张.

则 X 的连通分支的几何个数最多等于 $\sum\limits_\alpha [k'_\alpha : k]$, 并且可以找到 k 的一个有限可分扩张 k'', 使得 $X \otimes_k k''$ 的所有连通分支都是几何连通的.

注意到依照条件 (i), X 的连通分支都是开的, 故我们只需对 X 在每个开集 X_α 上所诱导的子概形应用 (4.5.15) 的结果即可. 而为了找到扩张 k'', 只需取 k 的一个

包含了所有 k'_α 的有限 Galois 扩张即可.

推论 (4.5.17) — 假设在 k 概形 X 上有这样一点 x, 它使得 k 在 $\boldsymbol{k}(x)$ 中的可分闭包是 k 的有限扩张. 则为了使 X 是几何连通的, 必须且只需对于 k 的每个有限可分扩张 K 来说, $X \otimes_k K$ 都是连通的.

注解 (4.5.18) — 我们将在 §8 的 (8.4.5) 中看到, 若把前提条件改成 X 是拟紧的, 则 (4.5.17) 的结论仍然成立.

命题 (4.5.19) — 设 X 是一个 k 概形, Z 是 X 的一个子集, k' 是 k 的一个代数闭扩张, $X' = X \otimes_k k'$, $p : X' \to X$ 是典范投影. 假设 $Z' = p^{-1}(Z)$ 只包含在 X' 的**唯一一个**不可约分支 X'_0 之中. 则我们有 $X'_0 = p^{-1}(X_0)$, 其中 $X_0 = p(X'_0)$ 是 X 的一个包含 Z 的不可约分支, 并且 X_0 是几何不可约的. 进而若 X'_0 是 X' 的唯一一个**与 Z' 有交点**的不可约分支, 则 X_0 是 X 的唯一一个与 Z 有交点的不可约分支.

为了证明 $X'_0 = p^{-1}(X_0)$, 我们需要使用下面的引理:

引理 (4.5.19.1) — 设 T, T' 是两个概形, $p : T' \to T$ 是一个态射. 考虑概形 $T'' = T' \times_T T'$, 并设 $p_1 : T'' \to T'$, $p_2 : T'' \to T'$ 是典范投影. 则为了使 T' 的一个子集 U' 具有 $p^{-1}(U)$ 的形状 (其中 $U \subseteq T$), 必须且只需它满足 $p_1^{-1}(U') = p_2^{-1}(U')$.

根据定义, 结构态射 $q : T'' \to T$ 既等于 $p \circ p_1$, 也等于 $p \circ p_2$, 从而该条件是必要的. 反之, 假设它得到满足, 设 u' 是 U' 的一个点, t' 是 $p^{-1}(p(u'))$ 的一个点, 则由于 $p(t') = p(u')$, 故可找到一个点 $t'' \in T''$, 使得 $p_1(t'') = u'$, $p_2(t'') = t'$ (**I**, 3.4.7), 从而根据前提条件, $t'' \in p_1^{-1}(U') = p_2^{-1}(U')$, 因而 $t' = p_2(t'') \in U'$, 这就证明了引理.

基于这个引理, 为了证明 $X'_0 = p^{-1}(X_0)$, 我们首先构造出纤维积 $X'' = X' \times_X X'$ (相对于态射 $p : X' \to X$), 若 p_1 和 p_2 是 X'' 到 X' 的两个典范投影, 则问题是要证明 $p_1^{-1}(X'_0) = p_2^{-1}(X'_0)$. 现在令 $S = \operatorname{Spec} k$, $S' = \operatorname{Spec} k'$, 注意到对于 $S'' = S' \times_S S' = \operatorname{Spec}(k' \otimes_k k')$, 我们也可以把 X'' 表达成 $X'' = X' \times_S S''$. 若 $\varphi'' : X'' \to S''$ 是结构态射, 则只需证明对任意 $s'' \in S''$, 均有 $p_1^{-1}(X'_0) \cap \varphi''^{-1}(s'') = p_2^{-1}(X'_0) \cap \varphi''^{-1}(s'')$. 我们令 $T = \operatorname{Spec} \boldsymbol{k}(s'')$, $U = X'' \times_{S'} T = \varphi''^{-1}(s'')$, 并设 $v : U \to X''$ 是典范投影, 于是问题归结为证明 $U_1 = v^{-1}(p_1^{-1}(X'_0))$ 和 $U_2 = v^{-1}(p_2^{-1}(X'_0))$ (它们都是 U 的不可约分支 (4.4.5)) 是相等的. 考虑图表

(4.5.19.2)
$$\begin{array}{ccccccc} X & \xleftarrow{\ p\ } & X' & \underset{p_2}{\overset{p_1}{\leftleftarrows}} & X'' & \xleftarrow{\ v\ } & U \\ \downarrow & & \downarrow & & \downarrow{\scriptstyle \varphi''} & & \downarrow \\ S & \longleftarrow & S' & \leftleftarrows & S'' & \longleftarrow & T \end{array} .$$

根据定义, U_1 和 U_2 都包含了集合 $w^{-1}(Z)$, 其中

$$w = p \circ p_1 \circ v = p \circ p_2 \circ v.$$

现在我们可以找到 k' 和 $\boldsymbol{k}(s'')$ 的一个公共扩张 K, 使得图表

$$\begin{array}{ccc} S' & \longleftarrow & P = \operatorname{Spec} K \\ \downarrow & & \downarrow \\ S & \longleftarrow & T \end{array}$$

是交换的, 从而若令 $Q = X \otimes_k K$, 则图表

$$\begin{array}{ccc} X' & \xleftarrow{q} & Q \\ {\scriptstyle p}\downarrow & & \downarrow{\scriptstyle r} \\ X & \xleftarrow[w]{} & U \end{array}$$

也是交换的, 因而 Q 的两个不可约分支 $r^{-1}(U_1)$ 和 $r^{-1}(U_2)$ (4.4.5) 都包含了 $q^{-1}(Z')$. 而依照 (4.4.5), $q(r^{-1}(U_1))$ 和 $q(r^{-1}(U_2))$ 的像都是 X' 的包含 Z' 的不可约分支, 从而它们都等于 X'_0, 于是由 (4.4.5) 知, $r^{-1}(U_1) = r^{-1}(U_2)$, 最终得到 $U_1 = U_2$.

由于 p 是映满的, 并且 X'_0 笼罩了 X 的某个不可约分支, 故知 $X_0 = p(X'_0)$ 是 X 的一个包含 Z 的不可约分支, 又因为 $p^{-1}(X_0)$ 是 X' 的一个不可约分支, 故知 X_0 是几何连通的.

为了证明最后一句话, 我们设 X_1 是 X 的另一个与 Z 有交点的不可约分支. 取 $z \in Z \cap X_1$, 则可以找到 X' 的这样一个与 Z' 有交点的不可约分支, 它笼罩了 X_1 (2.3.5), 而根据前提条件, X'_0 是 X' 的唯一一个与 Z' 有交点的不可约分支, 故必有 $X_1 = X_0$.

* **(追加 $_{\text{IV}}$, 20) 推论 (4.5.19.3)** — *设 k 是一个域, X 是一个有限型 k 概形, 并且是不可约的, 但不是几何不可约的. 则可以找到 X 的一个闭子集 Y, 它在 X 中是稀疏的, 并且包含了所有使得 $\boldsymbol{k}(x)$ 在 k 上紧贴的那些点 $x \in X$ (特别地, 它包含了 X 的所有 k 有理点).*

设 k' 是 k 的代数闭包, $X' = X \otimes_k k'$, $p : X' \to X$ 是典范投影. 若 $x \in X$ 使得 $\boldsymbol{k}(x)$ 在 k 上是紧贴的, 则在 X' 中只有一点 x' 位于 x 之上 (**I**, 3.4.9), 这个点必然落在了 X' 的两个不可约分支中, 否则 X 就是几何不可约的 (根据 (4.5.19)), 与前提条件矛盾. 现在设 X'_i $(1 \leqslant i \leqslant n)$ 是 Noether 概形 X' 的全体不可约分支, 并且对于 $1 \leqslant i < j \leqslant n$, 我们令 $X'_{ij} = X'_i \cap X'_j$, 则集合 $Y = p\big(\bigcup_{i<j} X'_{ij}\big)$ 就满足上述要求. 事实上, 由于 p 是整型态射, 并且这些 X'_{ij} 在 X' 中都是闭的, 故知 Y 在 X 中是闭的. 另一方面, 设 ξ 是 X 的一般点, 则 $p^{-1}(\xi)$ 是离散的, 并且是由这些 X'_i 的一般点所组成的 (4.5.11), 从而不会与任何一个 X'_{ij} 有交点, 这就表明闭集 Y 是稀疏的. *

注解 (4.5.20) — 由 Z' 只包含在 X' 的唯一一个不可约分支 X'_0 中这件事并不能推出 $X_0 = p(X'_0)$ 就是 X 的唯一一个包含 Z 的不可约分支. 事实上, 取 $k = \mathbb{R}$, $k' = \mathbb{C}$, 并设 X 是由 $X_1 = \mathrm{Spec}(\mathbb{R}[S,T]/(S^2+T^2+1))$ 和 $X_2 = \mathrm{Spec}(\mathbb{C}[T])$ 通过黏合一个点 (非一般点) 而得到的 k 概形① (这两条曲线在它们的每个闭点处的剩余类域都同构于 $\mathbb{C}$). 此时 X_1 和 X_2 可以等同于 X 的两个不可约分支, 若 x 是它们的公共点, 则 $p^{-1}(x)$ 是由两个不同的点 y', z' 所组成的, $p^{-1}(X_1)$ 是不可约的, $p^{-1}(X_2)$ 是 X' 的两个不可约分支 Y', Z' 的和, 且有 $y' \in Y'$ 和 $z' \in Z'$, 从而 $p^{-1}(x)$ 只包含在 X' 的唯一一个不可约分支中.

命题 (4.5.21) — 设 k 是一个可分闭域, k' 是 k 的代数闭包. 则对任意 k 概形 X, 典范投影 $X \otimes_k k' \to X$ 都是广泛同胚的. 特别地, X 的各个不可约分支 (切转: 连通分支) 都是几何不可约的 (切转: 几何连通的).

根据定义, k' 是 k 的紧贴扩张, 于是态射 $\mathrm{Spec}\, k' \to \mathrm{Spec}\, k$ 是整型、映满且紧贴的, 从而第一句话缘自 (2.4.5, (i)), 由此就可以推出第二句, 参看 (4.5.1).

4.6 几何既约的代数概形

命题 (4.6.1) — 设 k 是一个域, X 是一个 k 概形, Ω 是 k 的一个完满扩张. 则以下诸条件是等价的:

a) 对任意既约 k 概形 S, $X \times_k S$ 都是既约的.

b) 对于 k 的任意扩张 K, $X \otimes_k K$ 都是既约的.

c) $X \otimes_k \Omega$ 是既约的.

d) 对于 k 的每个有限紧贴扩张 k' 来说, $X \otimes_k k'$ 都是既约的.

e) X 是既约的, 并且对于 X 的任意不可约分支 X_α 及其一般点 x_α 来说, $\boldsymbol{k}(x_\alpha)$ 都是 k 的可分扩张.

a) $\Rightarrow$ b) $\Rightarrow$ c) 是显然的, 由于我们总可以把 k' 看作 Ω 的一个子扩张, 故根据 (4.4.1), c) 蕴涵 d). 下面来证明 d) 蕴涵 e). 取 $k' = k$, 则首先得知 X 是既约的, 为了证明 $\boldsymbol{k}(x_\alpha)$ 在 k 上是可分的, 只需证明对于 k 的任何有限紧贴扩张 k' 来说, $\boldsymbol{k}(x_\alpha) \otimes_k k'$ 都是一个既约环 (4.3.5). 可以限于考虑 $X = \mathrm{Spec}\, A$ 是仿射概形并且 A 是既约 k 代数的情形, 此时根据前提条件, 环 $A \otimes_k k'$ 是既约的 (**I**, 5.1.4), 而 $\boldsymbol{k}(x_\alpha) \otimes_k k'$ 是它的一个分式环, 从而也是既约的 ($\mathbf{0_I}$, 1.2.8). 最后, 为了证明 e) 蕴涵 a), 可以限于考虑 $X = \mathrm{Spec}\, A$, $S = \mathrm{Spec}\, B$ 并且 A 和 B 都是 k 代数的情形. 这些 $\boldsymbol{k}(x_\alpha)$ 分别是商环 $A/\mathfrak{p}_\alpha$ 的分式域, 其中 $\mathfrak{p}_\alpha = \mathfrak{j}_{x_\alpha}$ 是 A 的那些极小素理想. 根据前提条件, $\bigcap\limits_\alpha \mathfrak{p}_\alpha = (0)$, 故知 A 包含在乘积 $\prod\limits_\alpha A/\mathfrak{p}_\alpha$ 之中, 从而也包含在 $\prod\limits_\alpha \boldsymbol{k}(x_\alpha)$ 之中,

①我们将在第五章中仔细地讨论概形的 "黏合" 技术, 但对于这个例子来说 (只涉及曲线), 读者可以参考 [38], p. 68-71.

同样地, 我们可以把 B 看作 k 的一些扩张的乘积 $\prod_\beta L_\beta$ 的子代数. 由此得知, $A\otimes_k B$ 可以等同于 $\left(\prod_\alpha \boldsymbol{k}(x_\alpha)\right)\otimes_k\left(\prod_\beta L_\beta\right)$ 的一个子代数, 且这个张量积本身又可以等同于 $\prod_{\alpha,\beta}(\boldsymbol{k}(x_\alpha)\otimes_k L_\beta)$ 的一个子代数 (Bourbaki,《代数学》, II, 第 3 版, §7, ¥7, 命题 15). 现在根据前提条件, $\boldsymbol{k}(x_\alpha)\otimes_k L_\beta$ 都是既约的 (4.3.5), 从而 $A\otimes_k B$ 也是如此.

定义 (4.6.2) — 若命题 (4.6.1) 中的等价条件 a) 到 e) 得到满足, 则我们说 X 在 k 上是**可分**的 (或**几何既约**的, 或**全盘既约**的). 所谓一个 k 概形 X 在 k 上是**几何整**的, 是指对于 k 的任意扩张 K 来说, $X\otimes_k K$ 都是整的. 这也相当于说 (根据 (4.6.1)), X 在 k 上是可分且几何不可约的.

所谓一个 (交换) k 代数 A 是可分的, 是指 $\operatorname{Spec} A$ 在 k 上是可分的. 这相当于说, 对于 k 的任意扩张 K 来说, 环 $A_{(K)}=A\otimes_k K$ 都是既约的. 注意到这个定义在 A 是有限秩 k 代数的时候与 Bourbaki,《代数学》, VIII, §7, ¥5, 定义 1 是一致的, 但在一般情况下并不一致, 因为即使整 k 代数都可能具有非零的根.

推论 (4.6.3) — 设 X 是一个整 k 概形, 则为了使 X 在 k 上是几何既约的 (切转: 几何整的), 必须且只需它的有理函数域是 k 的可分扩张 (切转: 可分纯质扩张).

这可由 (4.5.9) 和 (4.6.1) 立得.

推论 (4.6.4) — 设 X 是一个既约 k 概形. 则对于 k 的任意可分扩张 k' 来说, $X\otimes_k k'$ 都是既约的.

只需在应用 (4.6.1) 的等价条件 a) 和 e) 时把 X 换成 $\operatorname{Spec} k'$ 并把 S 换成 X 即可.

命题 (4.6.5) — (i) 设 X 是一个 k 概形, K 是 k 的一个扩张. 则为了使 X 在 k 上是几何既约的 (切转: 几何整的), 必须且只需 $X\otimes_k K$ 在 K 上是几何既约的 (切转: 几何整的).

(ii) 设 X,Y 是两个 k 概形. 若 X 和 Y 在 k 上都是几何既约的 (切转: 几何整的), 则 $X\times_k Y$ 也是如此.

(i) 可由定义和 (4.4.1) 立即得出. 下面证明 (ii) 中与可分有关的部分, 注意到若 Ω 是 k 的一个代数闭扩张, 则我们有 $(X\times_k Y)\otimes_k\Omega=X\times_k(Y\otimes_k\Omega)$. 由于 $Y\otimes_k\Omega$ 是既约的, 故依照 (4.6.1, a)), $X\times_k(Y\otimes_k\Omega)$ 也是如此. 由此再利用 (4.5.8, (ii)) 就可以证明 (ii) 的其余部分.

命题 (4.6.6) — 设 X 是一个有限型 k 概形. 则可以找到 k 的一个有限紧贴扩张 k', 使得 $(X_{(k')})_{\mathrm{red}}$ 在 k' 上是几何既约的.

由于 X 可被有限个仿射开集 U_i 所覆盖, 故我们可以限于考虑 X 是仿射概形的情形. 事实上, 如果对每个 i 都找到了 k 的一个有限紧贴扩张 k_i, 使得 $(U_i\otimes_k k_i)_{\mathrm{red}}$ 在 k_i 上是几何既约的, 则可以假设这些 k_i 都包含在 k 的同一个有限紧贴扩张 k' 之中, 并且依照 (**I**, 5.1.8), $(U_i\otimes_k k')_{\mathrm{red}}$ 可以等同于 $(U_i\otimes_k k_i)_{\mathrm{red}}\otimes_{k_i} k'$, 从而它在 k' 上是几何既约的, 于是 $(X\otimes_k k')_{\mathrm{red}}$ 在 k' 上也是如此. 现在我们就假设 $X=\operatorname{Spec} A$, 其中 A 是一个有限型 k 代数, 并设 Ω 是 k 的代数闭包. 我们用 $\mathfrak{N}'$ 来记 $A\otimes_k\Omega$ 的诣零根, 则由于 $A\otimes_k\Omega$ 是 Noether 环, 故知 $\mathfrak{N}'$ 可由有限个形如 $y_i=\sum\limits_j x_{ij}\otimes\xi_{ij}$ 的元素所生成, 其中 $x_{ij}\in A$, $\xi_{ij}\in\Omega$. 设 K 是 Ω 的一个包含了这些 ξ_{ij} 的有限子扩张, 并设 $\mathfrak{N}$ 是 $A\otimes_k K$ 的由这些 y_i 所生成的理想 (这里我们把 $A\otimes_k K$ 等同于 $A\otimes_k\Omega$ 的一个子环), 则易见这些 y_i 在 $A\otimes_k K$ 中都是幂零的, 另一方面, 由于 $\mathfrak{N}\otimes_K\Omega=\mathfrak{N}'$ (因而 $\mathfrak{N}'\cap(A\otimes_k K)=\mathfrak{N}$), 故知 $\mathfrak{N}$ 包含了 $A\otimes_k K$ 的诣零根, 从而就等于这个诣零根. 由于 $(A\otimes_k\Omega)/\mathfrak{N}'=((A\otimes_k K)/\mathfrak{N})\otimes_K\Omega$, 故我们看到 $(X\otimes_k K)_{\mathrm{red}}\otimes_K\Omega$ 是既约的, 从而 (4.6.1) $(X_{(K)})_{\mathrm{red}}$ 在 K 上是几何既约的. 现在把 K 换成它在 Ω 中所生成的那个在 k 上拟 Galois 的扩张, 则根据 (**I**, 5.1.8), 我们可以进而假设 K 在 k 上是拟 Galois 的, 从而是 k 的某个有限紧贴扩张 k' 上的可分扩张 (Bourbaki,《代数学》, V, §10, ※9, 命题 14). 依照 (**I**, 5.1.8), $(X_{(k')})_{\mathrm{red}}\otimes_{k'} K$ 同构于 $(X_{(K)})_{\mathrm{red}}$, 从而它是几何既约的, 于是根据 (4.6.5, (i)), $(X_{(k')})_{\mathrm{red}}$ 也是如此.

推论 (4.6.7) — *若 K 是 k 的一个有限型扩张, 则可以找到 k 的一个有限紧贴扩张 k', 使得半局部环 $K\otimes_k k'$ 的所有剩余类域在 k' 上都是可分的.*

只需把 (4.6.6) 应用到 $X=\operatorname{Spec} A$ 上即可, 这里的 A 是一个以 K 为分式域的有限型 k 代数.

推论 (4.6.8) — *设 X 是一个有限型 k 概形. 则可以找到 k 的一个有限扩张 k', 使得 $(X_{(k')})_{\mathrm{red}}$ 在 k' 上是几何既约的, 并且 $X_{(k')}$ 的不可约分支都是几何不可约的, 同时 $X_{(k')}$ 的连通分支都是几何连通的.*

这可由 (4.6.6), (4.5.10) 和 (4.5.15) 立得.

定义 (4.6.9) — *设 k 是一个域, X 是一个 k 概形, x 是 X 的一点. 所谓 X 在点 x 处是在 k 上***几何既约** *(或称***可分***) 的 (切转: 在 k 上***几何逐点整***的), 是指对于 k 的任意扩张 k' 以及 $X'=X\otimes_k k'$ 的位于 x 之上的任意点 x', X' 在 x' 处都是既约的 (切转: 整的) (即 $\mathscr{O}_{X',x'}$ 都是既约的 (切转: 整的)). 所谓 X 在 k 上是***几何逐点整***的, 是指 X 在所有点处都是在 k 上几何逐点整的, 换句话说, 对于 k 的任意扩张 k', $X\otimes_k k'$ 的所有局部环都是整的 (在这种情况下我们也说 $X\otimes_k k'$ 是逐点整的).*

注意到为了使 X 在 k 上是几何既约的 (4.6.2), 必须且只需它在任何点 $x\in X$ 处都是在 k 上几何既约的.

在基域 k 的含义很明确的情况下, 我们有时也把 "在 k 上" 这三个字略去.

命题 (4.6.10) — 设 k 是一个域, X 是一个 k 概形, k' 是 k 的一个扩张, x' 是 $X' = X \otimes_k k'$ 的一点, x 是它在 X 中的像. 则为了使 X 在点 x 处是在 k 上几何既约的 (切转: 在 k 上几何逐点整的), 必须且只需 X' 在点 x' 处是在 k' 上几何既约的 (切转: 在 k' 上几何逐点整的). 特别地, 为了使 X 在 k 上是几何逐点整的, 必须且只需 X' 在 k' 上是几何逐点整的.

只需证明第一句话即可. 条件显然是必要的, 下面我们来证明充分性. 假设 X' 在点 x' 处是在 k' 上几何既约的 (切转: 在 k' 上几何逐点整的), 问题是要证明 X 在点 x 处是在 k 上几何既约的 (切转: 在 k 上几何逐点整的), 换句话说, 我们要证明对于 k 的任意扩张 k'' 以及 $X'' = X \otimes_k k''$ 的位于 x 之上的任意点 x'', $\mathscr{O}_{X'',x''}$ 都是既约的 (切转: 整的). 为此注意到我们在 $X' \times_X X''$ 上可以找到这样一个点 z, 它的投影分别是 x' 和 x'' (**I**, 3.4.7). 设 s 是 z 在 $\operatorname{Spec}(k' \otimes_k k'')$ 中的像 (**I**, 3.4.9), 我们令 $K = \boldsymbol{k}(s)$, $Z = X \otimes_k K$, 则可以把 K 看作 k' 和 k'' 的合成扩张, 并把 z 看作 Z 中的这样一个点, 它在 X' (切转: X'') 中的像就是 x' (切转: x''). 由于 X' 在点 x' 处是在 k' 上几何既约的 (切转: 在 k' 上几何逐点整的), 故知环 $\mathscr{O}_{Z,z}$ 是既约的 (切转: 整的), 又因为 $\mathscr{O}_{Z,z}$ 是忠实平坦的 $\mathscr{O}_{X'',x''}$ 模, 故知 $\mathscr{O}_{X'',x''}$ 是既约的 (切转: 整的) ($\mathbf{0_I}$, 6.5.1).

推论 (4.6.11) — 假设 k 是完满的 (切转: 代数闭的). 为了使 X 在点 x 处是在 k 上几何既约的 (切转: 在 k 上几何逐点整的), 必须且只需 $\mathscr{O}_{X,x}$ 是既约的 (切转: 整的).

必要性是显然的. 反过来, 若这个条件得到满足, 则对于 k 的任意扩张 k', $\operatorname{Spec}(\mathscr{O}_{X,x} \otimes_k k')$ 都是既约的 (4.6.4) (切转: 整的 (4.4.4)), 从而对于 $X' = X \otimes_k k'$ 的位于 x 之上的任意点 x', $\mathscr{O}_{X',x'}$ (它同构于 $\operatorname{Spec}(\mathscr{O}_{X,x} \otimes_k k')$ 的一个局部环) 都是既约的 (切转: 整的).

命题 (4.6.12) — 设 k 是一个域, X 是一个 k 概形, x 是 X 的一点, Ω 是 k 的一个完满扩张.则以下诸条件是等价的:

a) X 在点 x 处是在 k 上几何既约的, 换句话说, 对于 k 的任意扩张 k' 以及 $X' = X \otimes_k k'$ 的位于 x 之上的任意点 x', $\mathscr{O}_{X',x'}$ 都是既约的.

b) 概形 $X \otimes_k \Omega$ 在某个位于 x 之上的点处是既约的.

c) 对于 k 的每个有限紧贴扩张 k', $X' = X \otimes_k k'$ 都在那个位于 x 之上的唯一点处是既约的.

d) $\operatorname{Spec} \mathscr{O}_{X,x}$ 在 k 上是几何既约的.

e) $\mathscr{O}_{X,x}$ 是既约的, 并且对于 X 的任何一个包含 x 的不可约分支 Z 及其一般点 z, $\boldsymbol{k}(z)$ 都是 k 的**可分**扩张.

d) ⇒ a) ⇒ b) ⇒ c) 是明显的, 其中最后一步需要用到 (4.6.10), (4.6.11) 以及 k

的任何紧贴扩张都同构于 Ω 的一个子扩张的事实. 下面我们来证明 c) 蕴涵 d). 只需说明对于 k 的任何有限紧贴扩张 k', $\mathscr{O}_{X,x}\otimes_k k'$ 都是既约的 (4.6.1), 然而这个环就是 $X'=X\otimes_k k'$ 在那个位于 x 之上的唯一点 x' 处的局部环 (**I**, 3.5.8 和 3.5.7). 从而依照条件 c), 它是既约的. 最后, d) 和 e) 的等价性缘自 (4.6.1) 中 b) 和 e) 的等价性, 因为 X 的那些包含 x 的不可约分支与 $\operatorname{Spec}\mathscr{O}_{X,x}$ 的不可约分支是一一对应的 (**I**, 2.4.2).

推论 (4.6.13) — *在 (4.6.12) 的前提条件下, 我们进而假设 X 是局部 Noether 的. 则 (4.6.12) 中的等价条件 a) 到 e) 还等价于下面这个条件:*

f) 可以找到 x 的一个开邻域 U, 它在 k 上是几何既约的.

事实上, 由这个条件显然可以推出 X 在点 x 处是在 k 上几何既约的. 反之, 若后面这件事成立, 则由于 $\mathscr{O}_{X,x}$ 是既约的, 故可找到 x 在 X 中的一个开邻域 U, 它是既约的 (**I**, 6.1.13). 取 U 足够小, 我们还可以假设 U 与 X 的任何一个不包含 x 的不可约分支都没有交点. 此时判别法 (4.6.12, e)) 和 (4.6.1, e)) 就表明, U 在 k 上是几何既约的.

由 (4.6.13) 知, 若 X 是局部 Noether 的, 则由那些使 X 在 k 上几何既约的点 $x\in X$ 所组成的集合是开的, 而且它就是 X 在 k 上的最大几何既约开集.

(4.6.14) 由 (4.6.10) 和 (4.6.11) 知, 若 Ω 是 k 的一个代数闭扩张, 则 X 在点 x 处是几何逐点整的这个条件就等价于 $X\otimes_k\Omega$ 在某个位于 x 之上的点处是整的.

为了使 X 在点 x 处是几何逐点整的, 首先必须 X 在点 x 处是整的, 并且若 z 是 X 的那个包含 x 的唯一不可约分支的一般点, 则 $\boldsymbol{k}(z)$ 必须是 k 的一个可分扩张. 这可由 (4.6.10) 推出. 但这些条件并不是充分的, 反例就是 (4.5.12, (ii)). 下面则是一个充分但非必要的条件: X 在点 x 处是几何既约的, 点 x 只落在 X 的唯一一个不可约分支中, 并且这个分支是几何不可约的. 进而若 X 是局部 Noether 的, 则可以找到 x 在 X 中的一个开邻域, 它是几何整的.

还记得若一个局部 Noether 概形是逐点整的, 则它是局部整的 (**I**, 6.1.13). 从而若一个局部有限型 k 概形 X 在 k 上是几何逐点整的, 则对于 k 的任意扩张 k', $X\otimes_k k'$ 都是局部整的 (此时我们也说 X 是几何局部整的).

命题 (4.6.15) — (i) *设 k 是一个域, X 是一个有限型 k 概形. 为了使 X 是几何逐点整的, 必须且只需它是几何既约的, 并且它的不可约分支的几何个数就等于连通分支的几何个数.*

(ii) *设 X 是一个局部有限型 k 概形. 若 X 在一点 x 处是几何逐点整的, 则可以找到 x 的一个开邻域 U. 它是几何逐点整的. 换一个说法就是, 由那些使 X 几何逐点整的点 $x\in X$ 所组成的集合在 X 中是开的.*

(i) 给了 k 的一个代数闭扩张 Ω, $X_{(\Omega)}$ 是逐点整的 (这等价于局部整的, 因为 $X_{(\Omega)}$ 是 Noether 的) 当且仅当它不但是既约的, 而且它的连通分支的个数就等于不可约分支的个数 (**I**, 6.1.10). 从而我们只需应用 (4.5.1), (4.6.1) 以及 (4.6.14) 的第一句话即可.

(ii) 问题在 X 上是局部性的, 故可限于考虑 X 是有限型 k 概形的情形. 进而, 我们知道 x 在 X 中有这样一个开邻域, 它是几何既约的 (4.6.13), 从而还可以假设 X 是几何既约的. 此时可以找到 k 的一个有限扩张 k', 使得 $X' = X \otimes_k k'$ 是既约的, 并且它的不可约分支都是几何不可约的 (4.6.8). 设 $p : X' \to X$ 是典范投影, 它是映满的有限态射, 再设 x'_j $(1 \leqslant j \leqslant r)$ 是 $p^{-1}(x)$ 中的那些点, 根据前提条件, X' 在每个点 x'_j 处都是整的, 从而每个点 x'_j 在 X 中都有这样一个开邻域 V'_j, 它是整的. 由于 p 是闭的 (**II**, 6.1.10), 故知每个 $p(V'_j)$ 都是 x 的一个邻域, 从而可以找到 x 的一个开邻域 U, 使得 $p^{-1}(U)$ 包含在这些 V'_j 的并集之中, 因而它在这些点处都是整的, 从而是局部整的. 于是 $p^{-1}(U)$ 的每个不可约分支都是开的, 并且两两不相交, 又因为它们都是几何不可约的 (4.5.9), 故依照 (i), $p^{-1}(U) = U \otimes_k k'$ 是几何逐点整的, 从而 U 也是如此 (根据定义).

命题 (4.6.16) — *设 k 是一个域, X 是一个局部 Noether k 概形, $\mathscr{F}$ 是一个凝聚 $\mathscr{O}_X$ 模层. 则以下诸条件是等价的:*

a) 对于 k 的每个有限型扩张 k', 我们令 $X' = X \otimes_k k'$, 则 $\mathscr{F}' = \mathscr{F} \otimes_k k'$ 都是既约 $\mathscr{O}_{X'}$ 模层 (3.2.2).

b) 对于 k 的每个有限紧贴扩张 k', $\mathscr{F}'$ 都是既约 $\mathscr{O}_{X'}$ 模层.

c) $\mathscr{F}$ 是既约的, 并且若 $\mathscr{J}$ 是 $\mathscr{F}$ 在 $\mathscr{O}_X$ 中的零化子理想层, 则由 $\mathscr{J}$ 所定义的闭子概形在 k 上是几何既约的.

进而, 若 X 在 k 上是局部有限型的, 则这些条件还等价于:

*d) 对于 k 的任意扩张 k' (或**某个**代数闭扩张 k'), $\mathscr{F}'$ 总是既约 $\mathscr{O}_{X'}$ 模层.*

a) 蕴涵 b) 是显然的. 条件 b) 首先表明 $\mathscr{F}$ 是既约的, 因为若 Y 是那个由 $\mathscr{F}$ 的零化子凝聚理想层 $\mathscr{J}$ 所定义的闭子概形, 则条件 b) 意味着 (3.2.3) Y 是既约的, 并且可以找到一个在 Y 的所有不可约分支上都具有一般秩 1 的无挠凝聚 $\mathscr{O}_Y$ 模层 $\mathscr{G}$, 使得 $j_*\mathscr{G} = \mathscr{F}$, 其中 $j : Y \to X$ 是典范含入. 现在对于 k 的任意扩张 k', $\mathscr{F}'$ 的零化子都等于 $\mathscr{J}' = \mathscr{J} \otimes_k k'$, 因为投影态射 $X' \to X$ 是平坦的 (2.1.11). $\mathscr{J}'$ 在 X' 上所定义的闭子概形就是 $Y' = Y \otimes_k k'$, 并且若 $j' : Y' \to X'$ 是典范含入, 且 $\mathscr{G}' = \mathscr{G} \otimes_k k'$, 则我们有 $\mathscr{F}' = j'_*(\mathscr{G}')$. 还可以注意到, 对于 k 的任意扩张 k', 只要 X' 是局部 Noether 的, $\mathscr{F}'$ 就没有内嵌支承素轮圈 (4.2.7). 进而 Y' 的任何一个极大点 y' 都位于 Y 的某个极大点 y 之上, 由于 $\mathscr{G}_y$ 同构于 $\mathscr{O}_{Y,y}$, 故知 $\mathscr{G}'_{y'}$ 同构于 $\mathscr{O}_{Y',y'}$. 从而 (根据 (3.2.3)) 在 X' 是局部 *Noether*概形的条件下, $\mathscr{F}'$ 是既约的就等价于概形 Y' 是既约的. 于是由 (4.6.1, d) 和 b)) 就可以推出 b) 蕴涵 c) 以及 c) 蕴涵 a). 在 a)

中, k' 是 k 的有限型扩张的条件只是为了保证 X' 是局部 Noether 概形. 如果 X 在 k 上是局部有限型的, 那么对于 k 的任意扩张 k', X' 都是局部 Noether 概形, 这就证明了 d) 与其他条件的等价性.

定义 (4.6.17) — 如果 $\mathscr{F}$ 满足 (4.6.16) 中的等价条件, 则我们说 $\mathscr{F}$ 在 k 上是几何既约的, 或者在 k 上是可分的.

命题 (4.6.18) — 设 k 是一个域, X 是一个局部 *Noether* k 概形, $\mathscr{F}$ 是一个凝聚 $\mathscr{O}_X$ 模层. 则以下诸条件是等价的:

a) 对于 k 的每个有限型扩张 k', $\mathscr{F}' = \mathscr{F} \otimes_k k'$ 都是 $X' = X \otimes_k k'$ 上的整 $\mathscr{O}_{X'}$ 模层 (3.2.4).

b) 对于 k 的每个有限扩张 k', $\mathscr{F}'$ 都是整 $\mathscr{O}_{X'}$ 模层.

c) $\mathscr{F}$ 是既约的 (或整的), 并且若 $\mathscr{J}$ 是 $\mathscr{F}$ 在 $\mathscr{O}_X$ 中的零化子理想层, 则 $\mathscr{J}$ 所定义的那个闭子概形在 k 上是几何整的.

进而, 若 X 在 k 上是局部有限型的, 则这些条件还等价于:

d) 对于 k 的任意扩张 k' (或**某个**代数闭扩张 k'), $\mathscr{F}'$ 总是整 $\mathscr{O}_{X'}$ 模层.

条件 a), b) 和 c) 都表明 $\mathscr{F}$ 是整的, 从而 $\operatorname{Ass}\mathscr{F}$ 只含一点 x, 并且它就是 $\operatorname{Supp}\mathscr{F}$ 的一般点. 于是对于 k 的任何一个使 X' 成为局部 Noether 概形的扩张 k' 来说, $\mathscr{F}'$ 的支承素轮圈都不是内嵌的, 并且都是 $\operatorname{Supp}\mathscr{F}'$ 的极大点, 它们都位于 x 之上. 另一方面, 依照 (4.6.16), 条件 a), b), c) 中的任何一个都表明 $\mathscr{F}$ 是几何既约的. a) 显然蕴涵了 b), 而且 b) 蕴涵着 $\operatorname{Supp}\mathscr{F}$ 是几何不可约的 (4.5.9), 从而蕴涵了 c), 因为此时 $\mathscr{J}$ 所定义的子概形 Y 就是几何既约且几何不可约的, 从而是几何整的. 反之, 若 Y 是几何整的, 则对于 k 的任何一个扩张 k', $\operatorname{Supp}\mathscr{F}'$ 都是不可约的, 从而若 X' 是局部 Noether 的, 则 $\mathscr{F}'$ 必然是整的, 这就证明了 c) 蕴涵 a), 以及当 X 在 k 上是局部有限型的时候 c) 蕴涵 d).

定义 (4.6.19) — 如果 $\mathscr{F}$ 满足 (4.6.18) 中的等价条件, 则我们说 $\mathscr{F}$ 在 k 上是几何整的.

命题 (4.6.20) — 设 k 是一个域, X 是一个局部 *Noether* k 概形, $\mathscr{F}$ 是一个凝聚 $\mathscr{O}_X$ 模层. 设 K 是 k 的一个扩张, 并使得 $X \otimes_k K$ 是局部 *Noether* 的. 则如果 $\mathscr{F}$ 在 k 上是几何既约的 (切转: 几何整的), 那么 $\mathscr{F} \otimes_k K$ 在 K 上就是几何既约的 (切转: 几何整的).

事实上, 对于 K 的任何有限扩张 K', $(X \otimes_k K) \otimes_K K' = X \otimes_k K'$ 也是局部 Noether 的, 并且我们在 (4.6.16) 和 (4.6.18) 的证明中已经看到, 由 $\mathscr{F}$ 上的前提条件可以推出 $\mathscr{F} \otimes_k K'$ 是既约的 (切转: 整的), 这就得出了结论.

命题 (4.6.21) — 设 k 是一个域, X, Y 是两个局部 *Noether* k 概形, 并使得

$X \times_k Y$ 也是局部 Noether 的. 设 $\mathscr{F}$ 是一个凝聚 $\mathscr{O}_X$ 模层, $\mathscr{G}$ 是一个凝聚 $\mathscr{O}_Y$ 模层.

(i) 若 $\mathscr{F}$ 是几何既约的 (切转: 几何整的), 并且 $\mathscr{G}$ 是既约的 (切转: 整的), 则 $\mathscr{F} \otimes_k \mathscr{G}$ 也是既约的 (切转: 整的).

(ii) 若 $\mathscr{F}$ 和 $\mathscr{G}$ 都是几何既约的 (切转: 几何整的), 则 $\mathscr{F} \otimes_k \mathscr{G}$ 也是如此.

(i) 利用 (3.2.3), (4.6.16) 和 (4.6.18), 则问题可以归结到下面的情形: $\operatorname{Supp} \mathscr{F} = X$, $\operatorname{Supp} \mathscr{G} = Y$, 其中 X 是几何既约的 (切转: 几何整的), Y 是既约的 (切转: 整的), $\mathscr{F}$ 和 $\mathscr{G}$ 都没有内嵌支承素轮圈, 并且在 X 的任何极大点 x 处, $\mathscr{F}_x$ 都同构于 $\mathscr{O}_x$, 在 Y 的任何极大点 y 处, $\mathscr{G}_y$ 都同构于 $\mathscr{O}_y$. 此时我们知道 (4.2.3), $\mathscr{F} \otimes_k \mathscr{G}$ 没有内嵌支承素轮圈, 并且 $\mathscr{F} \otimes_k \mathscr{G}$ 的支承素轮圈恰好就是 $X \times_k Y$ 的那些不可约分支 (4.2.5). 从而可以限于考虑 X 和 Y 都不可约的情形, 此时若 X 是几何既约的, 并且 Y 是既约的, 则我们知道 (4.2.4, (ii)) $X \times_k Y$ 是既约的. 若 X 是几何整的, 并且 Y 是整的, 则我们知道 $X \times_k Y$ 还是不可约的 (4.5.8, (i)), 从而是整的. 最后, $X \times_k Y$ 的任何极大点 z 都位于 x 和 y 之上, 从而依照 (**I**, 9.1.12), 由 $\mathscr{F}$ 和 $\mathscr{G}$ 上的条件可以推出 $(F \otimes_k \mathscr{G})_z$ 同构于 $\mathscr{O}_z$, 这就完成了此情形下的证明.

(ii) 证明方法是类似的, 但此时 (在归结到 $X = \operatorname{Supp} \mathscr{F}$, $Y = \operatorname{Supp} \mathscr{G}$ 之后) 依照 (4.6.5, (ii)), $X \times_k Y$ 就是几何既约的 (切转: 几何整的).

定义 (4.6.17) 和 (4.6.19) 都可以转化到局部上:

定义 (4.6.22) — 设 k 是一个域, X 是一个局部 Noether k 概形, $\mathscr{F}$ 是一个凝聚 $\mathscr{O}_X$ 模层. 所谓 $\mathscr{F}$ 在点 $x \in X$ 处是**几何既约** (或称**可分**) 的 (切转: **几何逐点整**的), 是指对于 k 的每个有限紧贴扩张 (切转: 有限扩张) k', $\mathscr{F}' = \mathscr{F} \otimes_k k'$ 在 $X \otimes_k k'$ 的位于 x 上的任意点 x' 处都是既约的 (切转: 整的) (参考 (3.2.2) 和 (3.2.4)).

若 $\mathscr{F}$ 在点 x 处是既约的, 则可以找到 x 的一个开邻域 U, 使得 $\mathscr{F}|_U$ 是既约的 (3.2.2). 利用 (4.6.16) 的方法可以证明, 为了使 $\mathscr{F}$ 在点 x 处是几何既约的, 必须且只需 $\mathscr{F}$ 在点 x 处是既约的, 并且由 $\mathscr{F}$ 的零化子 $\mathscr{J}$ 所定义的闭子概形 Y 在点 x 处是几何既约的. 由此得知, 我们能找到 x 的一个开邻域 U, 使得 $\mathscr{F}|_U$ 是几何既约的 (4.6.11). 利用 (4.6.16) 和 (4.6.18) 的方法还可以证明, 若 X 在 k 上是局部有限型的, 则为了使 $\mathscr{F}$ 在点 x 处是几何逐点整的, 必须且只需 $\mathscr{F}$ 在点 x 处是既约的, 并且子概形 Y 在点 x 处是几何逐点整的.

4.7 代数概形上的准素分解的重数

引理 (4.7.1) — 设 A, B 是两个局部环, $\mathfrak{m}$ 是 A 的极大理想, $\rho: A \to B$ 是一个局部同态. 假设 B 是平坦 A 模, 并且 $B/\mathfrak{m}B$ 是有限长的 B 模. 则为了使一个 A 模 M 是有限长的, 必须且只需 $M_{(B)}$ 是有限长的 B 模, 且此时我们有

$$\textbf{(4.7.1.1)} \qquad \operatorname{long}_B(M_{(B)}) = \operatorname{long}_A(M)\cdot\operatorname{long}_B(B/\mathfrak{m}B).$$

这是 (2.5.5.2) 的一个特殊情形.

推论 (4.7.2) — 设 A, B 是两个 *Noether* 环, $\rho : A \to B$ 是一个环同态, 它使 B 成为一个平坦 A 模. 设 $\mathfrak{q}$ 是 B 的一个极小素理想, $\mathfrak{p} = \rho^{-1}(\mathfrak{q})$, M 是一个有限型 A 模, 则 $\mathfrak{p}$ 是 A 的一个极小素理想, $M_\mathfrak{p}$ 是有限长的 $A_\mathfrak{p}$ 模, 且我们有

$$\textbf{(4.7.2.1)} \qquad \operatorname{long}_{B_\mathfrak{q}}(M_{(B)})_\mathfrak{q} = \big(\operatorname{long}_{A_\mathfrak{p}}(M_\mathfrak{p})\big)\big(\operatorname{long}_{B_\mathfrak{q}}(B_\mathfrak{q}/\mathfrak{p}B_\mathfrak{q})\big).$$

事实上, $B_\mathfrak{q}$ 是平坦 $A_\mathfrak{p}$ 模 ($\mathbf{0_I}$, 6.3.2), 并且同态 $A_\mathfrak{p} \to B_\mathfrak{q}$ 是局部的, 从而 $B_\mathfrak{q}$ 是忠实平坦 $A_\mathfrak{p}$ 模 ($\mathbf{0_I}$, 6.6.2), 于是由 (2.3.5) 知, $\mathfrak{p}$ 在 A 中是极小的. 进而, $A_\mathfrak{p}$ 是一个 Artin 环 (Bourbaki,《交换代数学》, IV, §2, ¥5, 命题 9), 故知 $M_\mathfrak{p}$ 是有限长的 $A_\mathfrak{p}$ 模, 从而公式 (4.7.2.1) 是 (4.7.1.1) 的一个特殊情形.

命题 (4.7.3) — 设 k 是一个指数特征为 p 的域, X 是一个局部 *Noether* 整 k 概形, $K = \mathrm{R}(X)$ 是 X 的有理函数域. 设 k' 是 k 的一个扩张, (X'_α) 是 $X' = X_{(k')}$ 的全体不可约分支, x'_α 是 X'_α 的一般点.

(i) 假设 X' 是局部 *Noether* 的 (比如说 X 在 k 上是局部有限型的, 或者 k' 是 k 的有限型扩张). 设 k'' 是 k' 的任意一个扩张, $X'' = X \otimes_k k''$, (X''_β) 是 X'' 的全体不可约分支, x''_β 是 X''_β 的一般点. 于是若 x''_β 位于 x'_α 之上, 则我们有

$$\textbf{(4.7.3.1)} \qquad \operatorname{long}(\mathscr{O}_{x''_\beta}) = \operatorname{long}(\mathscr{O}_{x'_\alpha})\cdot\operatorname{long}(\mathscr{O}_{Z'',x''_\beta}),$$

其中 $Z'' = (X'_{\mathrm{red}}) \otimes_{k'} k''$. 特别地, 若 k'' 是 k' 的一个**可分**扩张, 并使得 Z'' 是局部 *Noether* 的, 则我们有 $\operatorname{long}(\mathscr{O}_{x''_\beta}) = \operatorname{long}(\mathscr{O}_{x'_\alpha})$.

(ii) 若 X 在 k 上是局部有限型的, 或者 k' 是 k 的有限型扩张, 则这些数 $\operatorname{long}(\mathscr{O}_{x'_\alpha})$ 都是 p 的方幂.

(iii) 假设 X 在 k 上是局部有限型的. 于是若 k' 是完满的, 则这些数 $\operatorname{long}(\mathscr{O}_{x'_\alpha})$ 都相等, 且这个公共值只依赖于 k 的上述扩张 K (而不依赖于所选择的完满扩张 k'). 进而, 可以找到 k 的一个有限紧贴扩张 k_1, 使得对任意 α, 均有 $\operatorname{long}(\mathscr{O}_{x'_\alpha}) = \operatorname{long}(\mathscr{O}_{x_1})$, 其中 x_1 是 $X_1 = X \otimes_k k_1$ (不可约) 的一般点.

(i) 还记得 (4.2.4) 这些不可约分支 X'_α (个数有限) 与 $K \otimes_k k'$ 的极小素理想 $\mathfrak{p}_\alpha$ 是一一对应的, 并且 $\mathscr{O}_{x'_\alpha}$ 是一个与 $(K \otimes_k k')_{\mathfrak{p}_\alpha}$ 同构的 *Artin* 环, 从而这些环只依赖于 k 的扩张 K 和 k' (因而对任何具有同样的有理函数域 K 的整 k 概形来说都是一样的 (固定 k')). 于是我们只要把 (4.7.2.1) 应用到 x'_α 在 X' 中的某个仿射开邻域的环 A (Noether) 和 x''_β 在 X'' 中的一个充分小的仿射开邻域的环 B 上, 并取 $\mathfrak{p}$ 和 $\mathfrak{q}$ 分别是与 x'_α 和 x''_β 相对应的极小素理想, 再取 $M = A$, 就可以推出公式 (4.7.3.1), 事实上, $A/\mathfrak{p}$ 是 x'_α 在 X'_{red} 中的某个仿射开邻域的环, 并且 $B = A \otimes_{k'} k''$. 对于 $B/\mathfrak{p}B$ 的

极小素理想 $\mathfrak{q}' = \mathfrak{q}/\mathfrak{p}B$, 我们有 $\mathscr{O}_{Z'',x''_\beta} = (B/\mathfrak{q}B)_{\mathfrak{q}'} = B_\mathfrak{q}/\mathfrak{p}B_\mathfrak{q}$, 故得 (4.7.3.1). (i) 的最后一句话缘自下面的事实: 在所述情况下, Z'' 是既约的 (4.2.4), 从而 $\mathfrak{p}B_\mathfrak{q} = \mathfrak{q}B_\mathfrak{q}$.

(ii) 若 k' 是 k 的一个有限型扩张, 则可以找到 k 的一个平凡或纯超越扩张 k'_0, 使得 k' 是 k'_0 的有限扩张. 由于 k'_0 在 k 上是可分的, 故由 (i) (把 k' 和 k'' 分别换成 k 和 k'_0) 知, 我们可以把 X 换成 $X \otimes_k k'_0$, 换句话说, 可以假设 k' 是 k 的一个有限扩张. 此时可以找到 k 的一个包含 k' 的有限拟 Galois 扩张 k'', 并且公式 (4.7.3.1) 表明, 只需对 k'' 进行证明即可. 现在 k'' 是 k 的某个有限紧贴扩张 k_1 的可分扩张, 从而依照 (i), 问题归结为证明 $k' = k_1$ 是紧贴扩张的情形. 我们知道此时 $K \otimes_k k_1$ 是一个 Artin 环, 并且只有唯一一个极小素理想 (4.3.2). 若 $\overline{K}$ 是 K 的一个代数闭包, 则依照 (4.7.1.1), $K \otimes_k k_1$ 的长度可以整除 Artin 环 $\overline{K} \otimes_k k_1$ 的长度. 然而 $\overline{K} \otimes_k k_1$ 是一个 Artin $\overline{K}$ 代数, 且只有一个素理想 (必然是极大理想), 进而它除以这个素理想后的商环是 $\overline{K}$ 的一个有限扩张, 从而必然等于 $\overline{K}$. 这表明 $\overline{K} \otimes_k k_1$ 的长度就等于它在 $\overline{K}$ 上的秩, 也就是说, 就等于 $[k_1 : k]$, 它是 p 的一个方幂.

接下来我们假设 X 在 k 上是局部有限型的, 则对于 k' 的任何扩张 k'', X'' 在 k'' 上都是局部有限型的. 取 k'' 是 k' 的一个代数闭扩张, 则依照 (4.7.3.1), 问题就归结到 k' 是代数闭域的情形. 此时由于 k' 是 k 的代数闭包 $\overline{k}$ 的一个可分扩张, 故再由 (i) 得知, 可以限于考虑 $k' = \overline{k}$ 的情形. 现在我们知道 (通过把 X 换成它的一个在 k 上有限型的仿射开集), 可以找到 k 的一个有限紧贴扩张 k_1, 使得 $(X \otimes_k k_1)_{\mathrm{red}}$ 在 k_1 上是可分的 (4.6.6), 从而 $(X \otimes_k k_1)_{\mathrm{red}} \otimes_{k_1} \overline{k}$ 是既约的 (4.6.4). 依照 (4.7.3.1), 问题又归结到 k' 是 k 的一个有限紧贴扩张的情形, 此时由上面所述即可推出结论.

(iii) 注意到 k 的任何两个扩张 k', k'' 都可以包含在同一个代数闭扩张之中, 从而为了证明对于完满扩张 k' 来说, 这些数 $\mathrm{long}(\mathscr{O}_{x'_\alpha})$ 的集合不依赖于 k' 的选择, 可以限于考虑 k'' 是 k' 的一个代数闭扩张的情形. 此时由 (i) 就可以推出结论, 因为 k'' 在 k' 上是可分的. 于是为了证明这些数 $\mathrm{long}(\mathscr{O}_{x'_\alpha})$ 都相等, 可以限于考虑 $k' = \overline{k}$ (即 k 的代数闭包) 的情形. 现在设 k_1 是 k 的那个在 (ii) 中所给出的有限紧贴扩张, 则这些 x'_α 都位于 $X_1 = X \otimes_k k_1$ 的那个唯一的一般点之上, 从而由 k_1 的选择以及 (4.7.3.1) 就可以推出 $\mathrm{long}(\mathscr{O}_{x'_\alpha}) = \mathrm{long}(\mathscr{O}_{x_1})$ 对任意 α 都成立.

定义 (4.7.4) — *设 k 是一个域, X 是一个整 k 概形, K 是 X 的有理函数域. 所谓 K (或 X) 在 k 上的***紧贴重数***, 是指当 k_1 跑遍 k 的有限紧贴扩张时, 这些 Artin 环 $K \otimes_k k_1$ 的长度的上确界. 所谓 K (或 X) 在 k 上的***可分重数***, 是指 X 的不可约分支的几何个数, 如果这个数值不是有限的, 那就规定可分重数为 $+\infty$. 最后, 所谓 K (或 X) 在 k 上的***总重数***, 是指 K 在 k 上的紧贴重数与可分重数的乘积.*

注意到若 k 的指数特征是 p, 并且 K 在 k 上的紧贴重数是有限的, 则它总是 p 的一个方幂 $q = p^f$, 这可由 (4.7.3, (ii)) 推出. 当 $p \neq 1$ 时, f 是唯一确定的, 称为 K

在 k 上的不可分指数, 当 $p=1$ 时, 紧贴重数总等于 1.

X 在 k 上的紧贴重数 (切转: 可分重数, 总重数) 等于 1 就意味着 X 在 k 上是几何既约的 (切转: 几何不可约的, 几何整的).

若 X 是局部有限型的, 则 X 在 k 上的紧贴重数也是 $K\otimes_k k'$ 的全分式环 A 在它的各个极小素理想处的局部环 A_i 的公共长度, 这里的 k' 是 k 的任何一个完满扩张. X 在 k 上的可分重数也是 $A=K\otimes_k\Omega$ 的极小素理想的个数, 这里的 Ω 是 k 的任何一个代数闭扩张. 最后, X 的总重数也是 $A=K\otimes_k\Omega$ 在它的各个极小素理想处的局部环 A_i 的长度之和, 此时这些长度都是有限的.

定义 (4.7.5) — 设 k 是一个域, X 是一个局部有限型 k 概形, $\mathscr{F}$ 是一个凝聚 $\mathscr{O}_X$ 模层, x 是 X 的一点, 且我们假设 $\mathscr{F}_x$ 是有限长的 $\mathscr{O}_x$ 模. 所谓 $\mathscr{F}$ 在 x 处 (相对于 k) 的**几何长度**, 也称为 x 在 $\mathscr{F}$ 中的**紧贴重数**, 就是指乘积 $\lambda_x(\mathscr{F})=(\operatorname{long}_{\mathscr{O}_x}(\mathscr{F}_x))\,\mu_i(\boldsymbol{k}(x)|k)$, 其中 $\mu_i(\boldsymbol{k}(x)|k)$ 是 $\boldsymbol{k}(x)$ 在 k 上的紧贴重数.

如果 X 是整的, 并且 x 是 X 的一般点, 则我们有 $\operatorname{long}(\mathscr{O}_x)=1$, 从而 x 在 $\mathscr{O}_X$ 中的紧贴重数恰好就是 (4.7.4) 中所定义的 X 在 k 上的紧贴重数.

命题 (4.7.6) — 设 $0\to\mathscr{F}'\to\mathscr{F}\to\mathscr{F}''\to 0$ 是凝聚 $\mathscr{O}_X$ 模层的一个正合序列. 如果 $\mathscr{F}$ 在点 $x\in X$ 处的几何长度 $\lambda_x(\mathscr{F})$ 是有定义的, 那么 $\mathscr{F}'$ 和 $\mathscr{F}''$ 在点 x 处的几何长度 $\lambda_x(\mathscr{F}')$ 和 $\lambda_x(\mathscr{F}'')$ 也都是有定义的, 反之亦然. 此时我们还有

(4.7.6.1) $$\lambda_x(\mathscr{F})\;=\;\lambda_x(\mathscr{F}')+\lambda_x(\mathscr{F}'')\,.$$

这可由定义立得, 因为 $\operatorname{long}(\mathscr{F}_x)$ 是有限的当且仅当 $\operatorname{long}(\mathscr{F}'_x)$ 和 $\operatorname{long}(\mathscr{F}''_x)$ 都是有限的, 且此时我们有 $\operatorname{long}(\mathscr{F}_x)=\operatorname{long}(\mathscr{F}'_x)+\operatorname{long}(\mathscr{F}''_x)$.

(4.7.7) 在 (4.7.5) 的前提条件下, 依照 (3.1.2), 能够使 $\mathscr{F}_x$ 成为非零有限长 $\mathscr{O}_x$ 模的那些点 $x\in X$ 恰好就是 $\operatorname{Supp}\mathscr{F}$ 的各个极大点, 这可由 Bourbaki,《交换代数学》, IV, §2, ¥5, 命题 7 的推论 2 得出 (因为问题在 X 上是局部性的). 现在我们可以找到一个以 $\operatorname{Supp}\mathscr{F}$ 为底空间的闭子概形 Y 和一个凝聚 $\mathscr{O}_Y$ 概形 $\mathscr{G}$, 使得 $\mathscr{F}=j_*\mathscr{G}$, 其中 $j:Y\to X$ 是典范含入. 于是若 x 是 Y 的一个极大点, 则 $\mathscr{F}$ 和 $\mathscr{G}$ 在 x 处的几何长度是相等的, 因为 $\mathscr{O}_{X,x}$ 和 $\mathscr{O}_{Y,x}$ 具有相同的剩余类域. 由此我们就可以导出几何长度的下述特性:

命题 (4.7.8) — 在 (4.7.5) 的前提条件下, 设 x 是 $\operatorname{Supp}\mathscr{F}$ 的一个极大点. 设 k' 是 k 的一个完满扩张, 我们令 $X'=X\otimes_k k'$, $\mathscr{F}'=\mathscr{F}\otimes_k k'$, 则 $\mathscr{F}$ 在 x 处的几何长度 $\lambda_x(\mathscr{F})$ 就等于 $\mathscr{O}_{x'}$ 模 $\mathscr{F}'_{x'}$ 的长度, 其中 x' 是 $\operatorname{Supp}\mathscr{F}'$ 的任何一个位于 x 之上的极大点. 进而, 可以找到 k 的一个有限紧贴扩张 k_1, 它具有下面的性质: 令 $X_1=X\otimes_k k_1$, $\mathscr{F}_1=\mathscr{F}\otimes_k k_1$, 则对于 $\operatorname{Supp}\mathscr{F}_1$ 的任何一个位于 x 之上的极大点 x_1

来说, $\lambda_x(\mathscr{F})$ 都等于 $\mathscr{O}_{x_1}$ 模 $(\mathscr{F}_1)_{x_1}$ 的长度.

(4.7.7) 中的陈述表明, 我们可以限于考虑 x 是 X 的极大点的情形. 进而, 由于问题在 X 上是局部性的, 故可假设 $X = \operatorname{Spec} A$ 是 Noether 仿射概形, $\mathscr{F} = \widetilde{M}$, 其中 M 是一个有限型 A 模. 设 $B = A \otimes_k k'$, 而 $\mathfrak{p}$ (切转: $\mathfrak{q}$) 是 A (切转: B) 的那个与 x (切转: x') 相对应的极小素理想, 则利用公式 (4.7.2.1) 可以得到

$$\operatorname{long}_{\mathscr{O}_{X'}}(\mathscr{F}'_{x'}) = \operatorname{long}_{\mathscr{O}_x}(\mathscr{F}_x) \cdot \operatorname{long}_{B_\mathfrak{q}}(B_\mathfrak{q}/\mathfrak{p}B_\mathfrak{q}).$$

但由于 $\boldsymbol{k}(x) = A_\mathfrak{p}/\mathfrak{p}A_\mathfrak{p}$, 故 (4.7.3) 中的论证方法还表明, $\operatorname{long}_{B_\mathfrak{q}}(B_\mathfrak{q}/\mathfrak{p}B_\mathfrak{q})$ 就等于局部环 $(B/\mathfrak{p}B)_{\mathfrak{q}'}$ 的长度, 其中 $\mathfrak{q}' = \mathfrak{q}/\mathfrak{p}B$. 现在 $(B/\mathfrak{p}B)_{\mathfrak{q}'}$ 是 $(A/\mathfrak{p}) \otimes_k k'$ 在它的某个极小素理想处的局部环, 从而也是 $\boldsymbol{k}(x) \otimes_k k'$ 的全分式环的一个局部环, 根据定义, 它的长度是 $\mu_i(\boldsymbol{k}(x)|k)$, 这就证明了第一句话. 把 k' 换成 k_1 并使用 (4.7.3, (iii)), 就可以类似地证明第二句话.

在 x 是 $\operatorname{Supp}\mathscr{F}$ 的极大点的情形下, 我们也把 $\mathscr{F}$ 在 x 处的几何长度称为 $\mathscr{F}$ 在极大支承素轮圈 $\overline{\{x\}}$ 处的紧贴重数.

推论 (4.7.9) — 在 (4.7.5) 的前提条件下, 设 k' 是 k 的一个扩张, $X' = X \otimes_k k'$, $\mathscr{F}' = \mathscr{F} \otimes_k k'$, 设 Z 是 $\operatorname{Supp}\mathscr{F}$ 的一个不可约分支, 且 Z' 是 $\operatorname{Supp}\mathscr{F}'$ 的一个笼罩了 Z 的不可约分支 (4.2.7). 则 Z 在 $\mathscr{F}$ 中的紧贴重数与 Z' 在 $\mathscr{F}'$ 中的紧贴重数是相同的.

只需考虑 k' 的一个完满扩张 k'', 并设 $X'' = X \otimes_k k''$, $\mathscr{F}'' = \mathscr{F} \otimes_k k''$, 再取 x'' 是 $\operatorname{Supp}\mathscr{F}''$ 的一个位于 Z' 的一般点之上的极大点, 此时由 (4.7.8) 知, $\operatorname{long}(\mathscr{F}''_{x''})$ 既等于 Z 的重数, 也等于 Z' 的重数.

命题 (4.7.10) — 设 k 是一个域, X 是一个局部有限型 k 概形, $\mathscr{F}$ 是一个凝聚 $\mathscr{O}_X$ 模层, x 是 X 的一点, z_i 是 $\operatorname{Supp}\mathscr{F}$ 的各个包含 x 的不可约分支的一般点. 则为了使 $\mathscr{F}$ 在点 x 处是几何既约的 (4.6.22), 必须且只需 x 没有落在 $\mathscr{F}$ 的任何一个内嵌支承素轮圈中, 并且对任意 i, $\mathscr{F}$ 在点 z_i 处的几何长度 $\lambda_{z_i}(\mathscr{F})$ 都等于 1.

首先证明条件的充分性. 事实上, 若 k' 是 k 的一个有限扩张, x' 是 $X' = X \otimes_k k'$ 的一个位于 x 之上的点, $\mathscr{F}' = \mathscr{F} \otimes_k k'$, 则依照 (4.2.7), x' 没有落在 $\mathscr{F}'$ 的任何一个内嵌支承素轮圈中. 进而, 依照 (4.7.8), $\mathscr{F}'$ 在 $\operatorname{Supp}\mathscr{F}'$ 的任何一个包含 x' 的不可约分支的一般点 z'_j 处的几何长度都等于 1, 因为由 (2.3.4) 知, 这样一个点一定位于某个 z_i 之上. 因而我们有 $\operatorname{long}(\mathscr{F}'_{z'_j}) = 1$, 这就证明了 $\mathscr{F}'$ 在点 x' 处是既约的.

反之, 首先由 (4.2.7) 得知, 若对于 k 的某个有限扩张 k' 来说, $\mathscr{F}'$ 在 X' 的所有位于 x 之上的点 x' 处都是既约的, 则 x 没有落在 $\mathscr{F}$ 的任何一个内嵌支承素轮圈中. 进而, 取 k' 是 (4.7.8) 中所说的域 k_1 (把 x 换成某个 z_i), 则由 $\mathscr{F}$ 在点 x 处几何既约这个前提条件就可以推出 $\lambda_{z_i}(\mathscr{F}) = 1$.

命题 (4.7.11) — 设 k 是一个域, X 是一个局部有限型 k 概形, $\mathscr{F}$ 是一个凝聚 $\mathscr{O}_X$ 模层, k' 是 k 的一个扩张, $X' = X \otimes_k k'$, $\mathscr{F}' = \mathscr{F} \otimes_k k'$, x 是 X 的一点, x' 是 X' 的一个位于 x 之上的点. 则为了使 $\mathscr{F}$ 在点 x 处是几何既约的 (切转: 几何逐点整的), 必须且只需 $\mathscr{F}'$ 在点 x' 处是几何既约的 (切转: 几何逐点整的).

$\operatorname{Supp}\mathscr{F}'$ 的每个包含 x' 的不可约分支都笼罩了 $\operatorname{Supp}\mathscr{F}$ 的某个包含 x 的不可约分支, 反之, 后面的任何一个分支又都可以被 $\operatorname{Supp}\mathscr{F}'$ 的某个包含 x' 的不可约分支所笼罩 ((4.2.7, (i)) 和 (2.3.4)). 从而与可分有关的部分可由 (4.2.7, (ii)), (4.7.9) 和 (4.7.10) 推出. 设 Y 是 X 的那个由 $\mathscr{F}$ 的零化子 $\mathscr{J}$ 所定义的闭子概形, 则 $Y' = Y \otimes_k k'$ 就是 X' 的那个由 $\mathscr{F}'$ 的零化子 $\mathscr{J}' = \mathscr{J} \otimes_k k'$ 所定义的闭子概形, 于是为了使 $\mathscr{F}$ (切转: $\mathscr{F}'$) 在点 x (切转: x') 处是几何逐点整的, 必须且只需 $\mathscr{F}$ (切转: $\mathscr{F}'$) 在点 x (切转: x') 处是几何既约的, 并且 Y (切转: Y') 在点 x (切转: x') 处是几何逐点整的. 依照可分方面的条件, $\mathscr{F}$ 在点 x 处是几何逐点整的与 $\mathscr{F}'$ 在点 x' 处是几何逐点整的这两个条件都表明, 我们能找到 x 在 Y 中的这样一个邻域, 它是可分的, 从而由 (4.6.10) 就可以推出结论.

定义 (4.7.12) — 设 k 是一个域, X 是一个局部有限型 k 概形, $\mathscr{F}$ 是一个凝聚 $\mathscr{O}_X$ 模层, x 是 $\mathscr{F}$ 的支集的一个极大点. 所谓 x (或素轮圈 $\overline{\{x\}}$) 在 $\mathscr{F}$ 中 (相对于 k) 的总重数, 就是指 x 在 $\mathscr{F}$ 中的紧贴重数与 $\boldsymbol{k}(x)$ 在 k 上的可分重数的乘积.

这也相当于说, x 在 $\mathscr{F}$ 中的总重数就是长度 $\operatorname{long}_{\mathscr{O}_x}(\mathscr{F}_x)$ 与 $\boldsymbol{k}(x)$ 在 k 上的总重数 (4.7.4) 的乘积. 在 (4.7.11) 的记号下, x 在 $\mathscr{F}$ 中的总重数等于 $\operatorname{Supp}\mathscr{F}'$ 的那些位于 x 之上的极大点 x'_i 在 $\mathscr{F}'$ 中的总重数之和. 进而, 可以找到 k 的一个有限扩张 k', 使得 x 在 $\mathscr{F}$ 中的总重数等于 $\sum\limits_i \operatorname{long}(\mathscr{F}'_{x'_i})$.

命题 (4.7.13) — 前提条件和记号与 (4.7.10) 相同, 为了使 $\mathscr{F}$ 在点 x 处是几何逐点整的, 只需 x 只包含在 $\mathscr{F}$ 的唯一一个支承素轮圈 (必然不是内嵌的) 之中, 并且该素轮圈的一般点 z 在 $\mathscr{F}$ 中的总重数等于 1.

事实上, 若 k' 是 k 的一个有限扩张, x' 是 $X' = X \otimes_k k'$ 的一个位于 x 之上的点, $\mathscr{F}' = \mathscr{F} \otimes_k k'$, 则 x' 只能包含在 $\mathscr{F}'$ 的唯一一个支承素轮圈之中, 因为根据前提条件, $\operatorname{Supp}\mathscr{F}'$ 只有一个位于 z 之上的极大点. 进而由 (4.7.10) 知, $\mathscr{F}$ 是几何既约的, 这就推出了结论.

4.8 自定义域

(4.8.1) 给了一个概形 X, 在本节中, 我们用 $\mathfrak{S}(X)$ 来记 X 的全体子概形的集合, 并且仍然用 $\mathfrak{P}(X)$ 来记 X 的底空间的全体子集的集合. 进而对任意拟凝聚 $\mathscr{O}_X$ 模层 $\mathscr{F}$, 我们用 $\Phi(\mathscr{F})$ 来记 $\mathscr{F}$ 的全体拟凝聚 $\mathscr{O}_X$ 子模层的集合.

(4.8.2) 设 k 是一个域, X, Y 是两个 k 概形, $\mathscr{F}, \mathscr{G}$ 是两个拟凝聚 $\mathscr{O}_X$ 模层, K, K' 是 k 的两个扩张, 且满足 $K' \subseteq K$. 则与态射 $\operatorname{Spec} K \to \operatorname{Spec} K'$ 相对应, 我们有下面几个典范映射

(4.8.2.1) $$\Phi(\mathscr{F} \otimes_k K') \longrightarrow \Phi(\mathscr{F} \otimes_k K),$$

(4.8.2.2) $$\operatorname{Hom}(\mathscr{F} \otimes_k K', \mathscr{G} \otimes_k K') \longrightarrow \operatorname{Hom}(\mathscr{F} \otimes_k K, \mathscr{G} \otimes_k K),$$

(4.8.2.3) $$\mathfrak{S}(X_{(K')}) \longrightarrow \mathfrak{S}(X_{(K)}),$$

(4.8.2.4) $$\operatorname{Hom}_{K'}(X_{(K')}, Y_{(K')}) \longrightarrow \operatorname{Hom}_K(X_{(K)}, Y_{(K)}),$$

(4.8.2.5) $$\mathfrak{P}(X_{(K')}) \longrightarrow \mathfrak{P}(X_{(K)}).$$

若 $p_X : X_{(K)} \to X_{(K')}$ 是典范投影, 则映射 (4.8.2.5) 就是 $M \mapsto p_X^{-1}(M)$, 同样地, (4.8.2.3) 就是 $Z \mapsto p_X^{-1}(Z) = Z \otimes_{K'} K$ (**I**, 4.4.1). 映射 (4.8.2.1) 是 $\mathscr{H} \mapsto p_X^* \mathscr{H} = \mathscr{H} \otimes_{\mathscr{O}_{X_{(K')}}} \mathscr{O}_{X_{(K)}}$, 而 (4.8.2.2) 是 $u \mapsto p_X^*(u)$, 最后, (4.8.2.4) 是映射 $f \mapsto f_{(K)}$.

如果我们用 $\varepsilon_{K,K'}$ 来代表上面的任何一个典范映射, 则易见若 K'', K', K 是 k 的三个扩张, 且满足 $K'' \subseteq K' \subseteq K$, 则有

(4.8.2.6) $$\varepsilon_{K,K''} = \varepsilon_{K,K'} \circ \varepsilon_{K',K''}.$$

命题 (4.8.3) — 典范映射 (4.8.2.1) 到 (4.8.2.5) 都是单的.

事实上, 我们知道 p_X 是拟紧忠实平坦的, 从而 (4.8.2.5) 是单的缘自 p_X 是满的. (4.8.2.1) 是单的缘自 (2.2.2), (4.8.2.2) 是单的缘自 (2.2.7), (4.8.2.3) 是单的缘自 (2.2.15), 最后 (4.8.2.4) 是单的缘自 (2.2.16).

定义 (4.8.4) — 记号与 (4.8.2) 相同, 所谓 $\mathscr{F} \otimes_k K$ 的一个拟凝聚 $\mathscr{O}_{X_{(K)}}$ 子模层 (切转: 一个同态 $\mathscr{F} \otimes_k K \to \mathscr{G} \otimes_k K$, $X_{(K)}$ 的一个子概形, 一个 K 态射 $X_{(K)} \to Y_{(K)}$, $X_{(K)}$ 的一个子集) 是**定义在 K' 上**的, 是指它落在映射 (4.8.2.1) (切转: (4.8.2.2), (4.8.2.3), (4.8.2.4), (4.8.2.5)) 的像之中. 此时我们说 K' 是该对象的一个自定义域.

易见 K 本身就是 (4.8.2.1) 到 (4.8.2.5) 的右边五个集合中的任何一个元素的自定义域. 注意到一般来说, 对于一个 K 概形 Z, 我们在使用 (比如说) "一个拟凝聚 $\mathscr{O}_Z$ 模层 $\mathscr{H}$ 是定义在 K 的子域 K' 上的" 这个说法时, 必须事先假定 Z 具有 $X_{(K)}$ 的形状 (其中 X 是 K 的子域 k 上的概形) 并且 $\mathscr{H}$ 是某个形如 $\mathscr{F} \otimes_k K$ 的 $\mathscr{O}_Z$ 模层 (其中 $\mathscr{F}$ 是一个拟凝聚 $\mathscr{O}_X$ 模层) 的 $\mathscr{O}_Z$ 子模层的情况. 其他的概念依此类推. 由 (4.8.2.6) 知, 若 (4.8.2) 中的那些映射的像集合里的一个元素是定义在 K' 上的, 则它也是定义在任何一个满足 $K' \subseteq K'' \subseteq K$ 的子域 K'' 上的. 最后, 在 (4.8.2.6) 的记号下, 若 K_1 是 K 的一个扩张, 则依照关系式 $\varepsilon_{K_1,K'} = \varepsilon_{K_1,K} \circ \varepsilon_{K,K'}$, 为了使 $\varepsilon_{K,K'}$ 的像集合里的一个元素是定义在 K' 上的, 必须且只需它在 $\varepsilon_{K_1,K}$ 下的像是定义在 K' 上的.

命题 (4.8.5) — 在 (4.8.2) 的记号下, 设 (X_α) 是 X 的一个开覆盖. 为了使一个元素 $\mathscr{H} \in \Phi(\mathscr{F} \otimes_k K)$ (切转: $u \in \operatorname{Hom}(\mathscr{F} \otimes_k K, \mathscr{G} \otimes_k K)$, $Z \in \mathfrak{S}(X_{(K)})$, $M \in \mathfrak{P}(X_{(K)})$) 是定义在 K' 上的, 必须且只需对任意 α, $\mathscr{H}|_{(X_\alpha)_{(K)}}$ (切转: $u|_{(X_\alpha)_{(K)}}$, $Z \cap (X_\alpha)_{(K)}$, $M \cap (X_\alpha)_{(K)}$) 都是定义在 K' 上的.

这可由映射 (4.8.2.1), (4.8.2.2), (4.8.2.3) 和 (4.8.2.5) 是单映射的事实立得. 举例来说, 若对任意 α, 均可找到 $(\mathscr{F}|_{X_\alpha}) \otimes_k K'$ 的一个拟凝聚 $\mathscr{O}_{(X_\alpha)_{(K')}}$ 子模层 $\mathscr{H}'_\alpha$, 使得 $\mathscr{H}|_{(X_\alpha)_{(K)}} = \mathscr{H}'_\alpha \otimes_{K'} K$, 则对任意两个指标 α, β, 我们都有 $\mathscr{H}|_{(X_\alpha \cap X_\beta)_{(K)}} = (\mathscr{H}'_\alpha|_{(X_\alpha \cap X_\beta)_{(K')}}) \otimes_{K'} K = (\mathscr{H}'_\beta|_{(X_\alpha \cap X_\beta)_{(K')}}) \otimes_{K'} K$, 从而必然有 $\mathscr{H}'_\alpha|_{(X_\alpha \cap X_\beta)_{(K')}} = \mathscr{H}'_\beta|_{(X_\alpha \cap X_\beta)_{(K')}}$, 不管 α, β 怎么取, 于是我们可以找到 $\mathscr{F} \otimes_k K'$ 的一个拟凝聚 $\mathscr{O}_{X_{(K')}}$ 子模层 $\mathscr{H}'$, 使得对任意 α, 均有 $\mathscr{H}'|_{(X_\alpha)_{(K')}} = \mathscr{H}'_\alpha$, 从而 $\mathscr{H} = \mathscr{H}' \otimes_{K'} K$. 其他情形的证明方法也是类似的.

引理 (4.8.6) — 设 k 是一个域, K 是 k 的一个扩张, A 是一个 k 代数, M 是一个 A 模, $\overline{N}$ 是 $M_{(K)}$ 的一个 $A_{(K)}$ 子模, K' 是 K 的一个子扩张. 则以下诸条件是等价的:

a) $\overline{N}$ 具有 $N' \otimes_{K'} K$ 的形状, 其中 N' 是 $M_{(K')}$ 的一个 $A_{(K')}$ 子模.

b) 若 $X = \operatorname{Spec} A$, 则 $X_{(K)} = \operatorname{Spec} A_{(K)}$ 上的拟凝聚 $\mathscr{O}_{X_{(K)}}$ 模层 $(\overline{N})^\sim$ 是定义在 K' 上的.

c) $\overline{N}$ 具有 $N' \otimes_{K'} K$ 的形状, 其中 N' 是 $M_{(K')}$ 的一个 K' 子向量空间.

a) 和 b) 的等价性可由 (**I**, 1.6.5) 立得, 另一方面易见 a) 蕴涵 c). 反之, 若 c) 成立, 则我们知道 (在只差典范等同的意义下) $N' = \overline{N} \cap M_{(K')}$. 由于根据前提条件, $\overline{N}$ 和 $M_{(K')}$ 都是 $A_{(K')}$ 模, 故知 N' 也是如此.

推论 (4.8.7) — 在 (4.8.6) 的前提条件下, K 的那些包含 k 并且能满足 (4.8.6) 中的等价条件的子域 K' 中有一个最小者.

只需对条件 c) 进行证明即可, 此时这件事可由 Bourbaki,《代数学》, II, 第 3 版, §8, ¥6, 命题 6 推出.

引理 (4.8.8) — 记号与 (4.8.2) 相同.

(i) 设 $\overline{u} : \mathscr{F} \otimes_k K \to \mathscr{G} \otimes_k K$ 是一个 $\mathscr{O}_{X_{(K)}}$ 同态, 并设 $\overline{\mathscr{H}} \subseteq (\mathscr{F} \otimes_k K) \oplus (\mathscr{G} \otimes_k K)$ 是它的图像. 则为了使 $\overline{u}$ 是定义在 K' 上的, 必须且只需 $\overline{\mathscr{H}}$ 是如此.

(ii) 设 $\overline{Z}$ 是 $X_{(K)}$ 的一个闭子概形, 并设 $\overline{\mathscr{J}}$ 是 $\mathscr{O}_{X_{(K)}}$ 的那个定义了 $\overline{Z}$ 的拟凝聚理想层. 则为了使 $\overline{Z}$ 是定义在 K' 上的, 必须且只需 $\overline{\mathscr{J}}$ 是如此.

(iii) 设 $\overline{f}$ 是一个 K 态射 $X_{(K)} \to Y_{(K)}$, 并设 $\overline{Z}$ 是 $\overline{f}$ 在 $X_{(K)} \times_K Y_{(K)}$ 中的图像子概形 (**I**, 5.3.11), 则为了使 $\overline{f}$ 是定义在 K' 上的, 必须且只需 $\overline{Z}$ 是如此.

条目 (ii) 可由 (**I**, 4.4.5) 立得. 条目 (iii) 中的必要性是显然的, 反之, 假设我们

有 $\overline{Z} = Z'_{(K')}$, 其中 Z' 是 $(X \times_k Y)_{(K')}$ 的一个子概形. 若 $p' : Z' \to X_{(K')}$ 是第一投影在 Z' 上的限制, 则 $p'_{(K)}$ 是一个概形同构, 从而 p' 也是如此 (2.7.1, (viii)). 但这就表明 (**I**, 5.3.11) Z' 是某个 K' 态射 $f' : X_{(K')} \to Y_{(K')}$ 的图像, 从而我们有 $f = f'_{(K)}$ (**I**, 5.3.12).

最后, 为了证明 (i), 依照 (4.8.5), 可以假设 $X = \operatorname{Spec} A$, $\mathscr{F} = \widetilde{M}$, $\mathscr{G} = \widetilde{N}$, 其中 M 和 N 是两个 A 模, 并且 $\overline{u} = (\overline{v})^{\sim}$, 其中 $\overline{v} : M_{(K)} \to N_{(K)}$ 是一个 $A_{(K)}$ 同态. 现在假设 $\overline{v}$ 的图像具有 $P'_{(K)}$ 的形状, 其中 P' 是 $M_{(K')} \oplus N_{(K')}$ 的一个 $A_{(K')}$ 子模. 若 $p' : P' \to M_{(K')}$ 是第一投影在 P' 上的限制, 则我们知道 $p' \otimes 1_K$ 是一个 $A_{(K)}$ 模的同构, 从而根据忠实平坦性 ($\mathbf{0_I}$, 6.4.1), p' 是一个 $A_{(K')}$ 同构, 这就证明了 P' 是某个 $A_{(K')}$ 同态 $v' : M_{(K')} \to N_{(K')}$ 的图像, 并且我们显然有 $\overline{v} = v' \otimes 1_K$.

命题 (4.8.9) — 设 k 是一个域, K 是 k 的一个扩张, X 是一个 k 概形, $\mathscr{F}$ 是一个拟凝聚 $\mathscr{O}_X$ 模层. 设 $\overline{\mathscr{H}}$ 是 $\mathscr{F} \otimes_k K$ 的一个拟凝聚 $\mathscr{O}_{X_{(K)}}$ 子模层. 则 $\overline{\mathscr{H}}$ 有一个最小的自定义域.

若 X 是仿射的, 则这个命题就是 (4.8.7). 在一般情况下, 我们取 X 的一个仿射开覆盖 (X_α), 则依照上面所述, 对每个 α, 我们都有 K 的一个包含 k 的最小子域 K'_α, 使得 $\overline{\mathscr{H}}|_{(X_\alpha)_{(K)}}$ 是定义在 K'_α 上的. 根据 (4.8.5), 由这些 K'_α 在 K 中所生成的子域就是 $\overline{\mathscr{H}}$ 的最小自定义域.

推论 (4.8.10) — 记号与 (4.8.9) 相同, 设 $\mathscr{G}$ 是另一个拟凝聚 $\mathscr{O}_X$ 模层, 并设 $\overline{u} : \mathscr{F} \otimes_k K \to \mathscr{G} \otimes_k K$ 是一个 $\mathscr{O}_{X_{(K)}}$ 同态, 则 $\overline{u}$ 有一个最小的自定义域.

事实上, 由 (4.8.8) 知, 这样的一个域也是 $\overline{u}$ 的图像的最小自定义域, 从而利用 (4.8.9) 就可以推出结论.

推论 (4.8.11) — 设 k 是一个域, X 是一个 k 概形, K 是 k 的一个扩张, $\overline{Z}$ 是 $X_{(K)}$ 的一个闭子概形, 则 $\overline{Z}$ 有一个最小的自定义域.

事实上, 若 $\overline{\mathscr{J}}$ 是 $\mathscr{O}_{X_{(K)}}$ 的那个定义了 $\overline{Z}$ 的拟凝聚理想层, 则由 (4.8.8) 知, 上述阐言等价于说 $\overline{\mathscr{J}}$ 有一个最小的自定义域, 而这可由 (4.8.9) 推出.

推论 (4.8.12) — 设 k 是一个域, X, Y 是两个 k 概形, 并且 Y 是分离的, K 是 k 的一个扩张, $\overline{f} : X_{(K)} \to Y_{(K)}$ 是一个 K 态射. 则 $\overline{f}$ 有一个最小的自定义域.

事实上, 依照 (4.8.8), 这样一个域的存在性就等价于 $\overline{f}$ 的图像 $\overline{Z}$ 的最小自定义域的存在性, 然而 $\overline{Z}$ 是 $(X \times_k Y)_{(K)}$ 的一个闭子概形 (**I**, 5.4.3), 从而 $\overline{Z}$ 的最小自定义域的存在性就缘自 (4.8.11).

命题 (4.8.13) — 在 (4.8.11) (切转: (4.8.9), (4.8.10), (4.8.12)) 的前提条件下, 进而假设 X 在 k 上是有限型的 (切转: X 在 k 上是有限型的, 并且 $\mathscr{F}$ 是凝聚的, X 在

k 上是有限型的, 并且 $\mathscr{F}$ 和 $\mathscr{G}$ 都是凝聚的, X 和 Y 在 k 上都是有限型的). 则 $\overline{Z}$ (切转: $\overline{\mathscr{H}}$, $\overline{u}$, $\overline{f}$) 的最小自定义域是 k 的一个有限型扩张.

可以限于考虑 (4.8.9) 的情形, 并可假设 X 是仿射的, 因为 X 是有限个在 k 上有限型的仿射开集的并集. 在 (4.8.6) 的记号下, 问题归结为证明, 若 A 是 k 上的有限型代数, 并且 M 是有限型 A 模, 则可以找到 K 的一个满足条件 a), b) 和 c) 的子扩张 K', 并且它在 k 上是有限型的 (因为有限型扩张的子扩张都是有限型的). 现在我们设 $(m_i)_{1\leqslant i\leqslant n}$ 是 A 模 M 的一个生成元组, 由于 A 是 Noether 的, 故知 $A_{(K)}$ 也是如此, 从而 $\overline{N}$ 是一个有限型 $A_{(K)}$ 模, 并可找到它的一组生成元 n_j $(1\leqslant j\leqslant r)$, 具有 $n_j=\sum\limits_j(m_i\otimes 1)b_{ij}$ 的形状, 其中 $b_{ij}\in A_{(K)}$. 此外, 每个 b_{ij} 又可以写成 $b_{ij}=\sum\limits_h a_{ijh}\otimes c_{ijh}$ 的形状, 其中 $a_{ijh}\in A$ 且 $c_{ijh}\in K$. 易见 k 的这个由全体 c_{ijh} 所生成的扩张 K' 就满足我们的要求.

命题 (4.8.14) — 设 k 是一个域, X 是一个有限型 k 概形, K 是 k 的一个扩张, 并且包含了 k 的一个完满扩张. 则 $X_{(K)}$ 的闭子概形 $(X_{(K)})_{\mathrm{red}}$ 的最小自定义域是 k 的一个有限紧贴扩张.

若 k 的指数特征是 p, 则前提条件表明 $k'=k^{p^{-\infty}}$ 包含在 K 中. 我们知道 $(X_{(k')})_{\mathrm{red}}$ 在 k' 上是几何既约的 (4.6.1), 从而 $(X_{(k')})_{\mathrm{red}}\otimes_{k'}K$ 是既约的, 因而它就等于 $(X_{(K)})_{\mathrm{red}}$ (**I**, 5.1.8). 换句话说, k' 是 $(X_{(K)})_{\mathrm{red}}$ 的一个自定义域. 由于 k' 是 k 的一个代数扩张, 故由 (4.8.13) 就可以推出结论.

注解 (4.8.15) — (i) 如果我们不假设 K 包含了 k 的一个完满扩张, 那么 (4.8.14) 的结论就未必成立了. 举例来说, 设 k_0 是一个特征 $p>0$ 的域, k 是两个未定元的有理分式域 $k_0(s,t)$, L 是域 $k(s^{1/p},t^{1/p})$, 且 $X=\operatorname{Spec}L$. 另一方面, 设 u 是第三个未定元, 并设 K 是域 $k(u,s^{1/p}+ut^{1/p})$, 则很容易验证 k 在 K 中是代数闭的, 并且 $L\otimes_k K$ 具有一个非零的诣零根, 从而 $X_{(K)}$ 不是既约的. 然而 $(X_{(K)})_{\mathrm{red}}$ 不能定义在 k 上, 并且 K 没有包含 k 的任何有限扩张 (除了 k 之外), 故知 $(X_{(K)})_{\mathrm{red}}$ 的最小自定义域在 k 上不是有限的.

(ii) 给了 (4.8.2) 中的那些映射的像集合中的一个元素, 又给了 K 的一个扩张 K_1, 则这个元素具有一个最小自定义域的条件就等价于它在 $\varepsilon_{K_1,K}$ 下的像具有一个最小自定义域 (且这两个域必然是相同的), 证明参考 (4.8.4).

4.9 概形的子集的自定义域

命题 (4.9.1) — 设 k 是一个域, X 是一个 k 概形, K 是 k 的一个扩张, $\overline{T}$ 是 $X_{(K)}$ 的一个闭子集, K' 是 K 的一个子扩张. 则以下诸条件是等价的:

a) $\overline{T}$ 是定义在 K' 上的.

b) $X_{(K)}$ 的开子集 $\overline{U} = X_{(K)} \setminus \overline{T}$ 是定义在 K' 上的.

b′) $X_{(K)}$ 在开集 $\overline{U}$ 上所诱导的子概形是定义在 K' 上的.

c) $X_{(K)}$ 有这样一个闭子概形 $\overline{Z}$, 它的底空间是 $\overline{T}$, 并且它是定义在 K' 上的.

若 $g : X_{(K)} \to X_{(K')}$ 是典范投影, 则 $\overline{T}$ 是定义在 K' 上的就等价于可以找到 $X_{(K')}$ 的一个闭子集 T', 使得 $\overline{T} = g^{-1}(T')$. 由于对 $X_{(K')}$ 的任意子集 T' 来说, 我们都有 $g^{-1}(X_{(K')} \setminus T') = X_{(K)} \setminus g^{-1}(T')$, 故知 a), b), b′) 是等价的. 若 $\overline{Z}$ 具有底空间 $\overline{T}$, 并且是定义在 K' 上的, 则有 $\overline{Z} = Z' \otimes_{K'} K$, 其中 Z' 是 $X_{(K')}$ 的一个闭子概形, 且如果 T' 是 Z' 的底空间, 则我们知道 $\overline{T} = g^{-1}(T')$ (**I**, 4.4.1), 从而 $\overline{T}$ 是定义在 K' 上的. 反之, 为了证明 a) 蕴涵 c), 只需取 Z' 是 $X_{(K')}$ 的一个以 T' 为底空间的闭子概形 (**I**, 5.2.1), 然后令 $\overline{Z} = Z' \otimes_{K'} K$ 即可.

推论 (4.9.2) — 在 (4.9.1) 的记号下, 假设 K' 是 $\overline{T}$ 的一个自定义域, 于是若 $K'' \subseteq K'$ 是 k 的这样一个扩张, 它使得 K' 成为 K'' 的紧贴扩张, 则 K'' 也是 $\overline{T}$ 的一个自定义域.

只需注意到典范投影 $g : X_{(K')} \to X_{(K'')}$ 是整型紧贴映满的, 从而是一个同胚 (2.4.5).

注解 (4.9.3) — 由 (4.9.2) 知, $X_{(K)}$ 的一个闭子集 $\overline{T}$ 未必具有最小的自定义域. 举例来说, 设 $K = k(t)$, 其中 t 是一个未定元, k 是一个特征 $p > 0$ 的完满域, 设 $\overline{F}$ 是 $X_{(K)}$ 的一个闭子集, 则仅当它可以定义在 k 上时, 它才有最小的自定义域. 事实上, 对于 K 的任何一个严格包含 k 的子域 K', 我们都有 $K'^p \neq K'$, $K'^p \supseteq k$, 并且 K' 是 K'^p 的紧贴扩张, 从而若 K' 是 $\overline{F}$ 的自定义域, 则 K'^p 也是如此. 不过我们还是有下面的事实:

命题 (4.9.4) — 在 (4.9.1) 的记号下, 假设 K 是 K' 的可分扩张, 则为了使 K' 是 $\overline{T}$ 的一个自定义域, 必须且只需 K' 是 $X_{(K)}$ 的那个以 $\overline{T}$ 为底空间的既约闭子概形的自定义域.

依照 (4.9.1), 条件显然是充分的, 下面来证明它的必要性. 注意到若 $\overline{T} = g^{-1}(T')$, 其中 T' 是 $X_{(K')}$ 的一个闭子集, 并设 Z' 是 $X_{(K')}$ 的以 T' 为底空间的既约子概形, 则依照判别法 (4.6.1, e)) 和 K 上的前提条件, $\overline{Z} = Z' \otimes_{K'} K = \operatorname{Spec} K \times_{K'} Z'$ 是既约的, 并且它的底空间就是 $\overline{T}$.

推论 (4.9.5) — 假设下列条件之一得到满足:

a) k 是特征 0 的.

b) K 是 k 的一个代数扩张, 且 X 在 k 上是有限型的.

则 $X_{(K)}$ 的任何闭子集 $\overline{T}$ 都具有一个最小的自定义域, 它总是 k 的一个可分扩张 (并且在条件 b) 的情形下它在 k 上还是有限的).

在条件 a) 的情形下, K 在它的任何子域上都是可分的, 且由 (4.9.4) 知, $\overline{T}$ 的自定义域和 $X_{(K)}$ 的那个以 $\overline{T}$ 为底空间的既约子概形的自定义域是相同的, 从而由 (4.8.11) 就可以推出结论. 在条件 b) 的情形下, 我们知道 K 是 k 的某个可分扩张 K_1 的紧贴扩张. 于是对于 K 的任何子域 K' 来说, K' 在 $K' \cap K_1$ 上都是紧贴的, 从而依照 (4.9.2), 为了使 K' 是 $\overline{T}$ 的一个自定义域, 必须且只需 $K' \cap K_1$ 是如此. 于是问题就归结到了 $K' = K_1$ 的情形, 此时 K' 是 k 的一个可分代数扩张, 从而可以使用情形 a) 的方法来完成证明.

命题 (4.9.6) — 设 k 是一个域, X 是一个 k 概形, K 是 k 的一个扩张, $\overline{U}$ 是 $X_{(K)}$ 的一个既开又闭的子集, $\overline{V}$ 是它的补集. 设 K' 是 K 的一个子扩张, 则以下诸条件是等价的:

a) K' 是 $X_{(K)}$ 的子集 $\overline{U}$ 的一个自定义域.

a′) K' 是 $X_{(K)}$ 在开集 $\overline{U}$ 上所诱导的闭子概形的一个自定义域.

b) K' 是 $X_{(K)}$ 的子集 $\overline{V}$ 的一个自定义域.

b′) K' 是 $X_{(K)}$ 在开集 $\overline{V}$ 上所诱导的闭子概形的一个自定义域.

易见 a′) 蕴涵 a), 且依照 (4.9.1), a) 蕴涵 b′). 由于 $\overline{U}$ 和 $\overline{V}$ 所处的位置是对称的, 故知 b′) 蕴涵 b) 且 b) 蕴涵 a′), 这就完成了证明.

推论 (4.9.7) — 在 (4.9.6) 的前提条件下, $X_{(K)}$ 的子集 $\overline{U}$ 具有一个最小的自定义域 K', 并且这个 K' 也是 $X_{(K)}$ 的子集 $\overline{V}$ 的最小自定义域, 同时又是 $X_{(K)}$ 在开集 $\overline{U}$ 和 $\overline{V}$ 上所诱导的闭子概形的最小自定义域. 进而若 X 在 k 上是有限型的, 则 K' 是 k 的一个有限可分扩张.

有见于 (4.9.6) 和 (4.8.11), 我们只需证明最后一句话. 依照 (4.8.15, (ii)), 可以限于考虑 K 是代数闭域的情形. 设 $\overline{k}$ 是 k 的一个包含在 K 中的代数闭包, 并设 W_i $(1 \leqslant i \leqslant m)$ 是 $X_{(\overline{k})}$ 的各个连通分支, 若 $p: X_{(K)} \to X_{(\overline{k})}$ 是典范投影, 则我们知道, 这些 $p^{-1}(W_i)$ 就是 $X_{(K)}$ 的全体连通分支 (4.4.6), 从而 U 是其中某些分支的并集, 因而它是定义在 $\overline{k}$ 上的. 于是由 (4.9.5, b)) 就可以推出结论.

§5. 局部 Noether 概形中的维数, 深度和正则性

本节的目的是要用几何语言来表达第零章第 16 和 17 节中所讨论的那些交换代数的概念和结果, 并给出一些技术性的补充.

5.1 概形的维数

(5.1.1) 设 A 是一个环, $\mathfrak{I}$ 是 A 的一个理想. 根据 (**0**, 16.1) 中关于环的维数的定义 (**0**, 16.1.1) 和拓扑空间的组合维数的定义 (**0**, 14.1.2), 我们有下面的关系式:

(5.1.1.1) $$\dim \operatorname{Spec} A = \dim A\,,$$

(5.1.1.2) $$\dim V(\mathfrak{J}) = \dim(A/\mathfrak{J})\,,$$

(5.1.1.3) $$\operatorname{codim}\big(V(\mathfrak{J}), \operatorname{Spec} A\big) = \operatorname{ht}(\mathfrak{J})\,.$$

(5.1.1.4) $\operatorname{Spec} A$ 是匀垂空间 $\Leftrightarrow$ A 是匀垂环.

(5.1.1.5) $\operatorname{Spec} A$ 是均维的 $\Leftrightarrow$ A 是均维的 $\Leftrightarrow$ 若 $(\mathfrak{p}_\alpha)$ 是 A 的所有极小素理想, 则这些商环 $A/\mathfrak{p}_\alpha$ 的维数都相等.

(5.1.1.6) $\operatorname{Spec} A$ 是均余维的 $\Leftrightarrow$ A 是均余维的 $\Leftrightarrow$ A 的所有极大理想都具有相同的高度.

所谓一个 Noether 环 A 是均链的, 是指 $\operatorname{Spec} A$ 是均链的, 也就是说, $\operatorname{Spec} A$ 是严格 Noether 空间, 并且 A 是均维、均余维、匀垂和有限维的.

命题 (5.1.2) — *设 X 是一个概形, Y 是 X 的一个不可约闭子集, y 是 Y 的一般点. 则有*

(5.1.2.1) $$\operatorname{codim}(Y, X) = \dim \mathscr{O}_{X,y}\,.$$

事实上, X 中的那些包含 y 的不可约闭子集与 $\operatorname{Spec} \mathscr{O}_{X,y}$ 的全体不可约闭子集之间有一个典范的一一对应 (**I**, 2.4.2), 从而它们又典范地对应着 $\mathscr{O}_{X,y}$ 的素理想, 因而由定义就可以推出等式 (5.1.2.1).

特别地, 这就给出了下述事实的一个新的证明: X 的不可约分支的一般点恰好就是那些满足 $\dim \mathscr{O}_x = 0$ 的点 $x \in X$ (**I**, 1.1.14).

推论 (5.1.3) — *对于概形 X 的任何闭子集 Y, 均有*

(5.1.3.1) $$\operatorname{codim}(Y, X) = \inf_{y \in Y} \dim \mathscr{O}_{X,y}\,.$$

进而, 若 X 是局部 Noether 的, 则对任何 $x \in Y$, 均有

(5.1.3.2) $$\operatorname{codim}_x(Y, X) = \inf_{y \in Y, x \in \overline{\{y\}}} \dim \mathscr{O}_{X,y}\,.$$

事实上, 关系式 (5.1.3.2) 缘自 (5.1.3.1) 和 (**0**, 14.2.6).

使用这个推论, 我们就能够对于概形 X 的任意子集 Y 都定义出它在 X 中的余维数 $\operatorname{codim}(Y, X)$, 即只要取 (5.1.3.1) 的右边那个数作为定义即可.

命题 (5.1.4) — *对任意概形 X, 均有*

(5.1.4.1) $$\dim X = \sup_{x \in X} \dim \mathscr{O}_x\,.$$

若 X 的任何不可约闭子集都包含闭点, 则我们也有

(5.1.4.2)
$$\dim X = \sup_{x\in F} \dim \mathscr{O}_x\,,$$

其中 F 是 X 的全体闭点的集合.

依照 (**I**, 2.4.2), X 的不可约闭子集的链与 X 的所有局部概形中的不可约闭子集的链是一一对应的, 若 X 的任何不可约闭子集都包含闭点, 则易见我们只需考虑 X 在它的闭点处的局部概形即可.

注意到若 X 是拟紧的, 则 X 的任何不可约闭子集都包含闭点 ($\mathbf{0_I}$, 2.1.3). 我们将在后面看到 (5.1.11), 如果 X 是局部 *Noether* 的, 那么这件事同样成立.

推论 (5.1.5) — 为了使一个概形 X 是匀垂的, 必须且只需对任意 $x\in X$, 局部环 $\mathscr{O}_x$ 都是匀垂的. 进而若 X 的任何不可约闭子集都包含闭点, 则为了使 X 是匀垂的, 只需 X 在任意闭点 x 处的局部环 $\mathscr{O}_x$ 都是匀垂的.

证明与 (5.1.4) 完全相同, 因为我们只需比较有相同端点的两个不可约闭子集链的长度即可.

(5.1.6) 现在我们来讨论一些在 Noether 条件下的特殊性质.

还记得 (**0**, 16.2.3) 一个*Noether* 局部环 A 的维数总是有限的, 并且就等于 A 的定义理想的生成元个数的极小值. 对于 A 的一个素理想 $\mathfrak{p}$ 来说, $\mathfrak{p}$ 的高度就等于 $\dim A_{\mathfrak{p}}$, 从而也是有限的. 把这些性质与 (5.1.2), (5.1.3) 和 (5.1.4) 结合起来, 就证明了下面的命题:

命题 (5.1.7) — 对于一个局部 *Noether* 概形 X 的任何一个非空闭子集 Y 来说, $\operatorname{codim}(Y,X)$ 都是有限的. 若 X 是 *Noether* 且仿射的, 并且 Y 是 X 的一个不可约闭子集, 则 $\operatorname{codim}(Y,X)$ 就等于满足下述条件的那些整数 n 的最小值: 可以找到 $\mathscr{O}_X$ 的 n 个整体截面 s_i $(1\leqslant i\leqslant n)$, 使得在由满足 $s_i(x)=0$ (对所有 i) 的那些点 $x\in X$ 所组成的子空间中, Y 是一个不可约分支.

推论 (5.1.8) — 设 X 是一个局部 *Noether* 概形, $\mathscr{L}$ 是一个可逆 $\mathscr{O}_X$ 模层, f 是 $\mathscr{L}$ 的一个整体截面. 则满足 $f(x)=0$ 的那些点 $x\in X$ 所组成的集合 Z 的任何一个不可约分支在 X 中的余维数都 $\leqslant 1$. 如果 Z 没有包含 X 的任何不可约分支, 则这个余维数就是 1.

可以限于考虑 $\mathscr{L}=\mathscr{O}_X$ 的情形. 若 y 是 Z 的某个不可约分支 Y 的一般点, 则 $\mathscr{O}_{X,y}$ 的理想 (f_y) 必须满足下述条件: $\mathscr{O}_{X,y}/(f_y)$ 只有一个素理想. 这意味着 f_y 在 Noether 局部环 $\mathscr{O}_{X,y}$ 中所生成的理想是该环的一个定义理想, 从而我们有 $\operatorname{codim}(Y,X)\leqslant 1$ (5.1.7). 若 Z 没有包含 X 的任何不可约分支, 则依照 (**0**, 14.2.1), $\operatorname{codim}(Y,X)=0$ 的情况不可能发生.

命题 (5.1.9) — 设 X 是一个局部 *Noether* 概形, Y 是 X 的一个闭子集. 若 X 在点 $x\in Y$ 处的局部环 $\mathscr{O}_{X,x}$ 是匀垂的, 则有

(5.1.9.1) $$\operatorname{codim}_x(Y,X)=\dim\mathscr{O}_{X,x}-\operatorname{codim}(\overline{\{x\}},Y)=\dim\mathscr{O}_{X,x}-\dim\mathscr{O}_{Y,x}.$$

设 Y_i $(1\leqslant i\leqslant n)$ 是 Y 的那些包含 x 的不可约分支 (只有有限个, 因为 Y 是局部 Noether 空间), 并设 y_i 是 Y_i 的一般点. 我们令 $A=\mathscr{O}_{X,x}$, 并设 $\mathfrak{p}_i$ 是 A 的那个与 $Y_i\cap\operatorname{Spec}A$ 相对应的素理想, 则 Y 的那些包含 x 的不可约闭子集与 A 的那些包含某个 $\mathfrak{p}_i$ 的素理想是一一对应的, 从而 $\dim\mathscr{O}_{Y,x}=\sup\limits_i\dim(A/\mathfrak{p}_i)$. 另一方面, 我们有 $\mathscr{O}_{X,y_i}=A_{\mathfrak{p}_i}$, 并且由 A 上的前提条件知, $\dim A=\dim(A/\mathfrak{p}_i)+\dim A_{\mathfrak{p}_i}$ (**0**, 16.1.4), 从而由关系式 $\operatorname{codim}_x(Y,X)=\inf\limits_i\dim\mathscr{O}_{X,y_i}$ ((5.1.2) 和 (**0**, 14.2.6)) 就可以推出结论.

命题 (5.1.10) — (i) 在任意概形 X 中, 任何非空局部可构子集 E 都包含着一个具有下述性质的点 x: $\{x\}$ 是 X 的局部闭集 (或等价地, x 在 $\overline{\{x\}}$ 中是孤立的).

(ii) 设 X 是一个局部 *Noether* 概形, x 是 X 的一点, 并假设 $\{x\}$ 是 X 的局部闭集, 则我们有 $\dim\overline{\{x\}}\leqslant 1$. 从而 $\overline{\{x\}}$ 中的任何点 $y\neq x$ 都是 X 的闭点.

(i) 这是下述引理的一个特殊情形:

引理 (5.1.10.1) — 设 X 是一个拓扑空间, 并且具有下述性质: 对于 X 的任何非空局部闭子集 Z, 均可找到 X 的 (或等价地, Z 的) 一个局部闭子集 $Z'\subseteq Z$ 和一个点 $x\in Z'$, 使得该点**在** Z' **中**是闭的. 则 X 的任何非空局部闭子集 Z 都包含着一个具有下述性质的点 x: x 在 $\overline{\{x\}}$ 中是孤立的.

事实上, 设 $Z'\subseteq Z$ 是 Z 的一个局部闭子集, 且包含了一个点 x, 它在 Z' 中是闭的. 我们可以找到 x 在 X 中的一个开邻域 U, 使得 $Z'\cap U$ 在 U 中是闭的, 从而 x 在 U 中也是闭的. 这就意味着 $U\cap\overline{\{x\}}=\{x\}$, 换句话说, x 在 $\overline{\{x\}}$ 中是孤立的.

这个引理可以应用到任意概形 X 的底空间上, 因为此时 Z 也是某个概形的底空间 (**I**, 5.2.1), 且我们只要取 Z' 是 Z 的一个仿射开集即可, 因为这样一来 Z' 就是一个拟紧 Kolmogoroff 空间, 从而包含着闭点 ($\mathbf{0_I}$, 2.1.3).

(ii) 设 Z 是 X 的那个以 $\overline{\{x\}}$ 为底空间的既约子概形, 则前提条件表明, $\{x\}$ 在 Z 中是开的, 从而对任意 $z\in Z$, $\operatorname{Spec}\mathscr{O}_{Z,z}$ 的一般点 x 在 $\operatorname{Spec}\mathscr{O}_{Z,z}$ 中都是孤立的. 然而环 $A=\mathscr{O}_{Z,z}$ 是 Noether 整局部环, 且前提条件表明, 可以找到 $f\in A$, 使得 A_f 成为域. 我们知道 (**0**, 16.3.3) 这就蕴涵着 $\dim A\leqslant 1$. 由于在任意 $z\in Z$ 处均有 $\dim\mathscr{O}_{Z,z}\leqslant 1$, 故必有 $\dim Z\leqslant 1$.

推论 (5.1.11) — 若 X 是一个局部 *Noether* 概形, 则 X 的任何非空闭子集都包含着闭点.

事实上, X 的任何闭子集都是可构子集 ($\mathbf{0_{III}}$, 9.1.1 和 9.1.5), 故只需应用 (5.1.10)

即可.

(5.1.12) 设 X 是一个概形, $\mathscr{F}$ 是一个有限型拟凝聚 $\mathscr{O}_X$ 模层, $S = \operatorname{Supp}\mathscr{F}$ 是它的支集, 这个集合在 X 中是闭的 ($\mathbf{0_I}$, 5.2.2). 对任意 $x \in X$, 我们都可以把 $\operatorname{Supp}\mathscr{F}_x$ 看作局部概形 $\operatorname{Spec}\mathscr{O}_x$ 的闭子集, 且根据定义 ($\mathbf{0}$, 16.1.7), 我们有 $\dim\mathscr{F}_x = \dim\operatorname{Supp}\mathscr{F}_x$. 然而

$$\operatorname{Supp}\mathscr{F}_x \;=\; S \cap \operatorname{Spec}\mathscr{O}_{X,x} \;=\; \operatorname{Spec}\mathscr{O}_{S,x}\,,$$

最后一项中的 S 是指 X 的任何一个以 S 为底空间的闭子概形. 由于 $\operatorname{Spec}\mathscr{O}_{S,x}$ 的不可约分支就是 $\operatorname{Spec}\mathscr{O}_{X,x}$ 与 S 中的那些包含 x 的不可约分支的交集, 并且它们之间可以一一对应, 故依照 (5.1.1.1), 我们有

(5.1.12.1) $$\dim\mathscr{F}_x \;=\; \dim\mathscr{O}_{S,x}\,.$$

由 (5.1.2) 又可以推出, 若 X 是局部 Noether 的, 则有

(5.1.12.2) $$\dim\mathscr{F}_x \;=\; \operatorname{codim}\big(\overline{\{x\}}, S\big)\,.$$

所谓 $\mathscr{F}$ 在点 $x \in X$ 处是均维的, 是指 $\mathscr{F}_x$ 是一个均维 $\mathscr{O}_{X,x}$ 模, 也就是说 ($\mathbf{0}$, 16.1.7), $\operatorname{Supp}\mathscr{F}_x$ 作为 $\operatorname{Spec}\mathscr{O}_{X,x}$ 的闭子集是均维的. 这也相当于说, 环 $\mathscr{O}_{S,x}$ 是均维的.

所谓 $\mathscr{F}$ 的维数, 就是指支集 $\operatorname{Supp}\mathscr{F}$ 的维数, 记作 $\dim\mathscr{F}$. 由 (5.1.4) 和 (5.1.12.1) 知

(5.1.12.3) $$\dim\mathscr{F} \;=\; \sup_{x\in X}\dim\mathscr{F}_x\,.$$

若 $x = \operatorname{Spec}A$ 是一个仿射概形, 并且 $\mathscr{F} = \widetilde{M}$, 其中 M 是一个有限型 A 模, 则依照 ($\mathbf{0}$, 16.1.7) 和 (5.1.4), 我们有 $\dim\mathscr{F} = \dim M$.

命题 (5.1.13) — 设 X 是一个概形, $\mathscr{F}$ 是一个有限型拟凝聚 $\mathscr{O}_X$ 模层, x 是 X 的一点, x' 是 x 在 X 中的一个一般化, 则有

(5.1.13.1) $$\dim\mathscr{F}_{x'} \;\leqslant\; \dim\mathscr{F}_x\,.$$

这可由 (5.1.12.1) 和定义立得.

5.2 代数概形的维数

命题 (5.2.1) — 设 k 是一个域, X 是一个局部有限型 k 概形, 并且是不可约的, ξ 是它的一般点. 则 X 是均链的, 并且 $\dim X = \{\boldsymbol{k}(\xi) : k\}$.

X 的所有局部环 $\mathscr{O}_x$ 都是有限型 k 代数的局部环, 从而是正则局部环的商环 (**0**, 17.3.9), 我们知道 (**0**, 16.5.12) 这些环都是匀垂的, 因而 X 是匀垂空间 (5.1.5). 又因为 X 是不可约的, 故只需证明在任意闭点 $x \in X$ 处均有

(5.2.1.1) $$\dim \mathscr{O}_x = \{\boldsymbol{k}(\xi) : k\}$$

即可 (5.1.1).

显然可以假设 X 是既约且仿射的, 从而是整的, 设它的环为 A, 则 A 是 k 上的一个有限型代数. 设 $n = \{\boldsymbol{k}(\xi) : k\}$, 其中 $\boldsymbol{k}(\xi) = K$ 就是 A 的分式域. 我们知道 (Bourbaki,《交换代数学》, V, §3, ¥1, 定理 1) A 有这样一个 k 子代数 $B = k[t_1, \cdots, t_n]$, 其中这些 t_i 在 k 上是代数无关的, 并且 A 是有限 B 代数. 设 $\mathfrak{m} = \mathfrak{j}_x$, 根据前提条件, 它是 A 的一个极大理想, 从而 $\mathfrak{n} = B \cap \mathfrak{m}$ 是 B 的一个极大理想 (Bourbaki,《交换代数学》, V, §2, ¥1, 命题 1), 并且 $A_{\mathfrak{m}}$ 是有限 $B_{\mathfrak{n}}$ 代数 $S^{-1}A$ 的一个局部环, 其中 $S = B \smallsetminus \mathfrak{n}$. 由于 $B_{\mathfrak{n}}$ 是整闭的, 并且 $S^{-1}A$ 是整的, 故有 $\dim A_{\mathfrak{m}} = \dim B_{\mathfrak{n}}$ (**0**, 16.1.6). 从而我们可以限于考虑 $A = k[t_1, \cdots, t_n]$ 的情形, 且我们知道此时 $k' = \boldsymbol{k}(x)$ 是 k 的一个有限扩张 (**I**, 6.4.2). 设 $A' = k'[t_1, \cdots, t_n]$, 有见于 (**I**, 2.4.6 和 3.3.14), 可以找到 A' 的一个位于 $\mathfrak{m}$ 之上的极大理想 $\mathfrak{m}'$, 使得 $A'_{\mathfrak{m}'}$ 的剩余类域就是 k'. 由于 A' 是整的, 并且是有限 A 代数, 从而同样的方法还证明了 $\dim A'_{\mathfrak{m}'} = \dim A_{\mathfrak{m}}$, 这样我们就把问题归结到了 $A/\mathfrak{m} = k$ 的情形. 此时 $\mathfrak{m}$ 可由一组多项式 $t_i - a_i$ 生成, 其中 $a_i \in k$, $1 \leqslant i \leqslant n$, 且 a_i 就是 t_i 在 $A/\mathfrak{m}$ 中的典范像. 把 t_i 换成 $t_i - a_i$, 则问题最终归结为 $\mathfrak{m} = \sum_{i=1}^{n} At_i$ 的情形. 现在局部环 $A_{\mathfrak{m}}$ 的完备化就是形式幂级数环 $k[[t_1, \cdots, t_n]]$, 我们知道它与 $A_{\mathfrak{m}}$ 具有相同的维数 (**0**, 16.2.4), 另一方面, $k[[t_1, \cdots, t_n]]$ 的维数等于 n (**0**, 17.1.4), 这就推出了结论.

推论 (5.2.2) — 对于一个在域 k 上局部有限型的概形 X 来说, $\dim X$ 与 (4.1.1) 中所定义的那个数是一致的.

事实上, 若 X_α 是 X 的那些以各个不可约分支为底空间的既约子概形, 则有 $\dim X = \sup_\alpha \dim X_\alpha$ (**0**, 14.1.2.1), 从而只需把 (5.2.1) 应用到这组 X_α 上即可.

推论 (5.2.3) — 设 k 是一个域, X 是一个局部有限型 k 概形, x 是 X 的一点. 则有

(5.2.3.1) $$\dim_x X = \dim \mathscr{O}_x + \{\boldsymbol{k}(x) : k\}.$$

我们可以找到 x 在 X 中的一个开邻域 U, 使得 $\dim_x X = \dim U$ (**0**, 14.1.4.1), 并可假设 U 的不可约分支就是 $X_i \cap U$, 其中 X_i 是 X 的那些包含 x 的不可约分支. 由于 $U \cap X_i$ 在 X_i 中是稠密的, 故由 (4.1.1.3) 知, $\dim X_i = \dim(U \cap X_i)$, 从而 $\dim_x X = \sup_i \dim X_i$. 进而, $\mathscr{O}_x$ 的极小素理想对应着各个 X_i 的一般点, 从而

(**0**, 16.1.1.1) 我们有 $\dim \mathscr{O}_{X,x} = \sup_i \dim \mathscr{O}_{X_i,x}$. 问题于是归结到了 X 是不可约的这个情形. 此时根据 (5.2.1), X 是均链的, 故有 $\dim X = \dim \overline{\{x\}} + \operatorname{codim}(\overline{\{x\}}, X)$ (**0**, 14.3.5.1), 且我们知道 (5.2.1) 能给出 $\dim \overline{\{x\}} = \{\boldsymbol{k}(x) : k\}$, 而 (5.1.2) 能给出 $\operatorname{codim}(\overline{\{x\}}, X) = \dim \mathscr{O}_x$.

推论 (5.2.4) — 设 k 是一个域, X 是一个局部有限型 k 概形, $\mathscr{L}$ 是一个可逆 $\mathscr{O}_X$ 模层, f 是 $\mathscr{L}$ 的一个整体截面, 假设由那些满足 $f(x) = 0$ 的点 $x \in X$ 所组成的集合 Y 在 X 中是稀疏的. 则我们有 $\dim Y \leqslant \dim X - 1$, 并且如果 Y 与 X 的任何一个具有最大维数的不可约分支都有交点, 那么等号就成立.

若 (X_α) 是 X 的全体不可约分支, 则有

$$\dim Y = \sup_\alpha \dim(Y \cap X_\alpha),$$

从而问题归结到了 X 不可约的情形 (注意到 $Y \cap X_\alpha$ 在 X_α 中是稀疏的, 因为每个子集 $X_\alpha \subseteq X$ 的内部都是非空的). 可以限于考虑 $Y \neq \varnothing$ 的情形, 此时对于 Y 的任何一个极大点 x, 均有 (因为 X 是均链的) $\dim \overline{\{x\}} = \dim X - \operatorname{codim}(\overline{\{x\}}, X)$, 又因为 Y 在 X 中是稀疏的, 故根据 (5.1.8), 我们有

$$\operatorname{codim}\big(\overline{\{x\}}, X\big) = 1,$$

这就推出了结论.

注解 (5.2.5) — (i) 与有限型 k 概形的情况不同, 局部 Noether 概形 X 未必总是匀垂的 (参考 (5.6.11)). 但如果它的所有局部环 $\mathscr{O}_x$ 都是正则环的商环, 特别地, 如果 X 是正则的 (**I**, 4.1.4), 那么它就是匀垂的. 尽管如此, 对于一个仿射 (整) 概形 $X = \operatorname{Spec} A$ 来说, 即使 A 是正则环, X 也未必是均链的, 换句话说 (**0**, 14.3.3), X 在它的各个闭点处的余维数未必是相同的. 举例来说, 设 B 是一个离散赋值环, $\mathfrak{m} = B\pi$ 是它的极大理想, $k = B/\mathfrak{m}$ 是剩余类域, K 是 B 的分式域, 设 A 是多项式环 $B[T]$. 则在 A 中有高度为 2 的极大理想, 比如 $(\pi) + (T)$, 但也有高度为 1 的极大理想, 比如主理想 $(\pi T - 1)$. 事实上任何非零的主素理想都是高度为 1 的 (5.1.8), 另一方面, $A/(\pi T - 1)$ 同构于分式环 B_π ($\mathbf{0_I}$, 1.2.3), 它刚好是 K, 这就证明了 $(\pi T - 1)$ 是高度为 1 的极大理想.

(ii) 若 X 是域上的一个局部有限型概形, 则由 (4.1.1.3) 知, 对任意在 X 中处处稠密的开集 U, 均有 $\dim U = \dim X$. 这个结果不能推广到正则 Noether 概形的情况, 即使这个概形是均链的. 举例来说, 设 A 是一个离散赋值环, $\mathfrak{m}$ 是它的极大理想, 则 $X = \operatorname{Spec} A$ 有两个点, 即理想 (0) 和 $\mathfrak{m}$, 后面这个点是唯一的闭点, 故有 $\dim X = 1$, 然而开集 $U = \{(0)\}$ 是 0 维的 (参考 §10).

5.3 模层的支集的维数与 Hilbert 多项式

这一小节使用了第三章的某些结果, 这部分内容在本章后面的讨论中不会被用到.

命题 (5.3.1) — 设 A 是一个 *Artin* 局部环, X 是 $\operatorname{Spec} A$ 上的一个射影概形, $\mathscr{L}$ 是一个可逆 $\mathscr{O}_X$ 模层, 并且相对于 A 是极丰沛的, $\mathscr{F}$ 是一个非零的凝聚 $\mathscr{O}_X$ 模层. 令 $\mathscr{F}(n) = \mathscr{F} \otimes_{\mathscr{O}_X} \mathscr{L}^{\otimes n}$ (对所有 $n \in \mathbb{Z}$). 则 $\mathscr{F}$ 关于 A 的 Hilbert 多项式 $P(n) = \chi_A(\mathscr{F}(n))$ (**III**, 2.5.3) 的次数恰好等于 $\operatorname{Supp}\mathscr{F}$ 的维数.

对 $d = \dim \operatorname{Supp}\mathscr{F}$ 进行归纳. 我们可以找到 X 的一个闭子概形 Y, 它以 $\operatorname{Supp}\mathscr{F}$ 为底空间, 并且在它上面有一个凝聚 $\mathscr{O}_Y$ 模层 $\mathscr{G}$, 使得 $\mathscr{F} = j_*\mathscr{G}$, 其中 $j: Y \to X$ 是典范含入 ((**I**, 9.3.5) 的订正). 易见 $\mathscr{F}$ 和 $\mathscr{G}$ 的 Hilbert 多项式是相同的, 从而我们可以限于考虑 $X = \operatorname{Supp}\mathscr{F}$ 的情形. 首先假设 $d = 0$, 则 X 的所有点都是闭点, 故知 X 是 Artin 概形 (**I**, 6.2.2), 从而对任意整数 n, 均有 $\mathscr{F}(n) = \mathscr{F}$, 于是 (**III**, 2.5.3) 对于充分大的 n, 我们有

$$\chi_A(\mathscr{F}(n)) \;=\; \operatorname{long}_A(\Gamma(X, \mathscr{F})),$$

这就表明 Hilbert 多项式的次数是 0. 现在假设 $d > 0$, 并设 $Z = \operatorname{Ass}\mathscr{F}$, 这是一个有限集合 (3.1.6). 我们可以找到一个正整数 m 和一个截面 $f \in \Gamma(X, \mathscr{L}^{\otimes m})$, 使得 X_f 是 Z 的一个邻域 (**II**, 4.5.4). 由于乘以 f 的同态

$$\mu_f \;:\; \mathscr{F} \longrightarrow \mathscr{F}(m)$$

是单的 (3.1.8), 故有正合序列

(**5.3.1.1**)
$$0 \longrightarrow \mathscr{F} \xrightarrow{\mu_f} \mathscr{F}(m) \longrightarrow \mathscr{G} \longrightarrow 0,$$

其中 $\mathscr{G}$ 是凝聚的. 依照 Nakayama 引理, $x \in \operatorname{Supp}\mathscr{G}$ 恰好就是那些满足 $f(x) = 0$ 的点. 我们要由此导出等式

(**5.3.1.2**)
$$\dim \operatorname{Supp}\mathscr{G} \;=\; d - 1,$$

这可以从下面的引理得到:

引理 (5.3.1.3) — 设 A 是一个 *Artin* 局部环, X 是 $\operatorname{Spec} A$ 上的一个射影概形, $\mathscr{L}$ 是一个可逆 $\mathscr{O}_X$ 模层, 并且相对于 A 是丰沛的, 则对于 $\mathscr{L}$ 的每个整体截面 g 来说, 满足 $g(x) = 0$ 的那些点 $x \in X$ 的集合 $X \smallsetminus X_g$ 与 X 的任何一个正维数的不可约分支都有交点.

事实上 (**II**, 5.5.7), 集合 X_g 是 X 的一个仿射开集, 若它包含了 X 的某个不可约分支 X', 则 X 的那个以 X' 为底空间的既约闭子概形就在 A 上既是射影的, 又是仿射的, 从而在 A 上是有限的 (**III**, 4.4.2), 因而是一个 Artin 概形, 故它的维数是 0.

在这个引理的基础上, 注意到 Z 包含了 X 的所有极大点, 故知 X_f 是稠密的, 从而 $\operatorname{Supp}\mathscr{G}$ 在 X 中是稀疏的, 于是由上述引理和 (5.2.4) 就可以推出关系式 (5.3.1.2).

在此基础上, 对任意整数 n, 正合序列 (5.3.1.1) 都给出了一个正合序列

$$0 \longrightarrow \mathscr{F}(n) \longrightarrow \mathscr{F}(n+m) \longrightarrow \mathscr{G}(n) \longrightarrow 0,$$

从而当 n 充分大时, 我们又有正合序列 (**III**, 2.2.3)

$$0 \longrightarrow \Gamma(X,\mathscr{F}(n)) \longrightarrow \Gamma(X,\mathscr{F}(n+m)) \longrightarrow \Gamma(X,\mathscr{G}(n)) \longrightarrow 0,$$

故对于充分大的 n, 我们有 (有见于 (**III**, 2.5.3))

$$\chi_A(\mathscr{G}(n)) = \chi_A(\mathscr{F}(n+m)) - \chi_A(\mathscr{F}(n)).$$

现在依照 (5.3.1.2) 和归纳假设, 多项式 $\chi_A(\mathscr{G}(n))$ 的次数是 $d-1$, 从而上面这个等式就表明 $\chi_A(\mathscr{F}(n))$ 的次数是 d, 证明完毕.

5.4 态射的像的维数

命题 (5.4.1) — *设 X, Y 是两个局部 Noether 概形, $f: X \to Y$ 是一个态射.*
(i) 若 f 是拟有限的, 则有 $\dim X \leqslant \dim \overline{f(X)} \leqslant \dim Y$.
(ii) 若 f 是映满的, 并且是开的 (切转: 闭的), 则有 $\dim X \geqslant \dim Y$.

(i) 我们可以把 f 换成 f_{red} (**II**, 6.2.4), 从而可以假设 X 和 Y 都是既约的. 若 Z 是 Y 的那个以 $\overline{f(X)}$ 为底空间的既约闭子概形, 则有 $f = j \circ g$, 其中 $j: Z \to Y$ 是典范含入, 并且 $g: X \to Z$ 是一个拟有限态射 (**I**, 5.2.2 和 **II**, 6.2.4). 从而可以限于考虑 $f(X)$ 在 Y 中稠密的情形. 此时对任意 $x \in X$, $\mathscr{O}_x$ 都是拟有限的 $\mathscr{O}_{f(x)}$ 模 (**II**, 6.2.2), 从而 $\mathfrak{m}_{f(x)}\mathscr{O}_x$ 是 $\mathscr{O}_x$ 的一个定义理想 ($\mathbf{0_I}$, 7.4.4). 但我们知道 (**0**, 16.3.10), 若 $A \to B$ 是 Noether 局部环之间的一个局部同态, 并假设对于 A 的极大理想 $\mathfrak{m}$ 来说, $\mathfrak{m}B$ 是 B 的一个定义理想, 则必有 $\dim B \leqslant \dim A$. 故依照 (5.1.4), 这就完成了 (i) 的证明.

(ii) 根据维数的定义 (**0**, 14.1.2), 我们只需证明对于 Y 中的任何一个满足 $y_i \in \overline{\{y_{i+1}\}}$ $(0 \leqslant i \leqslant n-1)$ 的点列 $(y_i)_{0 \leqslant i \leqslant n}$ (各点不同), 均可找到 X 中的一个点列 $(x_i)_{0 \leqslant i \leqslant n}$, 使得 $x_i \in \overline{\{x_{i+1}\}}$ $(0 \leqslant i \leqslant n-1)$, 并且对所有 i, 均有 $f(x_i) = y_i$. 首先假设 f 是映满且开的, 我们对 i 来归纳地证明 x_i 的存在性. 由于 f 是映满的, 故可找到 x_0, 使得 $f(x_0) = y_0$. 若对于 $i \leqslant m$, 这些 x_i 都已找到, 并满足 $f(x_i) = y_i$ $(i \leqslant m)$ 和 $x_i \in \overline{\{x_{i+1}\}}$ $(i < m)$, 则由于 f 是开的, 并且 y_{m+1} 是 y_m 的一个一般化, 故可找到一个点 $x_{m+1} \in f^{-1}(y_{m+1})$, 它是 x_m 的一个一般化 (1.10.3), 于是归纳法得以继续.

现在假设 f 是映满且闭的, 则我们可以通过对 i 进行递降归纳来证明 x_i 的存在性, 仍然由于 f 是映满的, 故可找到 x_n, 使得 $f(x_n)=y_n$. 若对于 $i>m$, 已经找到了这些 x_i, 满足前述条件, 则由于 f 是闭的, 故知 $f(\overline{\{x_{m+1}\}})$ 是 $\{f(x_{m+1})\}=\{y_{m+1}\}$ 的闭包 (Bourbaki,《一般拓扑学》, I, 第 3 版, §5, ¥4, 命题 9), 从而可以找到一个点 $x_m\in\overline{\{x_{m+1}\}}$, 使得 $f(x_m)=y_m$, 因而归纳法仍然得以继续.

推论 (5.4.2) — *若 X,Y 是两个局部 Noether 概形, $f:X\to Y$ 是一个有限态射 (从而是闭的), 则有 $\dim X=\dim f(X)$. 进而若 f 是映满的, 则有 $\dim X=\dim Y$.*

注解 (5.4.3) — (i) 我们在 (4.1.2) 中已经看到, 若 X 和 Y 都是域 k 上的局部有限型概形, 并且 f 是 k 态射, 则不等式 $\dim Y\leqslant\dim X$ 在 f 是*拟紧笼罩性*态射的情况下也是成立的. 相反地, 如果只假设 X 和 Y 是局部 Noether 的, 则即使 f 是*有限型的局部浸入*, 并且是底空间上的一一映射, 仍然有可能出现 $\dim Y>\dim X$ 的情况. 比如取 A 是一个离散赋值环, K 是它的分式域, k 是剩余类域, 设 $Y=\operatorname{Spec}A$, 并设 a 是 Y 的一般点, b 是 Y 的闭点, 则有 $\boldsymbol{k}(a)=K$, $\boldsymbol{k}(b)=k$. 现在取 X 是 $\operatorname{Spec}K$ 和 $\operatorname{Spec}k$ 的*和概形*, 取 $f:X\to Y$ 是这样一个态射, 它在 $\operatorname{Spec}K$ 与 $\operatorname{Spec}k$ 上分别重合于典范态射 (**I**, 2.4.5), 则易见 f 是一一映射, 并且是局部浸入, 因为 $\{a\}$ 在 Y 中是开的, 另一方面, f 是有限型的, 因为 $K=A[\pi^{-1}]$, 其中 π 是 A 的一个合一化子, 从而 K 是有限型 A 代数. 但我们看到, $\dim X=0$ 而 $\dim Y=1$.

(ii) 若 A 和 B 是两个 Noether 环, 满足 $A\subseteq B$, 并且 B 是*有限* A 代数, 则推论 (5.4.2) 再次证明了 $\dim B=\dim A$ (**0**, 16.1.5). 我们进而假设 A 是 Noether *局部环*, 则 B 是一个 Noether *半局部环* (Bourbaki,《交换代数学》, IV, §2, ¥5, 命题 9 的推论 3). 从而若 $\mathfrak{n}_i$ $(1\leqslant i\leqslant r)$ 是 B 的各个极大理想, 则有

(5.4.3.1)
$$\dim A\;=\;\sup_i\dim B_{\mathfrak{n}_i}\,.$$

注意到在这样的条件下, 并不一定对所有的 i, 都有 $\dim A=\dim B_{\mathfrak{n}_i}$. 比如可以把 B 换成 B 与 A 的剩余类域 k 的直合. 我们甚至可以找到这样的例子, 其中的 A 和 B 都是 2 维整环, 并且某个 $B_{\mathfrak{n}_i}$ 的维数 $>\dim A$ (5.6.11). 尽管如此, 我们在后面 ((5.6.4) 和 (5.6.10)) 将会看到, 如果假设 A 是某个正则局部环的商环, 那么上述现象就不会发生.

5.5 有限型态射的维数公式

(5.5.1) 我们在 (**0**, 16.3.9) 中看到, 若 A, B 是两个 Noether 局部环, k 是 A 的剩余类域, $\varphi:A\to B$ 是一个局部同态, 则有

(5.5.1.1)
$$\dim B\;\leqslant\;\dim A+\dim(B\otimes_A k)\,.$$

由此可以推出:

命题 (5.5.2) — 设 X, Y 是两个局部 *Noether* 概形, $f: X \to Y$ 是一个态射, x 是 X 的一点, $y = f(x)$. 则有

(5.5.2.1) $$\dim \mathscr{O}_x \leqslant \dim \mathscr{O}_y + \dim(\mathscr{O}_x \otimes_{\mathscr{O}_y} \boldsymbol{k}(y)).$$

特别地, 若 x 是纤维 $f^{-1}(y)$ 的一个极大点, 则有

(5.5.2.2) $$\dim \mathscr{O}_x \leqslant \dim \mathscr{O}_y,$$

因为根据前提条件, $\mathscr{O}_x \otimes_{\mathscr{O}_y} \boldsymbol{k}(y) = \mathscr{O}_x/\mathfrak{m}_y\mathscr{O}_x$ 就是 x 在概形 $f^{-1}(y)$ 中的局部环, 从而它的维数是 0.

当 f 是有限型态射时, 我们下面要给出一个比 (5.5.2.1) 更为精密的公式.

命题 (5.5.3) — 设 A 是一个 *Noether* 环, T 是一个未定元, $\mathfrak{p}$ 是 A 的一个素理想, 再设 $\mathfrak{p}' = \mathfrak{p}A[T]$, 它是 $B = A[T]$ 的一个素理想, 并且 $\mathfrak{p}' \cap A = \mathfrak{p}$. 则在 B 中可以找到无限多个满足下述条件的素理想: 它们都不等于 $\mathfrak{p}'$, 且与 A 的交集都是 $\mathfrak{p}$. 这些素理想之间不存在包含关系. 进而, 若 $\mathfrak{q}$ 是一个这样的素理想, 则我们有

(5.5.3.1) $$\dim B_{\mathfrak{q}} = \dim B_{\mathfrak{p}'} + 1 = \dim A_{\mathfrak{p}} + 1.$$

为了证明第一句话, 我们可以把 A 换成 $A/\mathfrak{p}$, 并注意到 $A[T]/\mathfrak{p}A[T] = (A/\mathfrak{p})[T]$, 从而问题归结为 $\mathfrak{p} = (0)$ 的情形. 此时 $B = A[T]$ 的那些与 A 的交集是 (0) 的素理想恰好就是与整环 A 的乘性子集 $S = A \smallsetminus \{0\}$ 不相交的素理想, 从而它们与 $S^{-1}A[T] = K[T]$ (K 是 A 的分式域) 的素理想一一对应, 并且保持包含关系 (Bourbaki,《交换代数学》, II, §2, ¥5, 命题 11). 进而, 根据 (5.5.1.2), 我们有 $\dim B_{\mathfrak{q}} \leqslant \dim A_{\mathfrak{p}} + \dim(B_{\mathfrak{q}}/\mathfrak{p}B_{\mathfrak{q}})$, 并且若 k 是 $A/\mathfrak{p}$ 的分式域, 则 $B_{\mathfrak{q}}/\mathfrak{p}B_{\mathfrak{q}}$ 可以典范等同于 $(k[T])_{\mathfrak{q}}$, 从而它是一个离散赋值环, 故维数是 1. 最后, 若 $\mathfrak{p} = \mathfrak{p}_0 \supsetneq \mathfrak{p}_1 \supsetneq \cdots \supsetneq \mathfrak{p}_m$ 是由 A 的素理想所组成的一个长度达到最大的链, 则这些理想 $\mathfrak{p}_j B$ $(0 \leqslant j \leqslant m)$ 都是 B 的素理想, 它们包含在 $\mathfrak{q}$ 中, 并且两两不同, 从而 $\dim B_{\mathfrak{q}} \geqslant m + 1 = \dim A_{\mathfrak{p}} + 1$, 因而 $\dim B_{\mathfrak{q}} = \dim A_{\mathfrak{p}} + 1$. 这个关系式也可以写成 $\mathrm{ht}(\mathfrak{q}) = \mathrm{ht}(\mathfrak{p}) + 1$ 的形状. 此外, 由于 $\mathfrak{q} \neq \mathfrak{p}'$, 故由素理想的高度的定义知, $\mathrm{ht}(\mathfrak{q}) \geqslant \mathrm{ht}(\mathfrak{p}') + 1 \geqslant \mathrm{ht}(\mathfrak{p}) + 1$, 这就证明了 (5.5.3.1).

推论 (5.5.4) — 对任意 *Noether* 环 A, 均有

(5.5.4.1) $$\dim A[T_1, \cdots, T_r] = \dim A + r$$

(T_i 是未定元).

相反地, 我们能找到这样一个非 *Noether* 的局部环 A, 它满足 $\dim A = 1$ 和 $\dim A[T] = 3$ [30].

推论 (5.5.5) — 对于任意局部 *Noether* 概形 X 来说, $X[T_1, \cdots, T_r] = X \otimes_{\mathbb{Z}} \mathbb{Z}[T_1, \cdots, T_r]$ (T_i 是未定元) 的维数都等于 $\dim X + r$.

这是缘自 (5.5.4) 和 (**0**, 14.1.7).

推论 (5.5.6) — 在 (5.5.3) 的前提条件下, 设 $\mathfrak{q}$ 是 $B = A[T]$ 的一个素理想, 且满足 $\mathfrak{q} \cap A = \mathfrak{p}$, 若 k 和 k' 分别是 $A_{\mathfrak{p}}$ 和 $B_{\mathfrak{q}}$ 的剩余类域, 则有

(5.5.6.1) $$\dim A_{\mathfrak{p}} + 1 = \dim B_{\mathfrak{q}} + \{k' : k\}.$$

若 $\mathfrak{q} = \mathfrak{p}B$, 则根据 (5.5.3.1), 我们有 $\dim B_{\mathfrak{q}} + \dim A_{\mathfrak{p}}$, 并且在这种情况下 $k' = k(T)$, 从而公式 (5.5.6.1) 确实是成立的. 在其他情况下, $\dim B_{\mathfrak{q}} = \dim A_{\mathfrak{p}} + 1$, 并且由于 $\mathfrak{q}$ 对应着 $k[T]$ 的一个非零素理想 $\mathfrak{q}'$, 故知 k' 是 k 的一个代数扩张, 从而我们仍然有公式 (5.5.6.1).

引理 (5.5.7) — 设 A 是一个 *Noether* 整局部环, $\mathfrak{m}$ 是它的极大理想, k 是剩余类域.

(i) 若 B 是一个包含 A 的整环, 并可找到 $x \in B$, 使得 $B = A[x]$, 则对于 B 的任何一个满足 $\mathfrak{q} \cap A = \mathfrak{m}$ 的素理想 $\mathfrak{q}$, 我们都有

(5.5.7.1) $$\dim A + \{B : A\} \geqslant \dim B_{\mathfrak{q}} + \{k' : k\},$$

其中 k' 是指 $B_{\mathfrak{q}}$ 的剩余类域, 而 $\{B : A\}$ 是指 B 的分式域在 A 的分式域上的超越次数.

(ii) 假设对于 $A[T]$ 的任何一个满足 $\mathfrak{n} \cap A = \mathfrak{m}$ 的极大理想 $\mathfrak{n}$, 环 $(A[T])_{\mathfrak{n}}$ 都是匀垂的, 则 (5.5.7.1) 是一个等式.

(i) 若 x 在 A 的分式域上是超越的, 则有 $\{B : A\} = 1$, 并且依照 (5.5.6), 公式 (5.5.7.1) 中的两项是相等的. 在其他情况下, 我们有 $B = A[T]/\mathfrak{p}$, 其中 $\mathfrak{p}$ 是 $A[T]$ 的一个非零素理想, 且满足 $\mathfrak{p} \cap A = (0)$, 因为 B 包含了 A. 从而依照 (5.5.3), 我们有 $\operatorname{ht}(\mathfrak{p}) = 1$. B 的理想 $\mathfrak{q}$ 具有 $\mathfrak{n}/\mathfrak{p}$ 的形状, 其中 $\mathfrak{n} \supseteq \mathfrak{p}$ 是 $A[T]$ 的一个素理想, 且满足 $\mathfrak{n} \cap A = \mathfrak{m}$, 于是我们有 $B_{\mathfrak{q}} = (A[T])_{\mathfrak{n}}/\mathfrak{p}(A[T])_{\mathfrak{n}}$. 现在把公式 (**0**, 16.1.4.1) 应用到 $X = \operatorname{Spec}(A[T])_{\mathfrak{n}}$ 和 $Y = \operatorname{Spec} B_{\mathfrak{q}}$ 上, 就得到了

(5.5.7.2) $$\dim(A[T])_{\mathfrak{n}} \geqslant \operatorname{ht}(\mathfrak{p}(A[T])_{\mathfrak{n}}) + \dim B_{\mathfrak{q}} = 1 + \dim B_{\mathfrak{q}},$$

因为 $\operatorname{ht}(\mathfrak{p}(A[T])_{\mathfrak{n}}) = \operatorname{ht}(\mathfrak{p}) = 1$ (这是基于 $A[T]$ 的包含在 $\mathfrak{n}$ 中的素理想与 $(A[T])_{\mathfrak{n}}$ 的素理想之间的一一对应). 最后, 公式 (5.5.6.1) 给出

(5.5.7.3) $$\dim(A[T])_{\mathfrak{n}} = \dim A + 1 - \{k' : k\},$$

因为 $B_{\mathfrak{q}}$ 和 $(A[T])_{\mathfrak{n}}$ 的剩余类域是一样的. 此外, 在这个情况下, 我们有 $\{B:A\}=0$, 这就完成了 (5.5.7.1) 的证明.

(ii) 若 $(A[T])_{\mathfrak{n}}$ 是匀垂的, 则 (5.5.7.2) 中的两项是相等的 (**0**, 16.1.4), 从而 (5.5.7.1) 中的两项也是相等的.

定理 (5.5.8) (维数公式) — 设 A 是一个 *Noether* 整局部环, B 是一个包含 A 的整环, 并且是有限型 A 代数, $\mathfrak{q}$ 是 B 的一个素理想, 并假设 $\mathfrak{q}\cap A$ 就等于 A 的极大理想 $\mathfrak{m}$, k 和 k' 分别是 A 和 $B_{\mathfrak{q}}$ 的剩余类域. 则我们有不等式

(5.5.8.1) $$\dim A+\{B:A\}\ \geqslant\ \dim B_{\mathfrak{q}}+\{k':k\}\,.$$

进而, 若对于 $B[T]$ 的每个有限型 A 子代数 A' 以及 A' 的每个满足 $\mathfrak{m}'\cap A=\mathfrak{m}$ 的极大理想 $\mathfrak{m}'$ 来说, $A'_{\mathfrak{m}'}$ 都是匀垂的, 则上式成为等式.

设 $B=A[x_1,\cdots,x_n]$, 我们对 n 进行归纳. 令 $C=A[x_1,\cdots,x_{n-1}]$ 且 $\mathfrak{r}=\mathfrak{q}\cap C$, 则 $C_{\mathfrak{r}}$ 是 Noether 整局部环, 并且若取 $S=C\smallsetminus\mathfrak{r}$, $B'=S^{-1}B$, $\mathfrak{q}'=S^{-1}\mathfrak{q}$, 则有 $B_{\mathfrak{q}}=B'_{\mathfrak{q}'}$, $B'=C_{\mathfrak{r}}[x_n]$, $\mathfrak{q}'\cap C_{\mathfrak{r}}=\mathfrak{r}C_{\mathfrak{r}}$, 进而, B' 和 $C_{\mathfrak{r}}$ 的分式域分别就是 B 和 C 的分式域. 从而若 k_1 是 $C_{\mathfrak{r}}$ 的剩余类域, 则根据 (5.5.7.1), 我们有

(5.5.8.2) $$\dim C_{\mathfrak{r}}+\{B:C\}\ \geqslant\ \dim B_{\mathfrak{q}}+\{k':k_1\}\,.$$

另一方面, 归纳假设给出

(5.5.8.3) $$\dim A+\{C:A\}\ \geqslant\ \dim C_{\mathfrak{r}}+\{k_1:k\}\,,$$

从而把 (5.5.8.2) 和 (5.5.8.3) 的各项相加就得到了 (5.5.8.1). 为了证明第二句话, 首先注意到 $C[T]$ 的任何有限型 A 子代数也是 $B[T]$ 的有限型 A 子代数, 我们对 n 进行归纳, 则可以假设 (5.5.8.3) 是等式. 另一方面, 为了证明 (5.5.8.2) 是等式, 依照 (5.5.7), 只需证明对于 $C_{\mathfrak{r}}[T]$ 的任何一个满足 $\mathfrak{n}\cap C_{\mathfrak{r}}=\mathfrak{r}C_{\mathfrak{r}}$ 的极大理想 $\mathfrak{n}$ 来说, 局部环 $(C_{\mathfrak{r}}[T])_{\mathfrak{n}}$ 都是匀垂的. 但我们有 $C_{\mathfrak{r}}[T]=S'^{-1}C[T]$, 其中 $S'=C\smallsetminus\mathfrak{r}$, 从而理想 $\mathfrak{n}$ 具有 $S'^{-1}\mathfrak{n}'$ 的形状, 其中 $\mathfrak{n}'$ 是 $C[T]$ 的一个极大理想, 且满足 $\mathfrak{n}'\cap C=\mathfrak{r}$, 故得 $(C_{\mathfrak{r}}[T])_{\mathfrak{n}}=(C[T])_{\mathfrak{n}'}$. 从而若 $\mathfrak{m}'$ 是 $C[T]$ 的一个包含 $\mathfrak{n}'$ 的极大理想, 则 $(C[T])_{\mathfrak{n}'}$ 就是环 $(C[T])_{\mathfrak{m}'}$ 的一个局部环, 根据前提条件, $(C[T])_{\mathfrak{m}'}$ 是匀垂的, 故知 $(C[T])_{\mathfrak{n}'}$ 也是匀垂的 (**0**, 16.1.4).

5.6 维数公式和广泛匀垂环

命题 (5.6.1) — 设 A 是一个 *Noether* 环. 则以下诸条件是等价的:

a) 任何多项式环 $A[T_1,\cdots,T_n]$ 都是匀垂的.

b) A 上的任何有限型代数都是匀垂的.

c) A 是匀垂的, 并且对任何本质有限型的 (1.3.8) 整局部 A 代数 B' 来说, 若令 $\mathfrak{p}$ 是 B' 的极大理想 $\mathfrak{q}$ 在 A 中的逆像, 并设 A' 是 $A_{\mathfrak{p}}$ 在 B' 中的像, k 和 k' 分别是 A' 和 B' 的剩余类域, 则我们总有

(5.6.1.1)
$$\dim A' + \{B' : A'\} \;=\; \dim B' + \{k' : k\}\,.$$

b) 蕴涵 c) 是缘自 (5.5.8). 事实上, B' 是一个本质有限型的局部 A' 代数 (1.3.10), 从而具有 $B''_{\mathfrak{q}''}$ 的形状, 其中 B'' 是 B' 的一个有限型 A' 子代数, $\mathfrak{q}''$ 是 B'' 的一个位于 A' 的极大理想 $\mathfrak{p}'$ 之上的素理想, 进而, B' 和 B'' 的分式域是相同的, 从而 $\{B' : A'\} = \{B'' : A'\}$. 为了证明 (5.6.1.1), 只需证明 (在条件 b) 之下) $B'[T]$ 的任何一个有限型 A' 子代数 A_1 都是匀垂的即可, 因为这样一来在 (5.5.8.1) 中把 A, B, $\mathfrak{q}$ 换成 A', B'', $\mathfrak{q}''$ 就得到了一个等式, 故得等式 (5.6.1.1). 现在条件 b) 表明, 任何本质有限型 A 代数都是匀垂的 (**0**, 16.1.4), 而 A_1 就是这种 A 代数 (1.3.9).

b) 蕴涵 a) 是显然的, 反之, a) 蕴涵 b), 因为任何一个有限型 A 代数都是某个多项式代数的商代数 (**0**, 16.1.4).

只需再证明 c) 蕴涵 b). 由于有限型 A 代数除以任何素理想后的商代数都是有限型整 A 代数, 故我们需要证明, 若 B 是一个有限型整 A 代数, $\mathfrak{q}$ 和 $\mathfrak{q}'$ 是 B 的两个素理想, 且满足 $\mathfrak{q}' \subseteq \mathfrak{q}$, 则有 (**0**, 16.1.4.2)

(5.6.1.2)
$$\dim(B_{\mathfrak{q}}/\mathfrak{q}'B_{\mathfrak{q}}) + \dim B_{\mathfrak{q}'} \;=\; \dim B_{\mathfrak{q}}\,.$$

设 $\mathfrak{p}$, $\mathfrak{p}'$ 分别是 $\mathfrak{q}$, $\mathfrak{q}'$ 在 A 中的像, $\mathfrak{n}$ 是同态 $A_{\mathfrak{p}} \to B_{\mathfrak{q}}$ 的核.

由于 $A_{\mathfrak{p}}$ 在 $B_{\mathfrak{q}}$ 中的像 A' 同构于 $A_{\mathfrak{p}}/\mathfrak{n}$, 故把公式 (5.6.1.1) 应用到 A' 和 $B' = B_{\mathfrak{q}}$ 上就得到

(5.6.1.3)
$$\dim(A_{\mathfrak{p}}/\mathfrak{n}) + \{B_{\mathfrak{q}} : A_{\mathfrak{p}}/\mathfrak{n}\} \;=\; \dim B_{\mathfrak{q}} + \{\boldsymbol{k}(\mathfrak{q}) : \boldsymbol{k}(\mathfrak{p})\}\,.$$

另一方面, $A_{\mathfrak{p}'} \to B_{\mathfrak{q}'}$ 的核是 $\mathfrak{n}A_{\mathfrak{p}'}$, 从而把公式 (5.6.1.1) 应用到 $A_{\mathfrak{p}'}/\mathfrak{n}A_{\mathfrak{p}'}$ 和 $B_{\mathfrak{q}'}$ 上又可以得到

(5.6.1.4)
$$\dim(A_{\mathfrak{p}'}/\mathfrak{n}A_{\mathfrak{p}'}) + \{B_{\mathfrak{q}'} : A_{\mathfrak{p}'}/\mathfrak{n}A_{\mathfrak{p}'}\} \;=\; \dim B_{\mathfrak{q}'} + \{\boldsymbol{k}(\mathfrak{q}') : \boldsymbol{k}(\mathfrak{p}')\}\,.$$

最后, $B/\mathfrak{q}'$ 是一个有限型整 A 代数, $\mathfrak{q}/\mathfrak{q}'$ 在 A 中的逆像是 $\mathfrak{p}$, 并且同态 $A_{\mathfrak{p}} \to B_{\mathfrak{q}}/\mathfrak{q}'B_{\mathfrak{q}}$ 的核是 $\mathfrak{p}'A_{\mathfrak{p}}$, 从而把 (5.6.1.1) 应用到 $A_{\mathfrak{p}}/\mathfrak{p}'A_{\mathfrak{p}}$ 和 $B_{\mathfrak{q}}/\mathfrak{q}'B_{\mathfrak{q}}$ 上还可以得到

(5.6.1.5)
$$\dim(A_{\mathfrak{p}}/\mathfrak{p}'A_{\mathfrak{p}}) + \{B_{\mathfrak{q}}/\mathfrak{q}'B_{\mathfrak{q}} : A_{\mathfrak{p}}/\mathfrak{p}'A_{\mathfrak{p}}\} \;=\; \dim(B_{\mathfrak{q}}/\mathfrak{q}'B_{\mathfrak{q}}) + \{\boldsymbol{k}(\mathfrak{q}) : \boldsymbol{k}(\mathfrak{p})\}\,.$$

现在我们把 (5.6.1.4) 和 (5.6.1.5) 的各项分别相加, 并注意到 $\boldsymbol{k}(\mathfrak{p}')$ (切转: $\boldsymbol{k}(\mathfrak{q}')$) 就是 $A_{\mathfrak{p}}/\mathfrak{p}'A_{\mathfrak{p}}$ (切转: $B_{\mathfrak{q}}/\mathfrak{q}'B_{\mathfrak{q}}$) 的分式域, 另一方面, $A_{\mathfrak{p}'}/\mathfrak{n}A_{\mathfrak{p}'}$ 和 $A_{\mathfrak{p}}/\mathfrak{n}$ 具有相同的

分式域, $B_{\mathfrak{q}'}$ 和 $B_{\mathfrak{q}}$ 具有相同的分式域, 最后, 由前提条件知, A 是匀垂的, 故有 (**0**, 16.1.4.2)

$$\dim(A_{\mathfrak{p}}/\mathfrak{p}'A_{\mathfrak{p}}) + \dim(A_{\mathfrak{p}'}/\mathfrak{n}A_{\mathfrak{p}'}) = \dim(A_{\mathfrak{p}}/\mathfrak{n}).$$

在此基础上, 有见于 (5.6.1.3), 就可以推出关系式 (5.6.1.2). 证明完毕.

定义 (5.6.2) — *所谓一个 Noether 环 A 是广泛匀垂的, 是指它满足 (5.6.1) 中的等价条件 a), b), c).*

注解 (5.6.3) — (i) 若 A 是广泛匀垂的, 则对于 A 的任何乘性子集 S 来说, $S^{-1}A$ 也是广泛匀垂的, 这是基于 (5.6.1, a)) 和下面这个事实: 匀垂环的任何分式环也是匀垂的. 反之, 若对于 A 的任何素理想 $\mathfrak{p}$ 来说, 环 $A_{\mathfrak{p}}$ 都是广泛匀垂的, 则 A 是广泛匀垂的. 事实上, 这是缘自 (5.6.1, c)), 因为若令 $S = A \smallsetminus \mathfrak{p}$, 则 $S^{-1}B$ 是一个有限型 $A_{\mathfrak{p}}$ 代数, 并且 $B_{\mathfrak{q}} = (S^{-1}B)_{S^{-1}\mathfrak{q}}$.

(ii) 所谓一个局部 Noether 概形 X 是*广泛匀垂的*, 是指对任意 $x \in X$, 环 $\mathscr{O}_x$ 都是广泛匀垂的. 于是由 (i) 知, 为了使 A 是广泛匀垂的, 必须且只需概形 Spec A 是广泛匀垂的.

(iii) 判别法 (5.6.1, c)) 只涉及 A 在有限型整 A 代数中的像, 从而只涉及 A 的整商环. 由此得知, 若 $\mathfrak{p}_i$ $(1 \leqslant i \leqslant n)$ 是 A 的所有极小素理想, 则 A 是广泛匀垂的就等价于每个 $A/\mathfrak{p}_i$ 都是广泛匀垂的. 这件事也表明, 一个局部 Noether 概形 X 是广泛匀垂的当且仅当 X_{red} 是如此.

(iv) 判别法 (5.6.1, b)) 和注解 (i) 表明, 若 A 是广泛匀垂的, 则任何本质有限型 A 代数都是广泛匀垂的.

命题 (5.6.4) — *正则环的商环都是广泛匀垂的.*

问题归结为证明正则环 A 都是广泛匀垂的 (5.6.3, (iv)). 我们知道 $A[T_1, \cdots, T_n]$ 是正则的 (**0**, 17.3.7), 从而是匀垂的 (**0**, 16.5.12), 于是由 (5.6.1, a)) 就可以推出结论.

特别地, 由 Cohen 定理 (**0**, 19.8.8) 知, *完备 Noether 局部环*都是广泛匀垂的. 同样地, 由于域上的有限型代数都是正则环的商环, 故知*域上的局部有限型概形*都是广泛匀垂的.

我们将在后面 (6.3.7) 看到, (5.6.4) 中的 "正则环" 可以换成 "Cohen-Macaulay 环".

命题 (5.6.5) — *设 Y 是一个不可约的局部 Noether 概形, X 是一个不可约概形, $f : X \to Y$ 是一个笼罩性的局部有限型态射. 设 ξ (切转: η) 是 X (切转: Y) 的一般点, 并设 $e = \dim f^{-1}(\eta) = \{\boldsymbol{k}(\xi) : \boldsymbol{k}(\eta)\}$* ("一般纤维的维数", 参考 ($\mathbf{0_I}$, 2.1.8) 和

(4.1.1)). 则对任意 $x \in X$ 和 $y = f(x)$, 均有

(5.6.5.1) $$e + \dim \mathscr{O}_y \geqslant \{\boldsymbol{k}(x) : \boldsymbol{k}(y)\} + \dim \mathscr{O}_x \,,$$

(5.6.5.2) $$\dim \mathscr{O}_x \leqslant \dim \mathscr{O}_y + \dim(\mathscr{O}_x \otimes_{\mathscr{O}_y} \boldsymbol{k}(y)) - \delta(x) \,,$$

其中 $\delta(x) = \dim_x f^{-1}(y) - e$.

进而, 若 Y 是广泛匀垂的, 则 (5.6.5.1) 和 (5.6.5.2) 都是等式. 如果 x 在 $f^{-1}(y)$ 中还是闭的, 则有

(5.6.5.3) $$\dim \mathscr{O}_x = \dim \mathscr{O}_y + e \,.$$

显然可以限于考虑 X 和 Y 都是仿射 (从而 f 是有限型的) 且既约 (从而都是整概形) 的情形. 由于 f 是笼罩性的, 故我们可以把 $\mathscr{O}_y$ 等同于 $\mathscr{O}_x$ 的一个子环, 并把 $\mathscr{O}_y$ 和 $\mathscr{O}_x$ 的分式域分别等同于 $\boldsymbol{k}(\eta)$ 和 $\boldsymbol{k}(\xi)$ (**I**, 8.2.7). 而且 $\mathscr{O}_x$ 是某个有限型 $\mathscr{O}_y$ 代数 B 在它的某个素理想 $\mathfrak{q}$ 处的局部环 (**I**, 3.6.5). 把 (5.5.8.1) 应用到 $A = \mathscr{O}_y$, B 和 $\mathfrak{q}$ 上我们就得到了 (5.6.5.1). 进而, $\mathscr{O}_x \otimes_{\mathscr{O}_y} \boldsymbol{k}(y) = \mathscr{O}_x / \mathfrak{m}_y \mathscr{O}_x$ 恰好就是纤维 $f^{-1}(y)$ 在点 x 处的局部环 (**I**, 3.6.1), 由于 $f^{-1}(y)$ 是 $\boldsymbol{k}(y)$ 上的有限型概形, 故由 (5.2.3) 知,

$$\dim(\mathscr{O}_x \otimes_{\mathscr{O}_y} \boldsymbol{k}(y)) = \dim_x f^{-1}(y) - \{\boldsymbol{k}(x) : \boldsymbol{k}(y)\} \,,$$

从而不等式 (5.6.5.2) 就是 (5.6.5.1) 的另一种形式.

若 Y 是广泛匀垂的, 则只要把等式 (5.6.1.1) 应用到 $A = \mathscr{O}_y$ 和 $B' = \mathscr{O}_x$ 上就可以得到等式 (5.6.5.1) 和 (5.6.5.2). 为了证明当 x 是 $f^{-1}(y)$ 中的闭点时我们还有等式 (5.6.5.3), 只需注意到下面这个事实即可: 在一般情况下, $\{\boldsymbol{k}(x) : \boldsymbol{k}(y)\}$ 都等于 $\overline{\{x\}} \cap f^{-1}(y)$ 的维数. 这件事是通过把 (5.2.1) 应用到 $f^{-1}(y)$ 的那个以上述闭集为底空间的既约闭子概形上而得到的.

后面 (13.1.1) 我们还将证明, 在 (5.6.5) 的条件下, 总会有 $\delta(x) \geqslant 0$, 从而 (5.6.5.2) 是 (5.5.2.1) 的精密化.

推论 (5.6.6) — 在 (5.6.5) 的一般条件下, 我们有

(5.6.6.1) $$\dim X \leqslant \dim Y + e \,.$$

若进而假设 Y 是广泛匀垂的, 则为了使上式成为等式, 必须且只需

(5.6.6.2) $$\dim Y = \sup_{y \in f(X)} \dim \mathscr{O}_y \,.$$

特别地, 如果 Y 是域上的局部有限型概形, 那么 (5.6.6.1)是等式.

事实上, 把 (5.6.5.1) 应用到 X 的某个闭点 x 上, 并借助 (5.1.4.2) 和 (5.1.11), 就可以得到不等式 (5.6.6.1). 另一方面, 任何非空纤维 $f^{-1}(y)$ 都包含一个闭点 (这是

指在该纤维中是闭的) (5.1.11), 若我们假设 Y 是广泛匀垂的, 则在该点处就有关系式 (5.6.5.3). 取 (5.6.5.3) 两边对于 X 中的所有点 x 的上确界, 并注意到 X 中的闭点 x 自然也是 $f^{-1}(f(x))$ 中的闭点, 故第二句话可由 (5.1.4.1) 和 (5.1.4.2) 推出.

下面我们来证明最后一句话, 注意到 X 的一般点有这样一个仿射开邻域 U, 它使得 $f|_U$ 成为有限型的, 从而 $f(U)$ 是 Y 的一个可构子集, 并且在 Y 中是稠密的 (1.8.5), 因而包含了 Y 的某个非空开集 (从而在 Y 中是稠密的) ($\mathbf{0_{III}}$, 9.2.2). 现在 Y 是域上的局部有限型概形, 故一方面 Y 是广泛匀垂的 (5.6.4), 另一方面 (5.6.6.2) 的两边是相等的 (5.2.2 和 4.1.1.3).

注意到若 f 是映满的, 则条件 (5.6.6.2) 显然成立.

推论 (5.6.7) — *设 Y 是一个局部 Noether 概形, $f: X \to Y$ 是一个局部有限型态射, n 是一个整数. 若对任意 $y \in Y$, 均有 $\dim f^{-1}(y) \leqslant n$, 则我们有*

(5.6.7.1) $$\dim X \leqslant \dim Y + n.$$

依照 ($\mathbf{0}$, 14.1.7) 和 (1.5.4), 可以限于考虑 X 和 Y 都仿射的情形, 从而 f 是有限型的, 并且可以假设 X 和 Y 都是既约的. 设 X_i $(1 \leqslant i \leqslant m)$ 是 X 的那些以各个不可约分支为底空间的闭子概形 (整), 则有 $\dim X = \sup_i \dim X_i$. 若 Z_i 是 Y 的那个以 $\overline{f(X_i)}$ 为底空间的既约闭子概形, 则这些 Z_i 都是整的 ($\mathbf{0_I}$, 2.1.5). f 的限制 $X_i \to Y$ 可以分解为 $X_i \xrightarrow{g_i} Z_i \xrightarrow{j_i} Y$, 其中 j_i 是典范含入 (**I**, 5.2.2), 并且 g_i 是笼罩性的有限型态射 (1.5.4). 现在对所有 i, 均有 $\dim Z_i \leqslant \dim Y$, 另一方面, 若 z_i 是 Z_i 的一般点, 则根据前提条件, 对所有 i, 均有 $\dim g_i^{-1}(z_i) \leqslant n$, 这就表明, 为了证明 (5.6.7.1), 我们只需证明对任意 i 均有 $\dim X_i \leqslant \dim Z_i + n$, 这可由 (5.6.6.1) 推出.

推论 (5.6.8) — *设 Y 是一个局部 Noether 概形, X 是一个***不可约***概形, $f: X \to Y$ 是一个局部有限型态射, $n \geqslant 0$ 是一个整数. 假设 Y 是广泛匀垂的, 并且对任意 $y \in Y$, 均有 $\dim f^{-1}(y) \geqslant n$ (切转: $\dim f^{-1}(y) = n$). 则我们有*

(5.6.8.1) $$\dim X \geqslant \dim Y + n$$

(5.6.8.2) $$(\text{切转: } \dim X = \dim Y + n).$$

由于 $n \geqslant 0$, 故前提条件表明 f 是映满的, 从而 Y 是不可约的. 进而, 若 η 是 Y 的一般点, 则我们有 $\dim f^{-1}(\eta) \geqslant n$ (切转: $\dim f^{-1}(\eta) = n$). 从而由 (5.6.6) 就可以推出结论.

注解 (5.6.9) — (i) 即使我们假设 Y 是正则的, X 是不可约的, 且 $f: X \to Y$ 是笼罩性的有限型态射, 仍然不能保证 (5.6.6.1) 的两边是相等的, 比如取 $Y = \operatorname{Spec} A$, 其中 A 是一个离散赋值环, 取 $X = \operatorname{Spec} K$, 其中 K 是 A 的分式域, 并取 f 是典范态射, 就能看出这一点.

(ii) 例子 (5.4.3, (i)) 表明, 在 (5.6.6) 和 (5.6.8) 中, X 是不可约的这个假设是不能省略的, 即使其他条件都得到了满足. 我们将在后面 (10.6.1) 通过对 Y 附加一些条件, 来避免出现该例子中的现象, 当 Y 是域上的局部有限型概形, 或者是 Dedekind 整环上的局部有限型概形的时候, 那些附加条件会自然成立.

命题 (5.6.10) — *设 A 是一个广泛匀垂的 Noether 整局部环, B 是一个包含 A 的整环, 并且是有限 A 代数. 则对于 B 的任何极大理想 $\mathfrak{n}$, 我们都有 $\dim B_{\mathfrak{n}} = \dim A$.*

事实上, 我们有 $\{B : A\} = 0$, 并且 $B_{\mathfrak{n}}$ 的剩余类域 k' 是 A 的分式域的一个代数扩张. 从而由公式 (5.6.1.1) 就可以推出结论, 因为 B 的任何极大理想都位于 A 的极大理想之上.

例子 (5.6.11) — 设 A 是一个 Noether 整局部环, 并且是整闭的, 则我们在 (**0**, 16.1.6) 中已经看到, (5.6.10) 的结论对于任何包含 A 的有限整 A 代数 B 都是成立的. 但我们现在要构造出这样一个匀垂的 Noether 整局部环 A, 对于它来说 (5.6.10) 的结论就不成立. 我们将使用 (5.2.5, (i)) 中的作法. 设 k_0 是一个域, k 是 k_0 的一个具有无限超越次数的纯超越扩张 $k_0(S_i)_{i\in\mathbb{N}}$, 设 V 是多项式环 $k[S]$ 在素理想 (S) 处的局部环 $k[S]_{(S)}$, 它是一个离散赋值环, 最后设 E 是多项式环 $V[T]$, 已经知道在 E 中极大理想 $\mathfrak{m} = (S) + (T)$ 具有高度 2, 而极大理想 $\mathfrak{m}' = (ST - 1)$ 则具有高度 1, 对应的剩余类域分别是 $\boldsymbol{k}(\mathfrak{m}) = k$ 和 $\boldsymbol{k}(\mathfrak{m}') = k(S)$ (即 V 的分式域). 基于 k 的选择, 这两个域是同构的. 现在我们分别用 ε 和 ε' 来表示 E 到 $E/\mathfrak{m} = \boldsymbol{k}(\mathfrak{m})$ 和 $E/\mathfrak{m}' = \boldsymbol{k}(\mathfrak{m}')$ 的典范同态, 另一方面, 设 σ 是 $\boldsymbol{k}(\mathfrak{m})$ 到 $\boldsymbol{k}(\mathfrak{m}')$ 的一个同构, 并考虑由 E 中的那些满足 $\varepsilon'(x) = \sigma(\varepsilon(x))$ 的元素 $x \in E$ 所组成的子环 C (这个构造方法是 "黏合过程" 的一个特殊情形, 一般的黏合过程将在第五章中进行系统考察). 易见 $\mathfrak{n} = \mathfrak{m}\mathfrak{m}' = \mathfrak{m} \cap \mathfrak{m}'$ 是 C 的一个极大理想, 并且 $C/\mathfrak{m}\mathfrak{m}'$ 可以等同于由 $(E/\mathfrak{m}) \times (E/\mathfrak{m}')$ 中的那些形如 $(z, \sigma(z))$ 的元素所组成的子域. 我们有 $E = C + C(ST - 1)$, 换句话说, E 是一个有限 C 代数, 并且它显然就是 C 的整闭包. 进而我们可以证明 C 是 *Noether* 的, 这是缘自下面的引理:

引理 (5.6.11.1) — *设 R 是一个环, S 是 R 的一个子环, $\mathfrak{K} = \mathrm{Ann}_S(R/S)$ 是 S 在 R 中的导子 (就是能够同时成为 S 和 R 的理想的那个最大的理想).*

(i) 对于 R 的任意理想 $\mathfrak{J} \subseteq \mathfrak{K}$, 我们都有一个从 S 中的那些满足 $R \cdot \mathfrak{L} = \mathfrak{J}$ 的理想 $\mathfrak{L}$ 的集合到 $\mathfrak{J}/\mathfrak{K}\mathfrak{J}$ 的那些 $(S/\mathfrak{K})$ 子模的集合的严格递增映射.

(ii) 若 $S/\mathfrak{K}$ 和 R 都是 Noether 的, 并且 R 是有限型 S 模, 则 S 的任何包含在 $\mathfrak{K}$ 中的递增理想序列都是最终稳定的.

(i) 事实上, 我们有 $\mathfrak{K}\mathfrak{J} = \mathfrak{K}(R \cdot \mathfrak{L}) = \mathfrak{K}\mathfrak{L} \subseteq \mathfrak{L}$ (其中 $\mathfrak{L}$ 是 S 的理想), 这就推出了结论.

(ii) 设 $(\mathfrak{L}_n)$ 是 S 的一个包含在 $\mathfrak{K}$ 中的递增理想序列. 则 R 的理想序列 $R \cdot \mathfrak{L}_n$

是最终稳定的, 因为 R 是 Noether 环, 从而我们可以假设所有的 $R\cdot\mathfrak{L}_n$ 都等于 R 的同一个理想 $\mathfrak{J}$. 由于 R 是 Noether 的, 故知 $\mathfrak{J}/\mathfrak{K}\mathfrak{J}$ 是有限型 R 模, 从而它也是有限型 S 模, 因而就是有限型 $(S/\mathfrak{K})$ 模. 但 $S/\mathfrak{K}$ 是 Noether 环, 从而 $\mathfrak{J}/\mathfrak{K}\mathfrak{J}$ 是一个 Noether $(S/\mathfrak{K})$ 模, 故由 (i) 就可以推出结论.

现在我们要把这个引理应用到 $R=E$ 且 $S=C$ 的情形, 易见 $\mathfrak{n}$ 就是 C 在 E 中的导子, 进而, 对于 C 的任意理想 $\mathfrak{a}$, $\mathfrak{a}/(\mathfrak{n}\cap\mathfrak{a})$ 都同构于 $(\mathfrak{a}+\mathfrak{n})/\mathfrak{n}$, 故它是 $C/\mathfrak{n}$ 的一个 C 子模, 然而 $C/\mathfrak{n}$ 是单 C 模, 从而我们只需证明 C 的这些理想 $\mathfrak{a}\cap\mathfrak{n}$ 都是有限型的即可, 这可由 (5.6.11.1) 推出.

由 (**0**, 16.1.5) 知, 我们有 $\dim C=\dim E=2$. 现在令 $A=C_{\mathfrak{n}}$, 从而若 $U=C\smallsetminus\mathfrak{n}$, 则分式环 $B=U^{-1}E$ 就是 A 的整闭包, 并且它是一个有限型 A 模, 此外, 由于 $\mathfrak{m}$ 和 $\mathfrak{m}'$ 是 E 中仅有的两个包含 $\mathfrak{n}$ 的素理想, 故知 B 是一个半局部环, 并且它在两个极大理想处的局部环分别同构于 $E_{\mathfrak{m}}$ 和 $E_{\mathfrak{m}'}$, 从而分别具有维数 2 和 1. 这就表明 $\dim B=2$, 从而也有 $\dim A=2$ (**0**, 16.1.5). 由于 A 是一个 2 维整局部环, 故它必然是匀垂的 (因为任何不是极大理想的非零素理想必然具有高度 1), 但它不满足 (5.6.10) 的结论, 因而就不会是广泛匀垂的.

再注意到 $\mathfrak{n}$ 是 C 的一个高度为 2 的素理想, 并且对于 C 的任何一个高度为 1 的素理想 $\mathfrak{p}$ 来说, 在 E 中都只有唯一一个位于 $\mathfrak{p}$ 之上的素理想 $\mathfrak{p}'$ (必然是高度 1 的), 并满足 $C_{\mathfrak{p}}=E_{\mathfrak{p}'}$. 事实上, E 中至少有一个位于 $\mathfrak{p}$ 之上的素理想 $\mathfrak{p}'$, 并且由 Cohen-Seidenberg 定理知, 这样的一个理想必然具有高度 1, 进而, 由于 E 是一个有限 C 代数, 并且 $\mathfrak{p}\supsetneq\mathfrak{n}$, 故知 $C_{\mathfrak{p}}$ 是整闭的 (Bourbaki,《交换代数学》, V, §1, ¥5, 命题 16 的推论 5), 从而 $E_{\mathfrak{p}'}=C_{\mathfrak{p}}$, 这就证明了我们的阐言.

我们想要知道, 是否所有满足 (5.6.10) 的结论的 Noether 整局部环都是广泛匀垂的? Nagata [33] 给出一个肯定的回答, 但他的证明看上去是不完整的.

5.7 深度与 (S_k) 性质

定义 (5.7.1) — *设 X 是一个局部 Noether 概形, $\mathscr{F}$ 是一个凝聚 $\mathscr{O}_X$ 模层. 所谓 $\mathscr{F}$ 在点 $x\in X$ 处的深度 (切转: 余深度), 是指* $\operatorname{dp}\mathscr{F}_x$ (*切转:* $\operatorname{codp}\mathscr{F}_x$) (**0**, 16.4.5 和 16.4.9). *所谓 $\mathscr{F}$ 的余深度, 是指*

(5.7.1.1)
$$\operatorname{codp}\mathscr{F}=\sup_{x\in X}\operatorname{codp}\mathscr{F}_x\,.$$

所谓 $\mathscr{F}$ 在点 $x\in X$ 处是 Cohen-Macaulay 的, 是指 $\mathscr{F}_x$ 是一个 Cohen-Macaulay $\mathscr{O}_x$ 模, 也就是说 (**0**, 16.5.1) $\operatorname{codp}\mathscr{F}_x=0$. *所谓 $\mathscr{F}$ 是一个 Cohen-Macaulay $\mathscr{O}_X$ 模层, 是指它在所有点处都是 Cohen-Macaulay 的, 换句话说* $\operatorname{codp}\mathscr{F}=0$. *如果在点 $x\in X$ 处, $\mathscr{O}_x$ 是 Cohen-Macaulay 环, 则我们也说 x 是 X 的一个 Cohen-Macaulay 点.*

我们把 $\operatorname{codp}\mathscr{O}_X$ 称为 X 的余深度, 并记作 $\operatorname{codp}X$. 所谓 X 是一个 *Cohen-Macaulay* 概形, 是指 $\mathscr{O}_X$ 是 Cohen-Macaulay $\mathscr{O}_X$ 模层, 换句话说 $\operatorname{codp}X = 0$. 0 维局部 Noether 概形显然都是 Cohen-Macaulay 概形. $\operatorname{Spec}A$ 是 Cohen-Macaulay 概形就等价于 A 是 Cohen-Macaulay 环 (**0**, 16.5.13).

定义 (5.7.2) — 设 X 是一个局部 *Noether* 概形, $\mathscr{F}$ 是一个凝聚 $\mathscr{O}_X$ 模层, k 是一个整数 (可以是负的). 所谓 $\mathscr{F}$ 具有 (S_k) 性质, 是指对任意 $x \in X$, 均有

(5.7.2.1) $$\operatorname{dp}\mathscr{F}_x \geqslant \inf(k, \dim \mathscr{F}_x)\,.$$

所谓 $\mathscr{F}$ 在点 $x \in X$ 处具有 (S_k) 性质, 是指对于 x 的任何一般化 x', 均有

(5.7.2.2) $$\operatorname{dp}\mathscr{F}_{x'} \geqslant \inf(k, \dim \mathscr{F}_{x'})\,.$$

所谓 X 具有 (S_k) 性质 (切转: 在点 x 处具有 (S_k) 性质), 是指 $\mathscr{O}_X$ 具有 (S_k) 性质 (切转: 在点 x 处具有 (S_k) 性质).

显然, 为了使 $\mathscr{F}$ 具有 (S_k) 性质, 必须且只需它在任意点处都具有 (S_k) 性质. 若 U 是 X 的一个开集, 并且 $\mathscr{F}$ 具有 (S_k) 性质, 则 $\mathscr{F}|_U$ 也具有 (S_k) 性质. 反之, 若 (U_α) 是 X 的一个开覆盖, 并且对任意 α, $\mathscr{F}|_{U_\alpha}$ 都具有 (S_k) 性质, 则 $\mathscr{F}$ 也具有 (S_k) 性质.

注解 (5.7.3) — (i) 我们知道当 $\mathscr{F}_x \neq 0$ 时总有 $\operatorname{dp}\mathscr{F}_x \leqslant \dim \mathscr{F}_x$ (**0**, 16.4.5.1). 从而 $\mathscr{F}$ 具有 (S_k) 性质就相当于说, 对于 $\dim \mathscr{F}_x \geqslant k$ 的点 $x \in X$, 均有 $\operatorname{dp}\mathscr{F}_x \geqslant k$, 并且对于 $\dim \mathscr{F}_x < k$ 的点 $x \in X$, 均有 $\dim \mathscr{F}_x = \operatorname{dp}\mathscr{F}_x$, 也就是说 (**0**, 16.5.1) $\mathscr{F}$ 在后一类点处是 Cohen-Macaulay 的. 注意到在 $\dim \mathscr{F}_x = k$ 的点处我们有 $\operatorname{dp}\mathscr{F}_x = k$, 从而 $\mathscr{F}$ 在这些点处也是 Cohen-Macaulay 的. 于是 $\mathscr{F}$ 对所有 k 都具有 (S_k) 性质就等价于 $\mathscr{F}$ 是 *Cohen-Macaulay* $\mathscr{O}_X$ 模层. 易见若 $k' \geqslant k$, 则 $(S_{k'})$ 性质蕴涵了 (S_k) 性质. 对于 $k \leqslant 0$, 所有的 $\mathscr{O}_X$ 模层都具有 (S_k) 性质.

(ii) 为了验证条件 (5.7.2.1), 可以限于考虑 $x \in \operatorname{Supp}\mathscr{F}$ 的情形, 因为在其他点处我们总有 $\dim \mathscr{F}_x = -\infty$ (**0**, 14.1.2).

(iii) 设 $X = \operatorname{Spec}A$, 其中 A 是一个 Noether 环, 并设 $\mathscr{F} = \widetilde{M}$, 其中 M 是一个有限型 A 模, 所谓 M 具有 (S_k) 性质, 是指 $\mathscr{F}$ 具有 (S_k) 性质. 于是对于任意的局部 Noether 概形 X 来说, $\mathscr{F}$ 在点 $x \in X$ 处具有 (S_k) 性质就相当于说, 如果令 $Y = \operatorname{Spec}\mathscr{O}_x$, 那么 $\mathscr{O}_Y$ 模层 $\widetilde{\mathscr{F}_x}$ 具有 (S_k) 性质. 注意到条件 (5.7.2.1) 在一般情况下并不蕴涵着 (5.7.2.2) 对 x 的所有一般化 x' 都成立, 因为在 $\operatorname{dp}\mathscr{F}_x$ 和 $\operatorname{dp}\mathscr{F}_{x'}$ 之间并没有任何不等式相联系 (**0**, 16.4.6).

(iv) 由定义立知, 若 $\mathscr{F}$ 在点 x 处具有 (S_k) 性质, 则它在 x 的任何一般化 x' 处都具有 (S_k) 性质.

(v) (S_k) 性质在 $k=1$ 和 $k=2$ 时特别重要, Serre 首先对 $k=2$ 引入了这个条件, 用来表达他的正规判别法 (参考 (5.8.5)).

(vi) 设 X 是一个局部 Noether 概形, Y 是 X 的一个闭子概形, $j: Y \to X$ 是典范含入, $\mathscr{G}$ 是一个凝聚 $\mathscr{O}_Y$ 模层. 则易见对任意 $x \in Y$, 均有 $\dim \mathscr{G}_x = \dim(j_*\mathscr{G})_x$ 和 $\operatorname{dp} \mathscr{G}_x = \operatorname{dp}(j_*\mathscr{G})_x$, 从而 $\operatorname{codp} \mathscr{G}_x = \operatorname{codp}(j_*\mathscr{G})_x$. 于是为了使 $\mathscr{G}$ 具有 (S_k) 性质, 必须且只需 $j_*\mathscr{G}$ 具有 (S_k) 性质.

命题 (5.7.4) — 设 X 是一个局部 *Noether* 概形, $\mathscr{F}$ 是一个凝聚 $\mathscr{O}_X$ 模层. 令 $S = \operatorname{Supp} \mathscr{F}$, 并且对任意 $n \geqslant 0$, 我们用 Z_n 来记由满足 $\operatorname{codp} \mathscr{F}_x > n$ 的点 $x \in X$ 所组成的集合, 从而 $Z_n \subseteq S$.

(i) 为了使 $\mathscr{F}$ 具有 (S_k) 性质, 必须且只需对任意 $n \geqslant 0$, 均有

(5.7.4.1) $$\operatorname{codim}(Z_n, S) > n+k.$$

(ii) 进而假设这些 Z_n 在 X 中都是闭的. 则为了使 $\mathscr{F}$ 在点 $x \in S$ 处具有 (S_k) 性质, 必须且只需对任意 $n \geqslant 0$, 均有

(5.7.4.2) $$\operatorname{codim}_x(Z_n, S) > n+k.$$

(i) 事实上, 根据定义 (5.1.3), 我们有 $\operatorname{codim}(Z_n, S) = \inf\limits_{x \in Z_n} \dim \mathscr{O}_{S,x}$, 从而依照 (5.1.12.2), 不等式 (5.7.4.1) 就等价于对任意 $z \in X$ 和 $n \geqslant 0$, 关系式

$$\dim \mathscr{F}_z - \operatorname{dp} \mathscr{F}_z \geqslant n+1$$

都蕴涵关系式

$$\dim \mathscr{F}_z \geqslant n+k+1.$$

然而若令 $a = \dim \mathscr{F}_z$, $b = \operatorname{dp} \mathscr{F}_z$, 则我们有 $b \leqslant a$, 并且条件 "对任意 $n \geqslant 0$, 关系式 $b \leqslant a-n-1$ 都蕴涵 $k \leqslant a-n-1$" 等价于 $b \geqslant \inf(k, a)$, 这就推出了结论.

(ii) 证明方法与 (i) 一样, 只是要局限在 x 的那些一般化 $z \in X$ 上, 并借助 (5.1.3.2).

命题 (5.7.5) — 设 X 是一个局部 *Noether* 概形, $\mathscr{F}$ 是一个凝聚 $\mathscr{O}_X$ 模层. 则为了使 $\mathscr{F}$ 具有 (S_k) 性质 $(k \geqslant 1)$, 必须且只需对任意整数 $0 \leqslant r < k$ 和 X 的任意开集 U 以及由 $\mathscr{O}_X$ 在 U 上的截面所组成的任意 $(\mathscr{F}|_U)$ 正则序列 $(f_i)_{1 \leqslant i \leqslant r}$, 模层 $(\mathscr{F}|_U)/\big(\sum\limits_{i=1}^{r} f_i(\mathscr{F}|_U)\big)$ 都没有内嵌支承素轮圈.

我们首先来证明 $k=1$ 的情形, 此时命题可以表述为: 为了使 $\mathscr{F}$ 具有 (S_1) 性质, 必须且只需 $\mathscr{F}$ 没有内嵌支承素轮圈. 事实上, $\mathscr{F}$ 具有 (S_1) 性质就相当于在所

有满足 $\dim \mathscr{F}_x > 0$ 的点 $x \in \operatorname{Supp} \mathscr{F}$ 处都有 $\operatorname{dp} \mathscr{F}_x \geqslant 1$ (因为在 $\operatorname{Supp} \mathscr{F}$ 的其他点处总有 $\dim \mathscr{F}_x = 0$, 从而 $\operatorname{dp} \mathscr{F}_x = 0$). 然而 $\operatorname{dp} \mathscr{F}_x \geqslant 1$ 等价于 $\mathfrak{m}_x$ 不是 $\mathscr{F}_x$ 的支承素理想 (**0**, 16.4.6, (i)), 亦即点 x 没有支承着 $\mathscr{F}$ (3.1.1). 另一方面, 若 S 是 X 的一个以 $\operatorname{Supp} \mathscr{F}$ 为底空间的子概形, 则我们有 (5.1.12.1) $\dim \mathscr{F}_x = \dim \mathscr{O}_{S,x}$, 从而 $\dim \mathscr{F}_x > 0$ 即意味着 x 不是 $\operatorname{Supp} \mathscr{F}$ 的极大点 (5.1.2), 这就推出了结论.

其次我们来对于 $k > 1$ 证明条件的必要性. 可以限于考虑 $U = X$ 的情形, 此时只要我们能够证明, 当 $\mathscr{F}$ 具有 (S_k) 性质且 f 是 $\mathscr{O}_X$ 的 $\mathscr{F}$ 正则整体截面时, $\mathscr{F}/f\mathscr{F}$ 一定具有 (S_{k-1}) 性质 (即满足把 k 换成 $k-1$ 后的不等式 (5.7.2.1)), 就可以 (使用第一部分的方法并对 k 进行归纳) 推出上述阐言. 现在对任意 $x \in X$, f_x 都是 $\mathscr{F}_x$ 正则的, 若它是可逆的, 则有 $\mathscr{F}_x/f_x\mathscr{F}_x = 0$, 结论自然成立. 相反地, 若 $f_x \in \mathfrak{m}_x$, 则我们知道 $\operatorname{dp}(\mathscr{F}_x/f_x\mathscr{F}_x) = \operatorname{dp} \mathscr{F}_x - 1$ (**0**, 16.4.6, (i)), 并且 $\dim(\mathscr{F}_x/f_x\mathscr{F}_x) = \dim \mathscr{F}_x - 1$ (**0**, 16.3.4), 从而也可以推出结论.

最后我们对于 $k > 1$ 来证明条件的充分性. 我们将对 k 进行归纳, 设 x 是 X 的一点, 首先假设 $\dim \mathscr{F}_x \geqslant k$. 则归纳假设表明, $\mathscr{F}$ 具有 (S_{k-1}) 性质, 从而 $\operatorname{dp} \mathscr{F}_x \geqslant k-1$. 有见于 (**0**, 15.2.4), 我们就可以找到 x 的一个开邻域 U 和一个由 $\mathscr{O}_X$ 在 U 上的截面所组成的 $(\mathscr{F}|_U)$ 正则序列 $(f_i)_{1 \leqslant i \leqslant k-1}$, 使得 $(f_i)_x \in \mathfrak{m}_x$ $(1 \leqslant i \leqslant k-1)$. 前提条件表明, $\mathscr{G} = (\mathscr{F}|_U)/\big(\sum_{i=1}^{k-1} f_i(\mathscr{F}|_U)\big)$ 没有内嵌支承素轮圈, 但我们有 $\dim \mathscr{G}_x = \dim \mathscr{F}_x - (k-1) \geqslant 1$ (**0**, 16.3.4), 从而 x 没有支承着 $\mathscr{G}$, 于是 $\operatorname{dp} \mathscr{G}_x \geqslant 1$ (**0**, 16.4.6), 而由于 $\operatorname{dp} \mathscr{G}_x = \operatorname{dp} \mathscr{F}_x - (k-1)$ (**0**, 16.4.6), 故有 $\operatorname{dp} \mathscr{F}_x \geqslant k$. 我们再假设 $\dim \mathscr{F}_x = r < k$, 则由于 $\mathscr{F}$ 具有 (S_{k-1}) 性质, 故得 $\operatorname{dp} \mathscr{F}_x \geqslant \inf(k-1, r) = r$, 这就完成了证明.

推论 (5.7.6) — *假设 $\mathscr{F}$ 具有 (S_k) 性质 $(k \geqslant 1)$, 若 (f_i) $(1 \leqslant i \leqslant r)$ 是一个由 $\mathscr{O}_X$ 的整体截面所组成的 $\mathscr{F}$ 正则序列, 则对于 $r \leqslant k$, $\mathscr{F}/\big(\sum_{i=1}^{r} f_i\mathscr{F}\big)$ 具有 (S_{k-r}) 性质.*

这可由 (5.7.5) 立得.

推论 (5.7.7) — *为了使 $\mathscr{F}$ 具有 (S_2) 性质, 必须且只需 $\mathscr{F}$ 没有内嵌支承素轮圈, 并且对于 X 的任意开集 U 和 $\mathscr{O}_X$ 在 U 上的任意 $(\mathscr{F}|_U)$ 正则截面 f, $(\mathscr{F}|_U)/f(\mathscr{F}|_U)$ 都没有内嵌支承素轮圈.*

注解 (5.7.8) — 设 X 是一个 1 维局部 Noether 概形, 依照定义 (5.7.1) 和 (5.7.2), X 是 Cohen-Macaulay 概形就等价于它具有 (S_1) 性质, 这也等价于它对任何 $n \geqslant 1$ 都具有 (S_n) 性质. 从而依照 (5.7.5), 对于 1 维概形来说, 它是 Cohen-Macaulay 概形就等价于它没有内嵌支承素轮圈. 比如说, 1 维既约局部 Noether 概形都是 Cohen-Macaulay 概形.

命题 (5.7.9) — 设 A, B 是两个 *Noether* 环, $\rho: A \to B$ 是一个环同态, M 是一个 B 模, 并假设 $M_{[\rho]}$ 是有限型 A 模. 设 $\mathfrak{p}$ 是 A 的一个素理想, 则 B 的位于 $\mathfrak{p}$ 之上并且落在 $\operatorname{Supp} M$ 中的素理想只有有限个, 设 $(\mathfrak{q}_i)_{1\leqslant i\leqslant n}$ 是这些素理想, 则有

$$\dim_{A_\mathfrak{p}} M_\mathfrak{p} = \sup_i \dim_{B_{\mathfrak{q}_i}} M_{\mathfrak{q}_i}\,, \tag{5.7.9.1}$$

$$\operatorname{dp}_{A_\mathfrak{p}} M_\mathfrak{p} = \inf_i \operatorname{dp}_{B_{\mathfrak{q}_i}} M_{\mathfrak{q}_i}\,. \tag{5.7.9.2}$$

若 $\mathfrak{b}$ 是 M 的零化子, 则 $B/\mathfrak{b}$ 可以等同于 $\operatorname{End}_A(M_{[\rho]})$ 的一个 A 子模, 从而是有限型的 (因为 A 是 Noether 环). 这就表明 B 只有有限个位于 $\mathfrak{p}$ 之上并且包含 $\mathfrak{b}$ 的素理想, 它们恰好就是 $\operatorname{Supp} M$ 中的那些素理想. 现在我们把 B 换成 $B/\mathfrak{b}$, 这不会改变 (5.7.9.1) 和 (5.7.9.2) 的右端 (根据 (**0**, 16.1.9) 和 (**0**, 16.4.8)), 从而可以假设 B 是有限 A 代数. 令 $S = A \setminus \mathfrak{p}$ 和 $B' = S^{-1}B$, 则 B' 是一个 Noether 半局部环, 且它的极大理想就是这些 $S^{-1}\mathfrak{q}_i$ $(1 \leqslant i \leqslant n)$, 由于 $M_\mathfrak{p}$ 是有限型 $A_\mathfrak{p}$ 模, 故有 $\dim_{A_\mathfrak{p}} M_\mathfrak{p} = \dim_{B'} M_\mathfrak{p}$ (**0**, 16.1.9). 在此基础上, 关系式 (5.7.9.1) 就成为 (**0**, 16.1.7.4) 的一个特殊情形. 为了证明关系式 (5.7.9.2), 我们可以利用 (**0**, 16.4.8) 的方法把问题归结到 $\operatorname{dp}_{A_\mathfrak{p}} M_\mathfrak{p} = 0$ 的情形, 此时 (**0**, 16.4.8) 中的证明过程就表明, $M_\mathfrak{p}$ 中有一个有限长的 B' 子模, 因而就有一个单 B' 子模, 但这样一个子模必然同构于某个 $B_{\mathfrak{q}_i}$ 的剩余类域, 从而至少可以找到一个指标 i, 使得 $\operatorname{dp}_{B_{\mathfrak{q}_i}} M_{\mathfrak{q}_i} = 0$ (**0**, 16.4.6), 这就完成了证明.

推论 (5.7.10) — 假设 (5.7.9) 的前提条件得到满足, 并进而假设 A 是局部环, 则为了使 M 是 *Cohen-Macaulay* A 模, 必须且只需对于 B 的任何一个位于 A 的极大理想之上的素理想 $\mathfrak{q}_i$, $M_{\mathfrak{q}_i}$ 都是 *Cohen-Macaulay* $B_{\mathfrak{q}_i}$ 模, 并且所有的维数 $\dim_{B_{\mathfrak{q}_i}} M_{\mathfrak{q}_i}$ 都是相等的.

事实上, 由 (5.7.9.1) 和 (5.7.9.2) 知, 这些条件就等价于 $\dim_A M = \operatorname{dp}_A M$.

推论 (5.7.11) — 假设 (5.7.9) 的前提条件得到满足,

(i) 若 $M_{[\rho]}$ 具有 (S_k) 性质, 则 M 也具有 (S_k) 性质.

(ii) 假设对于 B 的任意一对满足 $\rho^{-1}(\mathfrak{q}) = \rho^{-1}(\mathfrak{q}')$ 的素理想 $\mathfrak{q}, \mathfrak{q}'$, 均有 $\dim_{B_\mathfrak{q}} M_\mathfrak{q} = \dim_{B_{\mathfrak{q}'}} M_{\mathfrak{q}'}$. 于是若 M 具有 (S_k) 性质, 则 $M_{[\rho]}$ 也具有 (S_k) 性质.

这可由关系式 (5.7.9.1) 和 (5.7.9.2) 以及 (S_k) 性质的定义立得.

(5.7.12) 与 (5.7.1) 中的定义相适应, 对任意 Noether 环 A 和有限型 A 模 M, 我们都可以定义 $\operatorname{codp}_A M$ 就等于 $\operatorname{codp} \widetilde{M} = \sup_{x\in X} \operatorname{codp}_{A_x} M_x$, 其中 $X = \operatorname{Spec} A$. 我们将在后面 (6.11.5) 说明, 当 A 是 Noether 局部环时, 这个定义与 (**0**, 16.4.9) 中的定义是一致的.

推论 (5.7.13) — 设 A, B 是两个 *Noether* 环, $\rho: A \to B$ 是一个环同态, M 是

一个 B 模, 并假设 $M_{[\rho]}$ 是有限型 A 模. 则我们有

(5.7.13.1) $$\operatorname{codp}_A M_{[\rho]} \geqslant \operatorname{codp}_B M\,.$$

这可由上述定义以及关系式 (5.7.9.1), (5.7.9.2) 推出.

5.8 正则概形与 (R_k) 性质. Serre 正规判别法

(5.8.1) 还记得 ($\mathbf{0_I}$, 4.1.4) 所谓一个环积空间 $(X, \mathscr{O}_X)$ 在点 $x \in X$ 处是正则的, 是指 $\mathscr{O}_x$ 是一个正则环. 在本章中, 我们只对局部 *Noether* 概形使用这个术语.

定义 (5.8.2) — *所谓一个局部 Noether 概形 X* **是余 k 维正则的**, *或称***具有** (R_k) **性质**, *是指由 X 的全体非正则点所组成的这个集合的余维数 $> k$* (换句话说, 对任意 $x \in X$, 只要 $\dim \mathscr{O}_x \leqslant k$, 环 $\mathscr{O}_x$ 就是正则的).

于是 X 是正则的就等价于说, 对任意 k, X 都具有 (R_k) 性质.

设 $X = \operatorname{Spec} A$, 其中 A 是一个 *Noether* 环, 所谓 A 具有 (R_k) 性质, 是指 X 具有该性质, 于是 X 是正则的就等价于环 A 是正则的 ($\mathbf{0}$, 17.3.6). 对于任意的局部 Noether 概形 X 来说, 所谓 X 在点 $x \in X$ 处具有 (R_k) 性质, 是指局部环 $\mathscr{O}_x$ 具有 (R_k) 性质. 这件事也相当于说, 对于 x 的任何一个一般化 x', 只要 $\dim \mathscr{O}_{x'} \leqslant k$, 环 $\mathscr{O}_{x'}$ 就是正则局部环. 依照 ($\mathbf{0}$, 17.3.6), X 在点 x 处是正则的就等价于对所有 $n \geqslant 0$, X 在点 x 处都具有 (R_n) 性质.

命题 (5.8.3) — *若 k 是一个域, X 是一个局部有限型 k 概形, 则对任意 $x \in X$, 均可找到 x 在 X 中的一个开邻域, 使得该邻域同构于某个正则 k 概形的子概形.*

事实上, 我们可以找到 x 的一个仿射开邻域 U, 它同构于某个形如 $\operatorname{Spec} A$ 的 k 概形, 其中 A 是一个有限型 k 代数. 现在 A 同构于多项式代数 $k[T_1, \cdots, T_n]$ 的商代数, 而我们知道多项式代数是正则环 ($\mathbf{0}$, 17.3.7).

(5.8.4) 依照 (5.8.2), X 具有 (R_0) 性质就意味着在 X 的任何极大点 x 处环 $\mathscr{O}_x$ 都是域 ($\mathbf{0}$, 17.1.4), 换句话说, X 在该点处是既约的. 由全体既约点 $x \in X$ 所组成的集合 U 是开的 (因为 X 的诣零根是凝聚 $\mathscr{O}_X$ 模层 ($\mathbf{I}$, 6.1.1 和 $\mathbf{0_I}$, 5.2.2)), 从而 X 具有 (R_0) 性质就等价于集合 U 是处处稠密的. 从而有:

命题 (5.8.5) — *为了使一个局部 Noether 概形 X 是既约的, 必须且只需它具有 (S_1) 性质和 (R_0) 性质.*

有见于 (5.7.5), 这是缘自上述注解和 (3.2.1).

定理 (5.8.6) (Serre 判别法) — *设 X 是一个局部 Noether 概形. 为了使 X 是正规的, 必须且只需它具有 (S_2) 性质和 (R_1) 性质, 换句话说, 在任意点 $x \in X$ 处, 下*

述条件都得到满足:

(i) 若 $\dim \mathscr{O}_x \leqslant 1$, 则 $\mathscr{O}_x$ 是正则的 (也就是说, 它是域或者离散赋值环 (**0**, 17.1.4)).

(ii) 若 $\dim \mathscr{O}_x \geqslant 2$, 则 $\operatorname{dp} \mathscr{O}_x \geqslant 2$.

这些条件是必要的, 事实上, X 是正规的就意味着在所有点 $x \in X$ 处, $\mathscr{O}_x$ 都是 Noether 整闭整局部环. 若 $\dim \mathscr{O}_x = 0$ (切转: $\dim \mathscr{O}_x = 1$), 则 $\mathscr{O}_x$ 是一个域, 因为 $\mathscr{O}_x$ 是整的 (切转: $\mathscr{O}_x$ 是离散赋值环, 依照 (**II**, 7.1.6)). 另一方面, 对于 $\mathscr{O}_x$ 的任意非零元 f_x, 我们知道 (Bourbaki,《交换代数学》, VII, §1, ¥4, 命题 8) $\mathscr{O}_x/f_x\mathscr{O}_x$ 的每个支承素理想都不是内嵌的, 从而 $\mathscr{O}_x$ 具有 (S_2) 性质 (5.7.7).

这些条件也是充分的. 事实上, 首先由 (5.8.5) 知, X 是既约的. 由于问题是局部性的, 故我们可以进而假设 $X = \operatorname{Spec} A$, 其中 A 是一个 Noether 既约环 (**I**, 5.1.4). 设 R 是 A 的全分式环, 则 R 是有限个域的直合, 从而 (有见于 (**II**, 6.3.6)) 只需证明 A 在 R 中是整闭的即可. 现在设 $h = f/g$ 是 R 的一个在 A 上整型的元素, 其中 g 和 f 都是 A 的元素, 并且 g 不是零因子. 于是我们有一个形如

(5.8.6.1)
$$f^n + \sum_{i=1}^{n} a_i f^{n-i} g^i = 0$$

的关系式, 其中 $a_i \in A$ $(1 \leqslant i \leqslant n)$.

设 $\mathfrak{p}$ 是 A 的一个素理想, 且满足 $\dim A_{\mathfrak{p}} = 1$, 若 $f_{\mathfrak{p}}$ 和 $g_{\mathfrak{p}}$ 是 f 和 g 在 $A_{\mathfrak{p}}$ 中的像, 则由 (5.8.6.1) 知, $f_{\mathfrak{p}}/g_{\mathfrak{p}}$ (它是 $A_{\mathfrak{p}}$ 的全分式环中的元素, 因为根据平坦性 ($\mathbf{0_I}$, 5.3.1), $g_{\mathfrak{p}}$ 在 $A_{\mathfrak{p}}$ 中不是零因子) 在 $A_{\mathfrak{p}}$ 上是整型的. 然而 $A_{\mathfrak{p}}$ 是正则的, 从而是整闭的, 故我们有 $f_{\mathfrak{p}}/g_{\mathfrak{p}} \in A_{\mathfrak{p}}$. 换句话说, $(fA)_{\mathfrak{p}} \subseteq (gA)_{\mathfrak{p}}$. 由于 g 不是零因子, 故条件 (S_2) 表明 (5.7.7), A/gA 只有非内嵌的支承素理想 $\mathfrak{p}_i$ $(1 \leqslant i \leqslant n)$. 现在 gA 就是与这些 $\mathfrak{p}_i$ 相对应的准素理想 $\mathfrak{q}_i$ 的交集, 并且根据上面所述, $\mathfrak{q}_i$ 就是理想 $(gA)_{\mathfrak{p}_i}$ 在同态 $A \to A_{\mathfrak{p}_i}$ 下的逆像 (Bourbaki,《交换代数学》, IV, §2, ¥3, 命题 5). 然而依照主理想定理 (**0**, 16.3.2), 对任意 $1 \leqslant i \leqslant n$, 我们都有 $\dim A_{\mathfrak{p}_i} = 1$, 从而基于上述结果, $(fA)_{\mathfrak{p}_i} \subseteq (gA)_{\mathfrak{p}_i}$. 由于 fA 包含在这些 $(fA)_{\mathfrak{p}_i}$ $(1 \leqslant i \leqslant n)$ 的逆像里, 故有 $fA \subseteq gA$, 也就是说, $f/g \in A$. 证明完毕.

5.9 Z 纯净模层与 Z 封闭模层

这一小节与下一小节中的部分概念和结果是第三章中的局部上同调理论的特殊情形①. 为了方便读者, 我们将在下面给出独立的探讨.

(5.9.1) 设 X 是一个局部 Noether 概形, Z 是 X 的一个子集, 并且在特殊化下是稳定的, 这意味着对于 Z 的每个有限子集 M 来说, M 的闭包也包含在 Z 中, 从

①译注: 这是第三章未完成的部分, 可以参考 SGA 2.

而 Z 是 X 的某个由闭子集所组成的递增滤相族 (Z_α) 的并集. 反之, 易见这样一个并集在特殊化下总是稳定的.

我们令 $U_\alpha = X \smallsetminus Z_\alpha$, 从而 $X \smallsetminus Z$ 就是这些开集 U_α 的递减滤相族的交集. 设 $i_\alpha : U_\alpha \to X$ 是典范含入, 并且对于 $U_\alpha \supseteq U_\beta$, 设 $i_{\alpha\beta} : U_\beta \to U_\alpha$ 是典范含入, 故我们有 $i_\beta = i_\alpha \circ i_{\alpha\beta}$. 设 $\mathscr{F}$ 是一个 $\mathscr{O}_X$ 模层 (未必拟凝聚), 则有 $(i_\beta)_*(\mathscr{F}|_{U_\beta}) = (i_\alpha)_*(i_{\alpha\beta})_*(\mathscr{F}|_{U_\beta})$, 从而由典范同态 ($\mathbf{0_I}$, 4.4.3.2)

$$\mathscr{F}|_{U_\alpha} \longrightarrow (i_{\alpha\beta})_*(\mathscr{F}|_{U_\beta})$$

可以导出一个同态 (通过函子 $(i_\alpha)_*$)

$$\rho_{\beta\alpha} : (i_\alpha)_*(\mathscr{F}|_{U_\alpha}) \longrightarrow (i_\beta)_*(\mathscr{F}|_{U_\beta}),$$

且可以立即验证, 对于 $U_\alpha \supseteq U_\beta \supseteq U_\gamma$, 我们总有 $\rho_{\gamma\alpha} = \rho_{\gamma\beta} \circ \rho_{\beta\alpha}$. 换句话说, 这些 $\mathscr{O}_X$ 模层 $(i_\alpha)_*(\mathscr{F}|_{U_\alpha})$ 在同态 $\rho_{\beta\alpha}$ 下成为一个*归纳系*. 现在令

(5.9.1.1) $$\mathscr{H}^0_{X/Z}(\mathscr{F}) = \varinjlim_\alpha (i_\alpha)_*(\mathscr{F}|_{U_\alpha}).$$

这个 $\mathscr{O}_X$ 模层并不依赖于递增族 (Z_α) 的选择 (只要它们的并集是 Z). 事实上, 设 V 是 X 的一个 *Noether* 开集, 我们知道 (G, II, 3.10.1) 在 $\mathscr{O}_V$ 模层的范畴中, 函子 $\mathscr{G} \mapsto \Gamma(V, \mathscr{G})$ 与归纳极限可交换, 从而依照 (5.9.1.1), 我们有

(5.9.1.2) $$\Gamma(V, \mathscr{H}^0_{X/Z}(\mathscr{F})) = \varinjlim_\alpha \Gamma(V \cap U_\alpha, \mathscr{F}).$$

于是若 (Z'_λ) 是 X 的另一个由闭子集所组成的递增滤相族, 并集也是 Z, 则 $V \cap Z_\alpha$ 就是这些 $V \cap Z_\alpha \cap Z'_\lambda$ 的并集, 但 $V \cap Z_\alpha$ 在 X 中是局部闭的, 从而 $V \cap Z_\alpha$ 的任意不可约闭子集都有一般点. 由于这些 $V \cap Z_\alpha \cap Z'_\lambda$ 在 $V \cap Z_\alpha$ 中都是闭的, 并且 (对于固定的 α) 构成一个递增滤相族, 故我们可以找到一个指标 λ, 使得 $V \cap Z_\alpha \cap Z'_\lambda = V \cap Z_\alpha$ ($\mathbf{0_{III}}$, 9.2.4), 换句话说, $V \cap Z_\alpha \subseteq V \cap Z'_\lambda$. 这就证明了递减滤相族 $V \cap U_\alpha$ 和 $V \cap U'_\lambda$ (令 $U'_\lambda = X \smallsetminus Z'_\lambda$) 是互相共尾的, 再依照 (5.9.1.2), 就得到了我们的结论.

注意到集合 Z 未必是可构的, 比如我们可以取 $X = \operatorname{Spec} A$, 其中 A 是一个 Noether 整环, 且有无限多个极大理想, 再取 Z 是 X 的一般点的补集.

若 Z 是闭的, 且 $i : X \smallsetminus Z \to X$ 是典范含入, 则有

(5.9.1.3) $$\mathscr{H}^0_{X/Z}(\mathscr{F}) = i_*(\mathscr{F}|_{X \smallsetminus Z}).$$

特别地, 对于 $Z = \varnothing$, 我们有 $\mathscr{H}^0_{X/Z}(\mathscr{F}) = \mathscr{F}$.

命题 (5.9.2) — (i) *函子* $\mathscr{F} \mapsto \mathscr{H}^0_{X/Z}(\mathscr{F})$ *是左正合的.*

(ii) *若* $\mathscr{F}$ *是拟凝聚的, 则* $\mathscr{H}^0_{X/Z}(\mathscr{F})$ *也是如此.*

条目 (i) 可由定义 (5.9.1.1) 得出, 因为这些 $(i_\alpha)_*$ 都是左正合函子, 并且在 $\mathscr{O}_X$ 模层范畴中, 归纳极限保持正合性. 条目 (ii) 缘自 (**I**, 9.2.2), 因为拟凝聚 $\mathscr{O}_X$ 模层的归纳极限也是拟凝聚的 (**I**, 1.3.9).

注解 (5.9.3) — 若 $\mathscr{F}$ 是一个 $\mathscr{O}_X$ 代数层, 则 $\mathscr{H}^0_{X/Z}(\mathscr{F})$ 也是如此 ($\mathbf{0_I}$, 4.2.4). 特别地, $\mathscr{H}^0_{X/Z}(\mathscr{O}_X)$ 是一个拟凝聚 $\mathscr{O}_X$ 代数层, 并且对任意 $\mathscr{O}_X$ 模层 $\mathscr{F}$, $\mathscr{H}^0_{X/Z}(\mathscr{F})$ 都是 $\mathscr{H}^0_{X/Z}(\mathscr{O}_X)$ 模层, 而且当 $\mathscr{F}$ 拟凝聚时, 后者也是拟凝聚的 (**I**, 9.6.1). 更特别地, 假若 $X=\operatorname{Spec}A$, 其中 A 是一个 *Noether* 整环, 则 $\mathscr{H}^0_{X/Z}(\mathscr{O}_X)$ 就是 $\mathscr{O}_X$ 代数层 $\widetilde{B}$, 其中

(5.9.3.1)
$$B=\bigcap_{\mathfrak{p}\in X\smallsetminus Z}A_{\mathfrak{p}}\,.$$

事实上, 这是缘自 (5.9.1.2) 和 (**I**, 8.2.1.1).

命题 (5.9.4) — *设 X 是一个局部 Noether 概形, Z 是 X 的一个子集, 且在特殊化下是稳定的, X' 是一个局部 Noether 概形, $f: X'\to X$ 是一个平坦态射. 则 $Z'=f^{-1}(Z)$ 在特殊化下是稳定的, 并且对任意拟凝聚 $\mathscr{O}_X$ 模层 $\mathscr{F}$, 我们都有典范同构*

(5.9.4.1)
$$f^*\mathscr{H}^0_{X/Z}(\mathscr{F})\ \xrightarrow{\ \sim\ }\ \mathscr{H}^0_{X'/Z'}(f^*\mathscr{F})\,.$$

事实上, 在 (5.9.1) 的记号下, $Z'_\alpha=f^{-1}(Z_\alpha)$ 在 X' 中是闭的, 并且 Z' 就是这些 Z'_α 的并集. 进而, $(i_\alpha)_{(X')}$ 就是典范含入 $i'_\alpha:U'_\alpha\to X'$, 其中 $U'_\alpha=X'\smallsetminus Z'_\alpha=f^{-1}(U_\alpha)$. 由于 f 是平坦的, 故我们知道 (2.3.1) 典范同态 $f^*(i_\alpha)_*(\mathscr{F}|_{U_\alpha})\to(i'_\alpha)_*((f^*\mathscr{F})|_{U'_\alpha})$ 是一一的, 现在对任意 $\alpha\leqslant\beta$, 图表

$$\begin{array}{ccc}
f^*(i_\alpha)_*(\mathscr{F}|_{U_\alpha}) & \xrightarrow{\ \sim\ } & (i'_\alpha)_*((f^*\mathscr{F})|_{U'_\alpha})\\
\downarrow & & \downarrow\\
f^*(i_\beta)_*(\mathscr{F}|_{U_\beta}) & \xrightarrow{\ \sim\ } & (i'_\beta)_*((f^*\mathscr{F})|_{U'_\beta})
\end{array}$$

都是交换的, 从而取极限就得到一个典范同构 $\varinjlim_\alpha(f^*(i_\alpha)_*(\mathscr{F}|_{U_\alpha}))\xrightarrow{\ \sim\ }\mathscr{H}^0_{X'/Z'}(f^*\mathscr{F})$. 但由于函子 f^* 与归纳极限可交换 ($\mathbf{0_I}$, 4.3.2), 故根据定义, 这就给出了所要的同构 (5.9.4.1).

推论 (5.9.5) — *在 (5.9.4) 的前提条件下, 若 $\mathscr{H}^0_{X/Z}(\mathscr{F})$ 是凝聚的, 则 $\mathscr{H}^0_{X'/Z'}(f^*\mathscr{F})$ 也是如此. 并且当 f 是拟紧忠实平坦态射时, 逆命题也成立.*

第一句话缘自 (5.9.4.1) 和 ($\mathbf{0_I}$, 5.3.11). 第二句话等价于当 $\mathscr{H}^0_{X'/Z'}(f^*\mathscr{F})$ 是有限型的时, $\mathscr{H}^0_{X/Z}(\mathscr{F})$ 也是有限型的, 而这可由 (5.9.4.1) 和 (2.5.2) 推出.

推论 (5.9.6) — 设 X 是一个局部 *Noether* 概形, Z 是 X 的一个子集, 且在特殊化下是稳定的, $\mathscr{F}$ 是一个拟凝聚 $\mathscr{O}_X$ 模层. 对任意 $x \in X$, 我们令 $X_x = \operatorname{Spec} \mathscr{O}_x$ 和 $Z_x = Z \cap X_x$, 则有一个函子性的典范同构

(5.9.6.1)
$$(\mathscr{H}^0_{X/Z}(\mathscr{F}))_x \xrightarrow{\sim} \mathscr{H}^0_{X_x/Z_x}(\widetilde{\mathscr{F}_x}).$$

只需把 (5.9.4) 应用到典范态射 $X_x \to X$ (它是平坦的) 上, 并借助 (**I**, 1.6.5) 即可.

(5.9.7) 在 (5.9.1) 的记号下, 对任意 α, 我们都有一个函子性的典范同态 $\mathscr{F} \to (i_\alpha)^*(\mathscr{F}|_{U_\alpha})$ ($\mathbf{0_I}$, 4.4.3.2), 并且这些同态构成了一个归纳系. 取归纳极限, 就可以导出一个函子性的典范同态

(5.9.7.1)
$$\rho_{X/Z} \ : \ \mathscr{F} \longrightarrow \mathscr{H}^0_{X/Z}(\mathscr{F}).$$

命题 (5.9.8) — 设 X 是一个局部 *Noether* 概形, Z 是 X 的一个子集, 且在特殊化下是稳定的, $\mathscr{F}$ 是一个 $\mathscr{O}_X$ 模层. 则以下诸条件是等价的:

a) 同态 $\rho_{X/Z}$ (5.9.7.1) 是单的 (切转: 一一的).

b) 对于 X 的任意 *Noether* 开集 V, 同态

$$(\rho_{X/Z})_V \ : \ \Gamma(V,\mathscr{F}) \longrightarrow \varinjlim_{\alpha} \Gamma(V \cap U_\alpha, \mathscr{F})$$

都是单的 (切转: 一一的).

a′) 对于 X 的任意闭子集 $T \subseteq Z$, 典范同态 ($\mathbf{0_I}$, 4.4.3.2)

$$\mathscr{F} \longrightarrow i_*(\mathscr{F}|_{X \smallsetminus T})$$

(其中 $i : X \smallsetminus T \to X$ 是典范含入) 都是单的 (切转: 一一的).

b′) 对于 X 的任意闭子集 $T \subseteq Z$ 以及任意 *Noether* 开集 V, 限制同态

$$\Gamma(V,\mathscr{F}) \longrightarrow \Gamma(V \cap (X \smallsetminus T), \mathscr{F})$$

都是单的 (切转: 一一的).

有见于 (5.9.1.2), 条件 a) 和 b) (切转: a′) 和 b′)) 的等价性缘自函子 Γ 的定义和它的左正合性. 由于同态 $(\rho_{X/Z})_V$ 就是合成

(5.9.8.1)
$$\Gamma(V,\mathscr{F}) \longrightarrow \Gamma(V \cap (X \smallsetminus T), \mathscr{F}) \longrightarrow \varinjlim_{\alpha} \Gamma(V \cap U_\alpha, \mathscr{F}),$$

其中 $T \subseteq Z$ 是任意闭子集, 故如果 $(\rho_{X/Z})_V$ 是单的, 那么 $\Gamma(V,\mathscr{F}) \to \Gamma(V \cap (X \smallsetminus T), \mathscr{F})$ 也是单的. 另一方面, b′) 蕴涵 b) 缘自归纳极限的定义. 只需再证明若 $\rho_{X/Z}$ 是

一一的, 则 $\Gamma(V,\mathscr{F})\to\Gamma(V\cap(X\smallsetminus T),\mathscr{F})$ 也是一一的, 为此只需证明 (依照 (5.9.8.1)), 若 $U'\subseteq U$ 是两个包含在 V 中并且包含了 $V\cap Z$ 的开集, 则限制同态 $\Gamma(U,\mathscr{F})\to\Gamma(U',\mathscr{F})$ 是单的. 但这是缘自 $\rho_{X/Z}$ 是单的这个事实 (在上面的讨论中把 V 换成 U, 并把 $V\cap(X\smallsetminus T)$ 换成 U' 即可).

定义 (5.9.9) — 在 (5.9.8) 的前提条件下, 所谓 $\mathscr{F}$ 是 Z 纯净的 (切转: Z 封闭的), 是指同态 $\rho_{X/Z}$ 是单的 (切转: 一一的).

设 $X=\operatorname{Spec}A$ 是一个仿射概形, $\mathscr{F}=\widetilde{M}$, 其中 M 是一个 A 模, 若 $\mathscr{F}$ 是 Z 纯净的 (切转: Z 封闭的), 则我们也说 M 是 Z 纯净的 (切转: Z 封闭的).

所谓 $\mathscr{F}$ 在点 $x\in X$ 处是 Z 纯净的 (切转: Z 封闭的), 是指 (在 (5.9.6) 的记号下) $\mathscr{F}_x$ 是 Z_x 纯净的 (切转: Z_x 封闭的). 依照 (5.9.6), 这相当于说典范同态 $\mathscr{F}_x\to(\mathscr{H}^0_{X/Z}(\mathscr{F}))_x$ 是单的 (切转: 一一的).

注意到依照 (5.9.8), 对于所有 $x\in X\smallsetminus Z$ 来说, $\mathscr{F}$ 在点 x 处都是 Z 纯净的 (切转: Z 封闭的).

推论 (5.9.10) — (i) 设 (V_λ) 是 X 的一个开覆盖. 为了使 $\mathscr{F}$ 是 Z 纯净的 (切转: Z 封闭的), 必须且只需对所有 λ 来说, $\mathscr{F}|_{V_\lambda}$ 都是 $(Z\cap V_\lambda)$ 纯净的 (切转: $(Z\cap V_\lambda)$ 封闭的).

(ii) 设 Z' 是 Z 的一个子集, 且在特殊化下是稳定的. 于是若 $\mathscr{F}$ 是 Z 纯净的 (切转: Z 封闭的), 则它也是 Z' 纯净的 (切转: Z' 封闭的).

这可由 (5.9.8, b′)) 立得.

命题 (5.9.11) — 在 (5.9.8) 的前提条件下, $\mathscr{O}_X$ 模层 $\operatorname{Ker}(\rho_{X/Z})$ 和 $\operatorname{Coker}(\rho_{X/Z})$ 的支集都包含在 Z 之中, 并且 $\mathscr{O}_X$ 模层 $\mathscr{H}^0_{X/Z}(\mathscr{F})$ 是 Z 封闭的. 进而, 若 $u:\mathscr{F}\to\mathscr{F}'$ 是一个 $\mathscr{O}_X$ 模层同态, 并且 $\mathscr{F}'$ 是 Z 封闭的, 则 u 可以唯一地分解为 $\mathscr{F}\xrightarrow{\rho_{X/Z}}\mathscr{H}^0_{X/Z}(\mathscr{F})\xrightarrow{v}\mathscr{F}'$. 如果再假设 $\operatorname{Ker}(u)$ 和 $\operatorname{Coker}(u)$ 的支集都包含在 Z 中, 那么 v 就是一个同构.

第一句话相当于说, 对任意 $x\in X\smallsetminus Z$, 均有

$$\operatorname{Ker}(\rho_{X/Z})_x = \operatorname{Coker}(\rho_{X/Z})_x = 0,$$

即 $(\rho_{X/Z})_x$ 是一一的, 或者说 $\mathscr{F}$ 在点 x 处是 Z 封闭的, 这件事我们已经在 (5.9.9) 中给出了说明.

我们来证明 $\mathscr{H}^0_{X/Z}(\mathscr{F})$ 是 Z 封闭的, 问题是要说明, 对于 X 的任意 Noether 开集 V, $\varinjlim_\beta\Gamma(V\cap U_\beta,\mathscr{H}^0_{X/Z}(\mathscr{F}))$ 都等于 $\Gamma(V,\mathscr{H}^0_{X/Z}(\mathscr{F}))$. 然而根据定义, $\Gamma(V\cap U_\beta,\mathscr{H}^0_{X/Z}(\mathscr{F}))=\varinjlim_\alpha\Gamma(V\cap U_\alpha\cap U_\beta,\mathscr{F})$. 现在这个双指标族 $(U_\alpha\cap U_\beta)$ 是递减滤相

的, 从而由 (5.9.1) 以及关于双指标归纳极限的定理就可以推出结论.

再来看命题的第二部分. v 的存在性和唯一性缘自下面这些事实: 对任意 α, $(i_\alpha)_*(u)$ 都是那个能使下述图表交换的唯一同态

$$\begin{array}{ccc} \mathscr{F} & \xrightarrow{u} & \mathscr{F}' \\ \downarrow & & \downarrow \\ (i_\alpha)_*(\mathscr{F}|_{U_\alpha}) & \xrightarrow[(i_\alpha)_*(u)]{} & (i_\alpha)_*(\mathscr{F}'|_{U_\alpha}) \end{array},$$

且我们有唯一一个同态 w, 使得下面的图表都是交换的

$$\begin{array}{ccc} (i_\alpha)_*(\mathscr{F}|_{U_\alpha}) & \xrightarrow{(i_\alpha)_*(u)} & (i_\alpha)_*(\mathscr{F}'|_{U_\alpha}) \\ \downarrow & & \downarrow \\ \mathscr{H}^0_{X/Z}(\mathscr{F}) & \xrightarrow[w]{} & \mathscr{H}^0_{X/Z}(\mathscr{F}') \end{array}.$$

最后, 根据前提条件, $\mathscr{F}'$ 可以典范等同于 $\mathscr{H}^0_{X/Z}(\mathscr{F}')$.

只需再证明, 若 $\operatorname{Ker}(u)$ 和 $\operatorname{Coker}(u)$ 的支集都包含在 Z 中, 则 v 是一个同构. 这相当于说, 对任意 Noether 开集 V, 对应的同态 $\Gamma(V, \mathscr{H}^0_{X/Z}(\mathscr{F})) \to \Gamma(V, \mathscr{F}')$ 都是同构. 我们注意到若一个截面 $t \in \Gamma(V, \mathscr{H}^0_{X/Z}(\mathscr{F}))$ 在 $\Gamma(V, \mathscr{F}')$ 中的像是 0, 则对于某个指标 α 来说, 我们有 $t \in \Gamma(V \cap U_\alpha, \mathscr{F})$, 故依照 u 上的前提条件, 对任意 $y \in V \cap (X \smallsetminus Z)$, 均有 $t_y = 0$. 因而可以找到一个包含 $V \cap (X \smallsetminus Z)$ 的开集, 使得 t 在该开集上的限制是 0, 从而根据定义, t 就是 $\Gamma(V, \mathscr{H}^0_{X/Z}(\mathscr{F}))$ 中的元素 0. 现在我们来证明, 任何截面 $s' \in \Gamma(V, \mathscr{F}')$ 都是 $\mathscr{H}^0_{X/Z}(\mathscr{F})$ 在 V 上的某个截面的像. 根据前提条件, 对任意 $x \in V \cap (X \smallsetminus Z)$, 均可找到 $\mathscr{F}$ 在 x 的某个开邻域 $W^{(x)}$ 上的一个截面 $s^{(x)}$, 使得 $s'|_{W^{(x)}}$ 就是 $s^{(x)}$ 在 u 下的像, 从而 $s'|_{W^{(x)}}$ 也是 $\mathscr{H}^0_{X/Z}(\mathscr{F})$ 的截面 $t^{(x)}$ 在 v 下的像, 这里的 $t^{(x)}$ 是指 $s^{(x)}$ 的典范像. 进而, 由于我们已经知道 v 是单的, 故对于 $V \cap (X \smallsetminus Z)$ 中的任意两个点 x, x', 截面 $t^{(x)}$ 和 $t^{(x')}$ 在 $W^{(x)} \cap W^{(x')}$ 上的限制总是相同的, 因而这些 $t^{(x)}$ 都是 $\mathscr{H}^0_{X/Z}(\mathscr{F})$ 在 $(X \smallsetminus Z) \cap V$ 的某个开邻域 U 上的同一个截面 t 的限制. 而由于 $\mathscr{H}^0_{X/Z}(\mathscr{F})$ 是 Z 封闭的, 故这个 t 可以唯一地延拓为 $\mathscr{H}^0_{X/Z}(\mathscr{F})$ 在 V 上的一个截面, 并且该截面在 v 下的像与 s' 在 U 上的限制是相同的, 从而基于同样的理由, 它就与 s' 是重合的.

我们把 $\mathscr{H}^0_{X/Z}(\mathscr{F})$ 称为 $\mathscr{F}$ 的 Z 封包.

注解 (5.9.12) — (i) 设 $\boldsymbol{C}(X)$ 是 $\mathscr{O}_X$ 模层的范畴, 并设 $\boldsymbol{C}_Z(X)$ 是由 $\boldsymbol{C}(X)$ 中的那些支集包含在 Z 中的 $\mathscr{O}_X$ 模层所组成的子范畴, 这个子范畴就是 Gabriel 所说的局部型子范畴, 而函子 $\mathscr{H}^0_{X/Z}$ 恰好就是 Gabriel 所说的局部化函子 (参考 [27], 这

可以给出 (5.9.11) 的另一个证明). 若 Z 是闭集, 则函子 $i^*: \boldsymbol{C}(X) \to \boldsymbol{C}(X \smallsetminus Z)$ (其中 $i: X \smallsetminus Z \to X$ 是典范含入) 定义了一个范畴等价 $\boldsymbol{C}(X)/\boldsymbol{C}_Z(X) \approx \boldsymbol{C}(X \smallsetminus Z)$.

(ii) 由 (5.9.11) 知, 条件 $\mathscr{H}^0_{X/Z}(\mathscr{F}) = 0$ 就等价于 $\operatorname{Supp}\mathscr{F} \subseteq Z$. 事实上, 前者蕴涵后者是因为 $\rho_{X/Z}$ 的核就等于 $\mathscr{F}$. 反之, 若 $\operatorname{Supp}\mathscr{F} \subseteq Z$, 则只需把 (5.9.11) 的第二部分应用到唯一的同态 $u: \mathscr{F} \to 0$ 上, 就可以得知对应的同态 $v: \mathscr{H}^0_{X/Z}(\mathscr{F}) \to 0$ 是一个同构.

(iii) 上面这些讨论对任意局部 Noether 环积空间都是适用的, 只要该空间的任何不可约闭子集都有一般点. 特别地, 它适用于局部 Noether 概形上的任何 *Abel* 群层 (把它们看作常值层 $\mathbb{Z}$ 上的模层). 此时对于任意 $x \in X$, 我们仍然有 (5.9.6.1) 中的典范同构, 其中的 $\widetilde{\mathscr{F}_x}$ 是指 X 上的层 $\mathscr{F}$ 在子空间 X_x 上的稼入层. 这件事的证明可以从定义 (5.9.1.2) 以及关于双指标归纳极限的定理立得.

5.10 (S_2) 性质与 Z 封包

(5.10.1) 设 X 是一个局部 Noether 概形, $\mathscr{F}$ 是一个凝聚 $\mathscr{O}_X$ 模层. 对于 X 的任意子集 T, 我们令

(5.10.1.1)
$$\operatorname{dp}_T\mathscr{F} = \inf_{x\in T} \operatorname{dp}\mathscr{F}_x .$$

命题 (5.10.2) — *设 X 是一个局部 Noether 概形, Z 是 X 的一个子集, 且在特殊化下是稳定的, $\mathscr{F}$ 是一个拟凝聚 $\mathscr{O}_X$ 模层. 则以下诸条件是等价的:*

a) $\mathscr{F}$ 是 Z 纯净的.

b) $\operatorname{Ass}\mathscr{F}$ 与 Z 没有交点.

进而若 $\mathscr{F}$ 是凝聚的, 则上述条件还等价于:

c) $\operatorname{dp}_Z\mathscr{F} \geqslant 1$.

$\mathscr{F}$ 是 Z 纯净的就等价于对 X 的任意 Noether 开集 V 和任意开集 $U \supseteq X \smallsetminus Z$, 限制同态 $\Gamma(V,\mathscr{F}) \to \Gamma(V\cap U,\mathscr{F})$ 都是单的 (5.9.8), 而根据 (3.1.8), 这又等价于 $V \cap \operatorname{Ass}\mathscr{F} \subseteq U$, 这就证明了 a) 和 b) 的等价性. 进而, $x \in \operatorname{Ass}\mathscr{F}$ 等价于 $\mathfrak{m}_x$ 中的任何元素都不是 $\mathscr{F}_x$ 正则的 (3.1.2), 从而 (由于 $\mathscr{F}$ 是凝聚的) 也等价于 $\operatorname{dp}\mathscr{F}_x = 0$, 这就证明了此情形下 b) 和 c) 的等价性.

推论 (5.10.3) — *设 $0 \to \mathscr{F}' \to \mathscr{F} \to \mathscr{F}'' \to 0$ 是一个由拟凝聚 $\mathscr{O}_X$ 模层所组成的正合序列. 若 $\mathscr{F}$ 是 Z 纯净的, 则 $\mathscr{F}'$ 也是如此. 反之, 若 $\mathscr{F}'$ 和 $\mathscr{F}''$ 都是 Z 纯净的, 则 $\mathscr{F}$ 也是如此.*

这可以从关于拟凝聚 $\mathscr{O}_X$ 模层的 Z 纯净条件 (5.10.2, b)) 以及 (3.1.7) 推出.

推论 (5.10.4) — *假设 $\mathscr{F}$ 是凝聚的. 则为了使 $\mathscr{F}$ 在点 $x \in X$ 处是 Z 纯净的,*

必须且只需 $\mathrm{dp}_{Z_x}\widetilde{\mathscr{F}_x}\geqslant 1$ (记号取自 (5.9.6)).

这可由 (5.10.2) 和 (5.9.6) 立得.

定理 (5.10.5) — 设 X 是一个局部 *Noether* 概形, Z 是 X 的一个子集, 且在特殊化下是稳定的, $\mathscr{F}$ 是一个凝聚 $\mathscr{O}_X$ 模层. 则为了使 $\mathscr{F}$ 是 Z 封闭的, 必须且只需 $\mathrm{dp}_Z\mathscr{F}\geqslant 2$.

依照 (5.10.2), 我们可以限于考虑 $\mathscr{F}$ 是 Z 纯净的并且 $\mathrm{dp}_Z\mathscr{F}\geqslant 1$ 的情形. 进而, $\mathrm{dp}_Z\mathscr{F}\geqslant 2$ 就等价于对 Z 的所有闭子集 Z_α 都有 $\mathrm{dp}_{Z_\alpha}\mathscr{F}\geqslant 2$. 同样地, 由 (5.9.8) 知, $\mathscr{F}$ 是 Z 封闭的就等价于对所有 α 来说 $\mathscr{F}$ 都是 Z_α 封闭的. 从而我们还可以只考虑 Z 是闭集的情形. 由于问题是局部性的, 故只需对任意 $x\in Z$ 以及 x 的一个仿射开邻域 U 来证明关于 $\mathscr{F}|_U$ 的结论, 这就把问题归结到了 $X=U$ 是仿射概形的情形. 此时我们知道 $\mathrm{Ass}\,\mathscr{F}$ 是有限的 (3.1.6), 并且 $\mathrm{Ass}\,\mathscr{F}\subseteq X\smallsetminus Z$, 故可找到 $\mathscr{O}_X$ 的一个整体截面 f, 使得 $\mathrm{Ass}\,\mathscr{F}\subseteq X_f\subseteq X\smallsetminus Z$ (**II**, 4.5.4). 由此就推出 f 是 $\mathscr{F}$ 正则的 (3.1.9), 并且对任意 $y\in Z$, 均有 $f_y\in\mathfrak{m}_y$, 从而 $\mathrm{dp}\,\mathscr{F}_y=1+\mathrm{dp}(\mathscr{F}_y/f_y\mathscr{F}_y)$ (**0**, 16.4.6). 这样一来条件 $\mathrm{dp}_Z\mathscr{F}\geqslant 2$ 就等价于 $\mathrm{dp}_Z(\mathscr{F}/f\mathscr{F})\geqslant 1$, 或者说 (5.10.2) 等价于 $\mathscr{F}/f\mathscr{F}$ 是 Z 纯净的, 因而我们只需证明最后这个性质等价于 $\mathscr{F}$ 是 Z 封闭的即可.

考虑正合序列 $0\to\mathscr{F}\xrightarrow{f}\mathscr{F}\to\mathscr{F}/f\mathscr{F}\to 0$ (因为根据前提条件, 同筋 $f:\mathscr{F}\xrightarrow{f}\mathscr{F}$ 是单的), 若令 $W=X\smallsetminus Z$, 则我们有交换图表

$$\begin{array}{ccccccccc}
0 & \longrightarrow & \Gamma(X,\mathscr{F}) & \xrightarrow{f} & \Gamma(X,\mathscr{F}) & \longrightarrow & \Gamma(X,\mathscr{F}/f\mathscr{F}) & \longrightarrow & 0\\
 & & \downarrow & & \downarrow & & \downarrow & & \\
0 & \longrightarrow & \Gamma(W,\mathscr{F}) & \xrightarrow[f]{} & \Gamma(W,\mathscr{F}) & \longrightarrow & \Gamma(W,\mathscr{F}/f\mathscr{F}) & , &
\end{array}$$

其中的两行都是正合的 (因为 X 是仿射的). 若限制同态 $\Gamma(X,\mathscr{F})\to\Gamma(W,\mathscr{F})$ 是一一的, 则由这个图表可以推出

$$\Gamma(X,\mathscr{F}/f\mathscr{F})\longrightarrow\Gamma(W,\mathscr{F}/f\mathscr{F})$$

是单的, 而这就表明 (5.9.8), 只要 $\mathscr{F}$ 是 Z 封闭的, $\mathscr{F}/f\mathscr{F}$ 就是 Z 纯净的. 反之, 假设 $\mathscr{F}/f\mathscr{F}$ 是 Z 纯净的, 并设 s 是 $\mathscr{F}$ 在 W 上的一个截面. 由于 $X_f\subseteq W$, 故可找到一个正整数 n, 使得 $f^n(s|_{X_f})$ 可以延拓为 $\mathscr{F}$ 的一个整体截面 t (**I**, 1.4.1). 此外, 由于 t 与 f^ns 在 X_f 上的限制是相同的, 故知 t 在 W 上的限制就等于 f^ns, 这是基于关系式 $\mathrm{Ass}\,\mathscr{F}\subseteq X_f$ (5.10.2). 由于 f 是 $\mathscr{F}$ 正则的, 从而只要我们能说明 t 具有 f^nt' 的形状, 其中 $t'\in\Gamma(X,\mathscr{F})$, 就可以推出同态 $\Gamma(X,\mathscr{F})\to\Gamma(W,\mathscr{F})$ 是满的, 因而是一一的. 现在, $t=f^nt'$ 就等价于 t 在 $\Gamma(X,\mathscr{F}/f^n\mathscr{F})$ 中的像是 0. 由于 $f^k\mathscr{F}/f^{k+1}\mathscr{F}$ 同构于 $\mathscr{F}/f\mathscr{F}$, 从而是 Z 纯净的, 故由 (5.10.3) 就可以推出 (对 n 进行归纳), $\mathscr{F}/f^n\mathscr{F}$

都是 Z 纯净的. 但根据定义, $t|_W = f^n s$ 在 $\Gamma(W, \mathscr{F}/f^n\mathscr{F})$ 中的像等于 0, 这就推出了结论.

推论 (5.10.6) — 设 $\mathscr{F}$ 是一个凝聚 $\mathscr{O}_X$ 模层. 为了使 $\mathscr{F}$ 在点 $x \in X$ 处是 Z 封闭的, 必须且只需 $\operatorname{dp}_{Z_x} \widetilde{\mathscr{F}_x} \geqslant 2$.

这是缘自 (5.9.6) 和 (5.10.5).

定理 (5.10.7) (Hartshorne) — 设 X 是一个局部 *Noether* 概形, Y 是 X 的一个闭子集. 假设对任意 $y \in Y$, 均有 $\operatorname{dp} \mathscr{O}_{X,y} \geqslant 2$, 则对于 X 的任何连通分支 C 来说, $C \smallsetminus (C \cap Y)$ 都是连通的.

可以限于考虑 X 连通的情形, 此时由 (5.10.5) 知, 典范同态 $\mathscr{O}_X \to i_*(\mathscr{O}_X|_{X \smallsetminus Y})$ (其中 $i : X \smallsetminus Y \to X$ 是典范含入) 是一一的, 从而限制同态 $\Gamma(X, \mathscr{O}_X) \to \Gamma(X \smallsetminus Y, \mathscr{O}_X)$ 也是一一的. 现在我们只需应用引理 (**III**, 7.8.6.1) 即可.

推论 (5.10.8) — 设 X 是一个局部 *Noether* 概形, d 是一个整数, 并假设对于 $x \in X$ 来说, 当 $\dim \mathscr{O}_x \geqslant d$ 时总有 $\operatorname{dp} \mathscr{O}_x \geqslant 2$. 假设 X 是连通的, 于是若 X' 和 X'' 是 X 的两个不同的不可约分支, 则可以找到 X 的一列不可约分支 $(X_i)_{0 \leqslant i \leqslant n}$, 其中 $X_0 = X'$, $X_n = X''$, 并且对于 $1 \leqslant i \leqslant n$, 均有 $\operatorname{codim}(X_{i-1} \cap X_i, X) \leqslant d - 1$ (此时我们也说 X 是余 $d-1$ 维连通的).

若 Y 是 X 的一个满足 $\operatorname{codim}(Y, X) \geqslant d$ 的闭子集, 则对任意 $y \in Y$, 我们都有 $\dim \mathscr{O}_{X,y} \geqslant d$ (5.1.3), 从而 $\operatorname{dp} \mathscr{O}_{X,y} \geqslant 2$, 于是由 (5.10.7) 知, $X \smallsetminus Y$ 是连通的. 另一方面, 为了使 $\operatorname{codim}(Y, X) \geqslant d$, 必须且只需对任意 $y \in Y$, 均可找到 y 在 X 中的一个开邻域 V 使得 $\operatorname{codim}(Y \cap V, V) \geqslant d$ (**0**, 14.2.3). 最后我们注意到, 若 $\mathfrak{F}$ 是指由 X 的全体余维数 $\geqslant d$ 的闭子集 Y 所组成的集合, 则 $\mathfrak{F}$ 中的两个集合的并集也落在 $\mathfrak{F}$ 中 (**0**, 14.2.5), 并且任何一个包含在 $\mathfrak{F}$ 中的某个集合里的闭集也落在 $\mathfrak{F}$ 中, 我们把这个性质表达成: $\mathfrak{F}$ 是 X 上的一个支集族 (或称闭子集的反滤子). 于是由下面这个拓扑学引理就可以推出我们的结论.

引理 (5.10.8.1) — 设 X 是一个连通局部 *Noether* 拓扑空间, $\mathfrak{F}$ 是 X 上的一个支集族. 假设对于 X 的一个闭子集 Y 来说, 只要 Y 满足条件 "对任意 $y \in Y$, 均可找到 x 在 X 中的开邻域 V 和一个 $Y_y \in \mathfrak{F}$, 使得 $V \cap Y = V \cap Y_y$", 就一定有 $Y \in \mathfrak{F}$. 则以下诸条件是等价的:

a) 对任意 $Y \in \mathfrak{F}$, $X \smallsetminus Y$ 都是连通的.

b) 若 X' 和 X'' 是 X 的两个不同的不可约分支, 则可以找到 X 的一列不可约分支 $(X_i)_{0 \leqslant i \leqslant n}$, 其中 $X_0 = X'$, $X_n = X''$, 并且对于 $1 \leqslant i \leqslant n$, 均有 $X_{i-1} \cap X_i \notin \mathfrak{F}$.

假设 b) 得到满足, 我们来证明 $U = X \smallsetminus Y$ 对任何 $Y \in \mathfrak{F}$ 都是连通的. 若 U' 和 U'' 是 U 的两个不同的不可约分支, 则可以找到 X 的两个不可约分支 X', X'', 使得

$X' \cap U = U'$, $X'' \cap U = U''$ ($\mathbf{0_I}$, 2.1.6). 对于这两个分支, 我们作出那个满足 b) 中条件的序列 (X_i), 然后令 $U_i = X_i \cap U$ $(1 \leqslant i \leqslant n)$, 则 U_i 是 U 的一个不可约分支 ($\mathbf{0_I}$, 2.1.6), 并且对于 $1 \leqslant i \leqslant n$, 我们都有 $U_i \cap U_{i-1} \neq \varnothing$, 否则将有 $X_i \cap X_{i-1} \subseteq Y$, 从而 $X_i \cap X_{i-1} \in \mathfrak{F}$, 与这些 X_i 的定义矛盾. 这就证明了 U 是连通的.

下面我们来证明 a) 蕴涵 b). 设 Y 是这样一些 $(X_\alpha \cap X_\beta)$ 的并集, 其中 (X_α, X_β) 跑遍 X 的任何一组满足 $X_\alpha \cap X_\beta \in \mathfrak{F}$ 的相异不可约分支的集合. 对任意点 $y \in Y$, 我们都可以找到 y 在 X 中的一个只与 X 的有限个不可约分支有交点的开邻域 V. 这就说明了 Y 是闭的, 也说明了 $V \cap Y$ 是 V 与 $\mathfrak{F}$ 中某个集合的交集. 依照 $\mathfrak{F}$ 上的前提条件, 我们有 $Y \in \mathfrak{F}$, 从而 $U = X \smallsetminus Y$ 是连通的, 进而 Y 在 X 中是稀疏的. 设 X', X'' 是 X 的两个不同的不可约分支, U', U'' 分别是它们与 U 的交集, 则它们是 U 的两个不同的不可约分支 ($\mathbf{0_I}$, 2.1.6). 现在考虑 U 的那些满足下述条件的不可约分支 W: "可以找到一列不可约分支 $(U_i)_{0 \leqslant i \leqslant n}$, 其中 $U_0 = U'$, $U_n = W$, 并且对于 $1 \leqslant i \leqslant n$, 均有 $U_{i-1} \neq U_i$ 和 $U_{i-1} \cap U_i \neq \varnothing$". 由于 U 是局部 Noether 的, 因而它的不可约分支是局部有限的, 故这些 W 的并集在 U 中是既开又闭的, 从而可以找到一个这样的序列 (U_i), 使得 $U_n = U''$. 设 X_i $(0 \leqslant i \leqslant n)$ 是 X 的那些满足 $X_i \cap U = U_i$ 的不可约分支 ($\mathbf{0_I}$, 2.1.6), 由于 $U_{i-1} \neq U_i$, 故对于 $1 \leqslant i \leqslant n$, 均有 $X_{i-1} \neq X_i$. 如果对某个 i 来说, $X_{i-1} \cap X_i$ 落在 $\mathfrak{F}$ 中, 则由 Y 的定义将可推出 $X_{i-1} \cap X_i \subseteq Y$, 从而 $U_{i-1} \cap U_i = \varnothing$, 与前提条件矛盾. 这就证明了引理.

注意到若 X 是 *Cohen-Macaulay* 概形, 并且 $d \geqslant 2$, 则 (5.10.8) 中的前提条件总能得到满足.

推论 (5.10.9) — *若一个 Noether 局部环 A 具有 (S_2) 性质, 并且是匀垂的, 则它是均维的.*

此时 $X = \operatorname{Spec} A$ 和 $d = 2$ 满足 (5.10.8) 的前提条件. 我们来证明 X 的所有不可约分支都具有相同的维数. 依照 (5.10.8), 只需证明若 X', X'' 是这样两个分支, 并且满足 $\operatorname{codim}(X' \cap X'', X) = 1$, 则 X' 和 X'' 具有相同的维数. 此时我们能找到 $X' \cap X''$ 的一个不可约分支 Z, 使得 $\operatorname{codim}(Z, X) = 1$, 从而 $\operatorname{codim}(Z, X') = 1$, 因为 $\operatorname{codim}(Z, X) \geqslant \operatorname{codim}(Z, X') \geqslant 1$. 同样地, $\operatorname{codim}(Z, X'') = 1$, 而由于 X 是匀垂的, 这就表明 $\dim X' = \dim X''$.

命题 (5.10.10) — *设 X 是一个局部 Noether 概形, Z 是 X 的一个子集, 且在特殊化下是稳定的, $\mathscr{F}$ 是一个凝聚 $\mathscr{O}_X$ 模层, 并假设 $\mathscr{O}_X$ 模层 $\mathscr{H}^0_{X/Z}(\mathscr{F})$ 是凝聚的. 则有:*

(i) $\operatorname{dp}_Z(\mathscr{H}^0_{X/Z}(\mathscr{F})) \geqslant 2$.

(ii) 对任意点 $x \in \operatorname{Ass} \mathscr{F} \cap (X \smallsetminus Z)$, 均有 $\operatorname{codim}(Z \cap \overline{\{x\}}, \overline{\{x\}}) \geqslant 2$.

(iii) 由满足 $\operatorname{dp}_{Z_x} \widetilde{\mathscr{F}_x} \geqslant 2$ (记号取自 (5.9.6)) 的那些点 $x \in X$ 所组成的集合 U

在 X 中是开的, 我们有 $X \smallsetminus U \subseteq Z$, 并且 U 就是 X 的那些满足下述条件的开集之中的最大者: $\mathscr{F}|_U$ 是 $(Z \cap U)$ 封闭的.

为了简化记号, 令 $\mathscr{F}' = \mathscr{H}^0_{X/Z}(\mathscr{F})$. 我们知道 (5.9.11) $\mathscr{F}'$ 是 Z 封闭的, 从而把 (5.10.5) 应用到 $\mathscr{F}'$ 上就可以推出 (i). 设 $x \in \operatorname{Ass}\mathscr{F} \cap (X \smallsetminus Z)$, 由于 $\mathscr{F}$ 和 $\mathscr{F}'$ 在 $X \smallsetminus Z$ 上的限制是典范同构的 (5.9.11), 故有 $x \in \operatorname{Ass}\mathscr{F}'$. 考虑任何一点 $y \in Z \cap \overline{\{x\}}$, 设 $\mathfrak{p}$ 是 $\mathscr{O}_y$ 的与 x 相对应的素理想, 则它支承着 $\mathscr{O}_y$ 模 $\mathscr{F}'_y$, 从而依照 (i) 和 (**0**, 16.4.6.2), 我们有 $2 \leqslant \operatorname{dp}\mathscr{F}'_y \leqslant \dim(\mathscr{O}_y/\mathfrak{p}) = \operatorname{codim}(\overline{\{y\}}, \overline{\{x\}})$, 故得 (ii). 最后来证明 (iii), 注意到 U 就是由那些满足下述条件的点 $x \in X$ 所组成的集合: $\widetilde{\mathscr{F}_x}$ 是 Z_x 封闭的 (5.10.5), 而依照 (5.9.6), U 也是由那些满足下述条件的点所组成的集合: 典范同态 $\mathscr{F}_x \to \mathscr{F}'_x$ 是一一的. 从而 U 就是 $\operatorname{Ker}(\rho_{X/Z})$ 和 $\operatorname{Coker}(\rho_{X/Z})$ 的支集的并集在 X 中的补集, 依照前提条件, 这两个层都是凝聚 $\mathscr{O}_X$ 模层 ($\mathbf{0_I}$, 5.3.4), 从而它们的支集都是闭的 ($\mathbf{0_I}$, 5.2.2), 这就证明了 U 是开的, 并且 U 显然是那些满足下述条件的开集之中的最大者: $\mathscr{F}|_U$ 是 $(Z \cap U)$ 封闭的. 最后, 由 (5.9.11) 就可以推出包含关系 $X \smallsetminus U \subseteq Z$.

我们将在后面 (5.11.1) 看到, 在一些最重要的情形中, 由条件 (ii) 反过来也可以推出 $\mathscr{H}^0_{X/Z}(\mathscr{F})$ 是凝聚的.

(5.10.11) 设 X 是一个局部 Noether 概形, Z 是 X 的一个子集, 且在特殊化下是稳定的, 前面已经说过, $\mathscr{A} = \mathscr{H}^0_{X/Z}(\mathscr{O}_X)$ 是一个拟凝聚 $\mathscr{O}_X$ 代数层 (5.9.3), 我们将把 X 概形 $X' = \operatorname{Spec}\mathscr{H}^0_{X/Z}(\mathscr{O}_X)$ (**II**, 1.3.1) 称为 X 的 Z 封包. 进而对任意 $\mathscr{O}_X$ 模层 $\mathscr{F}$, $\mathscr{H}^0_{X/Z}(\mathscr{F})$ 都是 $\mathscr{A}$ 模层, 并且如果 $\mathscr{F}$ 是拟凝聚的, 那么它也是拟凝聚的, 从而在这种情况下, 我们有唯一一个 $\mathscr{O}_{X'}$ 模层 $\mathscr{F}'$, 使得

(5.10.11.1) $$\mathscr{H}^0_{X/Z}(\mathscr{F}) = g_*\mathscr{F}',$$

其中 $g : X' \to X$ 是结构态射 (**II**, 1.4.3).

命题 (5.10.12) — 记号与 (5.10.11) 相同:

(i) 设 x 是 X 的一点. 为了使 g 的局部化态射

$$X' \times_X X_x \longrightarrow X_x \ (= \operatorname{Spec}\mathscr{O}_{X,x})$$

是一个同构, 必须且只需 $\mathscr{O}_X$ 在点 x 处是 Z 封闭的 (这个性质对任何 $x \in X \smallsetminus Z$ 都是成立的).

(ii) 我们令 $Z' = g^{-1}(Z)$, 并假设 X' 是局部 *Noether* 的. 则 $\mathscr{F}'$ 是 Z' 封闭的, 进而若 $\mathscr{F}'$ 是凝聚 $\mathscr{O}_{X'}$ 模层, 则有 $\operatorname{dp}_{Z'}\mathscr{F}' \geqslant 2$.

(iii) 假设 $\mathscr{H}^0_{X/Z}(\mathscr{O}_X)$ 和 $\mathscr{H}^0_{X/Z}(\mathscr{F})$ 都是凝聚的. 则态射 $g : X' \to X$ 是有限的, 由满足 $\operatorname{dp}_{Z_x}\widetilde{\mathscr{O}_x} \geqslant 2$ 和 $\operatorname{dp}_{Z_x}\widetilde{\mathscr{F}_x} \geqslant 2$ 的那些点 $x \in X$ 所组成的集合 U 在 X 中是开的, 并且我们有 $X \smallsetminus U \subseteq Z$. 进而 U 就是 X 的那些满足下述条件的开集

之中的最大者: g 的限制 $g^{-1}(U) \to U$ 是同构, 并且典范 g 同态 $\mathscr{F} \to \mathscr{F}'$ 的限制 $\mathscr{F}|_U \to \mathscr{F}'|_{g^{-1}(U)}$ 也是同构.

(i) 是缘自定义, (iii) 可由 (5.10.10, (iii)) 立得. 为了证明 (ii), 我们考虑 X 的一个包含 $X \smallsetminus Z$ 的开集 V 以及它的逆像 $V' = g^{-1}(V)$. 设 $i : V \to X$ 和 $i' : X' \to X$ 是典范含入, 有见于 (5.1.11.1), 典范同态 $\rho_{X'/Z'} : \mathscr{F}' \to i'_*(\mathscr{F}'|_{V'})$ 能够使 $g_*(\rho_{X'/Z'})$ 成为典范同态 $\rho_{X/Z} : \mathscr{H}^0_{X/Z}(\mathscr{F}) \to i_*(\mathscr{H}^0_{X/Z}(\mathscr{F})|_V)$ (**II**, 1.4.2). 由于 $\mathscr{H}^0_{X/Z}(\mathscr{F})$ 是 Z 封闭的 (5.9.11), 故知 $\rho_{X/Z}$ 是一个同构, 从而 $\rho_{X'/Z'}$ 也是如此. 由于 $X' \smallsetminus Z'$ 是滤相族 $V'_\alpha = g^{-1}(V_\alpha)$ 的交集, 其中 V_α 跑遍由包含 $X \smallsetminus Z$ 的那些开集所组成的滤相族, 故依照 (5.9.1), 当 X' 是局部 Noether 概形时, 这就能够推出 $\mathscr{F}'$ 是 Z' 封闭的.

(5.10.13) 现在我们要把上述结果应用到 Z 是由那些使得 $\dim \mathscr{O}_x \geqslant n$ 的点 $x \in X$ 所组成的集合 $Z^{(n)}(X)$ (简记为 $Z^{(n)}$) 上, 易见 $Z^{(n)}$ 在特殊化下是稳定的. 为了使 X 的一个闭子集 T 包含在 $Z^{(n)}$ 之中, 必须且只需 $\operatorname{codim}(T, X) \geqslant n$. 在这里我们只对 $n = 2$ 的情形感兴趣.

命题 (5.10.14) — *设 X 是一个局部 Noether 概形, $\mathscr{F}$ 是一个凝聚 $\mathscr{O}_X$ 模层, 且支集就等于 X.*

(i) 为了使 $\mathscr{F}$ 具有 (S_1) 性质, 必须且只需它是 $Z^{(1)}$ 纯净的.

(ii) 为了使 $\mathscr{F}$ 具有 (S_2) 性质, 必须且只需它是 $Z^{(2)}$ 封闭且 $Z^{(1)}$ 纯净的, 或等价地, 它是 $Z^{(2)}$ 封闭的, 且没有余 1 维的支承素轮圈.

(i) $\mathscr{F}$ 具有 (S_1) 性质就等价于 $\mathscr{F}$ 没有内嵌支承素轮圈 (5.7.5), 或者对任意 $x \in \operatorname{Ass}\mathscr{F}$ 均有 $\dim \mathscr{F}_x = 0$ (3.1.4), 换句话说 (5.1.12.1), 对任意 $x \in \operatorname{Ass}\mathscr{F}$, 均有 $\dim \mathscr{O}_x = 0$. 然而这又等价于 $\operatorname{Ass}\mathscr{F}$ 与 $Z^{(1)}$ 没有交点, 故由 (5.10.2) 就可以推出结论.

(ii) $\mathscr{F}$ 是 $Z^{(2)}$ 封闭的就等价于 $\operatorname{dp}_{Z^{(2)}}\mathscr{F} \geqslant 2$, 或者对任意 $x \in X$, 在 $\dim \mathscr{F}_x \geqslant 2$ 时必有 $\operatorname{dp}\mathscr{F}_x \geqslant 2$. 这表明由 $\mathscr{F}$ 具有 (S_2) 性质可以推出 $\mathscr{F}$ 是 $Z^{(2)}$ 封闭的, 进而也可以推出 $\mathscr{F}$ 具有 (S_1) 性质, 从而没有内嵌支承素轮圈 (5.7.5), 且由于 $\operatorname{Supp}\mathscr{F} = X$, 故这又意味着 $\mathscr{F}$ 的任何支承素轮圈都是余 0 维的. 反之, 假设 $\mathscr{F}$ 是 $Z^{(2)}$ 封闭的, 且没有余 1 维的支承素轮圈, 则为了说明 $\mathscr{F}$ 具有 (S_2) 性质, 只需证明对任何满足 $\dim \mathscr{F}_x = 1$ (或等价地, $\dim \mathscr{O}_x = 1$) 的点 $x \in X$ 均有 $\operatorname{dp}\mathscr{F}_x = 1$ 即可. 然而根据前提条件, $\dim \mathscr{O}_x = 1$ 表明 $x \notin \operatorname{Ass}\mathscr{F}$, 这又等价于 $\operatorname{dp}\mathscr{F}_x \neq 0$, 也就是说, $\operatorname{dp}\mathscr{F}_x = 1$. 若 $\mathscr{F}$ 是 $Z^{(1)}$ 封闭的, 从而具有 (S_1) 性质, 则我们在前面已经看到, 在 $\operatorname{Supp}\mathscr{F} = X$ 时, $\mathscr{F}$ 的任何支承素轮圈都是余 0 维的, 从而可以应用上述结果.

注意到由 $\mathscr{F}$ 是 $Z^{(2)}$ 封闭的并不能推出它具有 (S_1) 性质, 比如可以取 X 是这样一个 1 维概形 (此时 $Z^{(2)} = \varnothing$, 从而任何 $\mathscr{O}_X$ 模层都是 $Z^{(2)}$ 封闭的), 它具有内嵌支承素轮圈.

我们在第三章讨论局部上同调时, 将给出一个用上同调语言来表述 (S_n) 性质 $(n \geqslant 1)$ 的方法, 它是 (5.10.14) 的推广[①].

推论 (5.10.15) — 设 X 是一个局部 *Noether* 概形, $\mathscr{F}$ 是一个凝聚 $\mathscr{O}_X$ 模层, 且支集就等于 X. 假设 $\mathscr{F}$ 没有余 1 维的支承素轮圈, 并且 $\mathscr{F}' = \mathscr{H}^0_{X/Z^{(2)}}(\mathscr{F})$ 是凝聚的. 则有

(i) $\mathscr{F}'$ 具有 (S_2) 性质.

(ii) 由那些使得 $\mathscr{F}$ 在该点处具有 (S_2) 性质 (5.7.2) 的点 $x \in X$ 所组成的集合 U 在 X 中是开的, 并且 $\operatorname{codim}(X \smallsetminus U, X) \geqslant 2$.

(i) 我们知道 (5.9.11) $\mathscr{F}'$ 是 $Z^{(2)}$ 封闭的, 且进而有 $\operatorname{Supp} \mathscr{F}' = X$, 这是因为, X 的极大点都落在 $X \smallsetminus Z^{(2)}$ 中, 并且在这些点处 $\mathscr{F}'_x = \mathscr{F}_x \neq 0$, 从而 $\mathscr{F}'$ 的支集在 X 中是稠密的, 又因为 $\mathscr{F}'$ 是凝聚的, 故知 $\operatorname{Supp} \mathscr{F}'$ 是闭的, 从而它就等于 X. 只需再证明 $\mathscr{F}'$ 没有余 1 维的支承素轮圈即可. 但如果 $x \in \operatorname{Ass} \mathscr{F}'$ 且 $\dim \mathscr{F}'_x = \dim \mathscr{O}_x = 1$, 则有 $x \in X \smallsetminus Z^{(2)}$, 从而由 $\mathscr{F}'_x = \mathscr{F}_x$ 将可推出 $x \in \operatorname{Ass} \mathscr{F}$, 与前提条件矛盾, 这就证明了 (i).

(ii) 在 (5.9.6) 的记号下, 有见于 (**I**, 2.4.2), 我们有 $Z^{(n)}(X_x) = Z^{(n)}(X) \cap X_x$. 另一方面, $\mathscr{F}$ 没有余 1 维支承素轮圈的条件又表明 $\widetilde{\mathscr{F}_x}$ 也满足这个条件, 从而依照 (5.10.14), 为了使 $\widetilde{\mathscr{F}_x}$ 具有 (S_2) 性质, 必须且只需 $\widetilde{\mathscr{F}_x}$ 是 $Z^{(2)}(X_x)$ 封闭的. 于是由 (5.10.6) 和 (5.10.10, (ii)) 就可以推出 (ii).

命题 (5.10.16) — 设 X 是一个局部 *Noether* 概形,

$$X' \;=\; \operatorname{Spec} \mathscr{H}^0_{X/Z^{(2)}}(\mathscr{O}_X)$$

是它的 $Z^{(2)}$ 封包, $g : X' \to X$ 是结构态射. 假设 X 没有余 1 维的支承素轮圈.

(i) 为了使 X 在点 x 处具有 (S_2) 性质, 必须且只需由 g 所导出的态射 $X'_x \to X_x$ (记号取自 (5.10.12)) 是一个同构. 当 $\operatorname{codim}(\overline{\{x\}}, X) \leqslant 1$ 时这个条件总能得到满足.

(ii) 进而假设 g 是有限态射 (在 (5.11.2) 中给出了使这个条件成立的一些充分条件). 则由那些使得 X 在该点处具有 (S_2) 性质的点所组成的集合 U 是开的, 并且 $\operatorname{codim}(X \smallsetminus U, X) \geqslant 2$. 进而 U 是 X 的那些使得 g 的限制 $g^{-1}(U) \to U$ 成为同构的开集之中的最大者.

(iii) 前提条件与 (ii) 相同, 则 X' 具有 (S_2) 性质, 并且对任意满足 $\operatorname{codim}(\overline{\{x'\}}, X') \leqslant 1$ 的点 $x' \in X'$ 来说, 点 $x = g(x')$ 均满足 $\operatorname{codim}(\overline{\{x\}}, X) = \operatorname{codim}(\overline{\{x'\}}, X')$.

(iv) 前提条件与 (ii) 相同, 设 $\mathscr{F}$ 是一个凝聚 $\mathscr{O}_X$ 模层, 且支集就等于 X, 我们再假设 $\mathscr{H}^0_{X/Z^{(2)}}(\mathscr{F})$ 是凝聚的, 则那个使得 $g_*\mathscr{F}' = \mathscr{H}^0_{X/Z^{(2)}}(\mathscr{F})$ 的 $\mathscr{O}_{X'}$ 模层 $\mathscr{F}'$ 也是凝聚的, 并且具有 (S_2) 性质, 它的支集是 X' 的某些不可约分支的并集.

---

①译注: 这部分内容未完成.

(i) 和 (ii) 只是在重提前面已经证明过的结果, 事实上, (i) 是缘自 (5.10.12, (i)) 和 (5.10.14), 而 (ii) 则是 (5.10.15, (ii)) 的一个特殊情形.

我们来证明 (iii), 令 $x = g(x')$, 则由于 g 是有限的, 故知态射 $X'_x \to X_x$ 也是如此, 从而依照 (5.4.1), $\dim \mathscr{O}_{X',x'} \leqslant \dim X'_x \leqslant \dim X_x = \dim \mathscr{O}_{X,x}$. 首先假设 $\dim \mathscr{O}_{X',x'} \leqslant 1$, 我们要证明 $\dim \mathscr{O}_{X,x} \leqslant 1$. 假如不然, 则 $x \in Z^{(2)}$, 从而把 (5.10.12, (ii)) 应用到 $\mathscr{O}_X$ 上将可推出 $\operatorname{dp} \mathscr{O}_{X',x'} \geqslant 2$, 这是不合理的. 故我们有 $x \in X \smallsetminus Z^{(2)}$, 因而 $\mathscr{O}_{X',x'}$ 同构于 $\mathscr{O}_{X,x}$ (5.10.12, (i)), 这就给出了 $\dim \mathscr{O}_{X',x'} = \dim \mathscr{O}_{X,x}$. 进而. 由于 X 没有余 1 维的支承素轮圈, 故知 $\dim \mathscr{O}_{X,x} = 1$ 蕴涵了 $x \notin \operatorname{Ass}(\mathscr{O}_X)$, 从而 $\operatorname{dp} \mathscr{O}_{X,x} = 1$, 因而我们也有 $\operatorname{dp} \mathscr{O}_{X',x'} = 1$. 现在假设 $\dim \mathscr{O}_{X',x'} \geqslant 2$, 从而 $\dim \mathscr{O}_{X,x} \geqslant 2$, 也就是说 $x \in Z^{(2)}$. 由此就可以推出 $\operatorname{dp} \mathscr{O}_{X',x'} \geqslant 2$ (根据 (5.10.12, (ii))). 这就证明了 (iii).

最后来证明 (iv), 在前面的证明中把 $\mathscr{O}_X$ 都换成 $\mathscr{F}$ 就可以推出 $\mathscr{F}'$ 具有 (S_2) 性质, 并且当 $\dim \mathscr{F}'_{x'} \leqslant 1$ 时, $\mathscr{F}_x$ 和 $\mathscr{F}'_{x'}$ 是双重同构的. 特别地, 若 $\dim \mathscr{F}'_{x'} = 0$, 则有 $\dim \mathscr{F}_x = 0$, 从而 $\dim \mathscr{O}_{X,x} = 0$, 因为 $\mathscr{F}$ 的支集就是 X, 这又给出了 $\dim \mathscr{O}_{X',x'} = 0$, 从而 $\operatorname{Supp} \mathscr{F}'$ 的任何不可约分支都是 X' 的不可约分支, 因为由 $\mathscr{F}'$ 是凝聚的可以推出 $\operatorname{Supp} \mathscr{F}'$ 是闭的.

推论 (5.10.17) — 设 A 是一个 *Noether* 整环, 我们用 $A^{(1)}$ 来记这样一些局部环 $A_{\mathfrak{p}}$ 的交集, 其中 $\mathfrak{p}$ 跑遍 A 的高度为 1 的素理想. 假设 $A^{(1)}$ 是一个**有限** A 代数. 则有:

(i) 环 $A^{(1)}$ 具有 (S_2) 性质.

(ii) 由那些使得典范同态 $A_{\mathfrak{p}} \to (A^{(1)})_{\mathfrak{p}}$ 是一一映射的点 $\mathfrak{p} \in \operatorname{Spec} A$ 所组成的集合 U 就等于由那些使得 $A_{\mathfrak{p}}$ 具有 (S_2) 性质的点 $\mathfrak{p}$ 所组成的集合. U 在 $X = \operatorname{Spec} A$ 中是开的, 并且 $\operatorname{codim}(X \smallsetminus U, X) \geqslant 2$.

(iii) 对于 A 的任意乘性子集 S, $(S^{-1}A)^{(1)}$ 都是有限 $(S^{-1}A)$ 代数.

(iv) 设 B 是一个包含 A 的有限整 A 代数. 则 $B^{(1)}$ 是一个有限 B 代数. 进而, 对于 B 的任何高度为 1 的素理想 $\mathfrak{q}$, A 的素理想 $\mathfrak{q} \cap A$ 也是高度为 1 的.

利用公式 (5.9.3.1) 可以证明, $X' = \operatorname{Spec} A^{(1)}$ 就是 $X = \operatorname{Spec} A$ 的 $Z^{(2)}$ 封包. 由于 A 没有内嵌支承素理想, 故知性质 (i) 和 (ii) 都是 (5.10.16, (i), (ii), (iii)) 的特殊情形. 为了证明 (iii), 只需注意到 $(S^{-1}A)^{(1)} = S^{-1}A^{(1)}$ 即可, 而这是 (5.9.4) 的一个特殊情形. 事实上, $S^{-1}A$ 是平坦 A 模, $S^{-1}A$ 的素理想都具有 $S^{-1}\mathfrak{p}$ 的形状, 其中 $\mathfrak{p} \in \operatorname{Spec} A$ 与 S 没有交点, 且我们有 $\operatorname{ht}(S^{-1}\mathfrak{p}) = \operatorname{ht}(\mathfrak{p})$. 由于 $A^{(1)}$ 是有限 A 代数, 故知 $S^{-1}A^{(1)}$ 是有限 $S^{-1}A$ 代数, 这就证明了 (iii).

为了证明 (iv). 我们令 $Y = \operatorname{Spec} B$, 并设 $f : Y \to X$ 是结构态射, 由于它是有限的, 故由 (5.4.1) 知, 对任意 $y \in Y$, 均有 $\dim \mathscr{O}_{Y,y} \leqslant \dim \mathscr{O}_{X,f(y)}$, 从而若 $T = f^{-1}(Z^{(2)}(X))$, 则有 $T \supseteq Z^{(2)}(Y)$. 我们来证明 $\mathscr{G} = \mathscr{H}^0_{X/Z^{(2)}(X)}(f_*\mathscr{O}_Y)$ 是凝聚

的, 事实上, $f_*\mathscr{O}_Y=\widetilde{B}$, 这里是把 B 看作一个 A 模. 但由于 B 是一个有限整 A 代数, 故知它的分式域在 A 的分式域上是有限的, 从而 B 包含在某个有限型自由 A 模之中, 因而 (5.9.2, (i)) $\mathscr{G}$ 是某个 $(\mathscr{H}^0_{X/Z^{(2)}(X)}(\mathscr{O}_X))^n$ 的一个拟凝聚 $\mathscr{O}_X$ 子模层 (适当选取 n). 根据前提条件, $\mathscr{H}^0_{X/Z^{(2)}(X)}(\mathscr{O}_X)$ 是凝聚的, 从而 $\mathscr{G}$ 也是如此. 现在由定义 (5.9.1.2) 知, $\mathscr{G}$ 同构于 $f_*(\mathscr{H}^0_{Y/T}(\mathscr{O}_Y))$, 这自然也证明了 $\mathscr{H}^0_{Y/T}(\mathscr{O}_Y)$ 是凝聚 $\mathscr{O}_Y$ 模层. 于是把 (5.10.10, (ii)) 应用到 $\mathscr{O}_Y$ 和 Y 的一般点上就可以推出 $\operatorname{codim}(T,Y)\geqslant 2$, 也就是说 $T\subseteq Z^{(2)}(Y)$, 从而最终得到 $T=Z^{(2)}(Y)$. 这就证明了 (iv) 中的那两句话.

5.11 关于模层 $\mathscr{H}^0_{X/Z}(\mathscr{F})$ 的凝聚性判别法

命题 (5.11.1) — 设 X 是一个局部 *Noether* 概形, Z 是 X 的一个子集, 且在特殊化下是稳定的, $\mathscr{F}$ 是一个凝聚 $\mathscr{O}_X$ 模层. 我们用 (x_α) 来记 $\operatorname{Ass}\mathscr{F}\cap(X\smallsetminus Z)$ 中的那些点, 并且对每个 α, 设 Y_α 是 X 的那个以 $\overline{\{x_\alpha\}}$ 为底空间的既约闭子概形, 再设 $Z_\alpha=Z\cap\overline{\{x_\alpha\}}$. 则下面两个条件是等价的:

a) $\mathscr{H}^0_{X/Z}(\mathscr{F})$ 是凝聚 $\mathscr{O}_X$ 模层.

b) 对任意 α, $\mathscr{H}^0_{Y_\alpha/Z_\alpha}(\mathscr{O}_{Y_\alpha})$ 都是凝聚 $\mathscr{O}_{Y_\alpha}$ 模层.

这两个条件还蕴涵着:

c) 对任意 α, 均有 $\operatorname{codim}(Z_\alpha,Y_\alpha)\geqslant 2$.

进而, 上述三个条件 a), b), c) 在下面任何一个条件成立的情况下都是等价的:

(i) X 的每个点都有一个开邻域同构于正则概形的子概形 (此时我们也说 X 是局部良栖的).

(ii) 对任意 α, Y_α 都是广泛匀垂的 (5.6.2), 并且它的正规化 (**II**, 6.3.8) Y'_α 在 Y_α 上是有限的.

所有这些性质在 X 上都是局部性的, 从而可以限于考虑下面这个情形: $X=\operatorname{Spec}A$ 是仿射概形, 其中 A 是 Noether 环, $\mathscr{F}=\widetilde{M}$, 其中 M 是有限型 A 模. 此时对任意 α, 若 h_α 是典范含入 $Y_\alpha\to X$, 则 $(h_\alpha)_*(\mathscr{O}_{Y_\alpha})=\mathscr{G}_\alpha$ 就是与 A 商模 $A/\mathfrak{j}_{x_\alpha}$ 相对应的 $\mathscr{O}_X$ 模层, 并且根据 $\operatorname{Ass}\mathscr{F}$ 的定义, 这个 A 商模同构于 M 的一个 A 子模. 由于 $\mathscr{H}^0_{X/Z}(\mathscr{G}_\alpha)$ 是 $\mathscr{H}^0_{X/Z}(\mathscr{F})$ 的一个拟凝聚 $\mathscr{O}_X$ 子模层 (5.9.2), 从而由 $\mathscr{H}^0_{X/Z}(\mathscr{F})$ 是凝聚的就可以推出 $\mathscr{H}^0_{X/Z}(\mathscr{G}_\alpha)$ 是凝聚的. 另一方面, 由定义 (5.9.1.2) 知, $\mathscr{H}^0_{X/Z}(\mathscr{G}_\alpha)$ 同构于 $\mathscr{H}^0_{Y_\alpha/Z_\alpha}(\mathscr{O}_{Y_\alpha})$, 这就证明了 a) 蕴涵 b). 为了证明 b) 蕴涵 a), 只需证明我们能找到 $\mathscr{F}$ 的一个由凝聚 $\mathscr{O}_X$ 模层所组成的有限滤解 $(\mathscr{F}_i)_{0\leqslant i\leqslant n}$, 其中 $\mathscr{F}_0=\mathscr{F}$, $\mathscr{F}_n=0$, 并且对任意 i, $\mathscr{H}^0_{X/Z}(\mathscr{F}_i/\mathscr{F}_{i+1})$ 都是凝聚的. 因为这样一来我们就可以通过对 i 进行递降归纳来完成证明, 只要利用正合序列

$$0\longrightarrow\mathscr{F}_{i+1}\longrightarrow\mathscr{F}_i\longrightarrow\mathscr{F}_i/\mathscr{F}_{i+1}$$

和 $\mathscr{H}^0_{X/Z}$ 是左正合函子 (5.9.2) 的事实, 以及 ($\mathbf{0_I}$, 5.3.3) 和 (**I**, 6.1.1) 即可. 从而依照

(3.2.8), 只需在 $\mathscr{F}$ 是单频模层的情况下来证明 $\mathscr{H}^0_{X/Z}(\mathscr{F})$ 是凝聚的. 换句话说, 此时 $\operatorname{Ass} M = \{\mathfrak{p}\}$ 只含一个元素. 现在我们注意到:

引理 (5.11.1.1) — *设 A 是一个 Noether 环, M 是一个有限型 A 模, 并且 $\operatorname{Ass} M = \{\mathfrak{p}\}$. 则 M 有这样一个有限滤解 $(M_h)_{0\leqslant h\leqslant m}$, 其中 $M_0 = M$, $M_m = 0$, 并且每个 M_h/M_{h+1} 都同构于 $A/\mathfrak{p}$ 的某个子模.*

首先注意到此时典范同态 $M \to M_{\mathfrak{p}} = N$ 是单的 (Bourbaki, 《交换代数学》, IV, §1, ※2, 命题 6). 我们令 $B = A_{\mathfrak{p}}$, 并且令 $\mathfrak{m} = \mathfrak{p}A_{\mathfrak{p}}$ 是 B 的极大理想, 则有 $\operatorname{Ass} N = \{\mathfrak{m}\}$ (前引, 命题 5), 且由于 N 是有限型 B 模, 故知, 可找到一个整数 r, 使得 $\mathfrak{m}^r N = 0$. 若对于 $0 \leqslant j \leqslant r$, 令 $N'_j = \mathfrak{m}^j N$, 则 N'_j/N'_{j+1} 是有限型 $(B/\mathfrak{m})$ 模, 从而是有限个同构于 $B/\mathfrak{m}$ 的子模的直和, 因为 $B/\mathfrak{m}$ 是一个域. 换句话说, N 有这样一个有限滤解 $(N_h)_{0\leqslant h\leqslant m}$, 其中 $N_m = 0$, 并且 N_h/N_{h+1} 同构于 $B/\mathfrak{m}$, 亦即同构于 $A/\mathfrak{p}$ 的分式域. 于是滤解 $M_h = M \cap N_h$ 就满足我们的要求, 因为 M_h/M_{h+1} 同构于 $N_h/N_{h+1} = B/\mathfrak{m}$ 的一个有限型 $(A/\mathfrak{p})$ 子模, 而我们知道这样的子模必然同构于 $A/\mathfrak{p}$ 的某个子模.

基于和上面相同的讨论方法, 滤解 (M_h) 的存在性就表明, 为了证明 (在条件 b) 下) $\mathscr{H}^0_{X/Z}(\mathscr{F})$ 是凝聚的, 可以限于考虑 $\mathscr{F} = \mathscr{P} = (A/\mathfrak{p})^{\sim}$ 的情形, 其中 $\mathfrak{p}$ 是 M 的一个支承素理想. 然而若 $\mathfrak{p} = \mathfrak{j}_y$, 且其中 $y \in Z$, 则 $\mathscr{P}$ 的支集是一个包含在 Z 中的闭集, 因为 Z 在特殊化下是稳定的. 此时定义 (5.9.1.2) 就表明 $\mathscr{H}^0_{X/Z}(\mathscr{P}) = 0$. 相反地, 如果能找到一个 α, 使得 $\mathfrak{p} = \mathfrak{j}_{x_\alpha}$, 则有 $\mathscr{P} = (h_\alpha)_*(\mathscr{O}_{Y_\alpha})$ (根据定义), 且我们在前面已经看到, $\mathscr{H}^0_{X/Z}(\mathscr{P})$ 同构于 $\mathscr{H}^0_{Y_\alpha/Z_\alpha}(\mathscr{O}_{Y_\alpha})$, 从而依照条件 b), 它是凝聚的.

我们已经看到 (5.10.10, (ii)) a) 蕴涵 c). 只需再证明, 在条件 (i) 或 (ii) 下, c) 蕴涵了 a). 注意到若 X 满足 (i), 则每个 Y_α 都满足 (i). 从而 (5.9.3.1) 只需证明下面这件事:

推论 (5.11.2) — *设 A 是一个 Noether 整环, 且满足下面两个条件之一:*

(i) A 是某个正则 Noether 环的商环.

(ii) A 是广泛匀垂的, 并且它的整闭包 A' 是有限 A 代数.

则当 $\mathfrak{p}$ 跑遍 A 的高度为 1 的素理想的集合时, 这些局部环 $A_{\mathfrak{p}}$ 的交集 $A^{(1)}$ 是一个有限 A 代数.

(i) 我们令 $X = \operatorname{Spec} A$. 在条件 (i) 的情况下, 由 X 中所有具有 (S_2) 性质的点 $x \in X$ 所组成的集合 U 是一个开集 (6.11.2)[①]. 进而对于 $Z = X \smallsetminus U$, 我们有 $\operatorname{codim}(Z, X) \geqslant 2$. 事实上, 对任意满足 $\dim A_x \leqslant 1$ 的点 $x \in X$, 以及 x 的任意一般化 x', 我们都有 $\dim A_{x'} \leqslant 1$, 又因为 $A_{x'}$ 是整环, 故得 $\operatorname{dp} A_{x'} \geqslant 1$, 从而 X 在点 x 处具有 (S_2) 性质. 因而我们有 $Z \subseteq Z^{(2)}$, 并且 $\mathscr{H}^0_{X/Z^{(2)}}(\mathscr{O}_X) = j_*(\mathscr{H}^0_{U/Z^{(2)}}(\mathscr{O}_U))$, 其

①读者可以检验, 我们在 (6.11.2) 的证明中并没有用到 (5.11.2).

中 $j: U \to X$ 是典范含入 (5.9.1.2). 现在概形 U 具有 (S_2) 性质, 故由 (5.10.14) 知, $\mathscr{H}^0_{U/Z^{(2)}}(\mathscr{O}_U)$ 同构于 $\mathscr{O}_U$. 另一方面, 由于 $\operatorname{codim}(Z, X) \geqslant 2$, 故根据第三章 §9, 我们知道 $j_*\mathscr{O}_U$ 是一个凝聚 $\mathscr{O}_X$ 模层, 这就在条件 (i) 的情况下证明了命题.

(ii) 依照条件 (ii), 环 A' 是一个整闭 *Noether* 整环, 从而 (Bourbaki,《交换代数学》, VII, §1, ※6, 定理 4) A' 就是它的那些局部环 $A'_{\mathfrak{p}'}$ 的交集, 其中 $\mathfrak{p}'$ 跑遍了 A' 的高度为 1 的素理想的集合. 对于这样一个素理想 $\mathfrak{p}'$, 我们令 $\mathfrak{p} = \mathfrak{p}' \cap A$ 和 $S = A \smallsetminus \mathfrak{p}$, 则 $A'_{\mathfrak{p}'}$ 就是 $S^{-1}A'$ 在素理想 $S^{-1}\mathfrak{p}'$ 处的局部环, 且根据前提条件, $S^{-1}A'$ 是有限 $A_{\mathfrak{p}}$ 代数. 由于 $S^{-1}\mathfrak{p}'$ 位于 $A_{\mathfrak{p}}$ 的极大理想 $\mathfrak{p}A_{\mathfrak{p}}$ 之上, 故它是 $S^{-1}A'$ 的一个极大理想, 依照条件 (ii) 和 (5.6.3, (i)), $A_{\mathfrak{p}}$ 是广泛匀垂环, 从而由 (5.6.10) 就可以推出 $\dim A_{\mathfrak{p}} = \dim A'_{\mathfrak{p}'} = 1$. 这就表明我们有 $A^{(1)} \subseteq A'$, 且由于 A' 是有限型 A 模 (根据前提条件), 故知 $A^{(1)}$ 也是有限型 A 模, 因为 A 是 Noether 环, 这就在条件 (ii) 的情况下证明了命题.

注解 (5.11.3) — 在 (5.11.2) 的条件 (ii) 中, 如果我们只假设 A 是匀垂的, 那就不能推出 $A^{(1)}$ 是有限 A 代数的结论. 反例就是 (5.6.11) 中的那个匀垂局部环 A, 它的整闭包 A' (在 (5.6.11) 中记作 B) 是有限 A 代数. 假如 $A^{(1)}$ 也是有限 A 代数, 那么由于它包含在 A 的分式域中, 从而就会包含在 A' 中. 但另一方面, 在 (5.6.11) 的记号下, A 的任何高度为 1 的素理想都具有 $\mathfrak{p}A$ 的形状, 其中 $\mathfrak{p}$ 是 C 的一个高度为 1 的素理想, 并且 $A_{\mathfrak{p}A} = C_{\mathfrak{p}}$. 我们知道 (5.6.11) $C_{\mathfrak{p}} = E_{\mathfrak{p}'}$, 其中 $\mathfrak{p}'$ 是 E 的那个位于 $\mathfrak{p}$ 之上的唯一素理想, 从而 $A_{\mathfrak{p}A}$ 是整闭的, 并且包含在 A' 之中. 因而根据定义, 我们有 $A' \subseteq A^{(1)}$, 于是由 $A^{(1)}$ 是有限 A 代数的条件最终就推出了 $A^{(1)} = A'$. 但这是不可能的, 因为在 A' 的两个位于 A 的极大理想 $\mathfrak{n}A$ 之上的素理想之中, 有一个的高度是 1, 而 $\mathfrak{n}A$ 的高度是 2, 这就与 (5.10.17, (iv)) 产生了矛盾.

推论 (5.11.4) — *设 X 是一个局部 Noether 概形, Z 是 X 的一个闭子集, $U = X \smallsetminus Z$, $i: U \to X$ 是典范含入, $\mathscr{F}$ 是凝聚 $\mathscr{O}_U$ 模层. 则 $i_*\mathscr{F}$ 是凝聚 $\mathscr{O}_X$ 模层的一个必要条件是, 对任意 $x \in \operatorname{Ass}\mathscr{F}$, 均有 $\operatorname{codim}(\overline{\{x\}} \cap Z, \overline{\{x\}}) \geqslant 2$. 进而在下面两种情况下, 该条件也是充分的:*

(i) 概形 X 是局部良栖的.

(ii) 概形 X 是广泛匀垂的, 并且是广泛日本型的 (根据定义, 这意味着每个点 $x \in X$ 都有这样一个仿射开邻域, 它的环是广泛日本型的 (**0**, 23.1.1)).

我们知道 (**I**, 9.4.7) $i_*\mathscr{F}$ 有这样一个凝聚 $\mathscr{O}_X$ 子模层 $\mathscr{G}$, 它满足 $\mathscr{G}|_U = \mathscr{F}$. 我们显然有 $\operatorname{Ass}\mathscr{F} \subseteq \operatorname{Ass}\mathscr{G} \subseteq \operatorname{Ass}(i_*\mathscr{F})$, 又因为

$$\operatorname{Ass}(i_*\mathscr{F}) \;=\; \operatorname{Ass}\mathscr{F}$$

(3.1.13), 故得 $\operatorname{Ass}\mathscr{G} = \operatorname{Ass}\mathscr{F}$. 从而只需把 (5.11.1) 应用到凝聚 $\mathscr{O}_X$ 模层 $\mathscr{G}$ 上, 再注意到 $i_*\mathscr{F} = \mathscr{H}^0_{X/Z}(\mathscr{G})$, 并且当 X 是广泛匀垂和广泛日本型时, (5.11.1) 中的条件 (ii)

是成立的 (根据定义).

推论 (5.11.5) — 设 X 是一个局部 *Noether* 概形, Z 是 X 的一个子集, 且在特殊化下是稳定的, $\mathscr{F}$ 是一个凝聚 $\mathscr{O}_X$ 模层, 且满足 $\mathrm{Ass}\,\mathscr{F} \subseteq X \smallsetminus Z$. 则条件

a) $\mathscr{H}^0_{X/Z}(\mathscr{F})$ 是凝聚 $\mathscr{O}_X$ 模层

蕴涵了下面的条件:

d) 对于 Z 的任何一个在 X 中是闭集的子集 T (或者只假设 T 跑遍这种子集的一个递增滤相族, 且并集为 Z), $i_*(\mathscr{F}|_{X\smallsetminus T})$ (其中 $i: X \smallsetminus T \to X$ 是典范含入) 都是凝聚的.

如果 X 还满足 (5.11.1) 中的条件 (i), (ii) 之一, 那么a) 和d) 就是等价的.

注意到依照前提条件和 (3.1.13), 我们有 $\mathrm{Ass}(i_*(\mathscr{F}|_{X\smallsetminus T})) = \mathrm{Ass}\,\mathscr{F}$, 从而由 (5.10.2) 可以推出典范映射

$$i_*(\mathscr{F}|_{X\smallsetminus T}) \longrightarrow \mathscr{H}^0_{X/Z}(\mathscr{F})$$

是单的, 这就说明了 a) 蕴涵 d). 反之, 依照 (5.11.1), 条件 d) 蕴涵着 $\mathrm{codim}(T \cap Y_\alpha, Y_\alpha) \geqslant 2$ (在 (5.11.1) 的记号下), 从而我们有 $\mathrm{codim}(Z \cap Y_\alpha, Y_\alpha) \geqslant 2$, 因为 Z 就是它的那些在 X 中是闭集的子集的并集. 最后一句话可由 (5.11.1) 推出.

推论 (5.11.6) — 设 A 是一个 *Noether* 环, $X = \mathrm{Spec}\,A$. 考虑下面几个性质:

a) 对于 A 的任何整商环 B, 环 $B^{(1)}$ (记号取自 (5.11.2)) 都是有限 B 代数.

b) 对于任何一个凝聚 $\mathscr{O}_X$ 模层 $\mathscr{F}$ 以及 X 的任何一个在特殊化下稳定的子集 Z, 只要在所有 $x \in \mathrm{Ass}\,\mathscr{F} \cap (X \smallsetminus Z)$ 处都有 $\mathrm{codim}(\overline{\{x\}} \cap Z, \overline{\{x\}}) \geqslant 2$, 那么 $\mathscr{O}_X$ 模层 $\mathscr{H}^0_{X/Z}(\mathscr{F})$ 就是凝聚的.

c) 对于 X 的任何一个闭子集 T 以及任何一个凝聚 $\mathscr{O}_U$ 模层 $\mathscr{G}$ (其中 $U = X \smallsetminus T$), 只要在所有 $x \in \mathrm{Ass}\,\mathscr{G}$ 处都有 $\mathrm{codim}(\overline{\{x\}} \cap T, \overline{\{x\}}) \geqslant 2$, 那么 $i_*\mathscr{G}$ (其中 $i: U \to X$ 是典范含入) 就是凝聚 $\mathscr{O}_X$ 模层.

d) 对于 A 的任何一个整商环 B 以及 B 的任何一个高度 $\geqslant 2$ 的理想 $\mathfrak{I}$, 环 $\bigcap_{\mathfrak{p} \not\supseteq \mathfrak{I}} B_{\mathfrak{p}}$ 都是有限 B 代数.

则我们有蕴涵关系

$$\text{a)} \iff \text{b)} \implies \text{c)} \iff \text{d)}\,.$$

进而, 条件 a), b), c), d) 在下面两种情况下都能得到满足:

(i) A 是某个正则环的商环.

(ii) A 是广泛匀垂且广泛日本型的.

设 $B = A/\mathfrak{q}$, 其中 $\mathfrak{q}$ 是 A 的一个素理想, 从而 $Y = \mathrm{Spec}\,B$ 就是 X 的闭子集 $V(\mathfrak{q})$, 我们令 $Z = Z^{(2)}(Y)$, 它是 X 的一个在特殊化下稳定的子集. 由于 B 是整环, 故知 $\mathrm{Ass}(A/\mathfrak{q})$ 只含一点, 即 Y 的一般点 $\mathfrak{q}$. 若条件 b) 得到满足, 则可以把它应用

到凝聚 $\mathscr{O}_X$ 模层 $\mathscr{F} = (A/\mathfrak{q})^\sim$ 和 Z 上, 依照 (5.9.3.1), 这就证明了 $B^{(1)}$ 是有限型 A 模, 自然也是有限型 B 模. 反之, 假设 a) 得到满足, 于是若 $\mathscr{F}$ 是一个凝聚 $\mathscr{O}_X$ 模层, 并且在所有 $x \in \operatorname{Ass}\mathscr{F} \cap (X \smallsetminus Z)$ 处都有 $\operatorname{codim}(\overline{\{x\}} \cap Z, \overline{\{x\}}) \geqslant 2$, 则可以把条件 a) 应用到 (在 (5.11.1) 的记号下) 各个仿射概形 $Y_\alpha = \operatorname{Spec} B_\alpha$ 上, 其中 B_α 是 A 的一个整商环. 根据前提条件, Z_α 包含在 $Z^{(2)}(Y_\alpha)$ 中, 从而条件 a) (有见于 (5.10.2) 以及 $\operatorname{Ass}(\mathscr{O}_{Y_\alpha})$ 只含 Y_α 的一般点这个事实) 表明 $\mathscr{H}^0_{Y_\alpha/Z_\alpha}(\mathscr{O}_{Y_\alpha})$ 是一个凝聚 $\mathscr{O}_{Y_\alpha}$ 模层, 于是由 (5.11.1) 就可以推出 a).

为了证明 c) 蕴涵 d), 只需把 c) 应用到 $\mathscr{F} = (A/\mathfrak{q})^\sim$ 和 $Z = V(\mathfrak{J})$ 上即可, 方法与上面相同. 反之, 仍使用 (5.11.1) 中 a) 和 b) 的等价性就可以推出 d) 蕴涵 c). 易见 c) 是 b) 的一个特殊情形. 最后, 当 A 满足条件 (i) 或者 (ii) 时, 由 (5.11.2) 就可以推出 a) (从而也推出了其他的条件), 这是基于广泛匀垂环和广泛日本型环的定义.

注解 (5.11.7) — (i) 如果在 (5.11.5) 中没有在 X 上追加那些条件, 我们不知道条件 d) 是否还蕴涵着 a). 不过我们将在后面 (7.2.4) 看到, 当 X 是*局部*概形时, 这件事确实是成立的. 同样地, 我们还将证明, 当 A 是 Noether *局部*环时, (5.11.6) 中的四个条件 a), b), c), d) 都是等价的 (7.2.4). 我们不知道这个结果是否能推广到所有的 Noether 环上.

(ii) 若 A 具有 (5.11.6) 中的性质 a), 则所有的*分式环* $S^{-1}A$ 和所有的*有限* A 代数 C 都具有该性质. 事实上, $S^{-1}A$ 的任何整商环都具有 $S^{-1}(A/\mathfrak{q})$ 的形状, 其中 $\mathfrak{q}$ 是 A 的一个与 S 不相交的素理想, 另一方面, 若 $\mathfrak{r}$ 是 C 的一个素理想, $\mathfrak{p}$ 是它在 A 中的逆像, 则 $C/\mathfrak{r}$ 是一个包含 $A/\mathfrak{p}$ 的有限整 $(A/\mathfrak{p})$ 代数, 从而由 (5.10.17, (iii) 和 (iv)) 就可以推出上述阐言.

5.12 Noether 局部环 A 和商环 A/tA 的性质之间的关系

我们在 (3.4) 中已经看到了 A 的支承素理想与 A/tA 的支承素理想之间的关系, 以及两个环在整性和既约性方面的关系. 在这一小节中, 我们将给出它们之间的另外一些关联, 这主要与维数和深度的概念有关.

命题 (5.12.1) — *设 A 是一个 Noether 局部环, $X = \operatorname{Spec} A$, t 是 A 的一个元素, 且构成一个子参数系 ($\mathbf{0}$, 16.3.6), X_0 是 X 的闭子空间 $V(t)$, X_1 是它的开补集 $X \smallsetminus X_0$. 设 Z 是 X 的一个子集, 并且 Z 中的任何点的特殊化也落在 Z 中. 假设 X 是均链的 (比如 A 是均维的, 并且是某个正则局部环的商环 ($\mathbf{0}$, 16.5.12)). 于是若令 $Z_0 = Z \cap X_0$, $Z_1 = Z \cap X_1$, 则有*

(5.12.1.1) $$\operatorname{codim}(Z_0, X_0) \leqslant \operatorname{codim}(Z, X) \leqslant \operatorname{codim}(Z_1, X_1).$$

第二个不等号缘自定义 (5.1.3), 下面我们来证明第一个不等号, 可以限于考虑

Z 是闭集的情形, 事实上, 根据前提条件, Z 是一些闭子集 Z_α 的并集, 因而若对任意 α 均有 $\operatorname{codim}(X_0 \cap Z_\alpha, X_0) \leqslant \operatorname{codim}(Z_\alpha, X)$, 则我们也有 $\operatorname{codim}(Z_0, X_0) = \inf\limits_\alpha \operatorname{codim}(X_0 \cap Z_\alpha, X_0) \leqslant \inf\limits_\alpha \operatorname{codim}(Z_\alpha, X) = \operatorname{codim}(Z, X)$. 从而可以假设 Z 是闭的, 此时

$$\operatorname{codim}(Z, X) = \dim X - \dim Z$$

(**0**, 14.3.5.1). 另一方面, X_0 显然是匀垂且均维的, 并且维数就等于 $\dim X - 1$ (**0**, 16.3.4), 从而我们也有

$$\operatorname{codim}(Z_0, X_0) = \dim X_0 - \dim Z_0 = \dim X - 1 - \dim Z_0 .$$

但 $\dim Z_0 \geqslant \dim Z - 1$ (**0**, 16.3.4), 这就证明了 (5.12.1.1) 中的第一个不等号.

命题 (5.12.2) — *设 A 是一个 Noether 局部环, M 是一个有限型 A 模, t 是一个 M 正则元, 且落在 A 的极大理想 $\mathfrak{m}$ 之中, k 是一个正整数. 假设 A 是匀垂环. 于是若 M/tM 是均维的, 且具有 (S_k) 性质, 则 M 也具有这两个性质.*

有见于 ((**I**, 9.3.5) 的订正) 和 (5.7.3, (vi)), 可以限于考虑 $\operatorname{Supp} M = \operatorname{Spec} A = X$ 的情形. 我们令 $X_0 = V(t) = \operatorname{Spec}(A/tA)$, 根据前提条件, M/tM 具有 (S_1) 性质, 故它没有内嵌支承素理想 (5.7.5). 把 (3.4.4) 应用到 X 的闭点 (它也是 X 的所有闭子概形的闭点) 上, 则我们看到 $\operatorname{Supp}(M/tM)$ 的不可约分支恰好就是各个 $Y_i \cap X_0$, 其中 $Y_i (1 \leqslant i \leqslant r)$ 是 X 的全体不可约分支. 由于 t 是 M 正则的, 故知 $V(t)$ 不包含 X 的任何一个极大点 (3.1.8), 从而 $Y_i \cap X_0$ 的每个不可约分支在 Y_i 中的余维数都是 1 (5.1.8). 由于 X 是匀垂的, 并且 $\operatorname{Supp}(M/tM)$ 的所有不可约分支都具有相同的维数, 故我们得知, 这些 Y_i 具有相同的维数, 换句话说 X 是均维的, 从而是均链的, 因为 A 是局部环, 并且是匀垂的. 为了证明 M 具有 (S_k) 性质, 我们要使用 (5.7.4) 的判别法, 这就需要说明 (在 (5.7.4) 的记号下) 对任意整数 $n \geqslant 0$, 均有 $\operatorname{codim}(Z_n, X) > n + k$. 现在 M/tM 上的前提条件和 (5.7.4) 表明, 对任意 $n \geqslant 0$, 我们都有 $\operatorname{codim}(Z_n \cap X_0, X_0) > n + k$. 然而 Z_n 中的任何点的任何特殊化也落在 Z_n 中 (6.11.5)①, 由于 X 是均链的, 并且 t 落在 M 的某个参数系中 (**0**, 16.4.1), 从而也落在 A 的某个参数系中 (因为依照 $\operatorname{Supp} M = \operatorname{Spec} A$ 的前提条件知, M 的零化子是幂零的), 于是由 (5.12.1) 就可以推出结论.

注解 (5.12.3) — 如果在 (5.12.2) 中我们只假设 M/tM 是均维的, 那么 M 就未必是均维的. 举例来说, 设 k 是一个域, B 是带有三个未定元的多项式环 $k[T, U, V]$, C 是 B 在极大理想 $BT + BU + BV$ 处的局部环, 并设 $\mathfrak{p} = CU$, $\mathfrak{q} = CV + C(T + U)$. 现在我们考虑局部环 $A = C/\mathfrak{p}\mathfrak{q}$ (从几何上说, 若 X 是 k 上的 3 维仿射空间的这样一个闭子概形, 它是由一个平面和一条与该平面交于一点 x 的直线所组成的, 则

①读者可以检验, 我们在 (6.11.5) 的证明中并没有用到 (5.12.2).

A 就是 X 在点 x 处的局部环). 设 t,u,v 是 T,U,V 在 A 中的典范像, 则易见 t 不是 A 的零因子, 并且 A/tA 同构于 $C_0/\mathfrak{p}_0\mathfrak{q}_0$, 其中 C_0 是 $B_0=k[U,V]$ 在极大理想 B_0U+B_0V 处的局部环, 并且 $\mathfrak{p}_0=C_0U$, $\mathfrak{q}_0=C_0U+C_0V$ (从而 $\mathfrak{q}_0$ 就是 C_0 的极大理想). 易见 $\operatorname{Spec}(A/tA)$ 是不可约的, 并且维数是 1, 但是 A/tA 不具有 (S_1) 性质, 且 $\operatorname{Spec}A$ 不是均维的.

推论 (5.12.4) — *设 A 是一个匀垂 Noether 局部环, t 是 A 的极大理想 $\mathfrak{m}$ 中的一个正则元, k 是一个正整数. 若 A/tA 具有 (S_k) 性质, 则 A 也是如此.*

若 $k=1$, 则由 (3.4.4) 和条件 (S_1) 的另一种表述法 (5.7.5) 就可以推出结论. 若 $k\geqslant 2$, 则由 Hartshorne 判别法 (5.10.9) 知, A/tA 是均维的, 从而我们可以使用 (5.12.2).

命题 (5.12.5) — *设 A 是一个匀垂 Noether 局部环, t 是 A 的极大理想 $\mathfrak{m}$ 中的一个正则元, k 是一个正整数. 若环 A/tA 是既约且均维的, 并具有 (R_k) 性质, 则环 A 也具有这三个性质.*

我们已经知道 (3.4.6) A 是既约的, 再把 (5.12.2) 应用到 $k=1$ 的情况就可以推出 A 是均维的. 现在令 $X=\operatorname{Spec}A$, $X_0=V(t)=\operatorname{Spec}(A/tA)$, 并设 Z 是由全体非正则点 $x\in X$ 所组成的集合, 则依照 (**0**, 17.3.2), Z 的任何点的特殊化仍落在 Z 中. 另一方面, 由 (**0**, 17.1.8) 知, 在 X_0 的任何正则点 x 处, X 也是正则的, 从而 X_0 的全体非正则点的集合 Z_0' 包含了 $Z_0=Z\cap X_0$. 于是由前提条件可以推出

$$k\ \leqslant\ \operatorname{codim}(Z_0',X_0)\ \leqslant\ \operatorname{codim}(Z_0,X_0)\,.$$

而由于 A 是均维且匀垂的, 故根据 (5.12.1), 我们有

$$\operatorname{codim}(Z_0,X_0)\ \leqslant\ \operatorname{codim}(Z,X)\,,$$

这就证明了 X 具有 (R_k) 性质.

注解 (5.12.6) — 如果在 (5.12.5) 中我们只假设 A/tA 既约且具有 (R_k) 性质, 那么 A 就未必具有 (R_k) 性质. 举例来说, 设 k 是一个域, $P(U,V)$ 是 $k[U,V]$ 中的一个不可约多项式, 并假设由主理想 (P) 在仿射平面 $\operatorname{Spec}k[U,V]$ 上所定义的曲线 Γ 在极大理想 $(U)+(V)$ 所对应的点处具有一个奇异点 (例如 $P(U,V)=U(U^2+V^2)+(U^2-V^2)$, 它定义了一条带有二重点的三次曲线). 进而设 B 是带有 4 个未定元的多项式环 $k[T,U,V,W]$, C 是 B 在极大理想 $BT+BU+BV+BW$ 处的局部环, 并设

$$\mathfrak{p}\ =\ CW+CP(U-T,V)\,,\qquad \mathfrak{q}\ =\ CU\,.$$

现在我们考虑局部环 $A=C/\mathfrak{p}\mathfrak{q}$ (从几何上来说, 若 X 是 4 维仿射空间中的一个超平面 H 和一个以曲线 Γ 为 “准线” 的 2 维 “柱体” L 所组成的闭子概形, 并且

这个柱体 L 的"奇异直线" Y 没有包含在超平面 H 中, 则 A 就是 X 在 Y 与 H 的交叉点 x 处的局部环). 可以立即看出, $\operatorname{Spec}(A/tA)$ (其中 t 是 T 在 A 中的典范像) 只有一个奇异点 x, 并且该点处的局部环就是 A/tA 本身, 它是既约的, 并且维数是 2, 但是"奇异直线" Y (由理想 $C(U-T)+CV+CW$ 在 A 中的像所定义) 的一般点 y 是 X 的一个奇异点, 并且 $\mathscr{O}_{X,y}$ 的维数是 1. 换句话说, A/tA 是既约的, 且具有 (R_1) 性质, 但 A 不具有 (R_1) 性质.

推论 (5.12.7) — *设 A 是一个匀垂 Noether 局部环, t 是 A 的极大理想中的一个正则元. 若 A/tA 是整且整闭的, 则 A 也是如此.*

根据 Serre 判别法 (5.8.6) 以及 A 是局部环这个事实, 我们只需证明 $\operatorname{Spec} A$ 具有 (S_2) 和 (R_1) 性质即可. 然而根据 (5.12.5), A/tA 上的前提条件表明 A 具有 (R_1) 性质, 而 (5.12.4) 又表明 A 具有 (S_2) 性质.

命题 (5.12.8) (Hironaka 引理) — *设 A 是一个既约 Noether 局部环, 并且是均维且匀垂的. 进而假设对于 A 的任何极小素理想 $\mathfrak{q}_i$, 环 $B_i=A/\mathfrak{q}_i$ 都满足下述条件: $B_i^{(1)}$* (记号取自 (5.10.17)) *是有限 B_i 代数* (比如当 A 具有 (5.11.6) 中的性质 (i), (ii) 之一的时候). *设 t 是 A 的极大理想中的一个正则元, 并且满足:*

(i) *A 模 A/tA 的支承素理想中只有一个不是内嵌的, 记为 $\mathfrak{p}$* (依照 Krull 主理想定理 (**0**, 16.3.2), 它必然是高度为 1 的, 但我们并不假设它是 A/tA 的唯一支承素理想).

(ii) *$A_{\mathfrak{p}}$ 的理想 $\mathfrak{p}A_{\mathfrak{p}}$ 可由 $t/1$ 生成.*

(iii) *环 $A/\mathfrak{p}$ 是整闭的.*

则在这些条件下, 环 A 是整且整闭的, 并且我们有 $\mathfrak{p}=tA$.

我们令 $Z=V(tA)$, 条件 (i) 表明 Z 是 $X=\operatorname{Spec} A$ 的一个不可约闭子集, 并且它的一般点 z 满足 $\mathfrak{j}_z=\mathfrak{p}$. 条件 (ii) 表明, Noether 局部环 $A_{\mathfrak{p}}$ 的极大理想 $\mathfrak{p}A_{\mathfrak{p}}$ 可由一个元素所生成, 从而 $A_{\mathfrak{p}}$ 是离散赋值环, 并且 $t/1$ 是它的合一化子 (Bourbaki,《交换代数学》, VI, §3, ¥6, 命题 9). 现在 $A_{\mathfrak{p}}/tA_{\mathfrak{p}}$ 是 $A_{\mathfrak{p}}$ 的剩余类域, 从而是长度为 1 的 $A_{\mathfrak{p}}$ 模. 依照 (3.4.2), 这就表明 Z 只包含在 X 的一个不可约分支 X_i 中, 因而对于其他任何一个不可约分支 X_j 来说, 我们都有 $\dim(X_j\cap Z)<\dim Z$. 另一方面, 由于 t 在 A 中不是零因子, 故它没有包含在任何一个 $\mathfrak{q}_i$ 之中, 因而我们有 (5.1.8) $\operatorname{codim}(X_i\cap Z,X_i)=\operatorname{codim}(X_j\cap Z,X_j)=1$, 只要 $j\neq i$. 由于假设了 A 是均链的, 故关系式 $\dim(X_i\cap Z)\neq\dim(X_j\cap Z)$ 将给出 $\dim Z_i\neq\dim X_j$ (**0**, 14.3.3.1), 这是不合理的. 从而我们看到 A 只有一个极小素理想, 根据前提条件, A 是既约的, 这就表明它是整的. 现在我们注意到 $A^{(1)}$ 是有限 A 代数, 故它是 Noether 半局部环, 从而依照 Krull 主理想定理 (**0**, 16.3.2), $A^{(1)}/tA^{(1)}$ 的任何非内嵌的支承素理想都是高度为 1 的. 对于这样的一个理想 $\mathfrak{r}$ 来说, 依照 (5.10.17, (iv)), $\mathfrak{r}\cap A$ 是高度为 1 的, 并且由于它包含了 tA, 从而只可能是 $\mathfrak{p}$ (根据条件 (i)). 另一方面, $A^{(1)}$ 包含在 A 的

整闭包 A' 之中, 若我们令 $S = A \setminus \mathfrak{p}$, 则 $A_\mathfrak{p}$ 的整闭包就是 $S^{-1}A'$ (Bourbaki,《交换代数学》, V, §1, ⋠5, 命题 17), 从而 $S^{-1}A' = A_\mathfrak{p}$, 因为 $A_\mathfrak{p}$ 是离散赋值环. 由此可知 (前引, §2, ⋠1, 引理 1), A' 只有一个位于 $\mathfrak{p}$ 之上的素理想 $\mathfrak{p}'$, 自然 $A^{(1)}$ 也只有一个位于 $\mathfrak{p}$ 之上的素理想 $\mathfrak{p}^{(1)}$, 并且我们有 $A_\mathfrak{p} = A'_{\mathfrak{p}'} = A^{(1)}_{\mathfrak{p}^{(1)}}$. 现在注意到 $A^{(1)}$ 具有 (S_2) 性质 (5.10.17, (i)), 且由于 t 在 $A^{(1)}$ 中不是零因子, 故知 $A^{(1)}/tA^{(1)}$ 没有内嵌支承素理想 (5.7.7). 从而理想 $\mathfrak{p}^{(1)}$ 就是 $A^{(1)}/tA^{(1)}$ 的唯一一个支承素理想, 换句话说, $tA^{(1)}$ 是 $A^{(1)}$ 的一个 $\mathfrak{p}^{(1)}$ 准素理想, 这也相当于说 $tA^{(1)}$ 就是 $tA^{(1)}_{\mathfrak{p}^{(1)}} = tA_\mathfrak{p}$ 在 $A^{(1)}$ 中的逆像. 但根据 (ii), $tA_\mathfrak{p}$ 是 $A_\mathfrak{p}$ 的一个素理想, 从而 $tA^{(1)} = \mathfrak{p}^{(1)}$ 是 $A^{(1)}$ 的一个素理想. 另一方面, $A^{(1)}/\mathfrak{p}^{(1)}$ 在 $A/\mathfrak{p}$ 上是有限的, 并且它们具有相同的分式域 (也就是 $A^{(1)}_{\mathfrak{p}^{(1)}} = A_\mathfrak{p}$ 的剩余类域), 从而依照前提条件 (iii), $A^{(1)}/\mathfrak{p}^{(1)}$ 与 $A/\mathfrak{p}$ 是相等的. 从而我们有 $A^{(1)} = A + \mathfrak{p}^{(1)} = A + tA^{(1)}$, 且由于 t 包含在 Noether 半局部环 $A^{(1)}$ 的根之中, 故由 Nakayama 引理知, $A^{(1)} = A$, 从而 $\mathfrak{p}^{(1)} = \mathfrak{p} = tA$. 然而 A 还是匀垂的, 并且依照条件 (iii), A/tA 是整且整闭的, 从而由 (5.12.7) 就得知, A 是整闭的. 证明完毕.

注解 (5.12.9) — 如果我们不假设 A 是均维的, 那么 (5.12.8) 的结论就不再成立. 举例来说, 设 k 是一个域, B 是带有三个未定元的多项式环 $k[X,Y,Z]$, C 是环 $B/\mathfrak{r}_1\mathfrak{r}_2$, 其中 $\mathfrak{r}_1 = BZ$, $\mathfrak{r}_2 = BX + BY$, 我们再设 $\mathfrak{m}$ 是极大理想 $BX + BY + BZ$, 而 $\mathfrak{n} = \mathfrak{m}/\mathfrak{r}_1\mathfrak{r}_2$ 是它在 C 中的像, A 是局部环 $C_\mathfrak{n}$, 最后, 设 t_0 是 B 的元素 $Y + Z$ 在 C 中的像, t 是它在 A 中的像 (从而 $\operatorname{Spec} C$ 是由一个平面 P 和一条没有包含在该平面中的直线 D 所组成的, $\operatorname{Spec}(C/t_0C)$ 是 P 中的一条经过点 $D \cap P$ 的直线 D'). 环 A 是既约且匀垂的 (因为它是正则环的商环), 并且它的极小素理想 $\mathfrak{q}_1, \mathfrak{q}_2$ 就是 $\mathfrak{r}_1, \mathfrak{r}_2$ 的像. A 模 A/tA 的支承素理想中只有一个不是内嵌的, 即 $BY + BZ$ 的像 $\mathfrak{p}$, 理想 $\mathfrak{p}A_\mathfrak{p}$ 可由 $t/1$ 生成, 并且 $A/\mathfrak{p}$ 同构于 $k[X]$, 但 A 不是整的.

推论 (5.12.10) — 设 A 是一个 *Noether* 整局部环, 并满足下列条件之一:

a) A 是某个正则环的商环.

b) A 是广泛匀垂且广泛日本型的.

设 $(x_i)_{1\leqslant i\leqslant n}$ 是 A 中的一组元素, 我们令 $\mathfrak{I} = x_1A + \cdots + x_nA$, 并假设它满足下面这些条件:

(i) $A/\mathfrak{I}$ 的支承素理想中只有一个不是内嵌的, 记为 $\mathfrak{p}$, 并且 $\mathfrak{p}$ 的高度恰好是 n.

(ii) $A_\mathfrak{p}$ 的极大理想 $\mathfrak{p}A_\mathfrak{p}$ 可由这些 $x_i/1$ 所生成 (从而 $A_\mathfrak{p}$ 是 n 维正则局部环).

(iii) 环 $A/\mathfrak{p}$ 是整闭的.

则在这些条件下, 对任意整数 $0 \leqslant i \leqslant n$, 商环 $A/(x_1A + \cdots + x_iA)$ 都是整闭的, 并且维数等于 $\dim A - i$. 特别地, $\mathfrak{I}$ 是素理想, 并且就等于 $\mathfrak{p}$, A 是整闭的, 并且 $(x_i)_{1\leqslant i\leqslant n}$ 是一个 A 正则序列.

我们对 n 进行归纳, 这件事在 $n = 0$ 时是显然的, 且在 $n = 1$ 时就化为了 Hironaka 引理 (5.12.8). 从而可以假设 $n \geqslant 2$. 设 $\mathfrak{I}' = x_1A + \cdots + x_{n-1}A$, 并设 $\mathfrak{q}$

是包含 $\mathfrak{I}'$ 的那些素理想中的一个极小元, 则有 $\mathrm{ht}(\mathfrak{q}) \leqslant n-1$ ($\mathbf{0}$, 16.3.1), 下面我们令证明 $\mathfrak{q} \subseteq \mathfrak{p}$. 事实上, 若 $\mathfrak{p}'$ 是 A 的那些包含 $\mathfrak{q}+x_nA$ 的素理想中的一个极小元, 则根据 Krull 主理想定理 ($\mathbf{0}$, 16.3.2), $\mathfrak{p}'/\mathfrak{q}$ 在 $A/\mathfrak{q}$ 中的高度就等于 1, 从而 $\mathfrak{p}'$ 的高度 $\leqslant n$, 因为 A 是匀垂的 ($\mathbf{0}$, 16.1.4). 然而 $\mathfrak{p}'$ 包含了 $\mathfrak{I}$, 从而必然就等于 $\mathfrak{p}$, 故得 $\mathfrak{q} \subseteq \mathfrak{p}$, 并且 $\mathfrak{q}$ 就是 $A_{\mathfrak{p}}$ 的那些包含 $\mathfrak{I}'A_{\mathfrak{p}}$ 的素理想中的某个极小元在 A 中的逆像. 然而依照前提条件 (ii) 和 ($\mathbf{0}$, 17.1.7), $\mathfrak{I}'A_{\mathfrak{p}}$ 是 $A_{\mathfrak{p}}$ 的素理想, 从而 $\mathfrak{q} = A \cap \mathfrak{I}'A_{\mathfrak{p}}$ 就是 $A/\mathfrak{I}'$ 的那个唯一的非内嵌的支承素理想, 并且它的高度是 $n-1$, 因为 $\mathfrak{I}'A_{\mathfrak{p}}$ 的高度是 $n-1$ 而 $\mathfrak{q}$ 的高度 $\leqslant n-1$. 进而 $\mathfrak{q}A_{\mathfrak{p}} = \mathfrak{I}'A_{\mathfrak{p}}$, 且由于 $A_{\mathfrak{q}} = (A_{\mathfrak{p}})_{\mathfrak{q}A_{\mathfrak{p}}}$, 故知极大理想 $\mathfrak{q}A_{\mathfrak{q}}$ 可由 $\mathfrak{I}'$ 所生成. 从而我们看到序列 $(x_i)_{1 \leqslant i \leqslant n-1}$ 已经满足了条件 (i) 和 (ii). 下面我们证明它也满足条件 (iii). 为此考虑整环 $B = A/\mathfrak{q}$, 并设 t 是 x_n 在 B 中的典范像. 则易见 (参考 (5.6.3, (iv))) 若 A 满足条件 a) (切转: b)), 则 B 也满足该条件, 由于 $x_n \notin \mathfrak{q}$, 故有 $t \neq 0$. 我们证明 B 和 t 满足 Hironaka 引理的前提条件. 事实上, B 的那些包含 t 的素理想中的任何一个极小元 $\mathfrak{n}$ 都是 A 的那些包含 $\mathfrak{q}+x_nA$ 的素理想中的某个极小元的像, 并且我们已经看到 A 的这种素理想只有一个, 就是 $\mathfrak{p}$. 由于 $B_{\mathfrak{n}} = A_{\mathfrak{p}}/\mathfrak{q}A_{\mathfrak{p}}$ 且 $\mathfrak{n}B_{\mathfrak{n}} = \mathfrak{p}A_{\mathfrak{p}}/\mathfrak{q}A_{\mathfrak{p}}$, 故由 $\mathfrak{q}A_{\mathfrak{p}} = \mathfrak{I}'A_{\mathfrak{p}}$ 以及 $\mathfrak{p}A_{\mathfrak{p}}$ 可由 $\mathfrak{I}$ 生成的事实得知, $\mathfrak{n}B_{\mathfrak{n}}$ 可由 t 所生成. 最后, $B/\mathfrak{n} = A/\mathfrak{p}$ 是整闭的. 从而应用 (5.12.8) 就能够证明 $B = A/\mathfrak{q}$ 是整闭的, 并且 $\mathfrak{p} = \mathfrak{q}+x_nA$. 现在我们使用归纳假设, 它表明当 $0 \leqslant i \leqslant n-1$ 时 $A/(x_1A+\cdots+x_iA)$ 都是整闭的, 并且维数等于 $\dim A - i$, 进而 $\mathfrak{q} = \mathfrak{I}'$, 故得 $\mathfrak{p} = \mathfrak{I}'+x_nA = \mathfrak{I}$. 由此我们得知 $A/\mathfrak{I} = A/\mathfrak{p}$ 是整闭的. 由于 $\dim A_{\mathfrak{p}} = n$ 并且 $\dim(A/\mathfrak{p}) = \dim A - \dim A_{\mathfrak{p}}$ (因为 A 是均链的), 这就完成了证明.

5.13 取归纳极限时各种性质的保持情况

在这一小节中, 我们用 $(A_\alpha, \varphi_{\beta\alpha})$ 来表示环的一个归纳系, 它的指标集是一个滤相近有序集, 再令 $A = \varinjlim A_\alpha$, 并且用 φ_α 来记典范同态 $A_\alpha \to A$.

命题 (5.13.1) — (i) 对每个 α, 设 $\mathfrak{a}_\alpha$ 是 A_α 的一个理想, 且满足下述条件: 当 $\alpha \leqslant \beta$ 时, 总有 $\varphi_{\beta\alpha}(\mathfrak{a}_\alpha) \subseteq \mathfrak{a}_\beta$. 则这些 $\mathfrak{a}_\alpha$ 在 $\varphi_{\beta\alpha}$ 的限制下构成了一个归纳系, 且 $\mathfrak{a} = \varinjlim \mathfrak{a}_\alpha$ 可以典范等同于 A 的一个理想, 而 $A/\mathfrak{a}$ 可以典范等同于 $\varinjlim(A_\alpha/\mathfrak{a}_\alpha)$. 进而, 若对于 $\alpha \leqslant \beta$, 总有 $\mathfrak{a}_\alpha = \varphi_{\beta\alpha}^{-1}(\mathfrak{a}_\beta)$, 则对所有 α, 均有 $\mathfrak{a}_\alpha = \varphi_\alpha^{-1}(\mathfrak{a})$.

(ii) 反之, 对于 A 的任何一个理想 $\mathfrak{a}$, 若对每个 α, 我们令 $\mathfrak{a}_\alpha = \varphi_\alpha^{-1}(\mathfrak{a})$, 则这些 $\mathfrak{a}_\alpha$ 构成了一个归纳系, 且满足 $\mathfrak{a} = \varinjlim \mathfrak{a}_\alpha$.

易见 (ii) 是 (i) 的一个特殊情形. 在 (i) 中, $\mathfrak{a}$ 可以典范等同于 A 的理想且 $A/\mathfrak{a}$ 可以等同于 $\varinjlim(A_\alpha/\mathfrak{a}_\alpha)$ 这两件事都是缘自函子 $\varinjlim$ 在 Abel 群范畴中的正合性. 进而, $\mathfrak{a}$ 就是递增族 $\varphi_\alpha(\mathfrak{a}_\alpha)$ 的并集, 从而若 $x_\alpha \in A_\alpha$ 满足 $\varphi_\alpha(x_\alpha) \in \mathfrak{a}$, 则可以找到 $\beta \geqslant \alpha$ 和 $y_\beta \in \mathfrak{a}_\beta$, 使得 $\varphi_\alpha(x_\alpha) = \varphi_\beta(y_\beta)$, 从而 $\varphi_\beta(\varphi_{\beta\alpha}(x_\alpha)) = \varphi_\beta(y_\beta)$. 然而这又表明可以找到 $\gamma \geqslant \beta$, 使得 $\varphi_{\gamma\beta}(\varphi_{\beta\alpha}(x_\alpha)) = \varphi_{\gamma\beta}(y_\beta)$, 因而 $\varphi_{\gamma\alpha}(x_\alpha) \in \mathfrak{a}_\gamma$, 故只要

$\mathfrak{a}_\alpha = \varphi_{\gamma\alpha}^{-1}(\mathfrak{a}_\gamma)$, 我们就有 $x_\alpha \in \mathfrak{a}_\alpha$.

推论 (5.13.2) — 若 $\mathfrak{N}_\alpha$ 是 A_α 的诣零根, 则 A 的诣零根可以等同于 $\varinjlim \mathfrak{N}_\alpha$, 并且 A_{red} 可以等同于 $\varinjlim (A_\alpha)_{\mathrm{red}}$. 特别地, 若这些 A_α 都是既约的, 则 A 也是既约的.

事实上, 易见对于 $\alpha \leqslant \beta$, 总有 $\varphi_{\beta\alpha}(\mathfrak{N}_\alpha) \subseteq \mathfrak{N}_\beta$, 并且 $\varinjlim \mathfrak{N}_\alpha$ 是 A 的一个诣零理想, 从而它包含在 A 的诣零根 $\mathfrak{N}$ 之中. 反之, 若 $x \in \mathfrak{N}$, 则可以找到正整数 h, 使得 $x^h = 0$. 我们选取指标 α 和元素 $x_\alpha \in A_\alpha$, 使得 $x = \varphi_\alpha(x_\alpha)$, 则关系式 $\varphi_\alpha(x_\alpha^h) = 0$ 表明, 可以找到 $\beta \geqslant \alpha$, 使得 $\varphi_{\beta\alpha}(x_\alpha^h) = 0$, 或写成 $x_\beta^h = 0$, 其中 $x_\beta = \varphi_{\beta\alpha}(x_\alpha)$, 从而 $x_\beta \in \mathfrak{N}_\beta$, 又因为 $x = \varphi_\beta(x_\beta)$, 故利用 (5.13.1) 就可以完成证明.

命题 (5.13.3) — (i) 对每个 α, 设 $\mathfrak{p}_\alpha$ 是 A_α 的一个素理想, 且满足下述条件: 当 $\alpha \leqslant \beta$ 时, 总有 $\varphi_{\beta\alpha}(\mathfrak{p}_\alpha) \subseteq \mathfrak{p}_\beta$. 则 $\mathfrak{p} = \varinjlim \mathfrak{p}_\alpha$ 是 A 的一个素理想. 特别地, 若这些 A_α 都是整的, 则 A 也是整的.

(ii) 进而, 若对于 $\alpha \leqslant \beta$, 总有 $\mathfrak{p}_\alpha = \varphi_{\beta\alpha}^{-1}(\mathfrak{p}_\beta)$, 则 $A_{\mathfrak{p}}$ 可以典范等同于 $\varinjlim (A_\alpha)_{\mathfrak{p}_\alpha}$.

(iii) 假设 A 是局部环, $\mathfrak{p}$ 是它的极大理想, 并且这些同态 φ_α 都是单的, 于是若我们令 $\mathfrak{p}_\alpha = \varphi_\alpha^{-1}(\mathfrak{p})$, 则 $A = \varinjlim (A_\alpha)_{\mathfrak{p}_\alpha}$, 并且这些同态 $(A_\alpha)_{\mathfrak{p}_\alpha} \to A$ 都是单的.

(i) 中的两句话实际上是等价的, 因为 $A/\mathfrak{p} = \varinjlim (A_\alpha/\mathfrak{p}_\alpha)$. 于是我们可以假设这些 A_α 都是整的, 并设 x, y 是 A 的两个元素, 满足 $xy = 0$. 此时可以找到一个指标 α 以及 A_α 的两个元素 x_α, y_α, 使得 $x = \varphi_\alpha(x_\alpha)$, $y = \varphi_\alpha(y_\alpha)$, 并且 $\varphi_\alpha(x_\alpha y_\alpha) = 0$. 但这就表明可以找到一个指标 $\beta \geqslant \alpha$, 使得对于 $x_\beta = \varphi_{\beta\alpha}(x_\alpha)$ 和 $y_\beta = \varphi_{\beta\alpha}(y_\alpha)$ 来说, 我们有 $x_\beta y_\beta = 0$. 由于 A_β 是整的, 故知 $x_\beta = 0$ 或 $y_\beta = 0$, 又因为 $x = \varphi_\beta(x_\beta)$ 且 $y = \varphi_\beta(y_\beta)$, 这就证明了 A 是整的.

现在我们来证明 (ii). 前提条件表明, 这些 $A_\alpha \smallsetminus \mathfrak{p}_\alpha$ 构成了乘性子集的归纳系, 并且以 $A \smallsetminus \mathfrak{p}$ 为归纳极限. 因而这些局部环 $(A_\alpha)_{\mathfrak{p}_\alpha}$ 构成了一个归纳系 (其中的传递同态都是局部同态), 并且典范同态 $(A_\alpha)_{\mathfrak{p}_\alpha} \to A_{\mathfrak{p}}$ 构成了同态的归纳系, 且它的归纳极限 $\psi : \varinjlim((A_\alpha)_{\mathfrak{p}_\alpha}) \to A_{\mathfrak{p}}$ 是一个满同态. 只需再说明 ψ 是单的. 现在若 $x_\alpha \in A_\alpha$ 和 $s_\alpha \in A_\alpha \smallsetminus \mathfrak{p}_\alpha$ 满足 $\varphi_\alpha(x_\alpha)/\varphi_\alpha(s_\alpha) = 0$ (在 $A_{\mathfrak{p}}$ 中), 则可以找到 $s' \in A \smallsetminus \mathfrak{p}$, 使得 $s'\varphi_\alpha(x_\alpha) = 0$, 必要时把 α 换成一个充分大的指标, 我们可以假设 $s' = \varphi_\alpha(s'_\alpha)$, 其中 $s'_\alpha \in A_\alpha \smallsetminus \mathfrak{p}_\alpha$, 故得 $\varphi_\alpha(s'_\alpha x_\alpha) = 0$. 从而可以找到 $\beta \geqslant \alpha$, 使得 $\varphi_{\beta\alpha}(s'_\alpha x_\alpha) = 0$ (在 A_β 中), 这就表明 $\varphi_{\beta\alpha}(x_\alpha)/\varphi_{\beta\alpha}(s_\alpha) = 0$ (在 $(A_\beta)_{\mathfrak{p}_\beta}$ 中), 从而证明了 x_α/s_α 在 $\varinjlim((A_\alpha)_{\mathfrak{p}_\alpha})$ 中的典范像是 0.

最后, (iii) 的第一句话缘自 (ii) 和 $A_{\mathfrak{p}} = A$. 进而, $A_\alpha \smallsetminus \mathfrak{p}_\alpha$ 的元素在 A 中都是可逆的, 从而我们也有 $A_{\mathfrak{p}_\alpha} = A$, 于是 $(A_\alpha)_{\mathfrak{p}_\alpha} \to A$ 是单映射这件事就是缘自平坦条件以及这些 φ_α 都是单映射的前提条件.

推论 (5.13.4) — 假设这些 A_α 都是整的, 并且这些 $\varphi_{\beta\alpha}$ 都是单的. 于是若 A'_α

是 A_α 的整闭包, 则 $A' = \varinjlim A'_\alpha$ 就是 A 的整闭包. 特别地, 如果对任意 α, A_α 都是整闭的, 那么 A 也是整闭的. 如果这些 A_α 都是独枝的 (切转: 几何式独枝的) (**0**, 23.2.1) 局部环, 并且这些 $\varphi_{\beta\alpha}$ 都是单局部同态, 那么 A 也是独枝的 (切转: 几何式独枝的).

设 K_α 是 A_α 的分式域, 则把 (5.13.3, (ii)) 应用到 $\mathfrak{p}_\alpha = (0)$ 上就可以得知, $K = \varinjlim K_\alpha$ 是 A 的分式域, 并且 $A' = \varinjlim A'_\alpha$ 可以等同于 K 的一个子环, 且它显然在 A 上是整型的. 反之, 设元素 $z \in K$ 满足一个整型方程 $z^n + \sum\limits_{i=1}^{n} c_i z^{n-i} = 0$, 其中 $c_i \in A$. 则可以找到一个指标 α 和一个元素 $z_\alpha \in K_\alpha$ 以及一组元素 $c_{i\alpha} \in A_\alpha$, 使得 z (切转: c_i) 是 z_α (切转: $c_{i\alpha}$) 的像, 从而我们有 $z_\alpha \in A'_\alpha$, 这就表明了 $z \in A'$. 由此立知, 当这些 A_α 都整闭时, A 也是整闭的. 若这些 A_α 都是局部环, 并且 $\varphi_{\beta\alpha}$ 都是局部同态, 则我们知道 ($\mathbf{0_{III}}$, 10.3.1.3) A 是一个局部环, 并且若 k_α 是 A_α 的剩余类域, 则 $k = \varinjlim k_\alpha$ 就是 A 的剩余类域. 从而如果这些 A'_α 都是局部环, 那么 A' 也是局部环, 故 A 是独枝的. 进而若对每个 α, 环 A'_α 的剩余类域 k'_α 都是 k_α 的紧贴扩张, 则 $k' = \varinjlim k'_\alpha$ (它是 A 的剩余类域) 就是 k 的紧贴扩张, 从而 A 是几何式独枝的.

(5.13.5) 所谓一个环 A 是正规的, 是指 $\operatorname{Spec} A$ 是正规概形, 换句话说, 对于 A 的任意素理想 $\mathfrak{p}$, $A_\mathfrak{p}$ 都是整且整闭的. 注意到这表明 A 是既约的, 并且 $\mathfrak{p}$ 中只包含了 A 的唯一一个极小素理想 $\mathfrak{q}$, 换句话说, $\mathfrak{p}$ 只落在 $\operatorname{Spec} A$ 的唯一一个不可约分支中. 进而, $\mathfrak{q}$ 就是 (0) 在典范同态 $A \to A_\mathfrak{p}$ 下的逆像, 从而 $A_\mathfrak{p}$ 同构于 $(A/\mathfrak{q})_{\mathfrak{p}/\mathfrak{q}}$, 这就证明了, 作为一族整闭整环的交集, $A/\mathfrak{q}$ 也是整闭的 (**I**, 8.2.1.1). 若 A 是一个 *Noether* 环, 并且是正规的, 则 A 是有限个整闭整环的直合 (**I**, 5.1.4).

推论 (5.13.6) — 假设这些 A_β 都是正规的, 并且对于 $\alpha \leqslant \beta$, $\operatorname{Spec} A_\beta$ 的每个不可约分支都笼罩了 $\operatorname{Spec} A_\alpha$ 的某个不可约分支. 则 $A = \varinjlim A_\alpha$ 是正规的.

事实上, 设 $\mathfrak{p}$ 是 A 的一个素理想, 并且对任意 α, 我们令 $\mathfrak{p}_\alpha = \varphi_\alpha^{-1}(\mathfrak{p})$. 根据前提条件, 每个 $\mathfrak{p}_\alpha$ 都只包含着 A_α 的唯一一个极小素理想 $\mathfrak{q}_\alpha$, 并且对于 $\alpha \leqslant \beta$, $\varphi_{\beta\alpha}^{-1}(\mathfrak{q}_\beta)$ 是 A_α 的极小素理想, 故它就等于 $\mathfrak{q}_\alpha$. 从而若我们令 $B_\alpha = A_\alpha/\mathfrak{q}_\alpha$, 则这些整环 B_α 构成了一个归纳系, 其中的传递同态是通过对 $\varphi_{\beta\alpha}$ 取商而导出的同态 $\varphi'_{\beta\alpha} : B_\alpha \to B_\beta$, 因而根据定义, 它们都是单的. 进而, 环 B_α 都是整闭的, 从而 $B = \varinjlim B_\alpha$ 也是整闭的 (5.13.4). 若我们令 $\mathfrak{p}'_\alpha = \mathfrak{p}_\alpha/\mathfrak{q}_\alpha$, 则还有 $(B_\alpha)_{\mathfrak{p}'_\alpha} = (A_\alpha)_{\mathfrak{p}_\alpha}$, 现在 $\varinjlim (B_\alpha)_{\mathfrak{p}'_\alpha} = \varinjlim (A_\alpha)_{\mathfrak{p}_\alpha} = A_\mathfrak{p}$ 是 B 在某个素理想处的局部环 (5.13.3), 从而它是整闭整环, 这就证明了推论.

命题 (5.13.7) — 假设这些 A_α 都是正则的, 并且对于 $\alpha \leqslant \beta$, $\varphi_{\beta\alpha}$ 都使 A_β 成为平坦 A_α 模, 进而假设 $A = \varinjlim A_\alpha$ 是 *Noether* 的. 则 A 是正则的.

根据定义, 只需证明对于 A 的任意素理想 $\mathfrak{p}$ 来说, Noether 局部环 $A_\mathfrak{p}$ 都是正

则的. 现在若 $\mathfrak{p}_\alpha = \varphi_\alpha^{-1}(\mathfrak{p})$, 则有 $\mathfrak{p} = \varinjlim \mathfrak{p}_\alpha$ 和 $A_\mathfrak{p} = \varinjlim((A_\alpha)_{\mathfrak{p}_\alpha})$ (5.13.3). 根据前提条件, 这些 $(A_\alpha)_{\mathfrak{p}_\alpha}$ 都是正则的, 并且对于 $\alpha \leqslant \beta$, $(A_\beta)_{\mathfrak{p}_\beta}$ 都是平坦 $(A_\alpha)_{\mathfrak{p}_\alpha}$ 模 ($\mathbf{0_I}$, 6.3.2), 从而我们就把问题归结到了 A_α 和 A 都是局部环的情形. 此时为了证明 A 是正则的, 只需证明对任意两个有限型 A 模 M, N, 均可找到一个整数 i_0, 使得当 $i \geqslant i_0$ 时, 总有 $\operatorname{Tor}_i^A(M,N) = 0$ (**0**, 17.3.1 和 17.2.6). 但我们有下面的引理 (其中的 A_α 可以是任意的环):

引理 (5.13.7.1) — *对每个有限呈示 A 模 M, 均可找到一个指标 α 和一个有限呈示 A_α 模 M_α, 使得 $M \simeq M_\alpha \otimes_{A_\alpha} A$.*

事实上, 我们可以假设 $M = A^r/P$, 其中 P 是 A^r 的一个有限型 A 子模. 由于 $A^r = \varinjlim(A_\alpha^r)$, 并且 P 是有限型的, 故可找到一个 α 以及 A_α^r 的一个 A_α 子模 P_α, 使得 P 就是 $P_\alpha \otimes_{A_\alpha} A$ 的典范像, 从而由张量积的右正合性知, M 同构于 $(A_\alpha^r/P_\alpha) \otimes_{A_\alpha} A$.

回到命题的证明, 现在 M 和 N 都是有限呈示模, 因为 A 是 Noether 的. 从而我们有 $M = M_\alpha \otimes_{A_\alpha} A$ 和 $N = N_\alpha \otimes_{A_\alpha} A$. 依照前提条件, A 是平坦 A_α 模 ($\mathbf{0_I}$, 6.1.2), 从而我们有 $\operatorname{Tor}_i^A(M,N) = \operatorname{Tor}_i^{A_\alpha}(M_\alpha, N_\alpha) \otimes_{A_\alpha} A$ (只差一个同构) (**III**, 6.3.9). 根据前提条件, A_α 是正则的, 故可找到 i_0, 使得当 $i \geqslant i_0$ 时, $\operatorname{Tor}_i^{A_\alpha}(M_\alpha, N_\alpha) = 0$. 证明完毕.

推论 (5.13.8) — *假设这些 A_α 都是 Noether 环, 并且都具有 (R_k) 性质 $(k \geqslant 0)$. 进而假设对于 $\alpha \leqslant \beta$, $\varphi_{\beta\alpha}$ 都使 A_β 成为平坦 A_α 模, 再假设 $A = \varinjlim A_\alpha$ 是一个 Noether 环, 并且对任意 α, ${}^a\varphi_\alpha$ 都是一个从 $\operatorname{Spec} A$ 到 $\operatorname{Spec} A_\alpha$ 的同胚. 则 A 具有 (R_k) 性质.*

事实上, 设 $\mathfrak{p}$ 是 A 的一个素理想, 且对任意 α, 令 $\mathfrak{p}_\alpha = \varphi_\alpha^{-1}(\mathfrak{p})$, 故有 $\mathfrak{p} = \varinjlim \mathfrak{p}_\alpha$ 和 $A_\mathfrak{p} = \varinjlim(A_\alpha)_{\mathfrak{p}_\alpha}$ (5.13.3). 由 (**I**, 2.4.2) 和前提条件知, 态射 $\operatorname{Spec} A_\mathfrak{p} \to \operatorname{Spec}(A_\alpha)_{\mathfrak{p}_\alpha}$ 都是映满的同胚 (对所有 α), 从而我们有 $\dim A_\mathfrak{p} = \dim(A_\alpha)_{\mathfrak{p}_\alpha}$. 现在假设 $\dim A_\mathfrak{p} \leqslant k$, 则我们有 $\dim(A_\alpha)_{\mathfrak{p}_\alpha} \leqslant k$, 并且前提条件表明, $(A_\alpha)_{\mathfrak{p}_\alpha}$ 是正则环. 进而, 由于对所有 $\alpha \leqslant \beta$, $(A_\beta)_{\mathfrak{p}_\beta}$ 都是平坦 $(A_\alpha)_{\mathfrak{p}_\alpha}$ 模 ($\mathbf{0_I}$, 6.3.2), 故利用 (5.13.7) 得知, $A_\mathfrak{p}$ 是正则的, 这就证明了推论.

§6. 局部 Noether 概形之间的平坦态射

设 X, Y 是两个局部 Noether 概形, $f : X \to Y$ 是一个态射. 则对任意 $y \in Y$, 纤维 $f^{-1}(y) = X \times_Y \operatorname{Spec} \boldsymbol{k}(y)$ 都是局部 Noether 概形, 事实上, 只需考虑 $Y = \operatorname{Spec} A$ 和 $X = \operatorname{Spec} B$ 都是 Noether 环的谱这个情形, 此时 $B \otimes_A \boldsymbol{k}(y)$ 是商环 $B/\mathfrak{j}_y B$ 的分式环, 从而是 Noether 的. 在本节中, 我们的首要目标是, 在 f 是平坦态射的前提条

件下, 考察 X, Y 和纤维 $f^{-1}(y)$ 的性质之间的关系. 问题可以归结为考察 Noether 局部环 $\mathscr{O}_y$, $\mathscr{O}_x$ 和 $\mathscr{O}_x \otimes_{\mathscr{O}_y} \boldsymbol{k}(y)$ 之间的关系, 其中的同态 $\mathscr{O}_y \to \mathscr{O}_x$ 是一个局部同态, 并使 $\mathscr{O}_x$ 成为一个平坦 $\mathscr{O}_y$ 模. 在 6.11 节到 6.13 节里 (这一段与其他部分显著不同, 讨论的是 "绝对性" 问题而不是 "相对性" 问题), 我们将使用前面的结果来找出使某些概形的奇异谷 (或其他类似集合) 成为闭集的判别法, 这样的判别法在 §7 中会起到重要的作用.

6.1 平坦性条件与维数

命题 (6.1.1) — *设 A, B 是两个 Noether 局部环, $\mathfrak{m}$ 是 A 的极大理想, $k = A/\mathfrak{m}$ 是剩余类域, $\varphi : A \to B$ 是一个局部同态. 假设对于 A 的任何异于 $\mathfrak{m}$ 的素理想 $\mathfrak{p}$ 以及 B 的那些包含 $\mathfrak{p}B$ 的素理想中的任何极小元 $\mathfrak{q}$, 理想 $\varphi^{-1}(\mathfrak{q})$ 都不等于 $\mathfrak{m}$* (换句话说, $\operatorname{Spec}(B/\mathfrak{p}B)$ 的任何不可约分支都没有包含在 $\operatorname{Spec} A$ 的闭点 $\mathfrak{m}$ 在 $\operatorname{Spec} B$ 中的逆像里). *则我们有*

(6.1.1.1)
$$\dim B \;=\; \dim A + \dim(B \otimes_A k)\,.$$

对 $n = \dim A$ 进行归纳. 当 $n = 0$ 时, 命题显然成立, 因为此时 $\mathfrak{m}B$ 包含在 B 的诣零根之中 ($\mathfrak{m}$ 就是 A 的诣零根). 从而可以假设 $n > 0$. 设 $\mathfrak{q}_i$ $(1 \leqslant i \leqslant m)$ 是 B 的所有极小素理想, 并设 $\mathfrak{p}_i = \varphi^{-1}(\mathfrak{q}_i)$, 则对任意 i, 均有 $\mathfrak{p}_i \neq \mathfrak{m}$, 因为否则我们将 (由于 $n > 0$) 可以找到一个素理想 $\mathfrak{p} \neq \mathfrak{m}$, 它包含在 $\mathfrak{p}_i$ 中, 且由于 $\mathfrak{q}_i$ 在 B 的所有包含 $\mathfrak{p}B$ 的素理想中是极小的, 这就与前提条件产生了矛盾. 因而 $\mathfrak{m}$ 并不等于这些 $\mathfrak{p}_i$ 与 A 的所有极小素理想 $\mathfrak{p}'_j$ $(1 \leqslant j \leqslant r)$ 的并集 (Bourbaki,《交换代数学》, II, §1, ¥1, 命题 2), 于是可以找到一个 $a \in \mathfrak{m}$, 它没有落在任何 $\mathfrak{p}_i$ 和 $\mathfrak{p}'_j$ 之中. 我们令 $A' = A/aA$, $B' = B/aB$, 则由 a 的选取方法知 (**0**, 16.3.4)

$$\dim A' \;=\; \dim A - 1\,, \qquad \dim B' \;=\; \dim B - 1\,.$$

另一方面, $B' \otimes_{A'} k = B \otimes_A k = B/\mathfrak{m}B$, 从而

$$\dim(B' \otimes_{A'} k) \;=\; \dim(B \otimes_A k)\,.$$

因此我们只需对 A' 和 B' 来证明等式 (6.1.1.1) 即可. 现在 A 的那些包含 a 的理想 (切转: B 的理想) 与 A' 的理想 (切转: B' 的理想) 之间有一个一一对应, 故命题的前提条件对于 A' 和 B' 也是成立的, 从而利用归纳假设就可以推出结论.

推论 (6.1.2) — *设 A, B 是两个 Noether 局部环, k 是 A 的剩余类域, $\varphi : A \to B$ 是一个局部同态, $M \neq 0$ 是一个有限型 A 模, $N \neq 0$ 是一个有限型 B 模. 若 N 是平坦 A 模* (切转: *若 B 是平坦 A 模*), *则有*

(6.1.2.1)
$$\dim_B(M \otimes_A N) \;=\; \dim_A M + \dim_{B \otimes_A k}(N \otimes_A k)$$

(切转: (6.1.1.1)).

只需证明与 N 有关的结果即可. 另一方面, 若 $\mathfrak{b}$ 是 N 的零化子, 则我们可以把 B 换成 $B/\mathfrak{b}$, 从而可以假设 $\operatorname{Supp} N = \operatorname{Spec} B$. 此时前提条件表明, φ 所对应的态射 $f : \operatorname{Spec} B \to \operatorname{Spec} A$ 是拟平坦的 (2.3.3), 故由 (2.3.4) 得知, 对于 A 的任意素理想 $\mathfrak{p} \neq \mathfrak{m}$, $f^{-1}(V(\mathfrak{p}))$ 的每个不可约分支都笼罩了 $V(\mathfrak{p})$, 因而 (6.1.1) 的条件得到满足, 由此就推出了结论.

推论 (6.1.3) — *设 A, B 是两个 Noether 局部环, $\mathfrak{m}$ 是 A 的极大理想, k 是它的剩余类域, $\varphi : A \to B$ 是一个局部同态. 假设 $\dim(B \otimes_A k) = 0$* (也就是说 (**0**, 16.2.1), $\mathfrak{m}B$ 是 B 的一个定义理想). *则我们有 $\dim B \leqslant \dim A$. 进而若能找到这样一个有限型 B 模 N, 它是平坦 A 模, 并且它的支集等于 $\operatorname{Spec} B$* (比如当 B 是平坦 A 模的时候就是这样), *则有 $\dim B = \dim A$.*

第一句话缘自 (5.5.1), 第二句则缘自 (6.1.2).

推论 (6.1.4) — *设 X, Y 是两个局部 Noether 概形, $f : X \to Y$ 是一个映满态射. 则对于 Y 的任意闭子集 Z, 均有*

(6.1.4.1)
$$\operatorname{codim}(f^{-1}(Z), X) \leqslant \operatorname{codim}(Z, Y).$$

进而, 若 f 是拟平坦的 (2.3.3), *则上式为等式.*

事实上, 若 y 是 Z 的一个极大点, 并且 x 是纤维 $f^{-1}(y)$ 的一个极大点, 则依照 (5.5.2), 我们有 $\dim \mathscr{O}_{X,x} \leqslant \dim \mathscr{O}_{Y,y}$, 此时不等式 (6.1.4.1) 缘自 (5.1.2.1), (5.1.3.1) 以及 f 是映满态射的事实. 进而若 f 是拟平坦的, 则我们知道 (2.3.4) $f^{-1}(Z)$ 的每个不可约分支都笼罩了 Z 的某个不可约分支, 从而 $f^{-1}(Z)$ 的极大点集合恰好就是各个纤维 $f^{-1}(y)$ 的极大点集合的并集, 其中 y 跑遍 Z 的极大点集合 ($\mathbf{0_I}$, 2.1.8), 并且在每个这样的极大点 x 处, 我们都有 $\dim(\mathscr{O}_x \otimes_{\mathscr{O}_y} \boldsymbol{k}(x)) = 0$. 进而由于 $\mathscr{O}_x$ 是平坦 $\mathscr{O}_y$ 模, 故依照 (6.1.1), $\dim \mathscr{O}_x = \dim \mathscr{O}_y$, 从而 (6.1.4.1) 成为等式 (因为 f 是映满的).

下面是命题 (6.1.1) 的一个逆命题:

命题 (6.1.5) — *设 A, B 是两个 Noether 局部环, k 是 A 的剩余类域, $\varphi : A \to B$ 是一个局部同态, M 是一个有限型 B 模. 假设:*

1° A 是正则环.

2° M 是 Cohen-Macaulay B 模.

3° $\dim_B M = \dim A + \dim_{B \otimes_A k}(M \otimes_A k)$.

则 M 是平坦 A 模.

我们对 $n = \dim A$ 进行归纳. 若 $n = 0$, 则 A 是一个域, 因为它是正则的 (**0**, 17.1.4), 从而结论显然成立. 假设 $n > 0$, 设 $\mathfrak{m}$ 是 A 的极大理想, 并设 $x \in \mathfrak{m}$ 是

一个没有落在 $\mathfrak{m}^2$ 中的元素, 则我们知道 ($\mathbf{0}$, 17.1.8) $A' = A/xA$ 是正则的, 并且 $\dim A' = \dim A - 1$. 令

$$B' = B/xB, \quad M' = M/xM = M \otimes_A A',$$

从而有

$$B' \otimes_{A'} k = B \otimes_A k, \quad M' \otimes_{A'} k = M \otimes_A k,$$

且依照 ($\mathbf{0}$, 16.3.9.2), 我们有

$$\dim_{B'} M' \leqslant \dim A' + \dim_{B' \otimes_{A'} k}(M' \otimes_{A'} k),$$

从而由 ($\mathbf{0}$, 16.3.4) 就可以得知

$$\begin{aligned}\dim_B M \leqslant \dim_{B'} M' + 1 &\leqslant \dim A' + \dim_{B \otimes_A k}(M \otimes_A k) + 1 \\ &= \dim A + \dim_{B \otimes_A k}(M \otimes_A k).\end{aligned}$$

根据前提条件, 上式两端的项是相等的, 从而我们必有: (i) $\dim_{B'} M' = \dim_B M - 1$, 且由于 M 是 Cohen-Macaulay B 模, 故知 x 是 M 正则的 ($\mathbf{0}$, 16.1.9 和 16.5.5); (ii) $\dim_{B'} M' = \dim A' + \dim_{B' \otimes_{A'} k}(M' \otimes_{A'} k)$. 依照 (i) 和 ($\mathbf{0}$, 16.1.9 和 16.5.5), M' 是 Cohen-Macaulay B' 模, 并且 A' 是正则的, 故归纳假设表明, M' 是平坦 A' 模. 于是再由 ($\mathbf{0}_{\mathbf{III}}$, 10.2.7) 就可以推出 M 是平坦 A 模, 因为根据 (i), x 是 M 正则的.

6.2 平坦性条件与投射维数

命题 (6.2.1) — (i) 设 A, B 是两个环, $\varphi : A \to B$ 是一个同态, 并使 B 成为平坦 A 模. 则对任意 A 模 M, 均有

(6.2.1.1) $$\dim_B^{\text{投}}(M \otimes_A B) \leqslant \dim_A^{\text{投}} M.$$

(ii) 进而假设 A 是 *Noether* 环, B 是忠实平坦 A 模, 并且 M 是有限型 A 模, 则有

(6.2.1.2) $$\dim_B^{\text{投}}(M \otimes_A B) = \dim_A^{\text{投}} M.$$

(i) 可以限于考虑 $n = \dim_A^{\text{投}} M$ 是有限数的情形, 从而我们有一个左消解

$$0 \longrightarrow P_n \longrightarrow P_{n-1} \longrightarrow \cdots \longrightarrow P_0 \longrightarrow M \longrightarrow 0,$$

其中 P_i 都是投射 A 模. 由于 B 是平坦 A 模, 故知序列

$$0 \longrightarrow P_n \otimes_A B \longrightarrow P_{n-1} \otimes_A B \longrightarrow \cdots \longrightarrow P_0 \otimes_A B \longrightarrow M \otimes_A B \longrightarrow 0$$

是正合的, 另一方面, 这些 $P_i \otimes_A B$ 都是投射 B 模, 这就给出了结论.

(ii) 假设 $\dim_B^{投}(M \otimes_A B) = m$, 我们来考虑一个正合序列

$$0 \longrightarrow R \longrightarrow P_m \longrightarrow P_{m-1} \longrightarrow P_{m-2} \longrightarrow \cdots \longrightarrow P_0 \longrightarrow M \longrightarrow 0,$$

其中 P_i $(0 \leqslant i \leqslant m-1)$ 都是有限型投射 A 模, 由于 A 是 Noether 环, 故知 R 也是有限型 A 模. 由于 B 是平坦 A 模, 故我们又有下面的正合序列

$$0 \longrightarrow R \otimes_A B \longrightarrow P_m \otimes_A B \longrightarrow P_{m-1} \otimes_A B \longrightarrow \cdots \longrightarrow P_0 \otimes_A B \longrightarrow M \otimes_A B \longrightarrow 0.$$

$M \otimes_A B$ 上的前提条件表明, $R \otimes_A B$ 是一个投射 B 模 (**0**, 17.2.1). 又因为 B 是忠实平坦 A 模, 这就说明了 R 是投射 A 模 (Bourbaki,《交换代数学》, I, §3, ¥6, 命题 12), 从而 $\dim_A^{投} M \leqslant m$, 由此就完成了证明.

推论 (6.2.2) — *设 $f : X \to Y$ 是概形之间的一个平坦态射, $\mathscr{E}$ 是一个拟凝聚 $\mathscr{O}_Y$ 模层. 若 $\dim^{投} \mathscr{E} \leqslant n$ (**0**, 17.2.14), 则有 $\dim^{投} f^*\mathscr{E} \leqslant n$.*

命题 (6.2.3) — *设 A, B 是两个 Noether 局部环, k 是 A 的剩余类域, $\varphi : A \to B$ 是一个局部同态, N 是一个有限型 B 模. 假设 B 和 N 都是平坦 A 模. 则有*

$$\dim_B^{投} N = \dim_{B \otimes_A k}^{投}(N \otimes_A k). \tag{6.2.3.1}$$

考虑 N 的一个由有限型自由 B 模所组成的左消解

$$\cdots \longrightarrow L_i \longrightarrow L_{i-1} \longrightarrow \cdots \longrightarrow L_0 \longrightarrow N \longrightarrow 0.$$

由于这些 L_i 和 N 都是平坦 A 模 (因为 B 是平坦 A 模), 故由 (2.1.10) 知, $\mathrm{Z}_i(L_\bullet)$ 都是平坦 A 模, 并且 $L_\bullet \otimes_A k$ 是 $(B \otimes_A k)$ 模 $N \otimes_A k$ 的一个左消解, 进而对所有 i, 我们都有 $\mathrm{Z}_i(L_\bullet \otimes_A k) = \mathrm{Z}_i(L_\bullet) \otimes_A k$. 注意到由 B 是 Noether 环可知, $\mathrm{Z}_i(L_\bullet)$ 都是有限型 B 模, 从而 $\mathrm{Z}_i(L_\bullet \otimes_A k)$ 都是有限型 $(B \otimes_A k)$ 模. 而一个 B 模 (切转: $B \otimes_A k$ 模) 是有限型且平坦的当且仅当它是自由的或者投射的 ($\mathbf{0_{III}}$, 10.1.3). 另一方面, 这些 $\mathrm{Z}_i(L_\bullet)$ 都是平坦 A 模, 故由 ($\mathbf{0_{III}}$, 10.2.5) (取 $C = B$) 可知, 为了使 $\mathrm{Z}_i(L_\bullet)$ 是平坦 B 模, 必须且只需 $\mathrm{Z}_i(L_\bullet \otimes_A k) = \mathrm{Z}_i(L_\bullet) \otimes_A k$ 是平坦 $(B \otimes_A k)$ 模. 从而那个使 $\mathrm{Z}_{n-1}(L_\bullet)$ 成为自由 B 模的最小整数 n 也是使 $\mathrm{Z}_{n-1}(L_\bullet \otimes_A k)$ 成为自由 $(B \otimes_A k)$ 模的最小整数, 这就证明了结论 (**0**, 17.2.1).

* **(追加 $_{\mathbf{IV}}$, 22) 命题 (6.2.4)** — *在 (6.2.3) 的前提条件下, 进而设 M 是一个有限型 A 模, 并且 $M \neq 0$, $N \neq 0$. 则有*

$$\dim_B^{投}(M \otimes_A N) = \dim_A^{投} M + \dim_{B \otimes_A k}^{投}(N \otimes_A k). \tag{6.2.4.1}$$

考虑 (6.2.3) 中所引入的 N 的左消解 $L_\bullet$, 并取定 M 的一个由有限型自由 A 模所组成的左消解 $K_\bullet$:

$$\cdots \longrightarrow K_i \longrightarrow K_{i-1} \longrightarrow \cdots \longrightarrow K_0 \longrightarrow M \longrightarrow 0\,.$$

我们已经看到, 这些 L_i, N 以及 $\mathrm{Z}_i(L_\bullet)$ 都是平坦 A 模, 而这些 $\mathrm{B}_i(L_\bullet)$ 也是如此, 因为在 $i \neq 0$ 时, 它就等于 $\mathrm{Z}_i(L_\bullet)$, 而 $\mathrm{B}_0(L_\bullet)$ 的平坦性则缘自 ($\mathbf{0_I}$, 6.1.2). 最后, 根据定义, $\mathrm{H}_0(L_\bullet) = N$ 是平坦 A 模, 并且其他的 $\mathrm{H}_i(L_\bullet)$ 都等于 0. 我们知道在这样的条件下, $\mathrm{H}_n(K_\bullet \otimes_A L_\bullet)$ 可以典范同构于 $\bigoplus_{p+q=n} (\mathrm{H}_p(K_\bullet) \otimes_A \mathrm{H}_q(L_\bullet))$ (G, I, 5.5), 从而 $K_\bullet \otimes_A L_\bullet$ (带有通常分次) 就是 $M \otimes_A N$ 的一个由自由 B 模所组成的消解. 从而若我们令 $r = \dim^{投}_A M$ 和 $s = \dim^{投}_B N = \dim^{投}_{B\otimes_A k}(N \otimes_A k)$, 则可以假设自由消解 $K_\bullet$ 的长度是 r, 而自由消解 $L_\bullet$ 的长度是 s, 因而自由消解 $K_\bullet \otimes_A L_\bullet$ 的长度是 $r+s$, 这就证明了 $\dim^{投}_B(M \otimes_A N) \leqslant r+s$. 只需再证明 $\mathrm{Tor}^B_{r+s}(M \otimes_A N, \boldsymbol{k}(B)) \neq 0$ 即可 ($\mathbf{0}$, 17.2.6). 使用上述消解 $K_\bullet \otimes_A L_\bullet$ 来计算这个函子, 则我们得到

$$\mathrm{Tor}^B_{r+s}(M \otimes_A N, \boldsymbol{k}(B)) \;=\; \mathrm{H}_{r+s}((K_\bullet \otimes_A L_\bullet) \otimes_B \boldsymbol{k}(B))\,.$$

然而我们有 $(K_\bullet \otimes_A L_\bullet) \otimes_B \boldsymbol{k}(B) = (K_\bullet \otimes_A k) \otimes_k (L_\bullet \otimes_B \boldsymbol{k}(B))$, 从而它是两个 k 向量空间复形的张量积. 由于任何 k 模都是平坦的, 故利用 Künneth 公式就得到 $\mathrm{H}_{r+s}((K_\bullet \otimes_A k) \otimes_k (L_\bullet \otimes_B \boldsymbol{k}(B))) = \mathrm{H}_r(K_\bullet \otimes_A k) \otimes_k \mathrm{H}_s(L_\bullet \otimes_B \boldsymbol{k}(B))$, 因为第一个复形 (切转: 第二个复形) 的同调模在次数 $> r$ (切转: $> s$) 时都是 0. 从而在只差同构的意义下, 我们有 $\mathrm{Tor}^B_{r+s}(M \otimes_A N, \boldsymbol{k}(B)) = \mathrm{Tor}^A_r(M, k) \otimes_k \mathrm{Tor}^B_s(N, \boldsymbol{k}(B))$, 根据前提条件, 每一个因子都不等于 0, 故它们在 k 上的张量积也不等于 0. *

6.3 平坦性条件与深度

命题 (6.3.1) — *设 A, B 是两个 Noether 局部环, k 是 A 的剩余类域, $\varphi : A \to B$ 是一个局部同态, M 是一个有限型 A 模, N 是一个有限型 B 模. 若 $N \neq 0$, 并且是平坦 A 模, 则有*

(6.3.1.1) $$\mathrm{dp}_B(M \otimes_A N) \;=\; \mathrm{dp}_A M + \mathrm{dp}_{B\otimes_A k}(N \otimes_A k)\,.$$

可以限于考虑 $M \neq 0$ 的情形, 因为否则 (6.3.1.1) 的两边都等于 $+\infty$. 我们对 (6.3.1.1) 的右边这个整数 n 进行归纳 (根据前提条件和 ($\mathbf{0}$, 16.4.6.2) 以及 Nakayama 引理 (应用到 N 上), 这个数是有限的). 首先假设 $n = 0$, 于是若 $\mathfrak{m}$ 和 $\mathfrak{n}$ 分别是 A 和 B 的极大理想, 则 $\mathfrak{m}$ 是 M 的支承素理想, 并且 $\mathfrak{n}/\mathfrak{m}B$ (作为 $B/\mathfrak{m}B = B \otimes_A k$ 的素理想) 是 $N \otimes_A k$ 的支承素理想 ($\mathbf{0}$, 16.4.6, (i)). 现在由 (3.3.1) 知, $\mathfrak{n}$ 是 $M \otimes_A N$ 的支承素理想, 从而 ($\mathbf{0}$, 16.4.6, (i)) $\mathrm{dp}_B(M \otimes_A N) = 0$. 下面我们假设 $n > 0$, 并且分别来考虑以下两种情况:

a) 假设 $\mathrm{dp}_A M > 0$. 设 $x \in \mathfrak{m}$ 是一个 M 正则元, 并且令

$$A' = A/xA, \quad B' = B/xB, \quad M' = M/xM, \quad N' = N/xN,$$

则有

$$B' \otimes_{A'} k = B \otimes_A k, \quad N' \otimes_{A'} k = N \otimes_A k,$$

因为 $x \in \mathfrak{m}$, 并且

$$M' \otimes_{A'} N' = (M \otimes_A N)/x(M \otimes_A N).$$

进而, 由于 N 是平坦 A 模, 故 x 是 M 正则元的条件就表明, 它也是 $(M \otimes_A N)$ 正则元 ($\mathbf{0_I}$, 6.1.1). 因而 ($\mathbf{0}$, 16.4.6, (ii) 和 16.4.8) 我们有

$$\mathrm{dp}_{A'} M' = \mathrm{dp}_A M - 1, \quad \mathrm{dp}_{B'}(M' \otimes_{A'} N') = \mathrm{dp}_B(M \otimes_A N) - 1$$

和

$$\mathrm{dp}_{B' \otimes_{A'} k}(N' \otimes_{A'} k) = \mathrm{dp}_{B \otimes_A k}(N \otimes_A k).$$

从而不等式 (6.3.1.1) 就是来自那个关于 A', B', M', N' 的同样的不等式. 但现在 N 是平坦 A 模, 故知 $N' = N \otimes_A A'$ 是平坦 A' 模 ($\mathbf{0_I}$, 6.2.1), 因而我们可以使用归纳假设, 这就证明了此情形下的 (6.3.1.1).

b) 假设 $\mathrm{dp}_{B \otimes_A k}(N \otimes_A k) > 0$. 设 $y \in \mathfrak{n}$ 是一个 $(N \otimes_A k)$ 正则元, 则由 ($\mathbf{0_{III}}$, 10.2.4) 知, y 也是 N 正则的, 并且

$$N' = N/yN$$

是一个平坦 A 模, 因为我们假设了 N 是平坦 A 模. 现在把 ($\mathbf{0_I}$, 6.1.2) 应用到 A 模的正合序列

$$0 \longrightarrow N \xrightarrow{y} N \longrightarrow N' \longrightarrow 0$$

上, 这就得到了同构

$$(M \otimes_A N)/y(M \otimes_A N) \xrightarrow{\sim} M \otimes_A N' \quad 和 \quad N' \otimes_A k \xrightarrow{\sim} (N \otimes_A k)/y(N \otimes_A k).$$

并且 y 是 $(M \otimes_A N)$ 正则的. 因而我们有

$$\mathrm{dp}_{B \otimes_A k}(N' \otimes_A k) = \mathrm{dp}_{B \otimes_A k}(N \otimes_A k) - 1$$

和

$$\mathrm{dp}_B(M \otimes_A N') = \mathrm{dp}_B(M \otimes_A N) - 1.$$

归纳假设表明, 关系式 (6.3.1.1) 对于 A, B, M 和 N' 是成立的, 从而根据上面所述, 我们就能够推出 (6.3.1.1) 对于 A, B, M 和 N 也是成立的.

推论 (6.3.2) — 在 (6.3.1) 的前提条件下, 进而假设 $M \neq 0$ 且 $N \neq 0$, 则有

(6.3.2.1) $$\operatorname{codp}_B(M \otimes_A N) = \operatorname{codp}_A M + \operatorname{codp}_{B \otimes_A k}(N \otimes_A k).$$

这可由 (6.3.1.1) 和 (6.1.2) 以及余深度的定义 (**0**, 16.4.9) 立得.

推论 (6.3.3) — 在 (6.3.1) 的前提条件下, 进而假设 $M \neq 0$ 且 $N \neq 0$, 则为了使 $M \otimes_A N$ 是 *Cohen-Macaulay* B 模, 必须且只需 M 是 *Cohen-Macaulay* A 模, 并且 $N \otimes_A k$ 是 *Cohen-Macaulay* $(B \otimes_A k)$ 模.

Cohen-Macaulay 模的定义是余深度等于 0 (**0**, 16.5.1), 而依照 Nakayama 引理, 条件 $N \neq 0$ 等价于 $N \otimes_A k \neq 0$, 于是由推论 (6.3.2) 就可以推出结论.

推论 (6.3.4) — 在 (6.3.1) 的前提条件下, 我们再假设 $N \otimes_A k$ 是一个有限长的 B 模, 则有

(6.3.4.1) $$\operatorname{dp}_B(M \otimes_A N) = \operatorname{dp}_A M.$$

进而若 $M \neq 0$ 且 $N \neq 0$, 则有

(6.3.4.2) $$\operatorname{codp}_B(M \otimes_A N) = \operatorname{codp}_A M.$$

事实上, $N \otimes_A k$ 是有限长的 B 模就等价于它是有限长的 $(B \otimes_A k)$ 模, 而我们知道 (**0**, 16.2.3), 一个有限长的非零模的维数和深度都是 0.

特别地, 我们可以把推论 (6.3.4) 应用到 $B \otimes_A k$ 是有限长的环这个情形, 也就是说, 应用到 $\mathfrak{m}B$ 是环 B 的一个定义理想的情形.

推论 (6.3.5) — 设 X, Y 是两个局部 *Noether* 概形, $f : X \to Y$ 是一个平坦态射.

(i) 如果在点 $x \in X$ 处, $\operatorname{codp} \mathscr{O}_x \leqslant n$, 那么对于 $y = f(x)$, 我们有 $\operatorname{codp} \mathscr{O}_y \leqslant n$ 和 $\operatorname{codp}(\mathscr{O}_x \otimes_{\mathscr{O}_y} \boldsymbol{k}(y)) \leqslant n$. 特别地, 若 $\mathscr{O}_x$ 是 *Cohen-Macaulay* 环, 则 $\mathscr{O}_y$ 和 $\mathscr{O}_x \otimes_{\mathscr{O}_y} \boldsymbol{k}(y)$ 都是 *Cohen-Macaulay* 环.

(ii) 反之, 假设 $\mathscr{O}_x \otimes_{\mathscr{O}_y} \boldsymbol{k}(y)$ 是 *Cohen-Macaulay* 环. 于是若 $\operatorname{codp} \mathscr{O}_y \leqslant n$ (切转: 若 $\mathscr{O}_y$ 是 *Cohen-Macaulay* 环), 则有 $\operatorname{codp} \mathscr{O}_x \leqslant n$ (切转: $\mathscr{O}_x$ 是 *Cohen-Macaulay* 环).

只需把 (6.3.2) 应用到 $M = A = \mathscr{O}_y$ 和 $N = B = \mathscr{O}_x$ 上即可.

推论 (6.3.6) — 设 A 是一个 *Cohen-Macaulay* 环. 则 $A' = A[T_1, \cdots, T_n]$ (T_i 是未定元) 也是 *Cohen-Macaulay* 环.

事实上, 若我们令 $Y = \operatorname{Spec} A$, $X = \operatorname{Spec} A'$, 并设 $f : X \to Y$ 是典范态射, 则 f 是平坦的 (因为 A' 是自由 A 模 (2.1.2)), 并且对任意 $y \in Y$, $\boldsymbol{k}(y)[T_1, \cdots, T_n]$ 总是正则环 (**0**, 17.3.7), 自然也是 Cohen-Macaulay 环, 从而只需使用 (6.3.5) 即可.

推论 (6.3.7) — *Cohen-Macaulay 环的商环都是广泛匀垂的.*

这是缘自 (6.3.6), (5.6.1) 和 (**0**, 16.5.12).

命题 (6.3.8) — *设 A 是一个 Noether 局部环. 假设可以找到这样一个有限型 A 模 M, 它是 Cohen-Macaulay A 模, 并且它的支集等于 $\operatorname{Spec} A$. 设 B 是 A 的一个商环, 并设 $f:\operatorname{Spec}\widehat{B}\to\operatorname{Spec} B$ 是典范态射, 则对任意 $x\in\operatorname{Spec} B$, $f^{-1}(x)$ 都是 Cohen-Macaulay 概形.*

由于 B 是有限型 A 模, 故有 $\widehat{B}=B\otimes_A\widehat{A}$ ($\mathbf{0_I}$, 7.3.3), 从而 f 就是典范态射 $\operatorname{Spec}\widehat{A}\to\operatorname{Spec} A$ 在 $\operatorname{Spec}\widehat{B}$ 上的限制, 因而这两个态射在 $\operatorname{Spec} B$ 的点处的纤维是重合的. 于是问题归结为 $B=A$ 的情形. 现在设 $\mathfrak{p}=\mathfrak{j}_x$ 是 A 的一个素理想, 根据前提条件, $\mathfrak{p}\in\operatorname{Supp} M$, 故 (**0**, 16.5.6 和 16.5.9) 我们可以找到一个由 $\mathfrak{p}$ 中的元素所组成的 M 正则序列 $(t_i)_{1\leqslant i\leqslant r}$, 使得 $N=M/(\sum_{i=1}^{r}t_iM)$ 是一个 Cohen-Macaulay A 模, $\mathfrak{p}$ 是 N 的一个极小支承素理想, 并且 $\dim N=\dim(M/\mathfrak{p}M)=\dim(A/\mathfrak{p})$. 使用开头部分的方法, 我们就可以把 M 换成 N, 并把 A 换成 $A/(\sum_{i=1}^{r}t_iA)$, 因而可以假设 $\mathfrak{p}$ 是 A 的一个极小素理想. 为了简化符号, 我们令 $A'=\widehat{A}$, $M'=\widehat{M}=M\otimes_A A'$ ($\mathbf{0_I}$, 7.3.3), 则我们知道 (**0**, 16.5.2) M' 是一个 Cohen-Macaulay A' 模, 这就表明对于 A' 的任意素理想 $\mathfrak{p}'$, $M'_{\mathfrak{p}'}$ 都是 Cohen-Macaulay $A'_{\mathfrak{p}'}$ 模 (**0**, 16.5.10). 有见于 (**I**, 3.6.5), 我们就看到对于 $A''=A'\otimes_A A_{\mathfrak{p}}$ 和 $M''=M'\otimes_A A_{\mathfrak{p}}$ 来说, M'' 是一个 Cohen-Macaulay A'' 模. 从而对于 A'' 的任何位于 $\mathfrak{p}$ 之上的素理想 $\mathfrak{p}''$, $M''_{\mathfrak{p}''}=M_{\mathfrak{p}}\otimes_{A_{\mathfrak{p}}}A''_{\mathfrak{p}''}$ 都是 Cohen-Macaulay $A''_{\mathfrak{p}''}$ 模 (**0**, 16.5.10). 另一方面, 根据前提条件, $M_{\mathfrak{p}}$ 是 Cohen-Macaulay $A_{\mathfrak{p}}$ 模, 并且 $A''_{\mathfrak{p}''}$ 是平坦 $A_{\mathfrak{p}}$ 模, 因为 A' 是平坦 A 模 ($\mathbf{0_I}$, 7.3.3 和 6.3.2). 故由 (6.3.3) 得知, 若 k 是 $A_{\mathfrak{p}}$ 的剩余类域, 则 $k\otimes_{A_{\mathfrak{p}}}A''_{\mathfrak{p}''}$ 是 Cohen-Macaulay 环. 然而 $A_{\mathfrak{p}}$ 是 0 维的, 故知 A'' 的素理想与 $k\otimes_{A_{\mathfrak{p}}}A''$ 的素理想一一对应 (**I**, 3.5.7), 并且若 $\mathfrak{q}''$ 是 $k\otimes_{A_{\mathfrak{p}}}A''$ 的那个与 $\mathfrak{p}''$ 相对应的素理想, 则局部环 $(k\otimes_{A_{\mathfrak{p}}}A'')_{\mathfrak{q}''}$ 与 $k\otimes_{A_{\mathfrak{p}}}A''_{\mathfrak{p}''}$ 是同构的. 因而 (**0**, 16.5.13) 环 $k\otimes_{A_{\mathfrak{p}}}A''$ 是一个 Cohen-Macaulay 环. 证明完毕.

6.4 平坦性条件与 (S_k) 性质

命题 (6.4.1) — *设 X,Y 是两个局部 Noether 概形, $f:X\to Y$ 是一个态射, $\mathscr{E}$ 是一个凝聚 $\mathscr{O}_Y$ 模层, $\mathscr{F}$ 是一个凝聚 $\mathscr{O}_X$ 模层, 并且是 f 平坦的.*

(i) *设 $x\in\operatorname{Supp}\mathscr{F}$ 并且 $\mathscr{E}\otimes_Y\mathscr{F}$ 在点 x 处具有 (S_k) 性质, 则 $\mathscr{E}$ 在点 $y=f(x)$ 处具有 (S_k) 性质.*

(ii) *假设对所有 $y\in f(\operatorname{Supp}\mathscr{F})$, $\mathscr{F}_y=\mathscr{F}\otimes_{\mathscr{O}_Y}\boldsymbol{k}(y)$ 都具有 (S_k) 性质. 于是若 $y\in f(\operatorname{Supp}\mathscr{F})$, 并且 $\mathscr{E}$ 在点 y 处具有 (S_k) 性质, 则 $\mathscr{E}\otimes_Y\mathscr{F}$ 在 $f^{-1}(y)$ 的所有点处都具有 (S_k) 性质.*

(i) 根据 ((**I**, 9.3.5) 的订正), 可以找到 X 的一个以 $\operatorname{Supp}\mathscr{F}$ 为底空间的闭子概形 X' 和一个凝聚 $\mathscr{O}_{X'}$ 模层 $\mathscr{F}'$, 使得 $\mathscr{F}=j_*\mathscr{F}'$, 其中 $j:X'\to X$ 是典范含入. 我们可以把 X 换成 X', 并把 $\mathscr{F}$ 换成 $\mathscr{F}'$, 换句话说, 可以假设 $\operatorname{Supp}\mathscr{F}=X$. 现在设 y' 是 y 在 Y 中的一个一般化, 则由 (2.3.4) 知, 可以找到 x 在 X 中的一个一般化 x', 使得 $y'=f(x')$. 进而可以假设 x' 是 $f^{-1}(y')$ 的某个不可约分支的一般点, 因而我们有 $\dim(\mathscr{F}_{x'}\otimes_{\mathscr{O}_{y'}}\boldsymbol{k}(y'))=0$. 从而依照 (6.1.2), 若令 $\mathscr{G}=\mathscr{E}\otimes_Y\mathscr{F}$, 则有

$$\dim\mathscr{G}_{x'} \;=\; \dim\mathscr{E}_{y'}\,,$$

且依照 (6.3.1), 又有

$$\operatorname{dp}\mathscr{G}_{x'} \;=\; \operatorname{dp}\mathscr{E}_{y'}\,.$$

因为深度总是不会超过维数的. 根据前提条件, 我们有

$$\operatorname{dp}\mathscr{G}_{x'} \;\geqslant\; \inf(k,\dim\mathscr{G}_{x'})\,,$$

从而

$$\operatorname{dp}\mathscr{E}_{y'} \;\geqslant\; \inf(k,\dim\mathscr{E}_{y'})\,.$$

这就证明了第一句话.

(ii) 由于对 $x\in f^{-1}(y)$ 的任何一般化 x' 来说, $y'=f(x')$ 总是 y 的一个一般化, 故问题归结为证明, 若 $x\in\operatorname{Supp}\mathscr{G}$ 并且 $f(x)=y$, 则有 $\operatorname{dp}\mathscr{G}_x\geqslant\inf(k,\dim\mathscr{G}_x)$. 由 (6.1.2) 和 (6.3.1) 知,

$$\begin{aligned}\dim\mathscr{G}_x \;&=\; \dim\mathscr{E}_y+\dim(\mathscr{F}_x\otimes_{\mathscr{O}_y}\boldsymbol{k}(y))\,,\\ \operatorname{dp}\mathscr{G}_x \;&=\; \operatorname{dp}\mathscr{E}_y+\operatorname{dp}(\mathscr{F}_x\otimes_{\mathscr{O}_y}\boldsymbol{k}(y))\,.\end{aligned}$$

根据前提条件,

$$\begin{aligned}\operatorname{dp}\mathscr{E}_y \;&\geqslant\; \inf(k,\dim\mathscr{E}_y)\,,\\ \operatorname{dp}(\mathscr{F}_x\otimes_{\mathscr{O}_y}\boldsymbol{k}(y)) \;&\geqslant\; \inf(k,\dim(\mathscr{F}_x\otimes_{\mathscr{O}_y}\boldsymbol{k}(y)))\,.\end{aligned}$$

合并上两式的各项, 我们得到

$$\begin{aligned}\operatorname{dp}\mathscr{G}_x \;&\geqslant\; \inf(k,\dim\mathscr{E}_y)+\inf(k,\dim(\mathscr{F}_x\otimes_{\mathscr{O}_y}\boldsymbol{k}(y)))\\ &\geqslant\; \inf(k,\operatorname{dp}\mathscr{E}_y+\operatorname{dp}(\mathscr{F}_x\otimes_{\mathscr{O}_y}\boldsymbol{k}(y))) \;=\; \inf(k,\dim\mathscr{G}_x)\,,\end{aligned}$$

这就证明了 (ii).

推论 (6.4.2) — *设 X,Y 是两个局部 Noether 概形, $f:X\to Y$ 是一个平坦态射, $\mathscr{E}$ 是一个凝聚 $\mathscr{O}_Y$ 模层. 假设对任意 $y\in Y$, 概形 $f^{-1}(y)$ 都具有 (S_k) 性质. 则为了使 $f^*\mathscr{E}$ 在点 x 处具有 (S_k) 性质, 必须且只需 $\mathscr{E}$ 在点 $f(x)$ 处具有 (S_k) 性质.*

注解 (6.4.3) — 设 A, B 是两个 Noether 局部环, k 是 A 的剩余类域, $\varphi : A \to B$ 是一个局部同态, M 是一个有限型 B 模, 并且是平坦 A 模, 进而假设 A 模 A 和 $(B \otimes_A k)$ 模 $M \otimes_A k$ 都具有 (S_n) 性质, 此时能否推出 B 模 M 具有 (S_n) 性质呢? 我们甚至不知道在 $n = 1$, $M = B$ 且 $B = \widehat{A}$ 时这件事是否成立, 换句话说, 我们不知道对于一个具有 (S_n) 性质的 Noether 局部环来说, 它的完备化是否也具有 (S_n) 性质, 即使在 $n = 1$ 的情况下. 现在令 $Y = \operatorname{Spec} A$, $X = \operatorname{Spec} B$ 和 $\mathscr{F} = \widetilde{M}$, 则依照 (6.4.1, (ii)), 这里只需证明对于任意的 $y \in Y$, $\mathscr{F}_y$ 都具有 (S_n) 性质 (而非仅仅对于 Y 的闭点 y 成立), 或只需证明使 $\mathscr{F}_x \otimes_{\mathscr{O}_{f(x)}} \boldsymbol{k}(f(x))$ 具有 (S_k) 性质的那些点 $x \in X$ 所组成的集合 U 在 X 中是开的 (因为根据前提条件, 这个集合已经包含了 X 的所有闭点). 我们将在后面 (12.1.4) 证明, 当 B 是某个有限型 A 代数的局部环并且 $M = B$ 时, U 确实是开的. 另一方面, 对于 $B = \widehat{A}$ 和 $M = B$, 我们在 (6.3.8) 中已经看到, 如果假设 A 是某个 Cohen-Macaulay 局部环的商环, 那么这些概形 $f^{-1}(y)$ 都是 Cohen-Macaulay 概形 (换句话说, 对所有 n 来说, 它们都具有 (S_n) 性质). 由此得知, 当 A 是某个 Cohen-Macaulay 局部环 (或更一般地, 某个满足 (6.3.8) 的那些前提条件的局部环) 的商环时, 为了使 A 具有 (S_n) 性质, 必须且只需它的完备化 $\widehat{A}$ 具有 (S_n) 性质. 只需再考察一下在 A 不满足这个限制条件时, 这个性质能否得以保持.

6.5 平坦性条件与 (R_k) 性质

命题 (6.5.1) — 设 A, B 是两个 *Noether* 局部环, k 是 A 的剩余类域, $\varphi : A \to B$ 是一个局部同态, 并使 B 成为平坦 A 模. 则有:

(i) 若 B 是正则的, 则 A 也是正则的.

(ii) 若 A 和 $B \otimes_A k$ 都是正则的, 则 B 也是正则的.

这个命题在 (**0**, 17.3.3) 中已经得到了证明, 放在这里只是为了便于参考.

推论 (6.5.2) — 设 X, Y 是两个局部 *Noether* 概形, $f : X \to Y$ 是一个平坦态射.

(i) 若 X 在点 x 处是正则的, 则 Y 在点 $f(x)$ 处是正则的.

(ii) 设 $y \in f(X)$ 且 $x \in f^{-1}(y)$, 若 Y 在点 y 处是正则的, 并且概形 $f^{-1}(y)$ 在点 x 处是正则的, 则 X 在点 x 处是正则的.

命题 (6.5.3) — 设 X, Y 是两个局部 *Noether* 概形, $f : X \to Y$ 是一个平坦态射.

(i) 若 X 在点 x 处具有 (R_k) 性质 (切转: 若 X 具有 (R_k) 性质), 则 Y 在点 $f(x)$ 处具有 (R_k) 性质 (切转: Y 在 $f(X)$ 的所有点处都具有 (R_k) 性质).

(ii) 假设对所有 $y \in f(X)$, 概形 $f^{-1}(y)$ 都具有 (R_k) 性质, 于是若对于点 $y \in f(X)$ 来说, Y 在点 y 处具有 (R_k) 性质, 则 X 在 $f^{-1}(y)$ 的所有点处都具有 (R_k) 性质.

(i) 我们令 $y=f(x)$, 并设 y' 是 y 的一个一般化, 按照 (6.4.1) 的证明中的方法, 可以找到一个点 x', 它是 $f^{-1}(y')$ 的某个不可约分支的一般点, 并且是 x 的一个一般化, 从而我们有 $\dim(\mathscr{O}_{x'}\otimes_{\mathscr{O}_{y'}}\boldsymbol{k}(y'))=0$, 并且依照前提条件和 (6.1.2), $\dim\mathscr{O}_{x'}=\dim\mathscr{O}_{y'}$. 于是前提条件表明, 要么 $\dim\mathscr{O}_{x'}>k$, 此时 $\dim\mathscr{O}_{y'}>k$, 要么 $\mathscr{O}_{x'}$ 是正则环, 此时依照 (6.5.1), $\mathscr{O}_{y'}$ 也是正则环.

(ii) 对于 $x\in f^{-1}(y)$ 的任何一般化 x' 来说, $y'=f(x')$ 总是 y 的一个一般化, 故我们只需证明, 当 $\dim\mathscr{O}_x\leqslant k$ 时, $\mathscr{O}_x$ 也是正则环. 现在依照 (6.1.2), 我们有

$$\dim\mathscr{O}_x \;=\; \dim\mathscr{O}_y+\dim(\mathscr{O}_x\otimes_{\mathscr{O}_y}\boldsymbol{k}(y))\,,$$

从而当 $\dim\mathscr{O}_x\leqslant k$ 时, 自然也有 $\dim\mathscr{O}_y\leqslant k$ 和 $\dim(\mathscr{O}_x\otimes_{\mathscr{O}_y}\boldsymbol{k}(y))\leqslant k$, 因而前提条件就表明 $\mathscr{O}_y$ 和 $\mathscr{O}_x\otimes_{\mathscr{O}_y}\boldsymbol{k}(y)$ 都是正则环. 于是由 (6.5.1) 就可以推出 $\mathscr{O}_x$ 是正则环.

推论 (6.5.4) — 设 X,Y 是两个局部 Noether 概形, $f:X\to Y$ 是一个平坦态射.

(i) 若 X 在点 x 处是正规的, 则 Y 在点 $f(x)$ 处是正规的.

(ii) 若对任意 $y\in f(X)$, $f^{-1}(y)$ 都是正规概形, 并且 Y 在点 $y\in f(X)$ 处是正规的, 则 X 在 $f^{-1}(y)$ 的任意点处都是正规的.

这可由 Serre 的正规判别法 (5.8.6) 以及 (6.4.1) (针对 $k=2$) 和 (6.5.3) (针对 $k=1$) 立即推出.

注解 (6.5.5) — (i) 设 A, B 是两个 Noether 局部环, $\varphi:A\to B$ 是一个局部同态, 并使 B 成为平坦 A 模. 设 k 是 A 的剩余类域, 并假设环 A 和 $B\otimes_A k$ 都具有 (R_i) 性质 (5.8.2), 这并不意味着 B 也具有 (R_i) 性质, 即使当 $i=0$ 的时候, 或者当 $i=1$ 并且 B 是 A 的完备化 $\widehat{A}$ 的时候. 事实上, Nagata 曾给出这样一个例子, 其中的 A 是一个正规环 (从而具有 (R_1) 性质), 然而 $\widehat{A}$ 甚至不是既约的 (从而不具有 (R_0) 性质) [30]. 在这种情况下, 我们是不能使用命题 (6.5.3) 的, 因为纤维 $f^{-1}(y)$ 在 $Y=\operatorname{Spec}A$ 的闭点之外未必具有 (R_i) 性质. 尽管如此, 我们仍将在后面 (7.8.3, (v)) 证明, 对于那些在实际应用中经常遇到的 Noether 局部环来说, 这种现象并不会发生.

(ii) 一个概形是不是整概形这个性质与我们在前面所考察的那些性质并不相同, 因为可以出现下面这种情况, 即 $f:X\to Y$ 是一个有限型平坦态射, 它的所有纤维 $f^{-1}(y)$ 都是正则的 (甚至是几何正则的 (6.7.6)), 并且 Y 是整的, 但 X 甚至不是局部整的. 举例如下, 设 k 是一个特征 0 的代数闭域, A 是整环 $k[U,V]/(UV-(U+V)^3)$ (从而它的谱空间是一条 "带结点的三次曲线"), 则 A 不是整闭的, 并且若 u, v 是 U, V 在 A 中的典范像, 则 A 的整闭包就是环 $C=A[t]$, 其中 $t=(u-v)/(u+v)$, 它满足方程 $t^2=1+u+v$, 由此可以导出 $u=\frac{1}{2}(t^3+t^2-t)$, $v=\frac{1}{2}(-t^3+t^2+t)$, 因而 $C=k[t]$, 即它同构于 k 上的一元多项式环. 令 $\mathfrak{m}=Au+Av$, 它是 A 的一个极大理想 (对应着该三次曲线的 "结点"), 则 C 中有两个极大理想 $\mathfrak{n}_1$, $\mathfrak{n}_2$ 位于 $\mathfrak{m}$ 之上, 分别

是由 $t-1$ 和 $t+1$ 所生成的. 设 B 是由乘积 $C \times C$ 中的那些满足下述条件的多项式对 (f,g) 所组成的子环: $f(1)=g(-1)$, $f(-1)=g(1)$ (从几何上说, $\operatorname{Spec} B$ 是由两个 $\operatorname{Spec} C$ "黏合" 而成的, 第一个 $\operatorname{Spec} C$ 中的点 $\mathfrak{n}_1$ (切转: $\mathfrak{n}_2$) "黏合" 在第二个 $\operatorname{Spec} C$ 中的点 $\mathfrak{n}_2$ (切转: $\mathfrak{n}_1$) 上, 参考第五章, 在那里我们将从更一般的角度来讨论这种操作). 从而在 B 中有两个位于 $\mathfrak{m}$ 之上的极大理想 $\mathfrak{r}_1, \mathfrak{r}_2$. 进而, 由于 "黏合" 的过程与局部化和完备化都是可交换的, 故容易验证典范同态 $\widehat{A}_{\mathfrak{m}} \to \widehat{B}_{\mathfrak{r}_1}$ 和 $\widehat{A}_{\mathfrak{m}} \to \widehat{B}_{\mathfrak{r}_2}$ 都是一一的, 因而 (Bourbaki,《交换代数学》, III, §3, ¥5, 命题 10) $B_{\mathfrak{r}_1}$ 和 $B_{\mathfrak{r}_2}$ 都是平坦 $A_{\mathfrak{m}}$ 模, 且具有与 $A_{\mathfrak{m}}$ 相同的剩余类域. 对于 A 的其他任何一个极大理想 $\mathfrak{p}$, 易见 B 中都有两个位于 $\mathfrak{p}$ 之上的极大理想 $\mathfrak{q}_1, \mathfrak{q}_2$, 并且同态 $A_{\mathfrak{p}} \to B_{\mathfrak{q}_1}$ 和 $A_{\mathfrak{p}} \to B_{\mathfrak{q}_2}$ 都是一一的. 于是我们看到态射 $\operatorname{Spec} B \to \operatorname{Spec} A$ 是有限平坦的, 并且它的所有纤维都是几何正则的 (这个态射甚至是平展的, 我们将在后面 (17.6.3) 看到这一点), 但是 B 显然不是整的.

6.6 传递性

命题 (6.6.1) — *对于一个局部 Noether 概形 Z 来说, 我们用 $\boldsymbol{P}(Z)$ 来记下列性质中的一个:*

a) Z 是 Cohen-Macaulay 概形.

b) Z 具有 (S_n) 性质.

c) Z 是正则的.

d) Z 具有 (R_n) 性质.

e) Z 是正规的.

f) Z 是既约的.

现在设 X, Y, Z 是三个局部 Noether 概形, $f: X \to Y$, $g: Y \to Z$ 是两个态射.

(i) 假设 f 和 g 都是平坦的, 并且对任意 $y \in f(X)$ (切转: 对任意 $z \in g(Y)$), 概形 $f^{-1}(y)$ (切转: $g^{-1}(z)$) 都具有 $\boldsymbol{P}$ 性质. 则 $h = g \circ f$ 是平坦的, 并且对所有 $z \in h(X)$, $h^{-1}(z)$ 都具有 $\boldsymbol{P}$ 性质.

(ii) 假设下面这些条件都得到了满足: f 是忠实平坦的, $h = g \circ f$ 是平坦的, 对所有 $y \in Y$, 概形 $f^{-1}(y)$ 都具有 $\boldsymbol{P}$ 性质, 并且对所有 $z \in h(X)$, 概形 $h^{-1}(z)$ 都具有 $\boldsymbol{P}$ 性质. 则 g 是平坦的, 并且对任意 $z \in g(Y)$, $g^{-1}(z)$ 都具有 $\boldsymbol{P}$ 性质.

(i) 我们已经知道 (2.1.6) h 是平坦的. 另一方面, 对所有 $z \in Z$, $f_z = f \otimes 1_{\boldsymbol{k}(z)} : h^{-1}(z) \to g^{-1}(z)$ 都是平坦的 (2.1.4), 并且对所有 $y \in g^{-1}(z)$, $f_z^{-1}(y)$ 都同构于 $f^{-1}(y)$ (这是根据纤维的传递性 (**I**, 3.6.4)). 从而上述结果分别缘自 (6.3.5, (ii)), (6.4.2), (6.5.2, (ii)), (6.5.3, (ii)), (6.5.4, (ii)) 和 (6.3.5, (ii)).

(ii) 我们已经知道 g 是平坦的 (2.2.13). 进而, 对任意 $z \in Z$, f_z 都是忠实平坦的 (2.2.13). 从而上述结果分别缘自 (6.3.5, (i)), (6.4.2), (6.5.2, (i)), (6.5.3, (i)), (6.5.4, (ii)) 和 (2.1.13).

注解 (6.6.2) — 假设 h 是平坦的, f 是忠实平坦的, 并假设对任意 $z \in Z$, $h^{-1}(z)$ 的余深度都是 $\leqslant n$ 的 (5.7.1), 则由 (6.6.1, (ii)) 的证明方法和 (6.3.2) 知, 对任意 $z \in g(Y)$, $g^{-1}(z)$ 的余深度都是 $\leqslant n$ 的, 并且对任意 $y \in Y$, $f^{-1}(y)$ 的余深度也都是 $\leqslant n$ 的.

6.7 在代数概形的基变换上的应用

命题 (6.7.1) — 设 k 是一个域, X 是一个局部 *Noether* k 概形, $\mathscr{F}$ 是一个凝聚 $\mathscr{O}_X$ 模层. 设 k' 是 k 的一个扩张, 我们令 $X' = X \otimes_k k'$, $\mathscr{F}' = \mathscr{F} \otimes_k k'$, 并设 $p: X' \to X$ 是典范投影. 假设要么 X 在 k 上是局部有限型的, 要么 k' 是 k 的有限型扩张, 从而在任何情况下 X' 都是局部 *Noether* 概形. 设 x' 是 X' 的一点, $x = p(x')$, 则有:

(i) $\operatorname{codp} \mathscr{F}_x = \operatorname{codp} \mathscr{F}'_{x'}$. 特别地, 为了使 $\mathscr{F}_x$ 是 *Cohen-Macaulay* $\mathscr{O}_x$ 模, 必须且只需 $\mathscr{F}'_{x'}$ 是 *Cohen-Macaulay* $\mathscr{O}_{x'}$ 模.

(ii) 为了使 $\mathscr{F}$ 在点 x 处具有 (S_n) 性质, 必须且只需 $\mathscr{F}'$ 在点 x' 处具有 (S_n) 性质.

我们知道 p 是忠实平坦的 (2.2.13). 从而只要能证明 $p^{-1}(x) = \operatorname{Spec}(\boldsymbol{k}(x) \otimes_k k')$ 是一个 *Cohen-Macaulay* 概形, 上面两句话就可以分别由 (6.3.2) 和 (6.4.2) 推出. 根据前提条件, 域 $\boldsymbol{k}(x)$ 和 k' 中必有一个是 k 上的有限型扩张, 故问题归结为证明下面这个引理,

引理 (6.7.1.1) — 设 K, L 是域 k 的两个扩张, 并且其中之一是有限型的 (从而 $K \otimes_k L$ 是 *Noether* 环). 则 $K \otimes_k L$ 是 *Cohen-Macaulay* 环.

假设比如说 L 是 k 的有限型扩张, 从而 L 是 k 的某个平凡或纯超越扩张 $k(\mathbf{t})$ 上的有限扩张 (其中 $\mathbf{t}$ 是有限的未定元组 $(t_i)_{1 \leqslant i \leqslant m}$). 若我们令 $A = K \otimes_k k(\mathbf{t})$, $B = K \otimes_k L$, 则 B 是一个平坦 A 模 ($\mathbf{0_I}$, 6.2.1), 并且是有限型的, 从而态射 $h: \operatorname{Spec} B \to \operatorname{Spec} A$ 是有限的, 且由于任何 Artin 概形都是 Cohen-Macaulay 的, 故为了证明 B 是 Cohen-Macaulay 环, 只需证明 A 是一个 Cohen-Macaulay 环即可 (6.3.5). 现在设 S 是 $k[\mathbf{t}]$ 中的全体非零元的集合, 则 $A = S^{-1}A'$, 其中 $A' = K \otimes_k k[\mathbf{t}] = K[\mathbf{t}]$. 依照 ($\mathbf{0}$, 16.5.13), 只需证明 A' 是 Cohen-Macaulay 环即可, 然而 A' 是正则的 ($\mathbf{0}$, 17.3.7), 这就推出了结论.

推论 (6.7.2) — 为了使 $\mathscr{O}_x$ 是 *Cohen-Macaulay* 环 (切转: X 在点 x 处具有 (S_n) 性质), 必须且只需 $\mathscr{O}_{x'}$ 是 *Cohen-Macaulay* 环 (切转: X' 在点 x' 处具有 (S_n) 性质).

推论 (6.7.3) — 设 X, Y 是两个局部 *Noether* k 概形, 且其中至少有一个在 k 上是局部有限型的. 设 $\mathscr{F}$ (切转: $\mathscr{G}$) 是一个凝聚 $\mathscr{O}_X$ 模层 (切转: 凝聚 $\mathscr{O}_Y$ 模层). 若 $\mathscr{F}$

和 $\mathscr{G}$ 都具有 (S_n) 性质, 则 $\mathscr{F}\otimes_k\mathscr{G}$ 也具有 (S_n) 性质.

前提条件表明, $X\otimes_k Y$ 是局部 Noether 的. 我们用 $p: X\times_k Y\to X$ 和 $q: X\times_k Y\to Y$ 来记典范投影, 则它们都是平坦态射. 假设比如说 X 在 k 上是局部有限型的, 我们有 $\mathscr{F}\otimes_k\mathscr{G}=p^*\mathscr{F}\otimes_k\mathscr{G}$, 且由于 $\mathscr{F}$ 相对于结构态射 $X\to\operatorname{Spec}k$ 是平坦的, 故知 $p^*\mathscr{F}$ 是 q 平坦的 (2.1.4). 现在把 (6.4.1, (ii)) 的判别法应用到态射 q 上, 则只需证明对任意 $y\in Y$, $p^*\mathscr{F}\otimes_{\mathscr{O}_Y}\boldsymbol{k}(y)$ 都具有 (S_n) 性质即可. 然而 $p^*\mathscr{F}\otimes_{\mathscr{O}_Y}\boldsymbol{k}(y)=\mathscr{F}\otimes_k\boldsymbol{k}(y)$, 并且 X 在 k 上是局部有限型的, 从而由 (6.7.1, (ii)) 就可以推出结论.

命题 (6.7.4) — *对于一个局部 Noether 概形 Z 和一个点 $z\in Z$ 来说, 设 $\boldsymbol{P}(Z,z)$ 是下列性质中的一个:*

a) Z 在点 z 处是正则的.

b) Z 在点 z 处具有 (R_n) 性质.

c) Z 在点 z 处是正规的.

d) Z 在点 z 处是既约的.

于是在 (6.7.1) 的记号和前提条件下, 若 $\boldsymbol{P}(X',x')$ 是成立的, 则 $\boldsymbol{P}(X,x)$ 也是成立的. 并且当 k' 是 k 的可分扩张时, 逆命题也是对的.

对于 $\boldsymbol{P}$ 是性质 d) 这个情形, 我们在 (2.1.13 和 4.6.1) 中已经讨论过了, 放在这里只是为了便于引用. 利用 (6.7.1) 的开头部分的方法, 可以说明第一句话分别缘自 (6.5.2, (i)), (6.5.3, (i)) 和 (6.5.4, (i)), 同样地, 第二句话分别缘自 (6.5.2, (ii)), (6.5.3, (ii)) 和 (6.5.4, (ii)), 只要我们能够证明 $p^{-1}(x)$ 都是正则概形. 换句话说, 问题归结为证明下面这个引理:

引理 (6.7.4.1) — *设 K, L 是域 k 的两个扩张, 并且其中之一是有限型的. 于是若 L 是 k 的可分扩张, 则环 $K\otimes_k L$ 是正则的.*

分为两种情形:

A) L 是 k 的有限型扩张. 此时在 (6.7.1.1) 的记号下, 可以假设 L 是 $k(\mathbf{t})$ 的一个有限可分扩张, 于是对任意 $s\in\operatorname{Spec}A$, $\boldsymbol{k}(s)\otimes_{k(\mathbf{t})}L$ 都是有限个域的直合, 并且这些域都是 $\boldsymbol{k}(s)$ 的有限可分扩张, 从而这些环都是正则的. 现在由 (6.5.2, (ii)) 知, 只需证明环 A 是正则的即可. 由于 $A=S^{-1}A'$, 故只需证明 A' 是正则的 ($\mathbf{0}$, 17.3.6), 但我们在 (6.7.1.1) 的证明中已经得到了这个结果.

B) 设 (L_λ) 是由 L 的那些具有下述性质的子扩张所组成的滤相族: 它们在 k 上都是有限型的. 依照 A), 每个环 $C_\lambda=K\otimes_k L_\lambda$ 都是正则的, 另一方面, 当 $L_\lambda\subseteq L_\mu$ 时, L_μ 是平坦 L_λ 模, 从而 C_μ 是平坦 C_λ 模 ($\mathbf{0_I}$, 6.2.1). 由于 $C=K\otimes_k L=\varinjlim(K\otimes_k L_\lambda)$ 是 Noether 的, 故我们可以使用 (5.13.7), 从而 C 是正则的.

注解 (6.7.5) — (i) 在证明 $\boldsymbol{P}(X,x)$ 蕴涵 $\boldsymbol{P}(X',x')$ 的时候, 不能去掉 k' 是 k 的可分扩张的条件. 我们在 (4.6.1) 中已经说过 $\boldsymbol{P}$ 是性质 d) 的情况. 但即使 X 是几何整的 (4.6.2), 仍然不可能从 X 是正则的推出 X' 是正规的.

举例来说, 取 X 是 k 上的一条正规准曲线 (**II**, 7.4.2), 则 X 的局部环都是整闭的, 并且具有维数 1, 故都是离散赋值环, 从而是正则的 (**II**, 7.1.6), 这就表明 X 是一个正则 k 概形 (因而对所有 $n\geqslant 0$, 它都具有 (R_n) 性质). X 是几何整的也相当于说 X 的有理函数域 K 是 k 的一个可分纯质扩张 (4.6.3). 现在我们取 k 是一个特征 $p>2$ 的域, 但不是完满的, 并设 $a\in k$ 是一个没有落在 k^p 中的元素. 设 B 是带有两个未定元 S,T 的多项式环 $k[S,T]$, 则多项式 $P(S,T)=T^2-S^p+a$ 在 B 中是不可约的, 因为易见 S^p-a 不是环 $k[S]$ 中任何元素的平方. 从而对于 $A=B/PB$ 来说, $X=\operatorname{Spec}A$ 是 k 上的一条不可约仿射准曲线. 为了证明概形 X 是正则的, 只需证明它是正规的即可 (**II**, 7.4.5). 现在 $A=k[S][t]$, 其中 t 是多项式 P (把它看作 $k[S]$ 上的一个关于 T 的多项式) 的一个根, 从而 X 的有理函数域 $K=\mathrm{R}(X)$ 就是 A 的分式域 $k(S)[T]/(P)$, 并且是 $k(S)$ 的一个二次扩张, 从而它在 $k(S)$ 上是可分的, 自然在 k 上也是可分的. 由于 2 在 k 中是可逆的, 故可立即验证 A 就是 $k[S]$ 在 K 中的整闭包, 从而它是整闭的, 这就证明了 X 是正则的. 此外, 若 K 的一个元素 $f+tg$ (其中 f, g 都落在 $k(S)$ 中) 在 k 上是代数的, 则它在 $k(S)$ 中的范数和迹也是如此, 又因为 $k(S)$ 是 k 的纯超越扩张, 故必有 $f\in k$ 和 $g=0$, 换句话说, k 在 K 中是代数闭的, 自然 K 就是 k 的一个纯质扩张 (4.3.1). 然而对于 $k'=k(a^{\frac{1}{p}})$ 来说, $X'=X\otimes_k k'$ 不是正规的, 因为在 $k'[S]$ 中我们有 $S^p-a=(S-a^{\frac{1}{p}})^p$, 从而 X' 同构于 $\operatorname{Spec}A'$, 其中 $A'=k'[S][t']$, 这个 t' 是多项式 T^2-S^p 的根. 现在 A' 就不是整闭的, 因为 A' 的分式域 $K'=k'(S)[t']$ 中包含了元素 $t''=t'/S$, 它满足整型方程 $t''^2-S^{p-2}=0$, 但没有落在 A' 中. 在古典理论中, 这个现象常被表达成: X' 的有理函数域 K' 在 k' 上的 “亏格” 严格小于 K 在 k 上的亏格.

(ii) 我们在 (i) 中已经看到, 由 (4.6.1) 可以得知, 如果 X 是 k 上的一个有限型概形, 但不是几何既约的, 则可以找到 k 的一个有限紧贴扩张 k', 使得 $X'=X\otimes_k k'$ 不是既约的. 下面我们给出这样一个例子, 其中的 X 是 k 上的正则分离概形, 并且 k 在 X 的有理函数域 K 中是代数闭的. 设 k 是一个特征 $p>0$ 的域, 并且包含了这样两个元素 a, b, 它们在 k^p 上构成一个 p 无关族. 我们仍然用 B 来记环 $k[S,T]$, 并考虑多项式 $P(S,T)=T^p-aS^p-b$. 由于 aS^p+b 不是 $k(S)$ 中的任何元素的 p 次幂, 故知 P 作为 $k(S)[T]$ 中的多项式是不可约的, 从而概形 $X_0=\operatorname{Spec}(B/PB)$ 是 k 上的一条整仿射准曲线, 并且它的有理函数域就是 $k(S)[t]$, 其中 t 是 P 的一个根. 下面我们来证明 k 在 K 中是代数闭的. 假如 K 包含了这样一个元素 z, 它在 k 上是整型的, 但没有落在 k 中, 则我们也有 $z\notin k(S)$, 从而 $[k(S)[z]:k(S)]>1$. 由于 $[K:k(S)]=p$, 故得 $K=k(S)[z]$, 又因为 K 在 $k(S)$ 上是紧贴的, 故我们有

$z^p \in k(S)$, 从而 $c = z^p \in k$, 因为 z 在 k 上是整型的. 然而 $t^p = aS^p + b \in k^p(S^p)(c)$, 从而 a 和 b 都落在了 $k^p(c)$ 中, 这就导致了矛盾. 现在设 X 是准曲线 X_0 在 K 中的正规化, 从而它是 k 上的一条正规准曲线 (因而是正则的). 我们令 $k' = k(a^{\frac{1}{p}}, b^{\frac{1}{p}})$, 则易见 $aS^p + b$ 是 $k'(S)$ 中的某个元素的 p 次幂, 从而 $K \otimes_k k'$ 不是既约的, 自然概形 $X \otimes_k k'$ 也就不是既约的.

定义 (6.7.6) — 设 k 是一个域, X 是一个局部 Noether k 概形. 所谓 X **在点 x 处是几何正则的** (切转: **在点 x 处具有几何 (R_n) 性质**, **在点 x 处是几何正规的**), 是指对于 k 的任何有限扩张 k', $X' = X_{(k')} = X \otimes_k k'$ 在所有能够投影到 x 的点 x' 处都是正则的 (切转: 具有 (R_n) 性质, 是正规的). 所谓 X 是几何正则的 (切转: 具有几何 (R_n) 性质 (也称余 n 维几何正则的), 是几何正规的), 是指 X 在所有点处都是几何正则的 (切转: 具有几何 (R_n) 性质, 是几何正规的).

所谓 k 上的一个代数 A 是几何正则的 (切转: 是几何正规的, 是几何既约的, 具有几何 (R_n) 性质), 是指 $\operatorname{Spec} A$ 具有该性质.

若 $X = \operatorname{Spec} K$, 其中 K 是 k 的一个扩张, 则 X 是几何正则的, 或几何正规的, 或几何既约的等条件都等价于 K 是 k 的可分扩张, 这可以从 (4.6.1) 和下面两个事实推出: 若 K 是 k 的可分扩张, k' 是 k 的有限扩张, 则 $K \otimes_k k'$ 是有限个域的直合 (Bourbaki,《代数学》, VIII, §7, ⁂3, 定理 1 的推论 1).

命题 (6.7.7) — 设 k 是一个域, X 是一个局部 Noether k 概形, x 是 X 的一点. 我们用 $\boldsymbol{Q}(k')$ 来记下面这个命题: k' 是 k 的一个扩张, 并且 $\boldsymbol{P}(X_{(k')}, x')$ 在 $X_{(k')}$ 的所有能够投影到 x 的点 x' 处都是成立的, 其中 $\boldsymbol{P}(Z, z)$ 是命题 (6.7.4) 里的性质a), b), c) 之一. 则以下诸性质是等价的:

a) $\boldsymbol{Q}(k')$ 对于 k 的所有有限扩张 k' 都成立.

b) $\boldsymbol{Q}(k')$ 对于 k 的所有有限紧贴扩张 k' 都成立.

c) $\boldsymbol{Q}(k')$ 对于 k 的所有有限型扩张 k' 都成立.

进而假设 X 在 k 上是局部有限型的, 则上面三个性质还等价于以下诸性质:

d) $\boldsymbol{Q}(k')$ 对于 k 的所有扩张 k' 都成立.

e) $\boldsymbol{Q}(k')$ 对于 k 的**某个**完满扩张 k' 成立.

f) $\boldsymbol{Q}(k')$ 对于 k 的所有形如 $k' = k^{p^{-s}}$ 的扩张都成立, 其中 p 是 k 的指数特征, 并且 $s > 0$.

为了证明 a), b), c) 的等价性, 显然只需证明 b) 缊涵 c) 即可. 现在设 K 是 k 的一个有限型扩张, 则它是某个有限型整 k 代数 A 的分式域, 我们令 $Y = \operatorname{Spec} A$. 根据 (4.6.6), 可以找到 k 的一个有限紧贴扩张 k', 使得 $Y' = (Y \otimes_k k')_{\mathrm{red}}$ 在 k' 上是可分的. 若 η' 是 Y' 的一般点, 则 $K' = \boldsymbol{k}(\eta')$ 是 k' 的一个可分扩张 (4.6.1). 在此基础上, 根据前提条件, $\boldsymbol{P}(X_{(k')}, x')$ 对于 $X_{(k')}$ 的任何一个位于 x 上的点 x' 都是成立

的, 从而由 (6.7.4) 知, $\boldsymbol{P}(X_{(K')},x'')$ 对于 $X_{(K')}$ 的任何一个位于 x 上的点 x'' 都是成立的, 因为 $X_{(K')}=(X_{(k')})_{(K')}$, 并且 x'' 也位于 $X_{(k')}$ 的某个能够投影到 x 的点 x' 之上, 而 K' 在 k' 上是可分的. 但我们也有 $X_{(K')}=(X_{(K)})_{(K')}$, 并且对于任何一个位于 x 之上的点 $x_0\in X_{(K)}$, 都能找到一个位于 x_0 之上的点 $x''\in X_{(K')}$, 从而由 (6.7.4) 就可以推出 $\boldsymbol{P}(X_{(K)},x_0)$ 是成立的.

现在我们假设 X 在 k 上是局部有限型的, 从而对于 k 的任意扩张 K, $X_{(K)}$ 都是局部 Noether 的. 由于 k 的一个紧贴扩张 k' 总能同构于 k 的任何一个完满扩张的子扩张, 故由 (6.7.4) 立知, e) 蕴涵 f). 同样地, 由于 k 的每个有限紧贴扩张都包含在某个扩张 $k^{p^{-s}}\subseteq k^{p^{-\infty}}$ 之中, 从而 f) 蕴涵 b). d) 显然蕴涵 e). 最后我们来证明 e) 蕴涵 d). 事实上, 对于 k 的任意一个扩张 K, 总可以找到 k 的这样一个扩张 K', 它同时包含了 k' 和 K (在只差 k 同构的意义下). 由于 K' 是 k' 的一个可分扩张, 故由 (6.7.4) 知, $\boldsymbol{Q}(K')$ 是成立的, 然后利用第一段的证明方法就得知 $\boldsymbol{Q}(K)$ 是成立的. 从而只需再证明 b) 蕴涵 e) 即可. 我们在 e) 中就取 $k'=k^{p^{-\infty}}$.

问题在 X 上是局部性的, 进而可以限于考虑 X 是仿射概形并且在 k 上是有限型的这个情形, 因为总可以把 X 换成 x 的一个邻域. 现在设 $X=\operatorname{Spec}B$, 其中 B 是一个有限型 k 代数. 进而, 根据各种情况下的 $\boldsymbol{P}$ 性质的定义, 我们还可以把 X 换成它在点 x 处的局部概形, 从而可以假设 B 是 Noether 局部环. 下面我们令 $B'=B\otimes_k k'$, 则 k' 是它的那些有限子扩张 k'_λ 的归纳极限, 并且对于 $B'_\lambda=B\otimes_k k'_\lambda$ 来说, 态射 $f_\lambda:\operatorname{Spec}B'\to\operatorname{Spec}B'_\lambda$ 是 $\operatorname{Spec}B'$ 到 $\operatorname{Spec}B'_\lambda$ 的同胚 (对所有 λ). 事实上, 依照 (**I**, 3.5.2, 3.5.7 和 3.5.8), f_λ 是一一映射, 另一方面, 根据 (**II**, 6.1.10), 它是闭的. 现在我们使用 (5.13.8), 这就证明了 (依照 b) 的前提条件) 在 $\boldsymbol{P}(Z,z)$ 是点 z 处的 (R_n) 性质的情形下 b) 蕴涵 e). 由此显然就推出了 $\boldsymbol{P}(Z,z)$ 是正则性质 (即对所有 n, 都具有 (R_n) 性质) 时的结果. 最后, 利用 Serre 正规性判别法 (5.8.6) 就可以推出 $\boldsymbol{P}(Z,z)$ 是正规性质时的结论, 因为此时只需验证 (S_2) 性质和 (R_1) 性质, 这只要在前面的结果中取 $n=1$, 并在 (6.7.2, (ii)) 中取 $n=2$ 即可.

推论 (6.7.8) — *设 k 是一个域. 对于一个局部 Noether k 概形 X 和一点 $x\in X$, 我们用 $\boldsymbol{P}(X,x)$ 来记下列性质中的一个:*

(i) $\operatorname{codp}\mathscr{O}_x\leqslant n$.

(ii) $\mathscr{O}_x$ *是 Cohen-Macaulay 环.*

(iii) *X 在点 x 处具有 (S_n) 性质.*

(iv) *X 在点 x 处是几何正则的.*

(v) *X 在点 x 处具有几何 (R_n) 性质.*

(vi) *X 在点 x 处是几何正规的.*

(vii) *X 在点 x 处是几何既约的 (也就是可分的).*

设 k' 是 k 的一个扩张, 假设要么 k' 是 k 的有限型扩张, 要么 X 在 k 上是局部

有限型的, 从而 $X' = X \otimes_k k'$ 总是局部 *Noether* 的. 设 x' 是 X' 的一个能够投影到 x 的点. 则为了使 $\boldsymbol{P}(X,x)$ 成立, 必须且只需 $\boldsymbol{P}(X',x')$ 成立.

我们已经对于性质 (vii) (4.6.11) 和性质 (i), (ii), (iii) (6.7.1) 完成了证明. 对于性质 (iv), (v) 和 (vi), 这是缘自 (6.7.7). 事实上, 由其中的 a) 和 c) 的等价性以及在 X 是局部有限型 k 概形时 c) 和 d) 的等价性知, 条件是必要的. 为了证明条件是充分的, 设 k'' 是 k 的一个有限紧贴扩张, 我们总可以把 k' 和 k'' 都看成 k 的某个扩张 K 的子扩张, 现在令 $X'' = X \otimes_k k''$, $X_0 = X \otimes_k K$, 注意到由于 k'' 是 k 的紧贴扩张, 故知 X'' 中只有一个位于 x 之上的点 x'' (**I**, 3.5.7 和 3.5.8). 设 x_0 是 X_0 的任意一个位于 x' 之上的点, 若 $\boldsymbol{P}(X',x')$ 成立, 则依照 (6.7.7, c) 和 d)), $\boldsymbol{P}(X_0,x_0)$ 也成立 (因为若 k' 是 k 的有限型扩张, 则也可以取 K 是 k 的有限型扩张, 而若 X 在 k 上是局部有限型的, 则 X' 在 k' 上就是局部有限型的). 此时由 (6.7.4) 就可以推出性质 $\boldsymbol{Q}(k'')$ 成立 (在 (6.7.7) 的记号下), 从而根据 (6.7.7, b)), $\boldsymbol{P}(X,x)$ 成立.

6.8 全盘正则态射、全盘正规态射、全盘既约态射、平滑态射

定义 (6.8.1) — 设 X, Y 是两个概形, $f : X \to Y$ 是一个态射, 假设对所有 $y \in Y$, 纤维 $f^{-1}(y)$ 都是局部 *Noether* 概形, 设 x 的 X 的一点. 所谓 f 是一个满足下述条件的态射:

(i) 在点 x 处的余深度 $\leqslant n$;

(ii) 在点 x 处是 *Cohen-Macaulay* 的;

(iii) 在点 x 处具有 (S_n) 性质;

(iv) 在点 x 处是全盘正则的;

(v) 在点 x 处具有全盘 (R_n) 性质;

(vi) 在点 x 处是全盘正规的;

(vii) 在点 x 处是全盘既约的;

分别是指, f 在点 x 处是平坦的, 并且对应的性质 $\boldsymbol{P}(f^{-1}(f(x)),x)$ (记号取自 (6.7.8)) 是成立的.

所谓 f 在点 x 近旁是平滑的, 是指它在 x 的某个 (在 X 中的) 邻域上是局部有限呈示的, 并且在点 x 处是全盘正则的. 所谓 f 是一个余深度 $\leqslant n$ 的态射, 或者 *Cohen-Macaulay* 态射, 或者 (S_n) 态射, 或者全盘正则态射, 或者全盘 (R_n) 态射, 或者全盘正规态射, 或者全盘既约态射, 或者平滑态射, 是指它在 X 的任意点处 (或近旁) 都具有相应的性质.

命题 (6.8.2) — 设 X, Y 是两个局部 *Noether* 概形, $f : X \to Y$ 是一个态射, x 是 X 的一点. 我们用 $\boldsymbol{M}(f,x)$ 来记定义 (6.8.1) 中的性质 (i) 到 (vii) 之一, 或者 f 在点 x 近旁是平滑的这个性质. 设 Y' 是一个局部 *Noether* 概形, $g : Y' \to Y$ 是一个态射, $X' = X \times_Y Y'$, $f' = f_{(Y')} : X' \to Y'$. 假设 f 或 g 是局部有限型的. 则对每个

位于 x 之上的点 $x' \in X'$ 来说, $\boldsymbol{M}(f,x)$ 都蕴涵着 $\boldsymbol{M}(f',x')$.

令 $y = f(x)$, $y' = f'(x')$, 根据纤维的传递性 (**I**, 3.6.4), 我们有 $f'^{-1}(y') = f^{-1}(y) \otimes_{\boldsymbol{k}(y)} \boldsymbol{k}(y')$. 在命题的条件下, 要么 $f^{-1}(y)$ 在 $\boldsymbol{k}(y)$ 上是局部有限型的, 要么 $\boldsymbol{k}(y')$ 在 $\boldsymbol{k}(y)$ 上是有限型的 (**I**, 6.4.11), 故由 (6.7.8) 知, $\boldsymbol{P}(f^{-1}(y),x)$ 和 $\boldsymbol{P}(f'^{-1}(y'),x')$ 是等价的. 进而, 若 f 在点 x 处是平坦的, 则 f' 在 x' 处是平坦的 (2.1.4), 从而利用 (1.4.3, (iii)) 就可以证明结论.

命题 (6.8.3) — *对于局部 Noether 概形之间的一个态射 f, 设 $\boldsymbol{M}(f)$ 是下列性质中的一个: Cohen-Macaulay, (S_n), 全盘正则, 全盘 (R_n), 全盘正规, 全盘既约.*

(i) 设 X,Y,Z 是三个局部 Noether 概形, $f: X \to Y$, $g: Y \to Z$ 是两个态射, 则当 $\boldsymbol{M}(f)$ 和 $\boldsymbol{M}(g)$ 都成立时, $\boldsymbol{M}(g \circ f)$ 也成立.

(ii) 反之, 若 f 是映满的, 并且 $\boldsymbol{M}(f)$ 和 $\boldsymbol{M}(g \circ f)$ 都成立, 则 $\boldsymbol{M}(g)$ 也成立.

(iii) 设 X,Y,Y' 是三个局部 Noether 概形, $f: X \to Y$, $h: Y' \to Y$ 是两个态射, 令 $X' = X \times_Y Y'$, $f' = f_{(Y')}: X' \to Y'$. 假设 f 或 h 是局部有限型的. 则当 $\boldsymbol{M}(f)$ 成立时, $\boldsymbol{M}(f')$ 也成立, 并且当 h 忠实平坦时, 逆命题也是对的.

(i) 和 (iii) 的结论在下面这个条件下也是对的: $\boldsymbol{M}$ 是平滑性质, 并且 (在 (iii) 中) h 是拟紧的.

(i) 我们已经知道, 若 f 和 g 都是平坦的, 则 $u = g \circ f$ 也是平坦的, 而若 f 和 $g \circ f$ 都是平坦的, 且 f 是映满的, 则 g 就是平坦的 (2.1.6 和 2.2.13). 另一方面, 对任意 $z \in Z$, 态射 $f_z = f \otimes 1_{\boldsymbol{k}(z)} : u^{-1}(z) \to g^{-1}(z)$ 总是平坦的 (且当 f 忠实平坦时它也是忠实平坦的), 并且对于任意 $y \in g^{-1}(z)$, $f_z^{-1}(y)$ 都同构于 $f^{-1}(y)$ (**I**, 3.6.4). 若 $\boldsymbol{M}(f)$ 和 $\boldsymbol{M}(g)$ 都成立, 则依照 (6.6.1), 当 $\boldsymbol{M}$ 是 Cohen-Macaulay 性质或者 (S_n) 性质时, $\boldsymbol{M}(g \circ f)$ 也成立. 另一方面, 设 k' 是 $\boldsymbol{k}(z)$ 的一个有限扩张, 我们令 $Y'_z = g^{-1}(z) \otimes_{\boldsymbol{k}(z)} k'$, $X'_z = u^{-1}(z) \otimes_{\boldsymbol{k}(z)} k'$, 以及 $f'_z = f_z \otimes 1_{k'} : X'_z \to Y'_z$, 则态射 f'_z 是平坦的 (切转: 忠实平坦的), 并且对任意 $y' \in Y'_z$, 纤维 $f'^{-1}_z(y')$ 都同构于 $f^{-1}(y) \otimes_{\boldsymbol{k}(y)} \boldsymbol{k}(y')$, 其中 y 是指 y' 在 $g^{-1}(z)$ 中的像 (**I**, 3.6.4). 当 $\boldsymbol{M}$ 是全盘正则、全盘 (R_n)、全盘正规或全盘既约等性质时, 则由 $\boldsymbol{M}(f)$ 和 $\boldsymbol{M}(g)$ 成立可以推出 Y'_z 和所有纤维 $f'^{-1}_z(y')$ (其中 $y' \in Y'_z$) 都具有 (6.6.1) 中的对应性质 c), d), e), f), 从而由 (6.6.1, (i)) 就可以推出 X'_z 具有同样的性质, 因而 $\boldsymbol{M}(g \circ f)$ 成立.

(ii) 反之, 依照 (6.6.1, (ii)), 由 $\boldsymbol{M}(g \circ f)$ 和 $\boldsymbol{M}(f)$ 都成立以及 f 是映满的可以推出 Y'_z 具有相应的性质, 因为对所有 z, f'_z 都是映满的, 从而 $\boldsymbol{M}(g)$ 是成立的.

(iii) 第一句话可由 (6.8.2) 立得. 另一方面, 若 h 是忠实平坦的, 并且 f' 是平坦的, 则 f 是平坦的 (2.4.1), 由于 (在 (6.8.2) 的记号下) $\boldsymbol{P}(f^{-1}(y),x)$ 和 $\boldsymbol{P}(f'^{-1}(y'),x')$ 是等价的 (6.7.8), 故知 $\boldsymbol{M}(f)$ 和 $\boldsymbol{M}(f')$ 就是等价的.

命题的最后一句话缘自 (1.4.3, (iii)) 和 (2.7.1, (iv)).

注解 (6.8.4) — (i) 若 f 是忠实平坦的, g 是平坦的, 并且 $g \circ f$ 的余深度 $\leqslant n$, 则 g 的余深度 $\leqslant n$, 这可由 (6.6.2) 推出.

(ii) 在 (6.8.1) 中, 若我们取 Y 是域 k 的谱, 则 (iv), (v) 和 (vi) 等概念就分别化为了 (6.7.6) 中的相应定义. 易见前面那些定义是相对于基域 k 而言的. 于是定义 (6.8.1) 就相当于 (对概形 X 来说) 用 "在 k 上是全盘正则的 (切转: 具有全盘 (R_n) 性质, 是全盘正规的)" 这个说法取代了 "相对于 k 是几何正则的 (切转: 具有几何 (R_n) 性质, 是几何正规的)" 那个说法. 注意到这里的概念与正则 (切转: (R_n), 正规) 概念是不同的, 后者并不依赖于 k. 参照注解 (4.5.12) 中的解说.

命题 (6.8.5) — *设 k 是一个域, X, Y 是两个局部 Noether k 概形, 并且其中之一在 k 上是局部有限型的. 对于一个 k 概形 Z, 我们用 $\boldsymbol{P}(Z)$ 来记 (6.6.1) 中的性质 c) 到 f) 之一, 而 "几何 $\boldsymbol{P}(Z)$" 性质就是 (6.7.6) (切转: (4.6.1)) 中所定义的那些性质, 分别对应于 (6.6.1) 中的 c), d), e) (切转: f)). 则有:*

(i) 若 X 具有 $\boldsymbol{P}$ 性质, 并且 Y 具有几何 $\boldsymbol{P}$ 性质, 则 $X \times_k Y$ 具有 $\boldsymbol{P}$ 性质.

(ii) 若 X 和 Y 都具有几何 $\boldsymbol{P}$ 性质, 则 $X \times_k Y$ 也具有几何 $\boldsymbol{P}$ 性质.

事实上, 设 $f : X \times_k Y \to X$, $g : X \to \operatorname{Spec} k$ 是结构态射, 它们都是忠实平坦的 (2.2.13). 依照 (6.8.2), Y 具有几何 $\boldsymbol{P}$ 性质就表明 $\boldsymbol{M}(f)$ 是成立的, 其中 $\boldsymbol{M}$ 是 (6.8.3) 中与 $\boldsymbol{P}$ 相对应的那个性质. 在 (ii) 的条件下, $\boldsymbol{M}(g)$ 也是成立的, 从而由 (6.8.3, (i)) 就可以推出 (ii) 的结论. 至于 (i), 它可由 (6.6.1, (i)) 直接导出.

定理 (6.8.6) — *设 X, Y 是两个局部 Noether 概形, $f : X \to Y$ 是一个局部有限型态射, x 是 X 的一点, $y = f(x)$. 则以下诸性质是等价的:*

a) f 在点 x 近旁是平滑的.

b) f 在点 x 处是全盘正则的.

c) $\mathscr{O}_x$ 是形式平滑 $\mathscr{O}_y$ 代数 ($\mathbf{0}$, 19.3.1), 其中 $\mathscr{O}_x$ 和 $\mathscr{O}_y$ 上的拓扑取预进制拓扑.

*c′) $\mathscr{O}_x$ 是泛平滑 $\mathscr{O}_y$ 代数*① *($\mathbf{0}$, 19.3.1).*

a) 和 b) 的等价性缘自定义 (6.8.1) 和下面这个事实: 对于局部 Noether 概形来说, 局部有限型态射都是局部有限呈示的 (1.4.2).

其次, 为了使 $\mathscr{O}_x$ 在预进制拓扑下是形式平滑 $\mathscr{O}_y$ 代数, 必须且只需 $\mathscr{O}_x$ 是平坦 $\mathscr{O}_y$ 模, 并且 $\mathscr{O}_x \otimes_{\mathscr{O}_y} \boldsymbol{k}(y)$ 在它的预进制拓扑下是形式平滑 $\boldsymbol{k}(y)$ 代数 ($\mathbf{0}$, 19.7.1). 然而为了使 $\mathscr{O}_x \otimes_{\mathscr{O}_y} \boldsymbol{k}(y)$ 在预进制拓扑下是形式平滑 $\boldsymbol{k}(y)$ 代数, 必须且只需它是几何正则 $\boldsymbol{k}(y)$ 代数 ($\mathbf{0}$, 19.6.6), 这就证明了 b) 和 c) 的等价性. 最后, 为了证明 c) 和 c′) 的等价性, 可以限于考虑 $Y = \operatorname{Spec} A$ 和 $X = \operatorname{Spec} C$ 都是仿射概形的情形, 其中 A 是 Noether 环, C 是有限型 A 代数, 从而可以写成 $A[T_1, \cdots, T_n]/\mathfrak{J}$ 的形状. 现在 $\mathfrak{J}/\mathfrak{J}^2$ 是有限呈示 C 模, 故我们只要把 ($\mathbf{0}$, 22.6.4) 应用到 $A, B = A[T_1, \cdots, T_n]$ 和

①译注: 我们把 "在离散拓扑下形式平滑" 简称为 "泛平滑".

$C = B/\mathfrak{I}$ 上, 就可以推出 c) 和 c′) 的等价性.

推论 (6.8.7) — 设 X, Y 是两个局部 *Noether* 概形, $f : X \to Y$ 是一个局部有限型态射. 则由那些使 f 平滑 (或全盘正则) 的点 $x \in X$ 所组成的集合在 X 中是开的.

事实上, 由 (**0**, 22.6.5) 知, 由那些满足 (6.8.6) 中的条件 c′) 的点 $x \in X$ 所组成的集合是开的.

注解 (6.8.8) — 我们将在 (17.5.1) 中看到, 即使不假设 X 和 Y 是局部 Noether 概形, 而只假设 f 是局部有限呈示态射, 也能证明 (6.8.6) 中的条件 b) 和 c′) 是等价的, 从而在这样的条件下, 推论 (6.8.7) 同样成立.

6.9 总体平坦性定理

定理 (6.9.1) — 设 Y 是一个局部 *Noether* 整概形, $u : X \to Y$ 是一个有限型态射, $\mathscr{F}$ 是一个凝聚 $\mathscr{O}_X$ 模层. 则可以找到 Y 的非空开集 U, 使得 $\mathscr{F}|_{u^{-1}(U)}$ 在 U 上是平坦的.

显然可以限于考虑 $Y = \operatorname{Spec} A$ 是仿射概形的情形, 此时 X 是有限个在 Y 上有限型的仿射开集 X_i 的并集. 若对每个 i, 均可找到 Y 的一个非空开集 U_i, 使得 $\mathscr{F}|_{X_i \cap u^{-1}(U_i)}$ 在 U_i 上是平坦的, 则只需取 U 是这些 U_i 的交集即可. 从而我们可以假设 $X = \operatorname{Spec} B$, 其中 B 是一个有限型 A 代数, 此时 $\mathscr{F} = \widetilde{M}$, 其中 M 是一个有限型 B 模, 因而问题归结为证明下面的引理:

引理 (6.9.2) — 设 A 是一个 *Noether* 整环, B 是一个有限型 A 代数, M 是一个有限型 B 模. 则可以找到 A 中的一个非零元 f, 使得 M_f 成为自由 A_f 模.

我们用 K 来记 A 的分式域, 则 $B \otimes_A K$ 是有限型 K 代数, 并且 $M \otimes_A K$ 是有限型 $(B \otimes_A K)$ 模. 下面我们对 $M \otimes_A K$ 的支集的维数 n 进行归纳, 它是 $-\infty$ 或者非负整数. 首先假设 $n = -\infty$, 也就是说, $M \otimes_A K = 0$. 若 $(m_i)_{1 \leqslant i \leqslant r}$ 是 B 模 M 的一个生成元组, 则可以找到 A 中的一个非零元 f, 使得 $fm_i = 0$ (对所有 $1 \leqslant i \leqslant r$), 从而 $M_f = 0$, 故引理成立. 现在假设 $n \geqslant 0$. 此时我们知道 B 模 M 有这样一个合成列 $M = M_1 \supsetneq M_2 \supsetneq \cdots \supsetneq M_q = 0$, 其中每个商模 $N_i = M_i/M_{i+1}$ 都同构于某个形如 $B/\mathfrak{p}_i$ 的 B 模, 这些 $\mathfrak{p}_i$ 都是 B 的素理想 (Bourbaki,《交换代数学》, IV, §1, ¥4, 定理 1). 若定理对于每个 N_i 都成立, 则对每个 i, 都能找到 A 中的一个非零元 f_i, 使得 $(N_i)_{f_i}$ 成为自由 A_{f_i} 模. 我们令 $f = f_1 f_2 \cdots f_{q-1}$, 就得知 $(N_i)_f$ $(1 \leqslant i \leqslant q-1)$ 都是自由 A_f 模. 然而 $(N_i)_f = (M_i)_f/(M_{i+1})_f$ ($\mathbf{0_I}$, 1.3.2), 且由于自由模的扩充也是自由的, 故可由此推出 M_f 是自由 A_f 模. 现在把 B 换成 $B/\mathfrak{p}$ ($\mathfrak{p}$ 是 B 的素理想), 后者也是有限型 A 代数, 则我们可以限于考虑 $M = B$ 并且 B 是整环的情形. 此时 (Bourbaki,《交换代数学》, V, §3, ¥1, 定理 1 的推论 1) 可以找到 A 中的一个非零元 g 和 B 中的一组在 A 上代数无关的元素 t_i $(1 \leqslant i \leqslant m)$, 使得 B_g 在

$A_g[t_1,\cdots,t_m]$ 上是整型的. 我们再把 A 换成 A_g, 把 B 换成 B_g, 又可以假设 B 在 $C=A[t_1,\cdots,t_m]$ 上是整型的, 从而它是一个有限型 C 模, 并且是无挠的. 进而我们知道 (4.1.2) $\operatorname{Spec}(B\otimes_A K)$ 的维数就等于 m, 从而 $m=n$.

在此基础上, 若 h 是无挠 C 模 B 的一般秩, 则我们有一个 C 模的正合序列

$$0\longrightarrow C^h\longrightarrow B\longrightarrow M'\longrightarrow 0,$$

其中 M' 是一个有限型挠 C 模, 从而 M' 的支集没有包含 $\operatorname{Spec}C$ 的一般点 (**I**, 7.4.6), 因而 $M'\otimes_A K$ 的支集也没有包含 $\operatorname{Spec}(C\otimes_A K)$ 的一般点 (**I**, 9.1.13.1), 故由 (4.1.2.1) 知, 它的维数 $<n$. 依照归纳假设, 可以找到 A 中的一个非零元 f, 使得 M'_f 成为自由 A_f 模. 此外 C^h_f 同样是自由 A_f 模, 从而 B_f 也是如此, 因为依照 ($\mathbf{0_I}$, 1.3.2), 它是由两个自由模所形成的扩充. 证明完毕.

推论 (6.9.3) — *设 S 是一个 Noether 概形, $u:X\to S$ 是一个有限型态射, $\mathscr{F}$ 是一个凝聚 $\mathscr{O}_X$ 模层. 则可以找到 S 的一个由局部闭集所组成的有限分割 $(S_i)_{1\leqslant i\leqslant n}$, 它具有下面的性质: 若我们仍然用 S_i 来记 S 的那个以 S_i 为底空间的既约子概形, 并且令 $X_i=X\otimes_S S_i$, 则 $\mathscr{O}_{X_i}$ 模层 $\mathscr{F}_i=\mathscr{F}\otimes_{\mathscr{O}_S}\mathscr{O}_{S_i}$ 在 S_i 上是平坦的.*

我们要对由 S 的所有使 (6.9.3) 的结论成立的闭子集 T (看作既约概形) 所组成的集合使用 Noether 归纳法 ($\mathbf{0_I}$, 2.2.2). 从而问题归结为证明, 若 S 的任何一个以它的真闭子集为底空间的既约闭子概形都能够使 (6.9.3) 的结论成立, 则 S 也是如此. 由于态射 $S_{\text{red}}\to S$ 是有限型且映满的, 故我们可以把 S 换成 S_{red}, 从而可以假设 S 是既约且非空的. 现在 S 是 Noether 的, 故它的任何一个不可约分支的内部 T 都不是空的, 并且 S 在 T 上所诱导的子概形是整的, 从而依照 (6.9.1), 可以找到一个非空开集 $U\subseteq T$, 使得 $\mathscr{F}|_{u^{-1}(U)}$ 在 U 上是平坦的. 令 Y 是那个以 $S\smallsetminus U$ 为底空间的既约子概形, 则根据前提条件, 可以找到 Y 的一个由在 Y 中局部闭的 (从而在 S 中也是局部闭的) 子集所组成的分割 (Y_i), 使得 $\mathscr{F}_i=\mathscr{F}\otimes_{\mathscr{O}_S}\mathscr{O}_{Y_i}$ 在 Y_i 上都是平坦的. 易见这些 Y_i 和 U 一起就构成 S 的一个满足条件的分割.

6.10 沿着闭子概形法向平坦的模层的维数和深度

(6.10.1) 设 X 是一个局部 Noether 概形, $\mathscr{J}$ 是 $\mathscr{O}_X$ 的一个拟凝聚理想层, Y 是 X 的那个由 $\mathscr{J}$ 所定义的闭子概形, $j:Y\to X$ 是典范含入, $\mathscr{F}$ 是一个凝聚 $\mathscr{O}_X$ 模层. 则对任意整数 $k\geqslant 0$, 模层 $\mathscr{J}^k\mathscr{F}/\mathscr{J}^{k+1}\mathscr{F}$ 都能被 $\mathscr{J}$ 所零化, 从而具有 $j_*\mathscr{G}_k$ 的形状, 其中 $\mathscr{G}_k=j^*(\mathscr{J}^k\mathscr{F}/\mathscr{J}^{k+1}\mathscr{F})=j^*(\mathscr{J}^k\mathscr{F})$ 是一个凝聚 $\mathscr{O}_Y$ 模层. 我们将使用 $\operatorname{gr}^\bullet_{\mathscr{J}}(\mathscr{F})$ 来记下面这个分次 $\mathscr{O}_Y$ 模层

$$\bigoplus_{k=0}^{\infty}\mathscr{G}_k=j^*\Big(\bigoplus_{k=0}^{\infty}\mathscr{J}^k\mathscr{F}/\mathscr{J}^{k+1}\mathscr{F}\Big).$$

特别地, $\mathrm{gr}^0_{\mathscr{J}}(\mathscr{F})=\mathscr{G}_0=\mathscr{F}\otimes_{\mathscr{O}_X}\mathscr{O}_Y=j^*\mathscr{F}$. 依照 Hironaka 的用语, 所谓 $\mathscr{F}$ 沿着 Y 是法向平坦的, 是指 $\mathrm{gr}^\bullet_{\mathscr{J}}(\mathscr{F})$ 是一个平坦 $\mathscr{O}_Y$ 模层. 这也相当于说 (利用 (2.1.12) 和 $(\mathbf{0}_\mathbf{I}$, 6.1.2)), 每个 $\mathscr{O}_Y$ 模层 $\mathscr{G}_k=j^*(\mathscr{J}^k\mathscr{F})$ 都是局部自由的.

命题 (6.10.2) — 设 X 是一个局部 *Noether* 概形, Y 是 X 的一个整的闭子概形. 则对于任何凝聚 $\mathscr{O}_X$ 模层 $\mathscr{F}$, 均可找到 X 的一个开集 U, 使得 $Y\cap U\neq\varnothing$, 并且 $\mathscr{F}|_U$ 沿着 $Y\cap U$ 是法向平坦的.

事实上, 设 $\mathscr{J}$ 是定义 Y 的那个凝聚理想层, 则 $\mathscr{O}_Y$ 代数层 $\mathscr{B}=\mathrm{gr}^\bullet_{\mathscr{J}}(\mathscr{O}_X)$ 是拟凝聚的, 并且是有限型的, 因为它是由 $\mathrm{gr}^1_{\mathscr{J}}(\mathscr{O}_X)$ 所生成的, 而后者是 $\mathscr{J}/\mathscr{J}^2$ 的逆像. 由于 $\mathrm{gr}^\bullet_{\mathscr{J}}(\mathscr{F})$ 是一个由 $\mathrm{gr}^1_{\mathscr{J}}(\mathscr{F})$ 所生成的拟凝聚 $\mathscr{B}$ 模层, 故知它是有限型 $\mathscr{B}$ 模层. 于是若我们令 $Z=\mathrm{Spec}\,\mathscr{B}$, 则结构态射 $u:Z\to Y$ 是有限型的, 并且若 $\mathscr{H}$ 是一个满足 $u_*\mathscr{H}=\mathrm{gr}^\bullet_{\mathscr{J}}(\mathscr{F})$ 的 $\mathscr{O}_Z$ 模层, 则只要把总体平坦性定理 (6.9.1) 应用到 u 和 $\mathscr{H}$ 上就可以推出结论.

命题 (6.10.3) — 记号与 (6.10.1) 相同, 假设 $\mathscr{F}$ 沿着 Y 是法向平坦的. 则:

(i) $Y\cap\mathrm{Supp}\,\mathscr{F}$ 是 Y 的一个既开又闭的子集 (换句话说, 它是 Y 的某些连通分支的并集).

(ii) 若 $\mathscr{J}$ 是局部幂零的, 则 $\mathrm{Supp}\,\mathscr{F}$ 是 X 的一个既开又闭的子集, 并且对任意 $x\in\mathrm{Supp}\,\mathscr{F}$, 均有

(6.10.3.1) $$\dim\mathscr{F}_x=\dim\mathscr{O}_{Y,x}\,,$$

(6.10.3.2) $$\mathrm{dp}\,\mathscr{F}_x=\mathrm{dp}\,\mathscr{O}_{Y,x}\,,$$

(6.10.3.3) $$\mathrm{codp}\,\mathscr{F}_x=\mathrm{codp}\,\mathscr{O}_{Y,x}\,.$$

(i) 在 (6.10.1) 的记号下, 我们有 $Y\cap\mathrm{Supp}\,\mathscr{F}=\mathrm{Supp}\,\mathscr{G}_0$ (**I**, 9.1.13), 且由于 $\mathscr{G}_0$ 是一个有限型的局部自由 $\mathscr{O}_Y$ 模层, 故它的支集在 Y 中是既开又闭的.

(ii) $\mathscr{J}$ 是局部幂零的这个条件表明, X 和 Y 的底空间是相同的, 从而借助 (5.1.12.1) 就得到了 (ii) 的第一句话. 只需再证明 (6.10.3.2) 即可, 因为把前两个式子相减就可以立即得到 (6.10.3.3). 设 $(f_i)_{1\leqslant i\leqslant p}$ 是一个由 $\mathscr{O}_{X,x}$ 的极大理想中的元素所组成的有限序列, 并假设它在 $\mathscr{O}_{Y,x}=\mathscr{O}_{X,x}/\mathscr{J}_x$ 中的像构成了一个极大 $\mathscr{O}_{Y,x}$ 正则序列. $\mathscr{F}$ 和 $\mathscr{J}$ 上的前提条件表明, $\mathscr{O}_{Y,x}$ 模 $\mathrm{gr}^\bullet_{\mathscr{J}_x}(\mathscr{F}_x)$ 是有限型且自由的, 从而序列 (f_i) 是 $\mathrm{gr}^\bullet_{\mathfrak{J}_x}(\mathscr{F}_x)$ 正则的. 由此就可以得知, 该序列也是 $\mathscr{F}_x$ 正则的 (**0**, 15.1.19). 另一方面, 设 n 是使得 $\mathscr{F}_x^{(n)}=\mathscr{J}_x^n\mathscr{F}_x\neq 0$ 的最大整数. 前提条件表明 $\mathrm{gr}^\bullet_{\mathscr{J}_x}(\mathscr{F}_x/\mathscr{F}_x^{(n)})$ 也是有限型且自由的, 从而序列 (f_i) 也是 $\mathrm{gr}^\bullet_{\mathscr{J}_x}(\mathscr{F}_x/\mathscr{F}_x^{(n)})$ 正则的 (前引). 再使用引理 (3.4.1.4) 就可以通过对 i 归纳而得到下面的正合序列

$$0\longrightarrow\mathscr{F}_x^{(n)}\Big/\Big(\sum_{i=1}^p f_i\mathscr{F}_x^{(n)}\Big)\longrightarrow\mathscr{F}_x\Big/\Big(\sum_{i=1}^p f_i\mathscr{F}_x\Big).$$

然而前提条件还表明, $\mathscr{F}_x^{(n)}$ 是有限型自由 $\mathscr{O}_{Y,x}$ 模, 并且不等于 0, 从而 $\mathscr{F}_x^{(n)}/\big(\sum_{i=1}^{p} f_i\mathscr{F}_x^{(n)}\big)$ 同构于一个形如 $\big(\mathscr{O}_{Y,x}/\big(\sum_{i=1}^{p} f_i\mathscr{O}_{Y,x}\big)\big)^m$ 的模, 并且 $m>0$. 由于 $\mathrm{dp}\big(\mathscr{O}_{Y,x}/\big(\sum_{i=1}^{p} f_i\mathscr{O}_{Y,x}\big)\big)=0$ (**0**, 16.4.6), 故根据深度为 0 的模的特征性质 (**0**, 16.4.6, (i)), 我们也有 $\mathrm{dp}\big(\mathscr{F}_x^{(n)}/\big(\sum_{i=1}^{p} f_i\mathscr{F}_x^{(n)}\big)\big)=0$, 进而有 $\mathrm{dp}\big(\mathscr{F}_x/\big(\sum_{i=1}^{p} f_i\mathscr{F}_x\big)\big)=0$, 现在这些 $(f_i)_x$ 都落在 $\mathscr{O}_{Y,x}$ 的极大理想中, 并且构成了一个 $\mathscr{F}_x$ 正则序列, 这就证明了 $\mathrm{dp}\,\mathscr{F}_x=p$ (**0**, 16.4.6, (ii)).

推论 (6.10.4) — 设 $U_{S_n}(\mathscr{F})$ (切转: $U_{C_n}(\mathscr{F})$) 是由那些满足下述条件的点 $x\in X$ 所组成的集合: $\mathscr{F}$ 在点 x 处具有 (S_n) 性质 (切转: $\mathrm{codp}\,\mathscr{F}_x\leqslant n$). 若 $\mathscr{F}$ 沿着 Y 是法向平坦的, $\mathrm{Supp}\,\mathscr{F}=X$, 并且 $\mathscr{J}$ 是局部幂零的, 则有 $U_{S_n}(\mathscr{F})=U_{S_n}(\mathscr{O}_Y)$ (切转: $U_{C_n}(\mathscr{F})=U_{C_n}(\mathscr{O}_Y)$).

命题 (6.10.5) — 记号与 (6.10.1) 相同, 假设 X 是连通且非空的, 并且 $\mathscr{F}$ 沿着 Y 是法向平坦的. 对任意整数 $n\geqslant 0$, 我们令

(6.10.5.1) $$r(n)\ =\ \mathrm{rg}_{\mathscr{O}_Y}(\mathrm{gr}^n_{\mathscr{J}}(\mathscr{F}))$$

(局部自由 $\mathscr{O}_Y$ 模层 $\mathrm{gr}^n_{\mathscr{J}}(\mathscr{F})$ 的秩一定是常值的). 则有:

(i) 可以找到一个多项式 $P\in\mathbb{Q}[T]$, 使得对于充分大的 n, 均有 $P(n)=r(n)$.

(ii) $Y\cap\mathrm{Supp}\,\mathscr{F}$ 要么是空集 (换句话说, $\mathscr{F}/\mathscr{J}\mathscr{F}=0$), 要么是整个 Y (换句话说, $Y\subseteq\mathrm{Supp}\,\mathscr{F}$). 在第二种情形中, 设 P 的次数是 $d-1$, 则对 Y 的任意极大点 y, 均有

(6.10.5.2) $$\dim\mathscr{F}_y\ =\ d\,.$$

特别地,

(6.10.5.3) $$\mathrm{codim}(Y,\mathrm{Supp}\,\mathscr{F})\ =\ d\,.$$

(iii) 假设 $Y\subseteq\mathrm{Supp}\,\mathscr{F}$. 则对任意 $x\in Y$, 均有

(6.10.5.4) $$\dim\mathscr{F}_x\ =\ \dim\mathscr{O}_{Y,x}+d\,.$$

更确切地说, 在 $\mathscr{J}_x$ 中可以找到一组元素 f_i $(1\leqslant i\leqslant d)$, 它们构成了 $\mathscr{F}_x$ 的一个子参数系 (**0**, 16.3.6), 并且在 $\mathrm{Spec}\,\mathscr{O}_{X,x}$ 中我们有 $V(\mathscr{J}_x)=V\big(\sum_{i=1}^{d} f_i\mathscr{O}_{X,x}\big)\cap\mathrm{Supp}\,\mathscr{F}$.

由于我们假设了 Y 是连通的, 故知 (ii) 的第一句话缘自 (6.10.3, (i)). 若 $Y\cap\mathrm{Supp}\,\mathscr{F}=\varnothing$, 则 (i) 显然成立 (取 $P=0$). 假设 $\mathrm{Supp}\,\mathscr{F}\supseteq Y$, 并设 y 是 Y 的一个极大点, 则由于 $Y=\mathrm{Supp}(\mathscr{F}/\mathscr{J}\mathscr{F})$, 故知 $\mathscr{F}_y/\mathscr{J}_y\mathscr{F}_y$ 是有限长的 $\mathscr{O}_{X,y}$ 模 (3.1.4). 我们令 $s(n)=\mathrm{long}(\mathrm{gr}^n_{\mathscr{J}_y}(\mathscr{F}_y))$, 则可以找到一个多项式 $R\in\mathbb{Q}[T]$, 使得当 n 充分大时 $s(n)=R(n)$, 实际上它就是多项式 $H(n+1)-H(n)$, 其中 H 是 $\mathscr{F}_y$ 关于 $\mathscr{J}_y$ 预进滤解的 Hilbert-Samuel 多项式 (**0**, 16.2.1). 根据前提条件, 这些 $\mathscr{O}_{Y,y}$ 模 $\mathrm{gr}^n_{\mathscr{J}_y}(\mathscr{F}_y)$ 都是自由的, 故有 $r(n)=s(n)/m$, 其中 m 是指 $\mathscr{O}_{X,y}$

模 $\mathscr{O}_{Y,y} = \mathscr{O}_{X,y}/\mathscr{J}_y$ 的长度. 从而在 (i) 中我们就可以取 $P = \frac{1}{m}R$. 进而由 (**0**, 16.2.3) 知, $\deg(H) = \dim \mathscr{F}_y$, 故得关系式 (6.10.5.2), 再借助 (5.1.12.2) 就可以推出关系式 (6.10.5.3).

只需再对任意点 $x \in Y$ 来证明 (iii). 我们令 $A = \mathscr{O}_{X,x}$, $\mathfrak{I} = \mathscr{J}_x$, $M = \mathscr{F}_x$, 则有 $\mathscr{O}_{Y,x} = A/\mathfrak{I}$, 设 $S = \operatorname{gr}^\bullet_{\mathfrak{I}}(A)$, 它是一个有限型 $\mathbb{N}$ 分次 $(A/\mathfrak{I})$ 代数, 其中 $S_0 = A/\mathfrak{I}$, 并且它可由 1 次齐次元所生成, 最后设 $N = \operatorname{gr}^\bullet_{\mathfrak{I}}(M)$, 它是一个有限型分次 S 模, 且它的每个齐次分量 N_n 都是一个长度为 $r(n)$ 的自由 $A/\mathfrak{I}$ 模 (根据前提条件). 设 $\mathfrak{m}$ 是 A 的极大理想, $k = A/\mathfrak{m}$ 是剩余类域, 则 $B = S \otimes_A k$ 是一个有限型 $\mathbb{N}$ 分次 k 代数, 它可由 1 次齐次元所生成, 并且 $B_0 = k$, 因而 $\mathfrak{q} = B^+ = \bigoplus_{n \geqslant 1} B_n$ 是 B 的一个极大理想. $E = N \otimes_A k$ 是一个有限型分次 B 模, 并且 $\operatorname{rg}_k(E_n) = r(n)$. 现在我们把 (**0**, 16.2.7) 应用到分次环 $B = S \otimes_A k$ 和分次 B 模 $E = N \otimes_A k$ 上, 并设 $f_i \in \mathfrak{I}^{n_i}$ $(1 \leqslant i \leqslant d)$ 是这样一个元素, 它在 B_{n_i} 中的像是 t_i. 对于 $n \geqslant \sup_i n_i$, 考虑 M 的 A 子模 $\sum_{i=1}^d f_i \mathfrak{I}^{n-n_i} M$, 由于当 n 充分大时 E 的子模 $\sum_{i=1}^d t_i E$ 的 n 次齐次分量就等于 E_n, 故知当 n 充分大时,

$$\mathfrak{I}^n M = \sum_{i=1}^d f_i \mathfrak{I}^{n-n_i} M + \mathfrak{m}\mathfrak{I}^n M ,$$

且由于 $\mathfrak{I}^n M$ 是有限型 A 模, 故利用 Nakayama 引理可知

$$\mathfrak{I}^n M = \sum_{i=1}^d f_i \mathfrak{I}^{n-n_i} M \subseteq \sum_{i=1}^d f_i M .$$

从而若 $\mathfrak{a}$ 是 M 的零化子, 则 ($\mathbf{0_I}$, 1.7.5) 在 $\operatorname{Spec} A$ 中, 我们有

$$V\Big(\sum_{i=1}^d f_i A\Big) \cap V(\mathfrak{a}) \subseteq V(\mathfrak{I}^n) \cap V(\mathfrak{a}) = V(\mathfrak{I}) \cap V(\mathfrak{a}) = V(\mathfrak{I}) ,$$

因为根据前提条件, $Y \cap \operatorname{Spec} A = V(\mathfrak{I}) \cap \operatorname{Supp} M = V(\mathfrak{I})$. 另一方面, 由于这些 f_i 都落在 S 中, 故有 $V(\mathfrak{I}) \subseteq V\big(\sum_{i=1}^d f_i A\big)$, 这就证明了 (iii) 的最后一个关系式. 只需再证明这些 f_i 是 M 的一个子参数系. 通过把 A 换成 $A/\mathfrak{a}$, 并把各个 f_i 都换成它们在 $A/\mathfrak{a}$ 中的像, 可以把问题归结到 $\mathfrak{a} = (0)$ 的情形, 我们刚刚已看到 $\dim(A/\mathfrak{I}) = \dim\big(A/\big(\sum_{i=1}^d f_i A\big)\big)$, 从而只需再证明 (**0**, 16.3.7)

$$\dim A \geqslant \dim(A/\mathfrak{I}) + d .$$

现在设 $\mathfrak{p}$ 是 A 的一个包含 $\mathfrak{I}$ 并且满足 $\dim(A/\mathfrak{I}) = \dim(A/\mathfrak{p})$ 的素理想, 因而 $\mathfrak{p}$ 在包含 $\mathfrak{I}$ 的那些素理想中是极小的. 从而我们有 $\mathfrak{p} = \mathfrak{j}_y$, 其中 $y \in \operatorname{Spec} A$ 是 Y 的一个极大点. 但依照 (6.10.5.2) 以及 $\operatorname{Spec} A = \operatorname{Supp} M$ 的前提条件, 我们有 $\dim A_{\mathfrak{p}} = d$, 从而再利用不等式 $\dim(A/\mathfrak{p}) + \dim A_{\mathfrak{p}} \leqslant \dim A$ (**0**, 16.1.4) 就可以完成证明.

命题 (6.10.6) — *设 X 是一个局部 Noether 概形, $\mathscr{F}$ 是一个凝聚 $\mathscr{O}_X$ 模层, Y 是 X 的一个不可约闭子概形, 且它的一般点 y 落在 $\operatorname{Supp} \mathscr{F}$ 中. 则可以找到 y 在 X 中的一个开邻域 U, 使得对任意 $x \in U \cap Y$, 均有*

$$\text{(6.10.6.1)}\qquad \dim \mathscr{F}_x = \dim \mathscr{F}_y + \dim \mathscr{O}_{Y,x}\,,$$

$$\text{(6.10.6.2)}\qquad \operatorname{dp} \mathscr{F}_x = \operatorname{dp} \mathscr{F}_y + \operatorname{dp} \mathscr{O}_{Y,x}\,,$$

$$\text{(6.10.6.3)}\qquad \operatorname{codp} \mathscr{F}_x = \operatorname{codp} \mathscr{F}_y + \operatorname{codp} \mathscr{O}_{Y,x}\,.$$

设 $Y' = Y_{\text{red}}$, 它是 Y 的一个整的闭子概形, 且与 Y 具有相同的底空间, 并可由 $\mathscr{O}_Y$ 的一个局部幂零的理想层 $\mathscr{K}$ 所定义 (**I**, 6.1.6). 由此可知 $\operatorname{gr}^\bullet_{\mathscr{K}}(\mathscr{O}_Y)$ 是凝聚 $\mathscr{O}_{Y'}$ 模层, 且由于 Y' 是整的, 故可找到 y 在 Y' 中的一个开邻域 V, 使得 $\operatorname{gr}^\bullet_{\mathscr{K}}(\mathscr{O}_Y)|_V$ 是局部自由的 ($\mathbf{0}_\mathbf{I}$, 5.2.7), 换句话说, 通过把 X 换成 y 的一个邻域, 我们可以假设 $\mathscr{O}_Y$ 沿着 Y' 是法向平坦的. 从而由 (6.10.3) 得知, 对任意 $x \in Y$, 均有

$$\dim \mathscr{O}_{Y,x} = \dim \mathscr{O}_{Y',x}\,, \qquad \operatorname{dp} \mathscr{O}_{Y,x} = \operatorname{dp} \mathscr{O}_{Y',x}\,;$$

从而我们可以限于考虑 Y 是整的闭子概形的情形.

在此基础上, 依照 (6.10.2), 通过把 X 换成 y 的一个开邻域, 可以假设 $\mathscr{F}$ 沿着 Y 是法向平坦的. 由于 $y \in \operatorname{Supp}\mathscr{F}$, 故利用 (6.10.5.2) 和 (6.10.5.4) 就可以推出关系式 (6.10.6.1). 现在我们令 $p = \operatorname{dp}\mathscr{F}_y$, 必要时把 X 换成 y 的一个开邻域, 又可以假设我们能找到 $\mathscr{O}_X$ 在 X 上的 p 个截面 f_i $(1 \leqslant i \leqslant p)$, 使得这些 $(f_i)_y$ 都落在 $\mathscr{O}_{X,y}$ 的极大理想 $\mathfrak{m}_y$ 中, 并且 $\operatorname{dp}\bigl(\mathscr{F}_y / \sum_{i=1}^{p} (f_i)_y \mathscr{F}_y\bigr) = 0$ (**0**, 16.4.6). 若 $\mathscr{J}$ 是 $\mathscr{O}_X$ 的那个定义了 Y 的理想层, 则有 $\mathscr{J}_y = \mathfrak{m}_y$, 再把 X 换成 y 的一个邻域, 还可以假设 $f_i \in \Gamma(X, \mathscr{J})$ $(1 \leqslant i \leqslant p)$. 进而令 $\mathscr{G} = \mathscr{F}/\bigl(\sum_{i=1}^{p} f_i \mathscr{F}\bigr)$, 则 $\operatorname{dp}\mathscr{G}_y = 0$ 的条件表明, $\mathscr{G}_y$ 包含了一个同构于 $\mathscr{O}_{X,y}/\mathfrak{m}_y$ 的子模 (**0**, 16.4.6). 同样的方法 (有见于 ($\mathbf{0}_\mathbf{I}$, 5.3.8 和 5.2.7)) 也表明, 我们可以假设 $\mathscr{G}$ 有这样一个同构于 $\mathscr{O}_X/\mathscr{J}$ 的 $\mathscr{O}_X$ 子模层 $\mathscr{G}'$, 它使得对任意 $x \in Y$, 均有 $\mathscr{G}'_x = \mathscr{O}_{Y,x}$. 现在令 $\mathscr{G}'' = \mathscr{G}/\mathscr{G}'$, 并把 X 换成 y 的一个开邻域, 则依照 (6.10.2), 可以进而假设 $\mathscr{G}'$ 和 $\mathscr{G}''$ 沿着 Y 都是法向平坦的. 设 x 是 Y 的任何一点, 并且令 $q = \operatorname{dp}\mathscr{O}_{Y,x} = \operatorname{dp}\mathscr{G}'_x$, 设 $(g_j)_{1 \leqslant j \leqslant q}$ 是一个由 $\mathscr{O}_{X,x}$ 的极大理想 $\mathfrak{m}_x$ 中的元素所组成的极大 $\mathscr{G}'_x$ 正则序列. 根据前提条件, $\operatorname{gr}^\bullet_{\mathscr{J}_x}(\mathscr{G}''_x)$ 的每个齐次分量都是有限型平坦 $\mathscr{O}_{Y,x}$ 模, 从而是自由 $\mathscr{O}_{Y,x}$ 模, 因而 $\operatorname{gr}^\bullet_{\mathscr{J}_x}(\mathscr{G}''_x)$ 也是如此. 由于序列 (g_j) 是 $\mathscr{O}_{Y,x}$ 正则的, 从而也是 $\operatorname{gr}^\bullet_{\mathscr{J}_x}(\mathscr{G}''_x)$ 正则的, 故知它是 $\mathscr{G}''_x$ 正则的 (**0**, 15.1.19). 我们把引理 (**0**, 15.1.18) 应用到正合序列

$$0 \longrightarrow \mathscr{G}'_x \longrightarrow \mathscr{G}_x \longrightarrow \mathscr{G}''_x \longrightarrow 0$$

上, 再对 j 进行归纳, 就可以得到下面的正合序列

$$0 \longrightarrow \mathscr{G}'_x \Big/ \Bigl(\sum_{j=1}^{q} g_j \mathscr{G}'_x\Bigr) \longrightarrow \mathscr{G}_x \Big/ \Bigl(\sum_{j=1}^{q} g_j \mathscr{G}_x\Bigr).$$

然而根据前提条件, $\operatorname{dp}\bigl(\mathscr{G}'_x / \sum_{j=1}^{q} g_j \mathscr{G}'_x\bigr) = 0$ (**0**, 16.4.6); 于是再利用深度为 0 的模的特征性质 (**0**, 16.4.6) 就可以推出 $\operatorname{dp}\bigl(\mathscr{G}_x / \sum_{j=1}^{q} g_j \mathscr{G}_x\bigr) = 0 = \operatorname{dp}\bigl(\mathscr{F}_x / \bigl(\sum_{i=1}^{p} f_i \mathscr{F}_x + \sum_{j=1}^{q} g_j \mathscr{F}_x\bigr)\bigr)$. 现在序列 (g_i) 是 $\mathscr{G}'_x$ 正则的, 也是 $\mathscr{G}''_x$ 正则的, 从而是 $\mathscr{G}_x$ 正则的, 最后, 根据前提条件, 序列 $((f_i)_x)$ 是 $\mathscr{F}_x$ 正则的, 并且是由极大理想 $\mathfrak{m}_x$ 中的元素所组成的, 故我们得知 $\operatorname{dp}\mathscr{F}_x = p + q$ (**0**, 16.4.6), 这就完成了证明.

6.11 关于集合 $U_{S_n}(\mathscr{F})$ 和 $U_{C_n}(\mathscr{F})$ 是否为开集的判别法

引理 (6.11.1) — 设 X 是一个局部 *Noether* 概形, $\mathscr{F}$ 是一个凝聚 $\mathscr{O}_X$ 模层, 则函数 $x \mapsto \dim^{投} \mathscr{F}_x$ 在 X 上是上半连续的.

可以限于考虑 $X = \operatorname{Spec} A$ 的情形, 其中 A 是 Noether 环, 此时 $\mathscr{F} = \widetilde{M}$, 其中 M 是有限型 A 模. 假设在点 $x \in X$ 处我们有 $\dim^{投} M_x = n < +\infty$ (如果 $n = +\infty$, 那就已经完成了证明), 则可以找到 M 的一个消解

$$L_{n-1} \longrightarrow L_{n-2} \longrightarrow \cdots \longrightarrow L_0 \longrightarrow M \longrightarrow 0,$$

其中 L_i 都是有限型自由 A 模 (因为 A 是 Noether 的), 因而得到正合序列

$$0 \longrightarrow R \longrightarrow L_{n-1} \longrightarrow L_{n-2} \longrightarrow \cdots \longrightarrow L_0 \longrightarrow M \longrightarrow 0,$$

其中 R 是一个有限型 A 模. 由此导出下面的正合序列

$$0 \longrightarrow R_x \longrightarrow (L_{n-1})_x \longrightarrow \cdots \longrightarrow (L_0)_x \longrightarrow M_x \longrightarrow 0,$$

其中 $(L_i)_x$ 都是有限型自由 A_x 模. 根据前提条件, $\dim^{投} M_x = n$, 这就表明 R_x 是一个有限型投射 A_x 模 (M, VI, 2.1), 因而是有限型自由 A_x 模 ($\mathbf{0}_{\mathbf{III}}$, 10.1.3). 故可找到 x 在 X 中的一个开邻域 U, 使得对任意 $x' \in U$, $R_{x'}$ 都是自由 $A_{x'}$ 模 ($\mathbf{0}_{\mathbf{I}}$, 5.2.7), 从而 $M_{x'}$ 具有一个长度为 n 的投射消解, 换句话说, $\dim^{投} M_{x'} \leqslant n$, 这就证明了引理.

命题 (6.11.2) — 设 X 是一个局部 *Noether* 概形, 并且是局部良栖的 (5.11.1), 再设 $\mathscr{F}$ 是一个凝聚 $\mathscr{O}_X$ 模层. 则:

(i) (M. Auslander) 函数 $x \mapsto \operatorname{codp} \mathscr{F}_x$ 在 X 上是上半连续的 (换句话说, 对任意整数 n, 由满足 $\operatorname{codp} \mathscr{F}_x \leqslant n$ 的点 $x \in X$ 所组成的集合 $U_{C_n}(\mathscr{F})$ 总是开的).

(ii) 对任意整数 n, 由具有 (S_n) 性质的点 $x \in X$ 所组成的集合 $U_{S_n}(\mathscr{F})$ 总是开的.

(i) 问题在 X 上是局部性的, 从而依照前提条件, 可以限于考虑 X 是某个正则仿射概形 Y 的闭子概形的情形. 设 $j : X \to Y$ 是典范含入, 并设 $\mathscr{G} = j_* \mathscr{F}$, 此时我们知道对任意 $x \in X$, 均有 $\dim \mathscr{F}_x = \dim \mathscr{G}_x$ 和 $\operatorname{dp} \mathscr{F}_x = \operatorname{dp} \mathscr{G}_x$, 从而 $\operatorname{codp} \mathscr{F}_x = \operatorname{codp} \mathscr{G}_x$, 又因为在 $y \in Y \smallsetminus X$ 处总有 $\operatorname{codp} \mathscr{G}_x = 0$, 故问题归结为证明 $\mathscr{G}$ 具有上面所说的性质. 换句话说, 我们可以限于考虑 X 是正则仿射概形的情形, 此时我们知道 ($\mathbf{0}$, 17.3.4),

$$\operatorname{dp} \mathscr{F}_x = \dim \mathscr{O}_{X,x} - \dim^{投} \mathscr{F}_x .$$

另一方面, 若 S 是 X 的那个以 $\operatorname{Supp} \mathscr{F}$ 为底空间的既约闭子概形, 则有 $\dim \mathscr{F}_x = \operatorname{codim}(\overline{\{x\}}, S)$ (5.1.12.1), 并且依照 (5.1.9),

$$\dim \mathscr{F}_x = \dim \mathscr{O}_{X,x} - \operatorname{codim}_x(S, X),$$

因为 $\mathscr{O}_{X,x}$ 是正则环, 因而是均链的 (**0**, 16.5.12). 我们把它改写为

(6.11.2.1) $$\operatorname{codp}\mathscr{F}_x = \dim^{投}\mathscr{F}_x - \operatorname{codim}_x(S,X),$$

从而由 (6.11.1) 和 (**0**, 14.2.6) 就可以推出结论.

(ii) 根据 (i), 对任意 n, 集合 $U_{C_n}(\mathscr{F})$ 都是开的, 故这些 $Z_n = X \smallsetminus U_{C_n}(\mathscr{F})$ 都是闭的, 进而易见 $Z_{n+1} \subseteq Z_n$, 且由于在任意 $x \in X$ 处, $\dim\mathscr{F}_x$ 总是有限的, 并且 $\operatorname{codp}\mathscr{F}_x \leqslant \dim\mathscr{F}_x$, 故这些 Z_n 的交集是空的. 我们可以限于考虑 X 是仿射概形的情形, 故它是拟紧的, 从而可以假设对于某个 m 来说, $Z_m = \varnothing$. 现在由 (5.7.4) 知, $x \in U_{S_k}(\mathscr{F})$ 等价于对所有 $n \geqslant 0$ 都有

(6.11.2.2) $$\operatorname{codim}_x(Z_n, S) > n + k.$$

然而当 $n \geqslant m$ 时, 上式自动成立, 从而我们只需考虑 $0 \leqslant n < m$ 时的那些不等式 (6.11.2.2) 即可. 现在由 (**0**, 14.2.6) 知, 由满足 (6.11.2.2) 的点 x 所组成的集合 $V_{n,k}$ 是开的, 从而作为这些 $V_{n,k}$ $(0 \leqslant n < m)$ 的交集, $U_{S_k}(\mathscr{F})$ 也是开的. 证明完毕.

还记得 X 是局部良栖的这个条件在下述情况下总能得到满足: X 是域 k 上的局部有限型概形 (5.8.3).

推论 (6.11.3) — 在 (6.11.2) 的前提条件下, 由那些使 $\mathscr{F}_x$ 成为 *Cohen-Macaulay* 模的点 $x \in X$ 所组成的集合 $CM(\mathscr{F})$ 在 X 中是开的.

事实上, 这个集合就是 $U_{C_0}(\mathscr{F})$.

注解 (6.11.4) — (i) (6.11.2, (ii)) 的论证方法也证明了 (不需要对 X 作任何假设), 若对任意整数 n, 集合 $U_{C_n}(\mathscr{F})$ 都是开的, 则 $U_{S_n}(\mathscr{F})$ 对所有整数 n 来说也是开的.

(ii) 我们有 $CM(\mathscr{F}) = \bigcap_n U_{S_n}(\mathscr{F})$. 于是若每个点 $x \in X$ 都有一个有限维的开邻域 V, 则交集的序列 $V \cap U_{S_n}(\mathscr{F})$ 是最终稳定的, 因为总可以找到一个整数 m, 使得对所有 $x \in V$, 都有 $\dim\mathscr{F}_x \leqslant m$. 从而若对所有整数 n, $U_{S_n}(\mathscr{F})$ 都是开的, 则 $CM(\mathscr{F})$ 在 X 中就是开的.

(iii) 我们也把 $U_{S_n}(\mathscr{O}_X)$, $U_{C_n}(\mathscr{O}_X)$, $CM(\mathscr{O}_X)$ 记作 $U_{S_n}(X)$, $U_{C_n}(X)$, $CM(X)$.

命题 (6.11.5) — 设 A 是一个 *Noether* 局部环, M 是一个有限型 A 模. 则对于 A 的任意素理想 $\mathfrak{p}$, 均有

(6.11.5.1) $$\operatorname{codp}_{A_{\mathfrak{p}}} M_{\mathfrak{p}} \leqslant \operatorname{codp}_A M.$$

可以限于考虑 $M_{\mathfrak{p}} \neq 0$ 的情形. 由于 $\widehat{A}$ 是一个忠实平坦 A 模 ($\mathbf{0_I}$, 7.3.5), 故可找到 $\widehat{A}$ 的一个位于 $\mathfrak{p}$ 之上的素理想 $\mathfrak{q}$ ($\mathbf{0_I}$, 6.5.1). 由于 $\widehat{M}_{\mathfrak{q}} = (M \otimes_A \widehat{A}) \otimes_{\widehat{A}} \widehat{A}_{\mathfrak{q}} =$

$M \otimes_A \widehat{A}_{\mathfrak{q}}$, 并且 $\widehat{A}_{\mathfrak{q}}$ 是平坦 $\widehat{A}$ 模, 从而是平坦 A 模 ($\mathbf{0_I}$, 6.2.1), 故我们可以把 (6.3.2) 应用到局部同态 $A_{\mathfrak{p}} \to \widehat{A}_{\mathfrak{q}}$, $M_{\mathfrak{p}}$ 和 $\widehat{M}_{\mathfrak{q}} = M_{\mathfrak{p}} \otimes_{A_{\mathfrak{p}}} \widehat{A}_{\mathfrak{q}}$ 上, 这就得到了 $\operatorname{codp}_{A_{\mathfrak{p}}} M_{\mathfrak{p}} \leqslant \operatorname{codp}_{\widehat{A}_{\mathfrak{q}}} \widehat{M}_{\mathfrak{q}}$. 另一方面, 依照 Cohen 定理 ($\mathbf{0}$, 19.8.8, (i)), $X = \operatorname{Spec} \widehat{A}$ 同构于某个正则概形的子概形. 从而由 (6.11.2) 可以导出 $\operatorname{codp}_{\widehat{A}_{\mathfrak{q}}} \widehat{M}_{\mathfrak{q}} \leqslant \operatorname{codp}_{\widehat{A}} \widehat{M}$, 最后, 我们知道 $\operatorname{codp}_{\widehat{A}} \widehat{M} \leqslant \operatorname{codp}_A M$ ($\mathbf{0}$, 16.4.10), 这就完成了 (6.11.5) 的证明.

这个命题表明, (5.7.12) 中对于非局部环上的模所定义的余深度概念是合理的.

命题 (6.11.6) — *设 X 是一个局部 Noether 概形, $\mathscr{F}$ 是一个凝聚 $\mathscr{O}_X$ 模层, n 是一个正整数. 假设对于 X 的任何一个整的闭子概形 Y, 均可找到 Y 的一个非空开子集 W, 使得 Y 在开集 W 上所诱导的子概形具有 (S_n) 性质. 则集合 $U_{S_n}(\mathscr{F})$ 在 X 中是开的.*

问题在 X 上是局部性的, 故可限于考虑 X 是 Noether 概形的情形. 我们将对 n 进行归纳, 当 $n=1$ 时, 集合 $U_{S_1}(\mathscr{F})$ 在 X 中是开的, 这是因为, 使 $\mathscr{F}$ 不满足 (S_1) 的点 $x \in X$ 就是那些使 $\mathscr{F}_x$ 具有内嵌支承素理想的点 x (5.7.5), 从而若 (Z_j) 是 $\mathscr{F}$ 的全体内嵌支承素理想 (有限个), 则我们有 $U_{S_1}(\mathscr{F}) = X \smallsetminus \bigcup_j Z_j$, 由于这些 Z_j 都是闭的, 这就证明了上述阐言. 以下我们将假设 $n > 1$. 而且可以限于考虑 $\operatorname{Supp}\mathscr{F} = X$ 的情形, 这是因为, 我们可以找到 X 的一个以 $\operatorname{Supp}\mathscr{F}$ 为底空间的闭子概形 T 以及一个凝聚 $\mathscr{O}_T$ 模层 $\mathscr{G}$, 使得 $\mathscr{F} = j_*\mathscr{G}$, 其中 $j : T \to X$ 是典范含入 ($\mathbf{I}$, 9.3.5 的订正). 对于点 $x \in \operatorname{Supp}\mathscr{F}$ 来说, $\mathscr{F}$ 具有 (S_n) 性质与 $\mathscr{G}$ 具有 (S_n) 性质是等价的, 故可限于考虑 $T = X$ 的情形. 最后注意到根据定义 (5.7.2), $U_{S_n}(\mathscr{F})$ 在一般化下是稳定的. 我们要使用下面这个引理:

引理 (6.11.6.1) — *设 X 是一个 Noether 空间, 并且它的每个不可约闭子集都有一般点, E 是 X 的一个子集. 则为了使 E 是 X 的开集, 必须且只需 E 在一般化下是稳定的, 且对于 X 的任意开子集 V 以及 V 的任意不可约闭子集 Y, 只要 $V \smallsetminus Y \subseteq E$, 并且 Y 的一般点落在 E 中, $E \cap Y$ 就包含了 Y 的一个非空开子集.*

注意到当 X 的任意不可约闭子集都有一般点时, 这个判别法蕴涵了 ($\mathbf{0_{III}}$, 9.2.6) 的判别法. 显然只需证明条件的充分性.

设 E 的内部为 U, 则闭集 $X \smallsetminus U$ 是它的不可约分支的并集, 并且这些不可约分支只有有限个, 且在 X 中仍为闭集. 假如 $E \neq U$, 则由于 E 在一般化下是稳定的, 故 $X \smallsetminus U$ 的某个不可约分支的一般点 z 就会落在 E 中. 这个 z 只能落在 $X \smallsetminus U$ 的唯一一个不可约分支中, 设 T 是 $X \smallsetminus U$ 的其他那些不可约分支的并集, 则 $V = X \smallsetminus T$ 在 X 中是开的, 且它是 U 与 $Y = \overline{\{z\}} \cap V$ 的并集, 后一集合在 V 中是闭的, 并且是不可约的. 根据前提条件, $E \cap Y$ 包含了 Y 的一个非空开集 W, 由此得知 $U \cup W$ 在 V 中是开的, 从而在 X 中也是开的. 但这是不合理的, 因为我们假设了 U 是 E 的内部.

依照这个引理, 我们可以假设 X 有这样一个整子概形 Y, 它使得 $\mathscr{F}$ 在其一般点 y 处具有 (S_n) 性质, 也在 $X \smallsetminus Y$ 的所有点处都具有 (S_n) 性质, 且问题归结为证明, 可以找到 y 在 X 中的一个开邻域, 使得 $\mathscr{F}$ 在该邻域中具有 (S_n) 性质. 我们分下面两种情况来讨论:

1° y 是 X 的极大点, 此时 y 有一个与所有不同于 $\overline{\{y\}}$ 的不可约分支都不相交的开邻域, 故可假设 X 是不可约的, 从而它与 Y 具有相同的底空间, 即 Y 是由 $\mathscr{O}_X$ 的诣零根 (它也是幂零的) 所定义的闭子概形. 另一方面, 通过把 X 换成 y 的一个开邻域, 我们可以假设 $\mathscr{F}$ 沿着 Y 是法向平坦的 (6.9.1), 此时由 (6.10.4) 知, $U_{S_n}(\mathscr{F}) = U_{S_n}(\mathscr{O}_Y)$, 且根据前提条件, 后者是 y 在 X 中的一个邻域, 这就证明了命题的结论.

2° y 不是 X 的极大点, 换句话说 (因为 $\operatorname{Supp}\mathscr{F} = X$), $\dim \mathscr{F}_y \geqslant 1$, 从而也有 $\operatorname{dp}\mathscr{F}_y \geqslant 1$, 因为 $\mathscr{F}$ 在点 y 处具有 (S_n) 性质 (自然也具有 (S_1) 性质). 通过把 X 换成 y 的一个开邻域, 我们可以假设 $\mathscr{O}_X$ 有这样一个整体截面 f, 它是 $\mathscr{F}$ 正则的, 并且 $f_y \in \mathfrak{m}_y$, 或写成 $f(y) = 0$ (**0**, 15.2.4). 从而对所有 $x \in Y$, 也有 $f(x) = 0$ ($\mathbf{0_I}$, 5.5.2). 我们知道 $\mathscr{F}/f\mathscr{F}$ 在点 y 处具有 (S_{n-1}) 性质 (5.7.6). 应用归纳假设, 并把 X 换成 y 的一个开邻域, 则可以假设 $\mathscr{F}/f\mathscr{F}$ 在 X 的所有点处都具有 (S_{n-1}) 性质. 然而对于 $x \in Y$ 来说, $f(x) = 0$ 就表明 $\operatorname{dp}(\mathscr{F}_x/f_x\mathscr{F}_x) = \operatorname{dp}\mathscr{F}_x - 1$ 且 $\dim(\mathscr{F}_x/f_x\mathscr{F}_x) = \dim\mathscr{F}_x - 1$ (**0**, 16.3.4 和 16.4.6), 从而

$$\operatorname{dp}(\mathscr{F}_x/f_x\mathscr{F}_x) \ \geqslant\ \inf(n-1, \dim(\mathscr{F}_x/f_x\mathscr{F}_x))$$

等价于

$$\operatorname{dp}\mathscr{F}_x \ \geqslant\ \inf(n, \dim\mathscr{F}_x),$$

由于我们已经假设了 $\mathscr{F}$ 在 $X \smallsetminus Y$ 的所有点处都具有 (S_n) 性质, 这就完成了证明.

推论 (6.11.7) — 记号与 (6.11.6) 相同:

(i) 集合 $U_{S_1}(\mathscr{F})$ 在 X 中是开的.

(ii) 为了使集合 $U_{S_2}(\mathscr{F})$ 是开的, 只需 $\operatorname{Supp}\mathscr{F}$ 的任何极大点 x 只要落在 $U_{S_2}(\mathscr{F})$ 中就一定位于 $U_{S_2}(\mathscr{F})$ 的内部.

条目 (i) 的证明已经包含在了 (6.11.6) 的证明过程之中. 另一方面, 对于 $n = 2$, (6.11.6) 中的情形 2° 的证明在不对 X 作任何假设时也是成立的, 因为 (在同样的记号下) $U_{S_1}(\mathscr{F})$ 和 $U_{S_1}(\mathscr{F}/f\mathscr{F})$ 在 X 中都是开的. 至于该证明中的情形 1°, 上述前提条件恰好表明这种情况是不用考虑的.

命题 (6.11.8) — 设 X 是一个局部 *Noether* 概形, 且具有下述性质:

(CMU) X 的任何一个整的闭子概形 Y 都有一个非空开子概形 W 是 *Cohen-Macaulay* 的.

则对任意凝聚 $\mathscr{O}_X$ 模层 $\mathscr{F}$, 函数 $x \mapsto \operatorname{codp} \mathscr{F}_x$ 都是局部可构的, 并且是上半连续的. 集合 $U_{C_n}(\mathscr{F})$ 和 $U_{S_n}(\mathscr{F})$ 在 X 中都是开的.

事实上, 设 Y 是 X 的一个整的闭子概形, 一般点为 y, 依照 (6.10.6), 可以找到 y 在 Y 中的一个开邻域 V, 使得对任意 $x \in V \cap Y$, 均有

(6.11.8.1) $$\operatorname{codp} \mathscr{F}_x = \operatorname{codp} \mathscr{F}_y + \operatorname{codp} \mathscr{O}_{Y,x}.$$

然而根据前提条件, 可以找到 Y 的一个非空开集 W, 使得对任意 $x \in V \cap W$, 均有 $\operatorname{codp} \mathscr{O}_{Y,x} = 0$, 从而 $\operatorname{codp} \mathscr{F}_x$ 在 y 的一个邻域 (Y 中) 上是常值的, 这就证明了函数 $x \mapsto \operatorname{codp} \mathscr{F}_x$ 是局部可构的 ($\mathbf{0}_{\mathrm{III}}$, 9.3.2). 进而由 (6.11.5) 和 ($\mathbf{0}_{\mathrm{III}}$, 9.3.4) 知, 这个函数是上半连续的. 最后一句话缘自 (6.11.4, (i)), 或者缘自 (6.11.6).

注解 (6.11.9) — (i) 若 X 满足 (6.11.8) 中的条件 (CMU), 则对于任意局部有限型态射 $u : X' \to X$ 来说, X' 也满足 (CMU). 事实上, 设 Y' 是 X' 的一个整的闭子概形, y' 是它的一般点, $y = u(y')$, 并设 Y 是 X 的那个以 $\overline{\{y\}}$ 为底空间的整子概形, 则 $u|_{Y'}$ 可以分解为 $Y' \xrightarrow{v} Y \xrightarrow{j} X$, 其中 j 是典范含入 (**I**, 5.2.2), 并且 v 是局部有限型的 (**I**, 6.6.6). 把这些态射分别限制到 y 和 y' 的仿射开邻域上, 我们可以限于考虑 $X = \operatorname{Spec} A$ 并且 $X' = \operatorname{Spec} A'$ 的情形, 其中 A 是一个 Cohen-Macaulay 整环, A' 是一个包含 A 的整环, 并且是有限型 A 代数. 通过把 A 换成某个分式环 A_f ($f \neq 0$), 进而可以假设 A' 包含了一个多项式环 $A[T_1, \cdots, T_n] = A''$, 并且 A' 是一个有限 A'' 代数 (Bourbaki,《交换代数学》, V, §3, ¥1, 定理 1 的推论 1). 然而 A'' 是 Cohen-Macaulay 环 (6.3.6), 从而我们可以限于考虑 A' 是有限 A 代数的情形. 此时可以找到 A 的一个非零元 g, 使得 A'_g 成为有限型自由 A_g 模 (Bourbaki,《交换代数学》, II, §5, ¥1, 命题 2 的推论), 从而我们还可以假设 A' 是自由 A 模. 但这样一来 A' 就是 Cohen-Macaulay A 模 (**0**, 16.5.1), 又因为 A' 是有限型 A 模, 故知 A' 也是 Cohen-Macaulay A' 模 (**0**, 16.5.3), 从而它是 Cohen-Macaulay 环.

(ii) 假设可以找到一个凝聚 $\mathscr{O}_X$ 模层 $\mathscr{F}$, 使得 $\operatorname{Supp} \mathscr{F} = X$, 并且 $\mathscr{F}$ 是 *Cohen-Macaulay* $\mathscr{O}_X$ 模层. 则 X 满足条件 (CMU). 事实上, 借用 (6.11.8) 的证明中的记号, 关系式 (6.11.8.1) 就表明, 在 Y 的一般点 y 的某个 (在 Y 中的) 邻域上, 我们有 $\operatorname{codp} \mathscr{O}_{Y,x} = 0$.

我们不知道是否能找到维数 $\geqslant 2$ 且不满足条件 (CMU) 的局部 Noether 概形 (若 $\dim X = 1$, 则易见 X_{red} 的任何极大点都有一个维数等于 1 的整开邻域, 从而这个邻域是 Cohen-Macaulay 的).

6.12 关于 $\operatorname{Reg}(X)$ 是否为开集的 Nagata 判别法

(6.12.1) 给了一个局部 Noether 概形 X, X 的奇异谷就是指由全体非正则点 $x \in X$ (换句话说, 使 $\mathscr{O}_x$ 不是正则局部环的点) 所组成的集合, 记作 $\operatorname{Sing}(X)$. 我们把它的补集 $X \smallsetminus \operatorname{Sing}(X)$, 亦即正则点 $x \in X$ 的集合, 记作 $\operatorname{Reg}(X)$. 在这一小节中, 我们将讨论使 $\operatorname{Sing}(X)$ 成为闭集 (换句话说, 使 $\operatorname{Reg}(X)$ 成为开集) 的条件.

命题 (6.12.2) — 设 X 是一个局部 *Noether* 概形. 则以下诸条件是等价的:

a) $\mathrm{Reg}(X)$ 在 X 中是开的.

b) 对任意 $x \in \mathrm{Reg}(X)$, 均可找到 $\overline{\{x\}}$ 的一个非空开子集, 它整个包含在 $\mathrm{Reg}(X)$ 中.

进而, 以上诸条件都可由下面这个条件推出:

c) 对任意 $x \in \mathrm{Reg}(X)$, 若令 Y 是 X 的那个以 $\overline{\{x\}}$ 为底空间的既约闭子概形, 则 $\mathrm{Reg}(Y)$ 是 x 在 Y 中的一个邻域.

a) 和 b) 的等价性缘自 $\mathrm{Reg}(X)$ 在一般化下的稳定性 ($\mathbf{0}$, 17.3.2) 以及 ($\mathbf{0}_{\mathrm{III}}$, 9.2.6). 为了证明 c) 蕴涵 b), 我们可以限于考虑 $X = \operatorname{Spec} A$ 是 x 的一个仿射开邻域的情形, 设 $(t_i)_{1\leqslant i\leqslant n}$ 是正则局部环 A_x 的一个正则参数系 ($\mathbf{0}$, 17.1.6), 则可以假设 (必要时把 X 换成 x 的一个开邻域) $t_i = (s_i)_x$, 其中 $s_i \in A$, 并且序列 $(s_i)_{1\leqslant i\leqslant n}$ 是 A 正则的 ($\mathbf{0}$, 15.2.4). 此时我们有 $Y = \operatorname{Spec}(A/\mathfrak{p})$, 其中 $\mathfrak{p} = \mathfrak{j}_x$, 由于这些 t_i 可以生成 A_x 的极大理想 $\mathfrak{m} = \mathfrak{p}A_x$, 故我们还可以假设 (必要时把 X 换成 x 的一个更小的开邻域) 这些 s_i 生成了 $\mathfrak{p}$. 从而对任意 $y \in Y$, 这些 $(s_i)_y$ 也生成了 $\mathfrak{p}_y$. 且由于它们构成 A_y 正则序列, 故它们是 A_y 的一个子参数系 ($\mathbf{0}$, 16.4.1). 从而由 ($\mathbf{0}$, 17.1.7) 就可以导出, 若 $(A/\mathfrak{p})_y = A_y/\mathfrak{p}_y$ 是正则的, 则 A_y 也是正则的, 故得结论.

推论 (6.12.3) — 设 X 是一个局部 *Noether* 概形. 则以下诸条件是等价的:

a) 对于 X 的任何子概形 Y, $\mathrm{Reg}(Y)$ 在 Y 中都是开的.

b) 对于 X 的任何整的闭子概形 Y, $\mathrm{Reg}(Y)$ 都包含了 Y 的一个非空开子集.

a) 蕴涵 b) 是显然的, 因为若 Y 是整的, 并且 y 是它的一般点, 则 $\mathscr{O}_{Y,y}$ 是一个域, 从而 $y \in \mathrm{Reg}(Y)$. 反之, 为了证明 b) 蕴涵 a), 考虑 Y 的一个整的闭子概形 Z, 以 z 为一般点, 若 Y' 是 X 的那个以 $Y' = \overline{\{z\}}$ (在 X 中取闭包) 为底空间的整子概形, 则 Z 在 Y' 中是开的, 且由于 Z 是既约的, 故它就是 Y' 在开集 Z 上所诱导的子概形. 现在前提条件表明, $\mathrm{Reg}(Y')$ 是 z 在 Y' 中的一个邻域, 从而 $\mathrm{Reg}(Z)$ 是 z 在 Z 中的一个邻域, 于是只需把 (6.12.2) 应用到把 X 换成 Y 并把 Y 换成 Z 的情形即可.

定理 (6.12.4) (Nagata) — 设 A 是一个 *Noether* 环, $X = \operatorname{Spec} A$. 则以下诸条件是等价的:

a) 对于任何局部有限型 X 概形 X', $\mathrm{Reg}(X')$ 在 X' 中都是开的.

b) 对于任何有限整 A 代数 A', 均可找到 $X' = \operatorname{Spec} A'$ 的一个包含在 $\mathrm{Reg}(X')$ 中的非空开集.

c) 对于 A 的任何素理想 $\mathfrak{p}$ 以及 $A/\mathfrak{p}$ 的分式域 K 的任何有限紧贴扩张 K', 均可找到 K' 的一个 A 子代数 A', 它在 A 上是有限的, 以 K' 为分式域, 并且 $X' = \operatorname{Spec} A'$ 有一个包含在 $\mathrm{Reg}(X')$ 中的非空开集.

a) 蕴涵 b) 是显然的. 为了证明 b) 蕴涵 c), 我们可以取扩张 K' 的一组在 $A/\mathfrak{p}$

上整型 (从而在 A 上也整型) 的生成元, 由于这组生成元只有有限个, 故它们生成了一个有限 A 代数 A', 并且 K' 就是它的分式域, 此时只需把 b) 应用到 A' 上即可. 现在只需再证明 c) 蕴涵 a). 由于问题在 X' 上是局部性的, 故可假设 $X' = \operatorname{Spec} A'$, 其中 A' 是一个有限型 A 代数. 有见于 (6.12.2), 只需证明对于 X' 的任何一个整的闭子概形 Y' 来说, $\operatorname{Reg}(Y')$ 都包含了 Y' 的一个非空开集. 换句话说, 我们可以限于证明, 若 A' 是一个有限型整 A 代数, 并且 $X' = \operatorname{Spec} A'$, 则 $\operatorname{Reg}(X')$ 包含了 X' 的一个非空开集. 设 K' 是 A' 的分式域, 若 $\mathfrak{p}$ 是 X' 的一般点在 X 中的典范像, 则 K' 是 $A/\mathfrak{p}$ 的分式域的一个扩张, 并且 $A/\mathfrak{p}$ 可以等同于 A' 的一个子环, 而 A' 是一个有限型 $A/\mathfrak{p}$ 代数. 显然可以限于考虑 $\mathfrak{p} = (0)$ 的情形. 现在我们要分别考虑两种情况:

I) K' 是 K 的可分扩张. — 此时问题归结为证明下面的引理:

引理 (6.12.4.1) — 设 A 是一个 *Noether* 整环, A' 是一个包含 A 的整环, 并且是有限型 A 代数, 进而 A' 的分式域 K' 是 A 的分式域 K 的可分扩张. 于是若 $\operatorname{Spec} A$ 有一个完全由正则点所组成的非空开集, 则 $\operatorname{Spec} A'$ 也是如此.

通过把 A 换成一个分式环 A_f, 使得 $D(f) \subseteq \operatorname{Reg}(\operatorname{Spec} A)$, 我们可以假设环 A 已经是正则的. 根据前提条件, 在 K' 中可以找到一族在 K 上代数无关的元素 $(t_i)_{1 \leqslant i \leqslant n}$, 使得 K' 是 $K(t_1, \cdots, t_n)$ 的一个有限可分扩张. 考虑 K' 的一组在 $K(t_1, \cdots, t_n)$ 上的生成元 t'_j $(1 \leqslant j \leqslant m)$, 且可以假设它们在 $A_1 = A[t_1, \cdots, t_n]$ 上都是整型的, 则我们看到 $A'_1 = A_1[t'_1, \cdots, t'_m]$ 在 A_1 上是有限的, 并且它的分式域就是 K'. 现在令 $X' = \operatorname{Spec} A'$, $X'_1 = \operatorname{Spec} A'_1$, 由于有理函数域 $\mathrm{R}(X')$ 和 $\mathrm{R}(X'_1)$ 都同构于 K', 并且 X' 和 X'_1 都是有限型 A 概形, 故可找到一个开集 $U' \subseteq X'$ 和一个开集 $U'_1 \subseteq X'_1$, 使得它们是 A 同构的 (**I**, 6.5.5). 从而问题归结为证明 $\operatorname{Reg}(X'_1)$ 包含了一个非空开集, 换句话说, 我们可以假设 A' 是有限 A_1 代数. 现在我们知道 (**0**, 17.3.7) A_1 是正则环, 从而可以限于考虑 A' 是有限 A 代数, 并且 K' 是 K 的有限可分扩张的情形. 此时设 ξ 是 X 的一般点, 则 $A'_\xi = K'$ 是 $A_\xi = K$ 上的一个自由模, 从而 (Bourbaki,《交换代数学》, II, §5, ¥1, 命题 2 的推论) 通过把 A 换成某个 A_f, 我们可以假设 A' 是有限型自由 A 模. 设 $(x_h)_{1 \leqslant h \leqslant r}$ 是它的一个基底, 并且令

$$d = \det(\operatorname{Tr}_{A'/A}(x_h x_k)) = \det(\operatorname{Tr}_{K'/K}(x_h x_k)) \in A.$$

由于 K' 在 K 上是可分的, 故我们知道 (Bourbaki,《代数学》, IX, §2, 命题 5) $d \neq 0$, 必要时把 A 换成分式环 A_d, 我们可以假设 d 在 A 中是可逆的. 这样一来若对于 $z \in \operatorname{Spec} A$, 我们用 $\bar{x}_h$ $(1 \leqslant h \leqslant r)$ 来记 x_h 在 $A'(z) = A' \otimes_A \boldsymbol{k}(z)$ 中的典范像, 则有 $\det(\operatorname{Tr}_{A'(z)/\boldsymbol{k}(z)}(\bar{x}_h \bar{x}_k)) = \bar{d}$, 其中 $\bar{d}$ 是 d 在 $\boldsymbol{k}(z) = A_z/\mathfrak{m}_z$ 中的典范像, 且由于 $\bar{d}$ 在 $\boldsymbol{k}(z)$ 中是可逆的 (从而 $\neq 0$), 故我们知道 (前引) $A'(z)$ 是一个可分 $\boldsymbol{k}(z)$ 代数, 从而它是 $\boldsymbol{k}(z)$ 的一些有限可分扩张的直合. 这样的一个代数一定是正则环, 故我们看到态射 $g : X' \to X$ 是平坦的, 并且它在任意点 $z \in X$ 处的纤维 $g^{-1}(z)$ 都是正则

的. 于是由 (6.5.2, (ii)) 得知, X' 是正则的, 这就完成了此情形的证明.

II) 一般情形. — 由于 A' 是无挠 A 模, 故知 $A'\otimes_A K$ 可以等同于 K' 的一个子环, 从而 $X''=\operatorname{Spec}(A'\otimes_A K)$ 是一个整 K 概形, 并且 K' 就是它的有理函数域. 由 (4.6.6) 知, 可以找到 K 的一个有限紧贴扩张 K_1, 它满足以下条件: 若令 $X''_1=\operatorname{Spec}(A'\otimes_A K_1)=X''\otimes_K K_1$, 则 $(X''_1)_{\mathrm{red}}$ 是一个几何既约的有限型 K_1 概形. 进而, 态射 $\operatorname{Spec}K_1\to\operatorname{Spec}K$ 是有限紧贴且映满的, 故它是广泛同胚的 (2.4.5), 从而 X''_1 同胚于 X'', 因而 $(X''_1)_{\mathrm{red}}$ 是整的, 它的有理函数域 K'_1 是 K' 的一个有限紧贴扩张, 并且是 K_1 的一个有限型可分扩张 (4.6.1). 依照前提条件 c), 可以找到 K_1 的一个有限 A 子代数 A_1, 它以 K_1 为分式域, 并且满足以下条件: 若令 $X_1=\operatorname{Spec}A_1$, 则 $\operatorname{Reg}(X_1)$ 包含了 X_1 的一个非空开集. 设 A'_1 是典范同态 $A'\otimes_A A_1\to K'_1$ 的像, 并设 $X'_1=\operatorname{Spec}A'_1$, 则 A'_1 是整环, 并且是有限 A' 代数, 以 K'_1 为分式域. 进而, 由于合成同态 $A'\to A'\otimes_A A_1\to A'_1\to K'_1$ 就等于 $A'\to K'\to K'_1$, 从而是单的, 故知同态 $A'\to A'_1$ 是单的. 从而态射 $g:X'_1\to X'$ 是有限映满的 (**II**, 6.1.10). 在此基础上, 由 A_1 上的前提条件和第一部分的证明知, $\operatorname{Reg}(X'_1)$ 包含了一个非空开集 V'_1, 由于 g 是闭的 (**II**, 6.1.10), 故我们可以假设 $V'_1=g^{-1}(V')$, 其中 V' 是 X' 的一个仿射开集, 通过把 A' 换成 V' 的环, 并把 A'_1 换成 V'_1 的环, 又可以假设 X'_1 是正则的. 进而, 把 I) 中的证明方法应用到 X' 的一般点 ξ' 上, (必要时把 X' 换成 ξ' 的一个邻域) 还可以假设 A'_1 是一个自由 A' 模, 因而态射 g 是平坦的. 现在由 (6.5.2, (i)) 就可得知, X' 是正则的, 证明完毕.

推论 (6.12.5) (Zariski) — *设 k 是一个域, 则对任何局部有限型 k 概形 X 来说, 由正则点 (切转: 在 k 上几何正则的点) $x\in X$ 所组成的集合在 X 中都是开的.*

与正则性有关的部分可由 (6.12.4) 推出 (只要取 $A=k$ 即可). 与几何正则性有关的部分在 (6.8.7) 中已经得到了证明, 不过也可以从 (6.12.4) 来导出, 方法如下: 我们令 $k'=k^{p^{-\infty}}$ (p 是 k 的指数特征), 由于态射 $\operatorname{Spec}k'\to\operatorname{Spec}k$ 是紧贴整型映满的, 故知它是广泛同胚的 (2.4.5), 从而投影态射 $X\otimes_k k'\to X$ 是一个同胚. 依照 (6.7.7, e)), $\operatorname{Reg}(X\otimes_k k')$ 在 X 中的投影就是由 X 中的那些在 k 上几何正则的点所组成的集合, 从而由上面所述知, 这个集合是开的.

推论 (6.12.6) — *设 A 是一个环, 且具有下列性质之一:*

(i) A 是 Dedekind 整环, 并且它的分式域 K 是特征 0 的.

(ii) A 是维数 $\leqslant 1$ 的 Noether 半局部环.

则对任何局部有限型 A 概形 X 来说, $\operatorname{Reg}(X)$ 在 X 中都是开的.

我们来验证 (6.12.4) 中的条件 c). 在这两种情形下, A 的一个素理想 $\mathfrak{p}$ 要么是极大理想, 要么是极小素理想, 若 $\mathfrak{p}$ 是极大理想, 则任何有限整 $A/\mathfrak{p}$ 代数都是域, 从而 (6.12.4) 中的条件 c) 显然成立. 现在假设 $\mathfrak{p}$ 不是极大的, 我们分别来讨论这两种情况.

(i) 若 K 是特征 0 的, 则 K 除了自身以外没有其他的紧贴扩张, 由于 Dedekind 整环总是正则的 (**0**, 17.1.4), 故 (6.12.4) 的条件 c) 显然成立.

(ii) 可以假设 A 是整的 (6.12.2), 并设 K 是它的分式域, 若 K' 是 K 的一个有限紧贴扩张, A' 是 K' 的这样一个 A 子代数, 它是由 K' 在 K 上的某个生成元组 (元素个数有限) 所生成的, 并且这些生成元在 A 上都是整型的, 则 A' 是一个整 1 维半局部环 (**0**, 16.1.5), 因而在 $X' = \operatorname{Spec} A'$ 中, 由一般点所组成的集合是开的, 且显然包含在 $\operatorname{Reg}(X')$ 中, 这就证明了此情形下 (6.12.4) 的条件 c) 是成立的.

这个推论当然可以应用到 $A = \mathbb{Z}$ 上.

定理 (6.12.7) (Nagata) — *设 A 是一个完备 Noether 局部环, $X = \operatorname{Spec} A$. 则 $\operatorname{Reg}(X)$ 在 X 中是开的.*

有见于 (6.12.2), 问题可以归结到 A 是整环的情形, 并且只需证明 $\operatorname{Reg}(X)$ 包含了 X 的一个非空开集. 我们分两种情况来讨论,

I) *A 的分式域 K 是特征 0 的.* — 此时由 (**0**, 19.8.8) 知, 可以找到一个完备离散赋值环 C 以及 A 的一个子环 B, 使得 A 是一个有限 B 代数, 并且 B 同构于形式幂级数环 $C[[T_1, \cdots, T_r]]$. 由于 C 是正则的 (**II**, 7.1.6), 故知 B 也是正则的 (**0**, 17.3.8), 进而, B 的分式域 L 是特征 0 的, 因而 K 是 L 的一个可分有限扩张, 从而我们可以把 (6.12.4.1) 应用到 B 上, 这就证明了结论.

II) *A 的分式域 K 是特征 $p > 0$ 的.* — 此时 A 包含了初始域 $\mathbb{F}_p$, 从而这个结果在 (**0**, 22.7.6) 中已经得到了证明.

推论 (6.12.8) — *设 A 是一个完备 Noether 局部环. 则对任何局部有限型 A 概形 X 来说, $\operatorname{Reg}(X)$ 在 X 中都是开的.*

我们来验证 (6.12.4) 的条件 c). 设 $\mathfrak{p}$ 是 A 的一个素理想, 则 $A/\mathfrak{p}$ 也是完备 Noether 局部环, 若 K' 是 $A/\mathfrak{p}$ 的分式域 K 的一个有限扩张, 则 K' 是它的某个有限 A 子代数 A' 的分式域, 且这个子代数可由 K' 的一组在 A 上整型的元素所生成. 故我们知道 A' 是一个完备半局部环 (Bourbaki,《交换代数学》, IV, §2, ¥5, 命题 9 的推论 3), 从而是有限个完备局部环的乘积, 且由于 A' 是整的, 故它是一个完备局部环. 依照 (6.12.7), 若 $X' = \operatorname{Spec} A'$, 则 $\operatorname{Reg}(X')$ 是一个非空开集, 这就证明了结论.

命题 (6.12.9) — *设 X 是一个局部 Noether 概形, 并且 $\operatorname{Reg}(X)$ 是开的, 则对任意 $n \geqslant 0$, 由具有 (R_n) 性质的点 $x \in X$ 所组成的集合 $U_{R_n}(X)$ 都是开的.*

事实上 (5.8.2), $U_{R_n}(X)$ 就是 $\operatorname{Reg}(X)$ 与 $\operatorname{Sing}(X)$ 的这样一个子集的并集, 该子集是由具有下述性质的点 $x \in \operatorname{Sing}(X)$ 所组成的集合: $\operatorname{Sing}(X)$ 中包含 x 的那些不可

约分支的一般点 z_i 均满足 $\dim \mathscr{O}_{X,z_i} \geqslant n+1$ (因为我们有 $z_i \notin \operatorname{Reg}(X)$). 换句话说, 这个子集是由满足 $\operatorname{codim}_x(\operatorname{Sing}(X), X) \geqslant n+1$ 的点 $x \in \operatorname{Sing}(X)$ 所组成的 (5.1.2). 由于函数 $x \mapsto \operatorname{codim}_x(\operatorname{Sing}(X), X)$ 是下半连续的 (**0**, 14.2.6), 故知此集合在 $\operatorname{Sing}(X)$ 中是开的, 这就完成了证明.

我们再给出下面这个初等结果:

命题 (6.12.10) — *设 X 是一个局部 Noether 概形. 则集合 $U_{R_0}(X)$ 在 X 中是开的. 并且为了使 $U_{R_1}(X)$ 在 X 中是开的, 必须且只需对于 X 的任何极大点 x, 只要 $x \in U_{R_1}(X)$ (这相当于说 X 在点 x 处是既约的), x 就位于 $U_{R_1}(X)$ 的内部.*

根据定义 (5.8.2), $U_{R_0}(X)$ 就是集合 $X \smallsetminus \bigcup_\alpha X'_\alpha$, 其中 X'_α 是 X 的那些在一般点处不既约的不可约分支. 由于 X 的不可约分支的集合是局部有限的, 故知 $U_{R_0}(X)$ 是开集. 对于 $U_{R_1}(X)$, 命题中的条件显然是必要的, 我们来证明它也是充分的. 设 X''_β 是 X 的所有满足下述条件的不可约分支: X 在该分支的一般点 x''_β 处是既约的. 根据前提条件, 可以找到这样一个开集 $U \subseteq U_{R_1}(X)$, 它包含了所有的 x''_β. 现在设 Z_λ 是闭集 $Z = X \smallsetminus U$ 的那些满足下述条件的不可约分支: 它在一般点 z_λ 处满足 $\dim \mathscr{O}_{X,z_\lambda} \leqslant 1$, 并且 $\mathscr{O}_{X,z_\lambda}$ 不是正则的. Z_λ 中的任何一个点都不会落在 $U_{R_1}(X)$ 中, 反之, 若 $x \in Z$ 没有落在任何一个 Z_λ 之中, 则对于 x 的任何一般化 x' 来说, 要么 x' 落在 U 中, 要么 $\dim \mathscr{O}_{X,x'} \geqslant 2$, 要么 $\dim \mathscr{O}_{X,x'} = 1$, 由于 x' 也没有落在任何 Z_λ 之中, 故 $\overline{\{x'\}}$ 必然是 Z 的一个不可约分支, 它在 X 中的余维数是 1, 且不等于任何一个 Z_λ, 从而根据定义, $\mathscr{O}_{X,x'}$ 是正则的. 由此得知 $U_{R_1}(X) = X \smallsetminus \bigcup_\lambda Z_\lambda$, 且由于这些 Z_λ 的集合在 Z 中是局部有限的, 故知 $\bigcup_\lambda Z_\lambda$ 是闭的, 这就证明了 $U_{R_1}(X)$ 在 X 中是开的.

6.13 关于 $\operatorname{Nor}(X)$ 是否为开集的判别法

(6.13.1) 给了一个局部 Noether 概形 X, 我们把所有正规点 $x \in X$ 的集合记作 $\operatorname{Nor}(X)$, 这个集合包含了 $\operatorname{Reg}(X)$, 并且又包含在由那些使 $\mathscr{O}_{X,x}$ 成为整环的点 x (也就是说, $\mathscr{O}_{X,x}$ 是既约环, 并且 x 只落在 X 的唯一一个不可约分支中) 所组成的 (开) 集合之中.

命题 (6.13.2) — *设 X 是一个既约局部 Noether 概形, X' 是它的正规化 (**II**, 6.3.8). 若典范态射 $f : X' \to X$ 是有限的, 则 $\operatorname{Nor}(X)$ 在 X 中是开的.*

事实上, 我们有 $X' = \operatorname{Spec} f_*\mathscr{O}_{X'}$, 且根据前提条件, $f_*\mathscr{O}_{X'}$ 是一个凝聚 $\mathscr{O}_X$ 代数层 (**II**, 6.1.3). X 在点 x 处正规就相当于说典范同态 $\mathscr{O}_x \to (f_*\mathscr{O}_{X'})_x$ 是一一的 (**II**, 6.3.4), 但后面这种点所组成的集合是开的, 因为 $\mathscr{O}_X$ 和 $f_*\mathscr{O}_X$ 都是凝聚的 ($\mathbf{0_I}$, 5.2.7).

推论 (6.13.3) — *若 A 是一个日本型 Noether 整环, 则 $\operatorname{Nor}(\operatorname{Spec} A)$ 在 $\operatorname{Spec} A$*

中是开的.

命题 (6.13.4) — 设 X 是一个局部 *Noether* 概形. 则为了使 $\mathrm{Nor}(X)$ 是开集, 必须且只需对于 X 的任何极大点 x, 只要 $x \in \mathrm{Nor}(X)$ (这相当于说 X 在点 x 处是既约的), x 就位于 $\mathrm{Nor}(X)$ 的内部.

只需证明条件的充分性. 依照 (6.13.1) 中的注解, 可以限于考虑 (通过把 X 换成它的一个既约开子概形) X 既约的情形, 即我们可以假设 X 的极大点都落在 $U_{S_2}(X)$ 和 $U_{R_1}(X)$ 中. 依照 Serre 判别法 (5.8.6), $\mathrm{Nor}(X) = U_{S_2}(X) \cap U_{R_1}(X)$, 且由 (6.11.7) 和 (6.12.10) 得知, 后两个集合都是开的, 因而 $\mathrm{Nor}(X)$ 在 X 中也是开的.

推论 (6.13.5) — 若 $\mathrm{Reg}(X)$ 在 X 中是开的, 则 $\mathrm{Nor}(X)$ 在 X 中也是开的.

事实上, X 的任何既约极大点 x (此时 $\mathscr{O}_{X,x}$ 是一个域) 都落在 $\mathrm{Reg}(X)$ 中, 从而根据前提条件, x 位于 $\mathrm{Reg}(X)$ 的内部, 自然也位于 $\mathrm{Nor}(X)$ 的内部.

命题 (6.13.6) (Nagata) — 设 A 是一个 *Noether* 整环, K 是它的分式域, K' 是 K 的一个有限扩张, A' 是 A 在 K' 中的整闭包. 则为了使 A' 是有限 A 代数, 必须且只需下面两个条件都得到满足:

(i) 在 A 中可以找到一个非零元 f, 使得分式环 A_f 在 K' 中的整闭包 A'_f 是有限 A_f 代数.

(ii) 对任意素理想 $\mathfrak{p} \in \mathrm{Spec}\, A$, 局部环 $A_{\mathfrak{p}}$ 在 K' 中的整闭包 $A'_{\mathfrak{p}}$ 都是有限 $A_{\mathfrak{p}}$ 代数.

条件是必要的, 因为对于 A 的任意乘性子集 S, $S^{-1}A'$ 都是 $S^{-1}A$ 在 K' 中的整闭包, 因而根据前提条件, 它是有限型 $S^{-1}A$ 模. 为了证明条件的充分性, 我们设 (B_λ) 是由 K' 的那些以 K' 为分式域的有限 A 子代数所组成的递增滤相族. 令 $Y = \mathrm{Spec}\, A$, $X_\lambda = \mathrm{Spec}\, B_\lambda$, 设 u_λ 是态射 $X_\lambda \to Y$, 并设 $S_\lambda = X_\lambda \smallsetminus \mathrm{Nor}(X_\lambda)$, $T_\lambda = u_\lambda(S_\lambda)$. 我们可以只考虑那些满足下述条件的 B_λ: 它包含了这样一个有限集合, 该集合在 A'_f 中的像能构成 A_f 模 A'_f 的一个生成元组. 依照前提条件 (i), 这就表明对任意 λ, 均有 $(B_\lambda)_f = A'_f$, 或者说 $u_\lambda^{-1}(D(f))$ 都包含在 $\mathrm{Nor}(X_\lambda)$ 中. 从而依照 (6.13.4), S_λ 在 X_λ 中是闭的, 又因为 u_λ 是有限态射, 故知 T_λ 在 Y 中是闭的. 然而依照 (ii), 对任意 $\mathfrak{p} \in \mathrm{Spec}\, A$, 均可找到一个 λ, 使得 $(B_\lambda)_{\mathfrak{p}} = A'_{\mathfrak{p}}$, 因而 X_λ 的所有位于 $\mathfrak{p}$ 之上的点都落在 $\mathrm{Nor}(X_\lambda)$ 之中. 换句话说, 我们有 $\bigcap_\lambda T_\lambda = \varnothing$. 由于 Y 是 Noether 的, 并且这些 T_λ 都是闭的, 故可找到一个 λ_0, 使得 $T_{\lambda_0} = \varnothing$, 从而 B_{λ_0} 是整闭的, 又因为它的分式域就等于 K', 故有 $B_{\lambda_0} = A'$. 证明完毕.

命题 (6.13.7) — 设 A 是一个 *Noether* 环, $X = \mathrm{Spec}\, A$. 则以下诸条件是等价的:

a) 对于任何局部有限型 X 概形 X', $\mathrm{Nor}(X')$ 在 X' 中都是开的.

b) 对于任何有限整 A 代数 A', $\mathrm{Nor}(\mathrm{Spec}\, A')$ 在 $\mathrm{Spec}\, A'$ 中都是开的.

c) 对于 A 的任何素理想 $\mathfrak{p}$ 以及 $A/\mathfrak{p}$ 的分式域 K 的任何有限紧贴扩张 K', 均可找到 K' 的一个有限 A 子代数 A', 它以 K' 为分式域, 并且 $\mathrm{Nor}(\mathrm{Spec}\, A')$ 在 $\mathrm{Spec}\, A'$ 中是开的.

a) 蕴涵 b) 以及 b) 蕴涵 c) 都可以像 (6.12.4) 那样证明. 下面来证明 c) 蕴涵 a), 有见于 (6.13.2), 问题可以 (像 (6.12.4) 那样) 归结为证明, 若 A' 是一个有限型整 A 代数, 则 $\mathrm{Spec}\, A'$ 的一般点位于 $\mathrm{Nor}(\mathrm{Spec}\, A')$ 的内部. 我们像 (6.12.4) 那样把问题分为两种情形, 首先证明下面的引理,

引理 (6.13.7.1) — 设 A 是一个 *Noether* 整环, A' 是一个包含 A 的有限型整 A 代数, 并且它的分式域 K' 是 A 的分式域 K 的可分扩张. 于是若 $\mathrm{Nor}(\mathrm{Spec}\, A)$ 在 $\mathrm{Spec}\, A$ 中是开的, 则 $\mathrm{Nor}(\mathrm{Spec}\, A')$ 在 $\mathrm{Spec}\, A'$ 中就是开的.

有见于 (6.13.2), 只需证明 $\mathrm{Spec}\, A'$ 的一般点位于 $\mathrm{Nor}(\mathrm{Spec}\, A')$ 的内部即可. 下面的讨论与 (6.12.4.1) 的证明过程类似, 故我们也使用相同的记号. 首先注意到, 我们可以假设 A 是整闭的, 此时我们知道 $A_1 = A[t_1, \cdots, t_n]$ 也是整闭的 (Bourbaki,《交换代数学》, V, §1, ¥3, 命题 13 的推论 2). 接下来我们把问题归结到 A' 是有限型自由 A 模的情形, 此时 (6.12.4.1) 的证明方法就表明, (必要时把 A 换成某个 A_f, 其中 $f \neq 0$) 态射 $g: X' \to X$ 的纤维 $g^{-1}(z)$ 都是正则的, 自然也是正规的. 进而 g 是平坦的, 并且 X 是正规的, 从而 (6.5.4, (ii)) X' 是正规的.

利用这个引理, 就可以像 (6.12.4; II)) 那样来讨论一般情形, 我们仍使用相同的记号. 此时前提条件 c) 表明, $\mathrm{Nor}(X'_1)$ 是开的, 这样问题就归结到了 X'_1 是正规的并且 $g: X' \to X$ 是平坦且映满的这个情形, 从而借助 (6.5.4, (i)) 就可以推出 X' 是正规的.

6.14 基变换与整闭包

命题 (6.14.1) — 设 Y, Y' 是两个局部 *Noether* 概形, $g: Y' \to Y$ 是一个全盘正规态射 (6.8.1). 则对任意正规 Y 概形 X, 概形 $X' = X \times_Y Y'$ 都是正规的.

注意到在这里我们并没有要求 X 是局部 *Noether* 的.

引理 (6.14.1.1) — 设 R 是有限个域的直合环.

(i) 设 A 是 R 的一个子环, 并且以 R 为它的全分式环, 则为了使 A 是正规的, 必须且只需它在 R 中是整闭的.

(ii) 设 (A_λ) 是 R 的一族正规子环, 若 $A = \bigcap_\lambda A_\lambda$ 以 R 为它的全分式环, 则 A 是正规的.

(i) 由于 A 是 R 的一个子环, 故对于 A 的任何素理想 $\mathfrak{p}$, $A_\mathfrak{p}$ 都是 $R_\mathfrak{p}$ 的子环, 并且 $R_\mathfrak{p}$ 是 $A_\mathfrak{p}$ 的一个分式环. 进而 $R_\mathfrak{p}$ 也必然是有限个域的直合, 从而 $R_\mathfrak{p}$ 中的任何一个不是零因子的元素都是可逆的, 这表明 $R_\mathfrak{p}$ 就是 $A_\mathfrak{p}$ 的全分式环. 从而若 A 在 R 中是整闭的, 则 $A_\mathfrak{p}$ 在 $R_\mathfrak{p}$ 中也是整闭的. 但如果 $R_\mathfrak{p}$ 是至少两个域的直合, 那么 $A_\mathfrak{p}$ 在 $R_\mathfrak{p}$ 中的整闭包也是至少两个非零环的直合, 这是不合理的, 因为 $A_\mathfrak{p}$ 是一个局部环. 从而 $R_\mathfrak{p}$ 必然是域, 因而 $A_\mathfrak{p}$ 是整且整闭的, 根据定义, 这就表明 $A_\mathfrak{p}$ 是正规的.

反之, 若 A 是正规的, 则由于 $R_{\mathfrak{p}}$ 是整环 $A_{\mathfrak{p}}$ 的全分式环, 因而是一个域, 并且 $A_{\mathfrak{p}}$ 在 $R_{\mathfrak{p}}$ 中是整闭的. 若 $x \in R$ 是一个在 A 上整型的元素, 则它在每个 $R_{\mathfrak{p}}$ 中的像在 $A_{\mathfrak{p}}$ 上都是整型的, 从而落在 $A_{\mathfrak{p}}$ 中, 故我们得知 $x \in A$ (Bourbaki,《交换代数学》, II, §3, ¥3, 定理 1 的推论 1), 因而 A 在 R 中是整闭的.

(ii) 由于对任意 λ, 均有 $A \subseteq A_{\lambda} \subseteq R$, 故知 R 也是所有 A_{λ} 的全分式环. 根据 (i) 中所给出的对于以 R 为全分式环的那种正规环的特征描述, 条目 (ii) 就是缘自 Bourbaki,《交换代数学》, V, §1, ¥2, 命题 8.

在这个引理的基础上, (6.14.1) 的证明将分为以下几个步骤.

I) 归结到 $Y = \operatorname{Spec} A$, $Y' = \operatorname{Spec} A'$, $X = \operatorname{Spec} B$ 的情形, 其中 A, A' 都是 *Noether* 局部环, 且 A 是整的, B 是 A 的整闭包. — 问题是要证明, 对任意 $x' \in X'$, 局部环 $\mathscr{O}_{X',x'}$ 都是整且整闭的. 设 x, y, y' 分别是 x' 在 X, Y, Y' 中的像, 若我们令 $A = \mathscr{O}_{Y,y}$, $A' = \mathscr{O}_{Y',y'}$, $B = \mathscr{O}_{X,x}$, 则对于固定的 x, y, y', 这些环 $\mathscr{O}_{X',x'}$ 都是 $B' = B \otimes_A A'$ 在某个素理想处的局部环 (**I**, 3.6.5), 从而我们需要证明 B' 是一个正规环. 另一方面, 注意到根据定义 (6.8.1 和 **I**, 3.6.5), 态射 $\operatorname{Spec} A' \to \operatorname{Spec} A$ 是全盘正规的, 从而问题归结到了 Y 和 Y' 都是局部概形并且 X 是某个整闭整局部环 B 的谱的情形. 设 (B_{α}) 是由 B 的那些有限型 A 子代数的整闭包所构成的族, 易见 B 是这个递增滤相族 (B_{α}) 的并集. 由于函子 $\varinjlim$ 与张量积可交换, 从而 B' 同构于 $\varinjlim B'_{\alpha}$, 其中 $B'_{\alpha} = B_{\alpha} \otimes_A A'$. 依照 (5.13.6), 为了证明 B' 是正规的, 只需证明这些 B'_{α} 都是正规的, 且对于 $\alpha \leqslant \beta$, $\operatorname{Spec} B'_{\beta}$ 的每个不可约分支都笼罩了 $\operatorname{Spec} B'_{\alpha}$ 的某个不可约分支即可. 然而后面这个性质可由 A' 是平坦 A 模的前提条件以及 (2.3.7, (ii)) 得出, 因为 B_{α} 和 B_{β} 都是整的, 并且 $B_{\alpha} \subseteq B_{\beta}$.

从而问题归结为证明, 当 B 是有限型整 A 代数 C 的整闭包时, $B' = B \otimes_A A'$ 总是正规的. 此时若我们令 $C' = C \otimes_A A'$, 则态射 $\operatorname{Spec} C' \to \operatorname{Spec} C$ 是全盘正规的 (6.8.2). 由于 $B' = B \otimes_C C'$, 故我们可以把 A 和 A' 分别换成 C 和 C', 从而可以假设 A 是整的, 并且 B 是 A 的整闭包. 最后, 开头部分的讨论表明, 可以限于考虑 A 是局部环的情形 (因为若 B 是 A 的整闭包, 则对于 A 的任意素理想 $\mathfrak{p}$, $B_{\mathfrak{p}}$ 都是 $A_{\mathfrak{p}}$ 的整闭包).

II) 归结到 A 是 1 维整局部环, B 是离散赋值环, 因而是 A 的整闭包, 并且 $\operatorname{Spec} B \to \operatorname{Spec} A$ 是紧贴态射的情形. — 设 K 是 A 的分式域. 我们知道 (**0**, 23.2.7) B 是这样一族离散赋值环 (V_{λ}) 的交集, 其中对任意 $x \in K$, 除了有限个 λ 外, 总有 $x \in V_{\lambda}$. 从而我们有一个 A 模的正合序列

$$0 \longrightarrow B \longrightarrow K \longrightarrow \bigoplus_{\lambda} (K/V_{\lambda}).$$

现在令 $K' = K \otimes_A A'$, $V'_{\lambda} = V_{\lambda} \otimes_A A'$, 基于平坦性, 我们可以从上述正合序列

得到一个新的正合序列

$$0 \longrightarrow B' \longrightarrow K' \longrightarrow \bigoplus (K'_\lambda/V'_\lambda),$$

因而 $B' = \bigcap_\lambda V'_\lambda$. 进而 $\operatorname{Spec} K'$ 就是态射 $\operatorname{Spec} A' \to \operatorname{Spec} A$ 在 $\operatorname{Spec} A$ 的一般点处的纤维, 从而 K' 是一个正规 Noether 环, 故它是有限个整闭整环的直合. 这些整闭整环的分式域的直合 L' 就是 A' 的全分式环, 从而也是 B' 的全分式环. 现在我们可以使用引理 (6.14.1.1), 这表明只要能证明每个 V'_λ 都是正规环, 那么 B' 就是正规的.

另一方面, 我们 (**0**, 23.2.7) 总可以取这些 V_λ 就是 K 的某个有限 A 子代数 C 的所有局部环 $C_{\mathfrak{p}_\lambda}$ 的整闭包, 其中 $\mathfrak{p}_\lambda$ 跑遍 C 的高度为 1 的素理想. 若我们令 $C'_{\mathfrak{p}_\lambda} = C_{\mathfrak{p}_\lambda} \otimes_A A'$, 则态射 $\operatorname{Spec} C'_{\mathfrak{p}_\lambda} \to \operatorname{Spec} C_{\mathfrak{p}_\lambda}$ 是全盘正规的 (6.8.2), 并且 $V'_\lambda = V_\lambda \otimes_{C_{\mathfrak{p}_\lambda}} C'_{\mathfrak{p}_\lambda}$. 从而我们可以把 B 换成 V_λ, 并把 A 换成 $C_{\mathfrak{p}_\lambda}$, 因而可以假设 A 是整局部环, 且维数是 1 , B 是 A 的整闭包, 并且是一个离散赋值环. 可以找到 B 的一个有限 A 子代数 A_1, 使得态射 $\operatorname{Spec} B \to \operatorname{Spec} A_1$ 是紧贴的 (**0**, 23.2.5), 这就表明 A_1 也是一个局部环 (并且显然是 1 维的). 进而, 我们可以假设 B 和 A_1 具有相同的剩余类域 (前引). 从而基于同样的方法还可以把 A 换成 A_1. 必要时再使用 I) 的开头部分的推导过程, 最终可以假设 A' 本身也是局部环, 并且同态 $A \to A'$ 是局部同态.

III) 证明的完成. — 我们先来证明下面的引理:

引理 (6.14.1.2) — 设 A 是一个 1 维 *Noether* 整局部环, A' 是一个 *Noether* 局部环, $A \to A'$ 是一个局部同态, 并且对应的态射 $\operatorname{Spec} A' \to \operatorname{Spec} A$ 是全盘正规的. 设 K 是 A 的分式域, $\mathfrak{m}$ 是 A 的极大理想, $k = A/\mathfrak{m}$ 是剩余类域.

(i) 若 $(\mathfrak{q}'_j)$ $(1 \leqslant j \leqslant r)$ 是 A' 的全体极小素理想, 则 $K' = K \otimes_A A'$ 是一些整闭整环 $K'_j \supseteq A'/\mathfrak{q}'_j$ $(1 \leqslant j \leqslant r)$ 的直合, 其中 K'_j 以 $A'/\mathfrak{q}'_j$ 的分式域 L'_j 为它的分式域 $(1 \leqslant j \leqslant r)$, 从而 A' 的全分式环 L' 可以等同于这些 L'_j 的直合, 并且 A' 可以等同于 K' 的一个子环.

(ii) A' 的理想 $\mathfrak{p}' = \mathfrak{m}A'$ 是一个素理想, 局部环 $A'_{\mathfrak{p}'}$ 的维数是 1, 并且可以等同于这样一些域 L'_j 的乘积的一个子环, 其中的指标 j 满足 $\mathfrak{q}'_j \subseteq \mathfrak{p}'$.

(iii) 若我们用 $\bar{A}'_{\mathfrak{p}'}$ 来记 L' 的这样一个子环, 它是 $A'_{\mathfrak{p}'}$ 与那些指标 j 满足 $\mathfrak{q}'_j \not\subseteq \mathfrak{p}'$ 的域 L'_j 的乘积, 则有

$$A' = K' \cap \bar{A}'_{\mathfrak{p}'}. \tag{6.14.1.3}$$

我们在 II) 的证明过程中已经证明了 (i), 而且它并不依赖于 A 上的维数假设. $\operatorname{Spec} A' \to \operatorname{Spec} A$ 是全盘正规态射的条件表明, $A' \otimes_A k = A'/\mathfrak{m}A'$ 是一个正规 Noether 局部环, 从而是整的, 这就证明了 $\mathfrak{p}' = \mathfrak{m}A'$ 是素理想. 现在根据 (6.1.2), 我们有 $\dim A'_{\mathfrak{p}'} = \dim A + \dim(A'_{\mathfrak{p}'}/\mathfrak{m}A'_{\mathfrak{p}'})$. 然而 $A'_{\mathfrak{p}'}/\mathfrak{m}A'_{\mathfrak{p}'} = A'_{\mathfrak{p}'}/\mathfrak{p}'A'_{\mathfrak{p}'}$ 是 $A'_{\mathfrak{p}'}$ 的剩

余类域, 从而 $\dim A'_{\mathfrak{p}'} = 1$. 现在指标 j 满足 $\mathfrak{q}'_j \subseteq \mathfrak{p}'$ 的那些理想 $\mathfrak{q}'_j A'_{\mathfrak{p}'}$ 就是 $A'_{\mathfrak{p}'}$ 的全体极小素理想, 因而 $A'_{\mathfrak{p}'}$ 包含在这些 L'_j 的直合之中.

只需再证明 (6.14.1.3). 我们显然有 $A' \subseteq K' \cap \bar{A}'_{\mathfrak{p}'}$. 反之, 设 y' 是后面这个交集中的一个元素, 设 a 是 A 的一个 "参数", 从而 Aa 是 $\mathfrak{m}$ 准素的, 再设 a' 是 a 在 A' 中的像, 则 K 的任何元素都可以写成 x/a^n 的形状, 其中 $x \in A$ 且 $n > 0$, 因为 Aa 包含了 $\mathfrak{m}$ 的一个方幂. 从而我们有 $y' = x'/a'^n$, 其中 $x' \in A'$. 现在注意到 $\mathfrak{p}'$ 是 $A'/a'^n A' = (A/a^n A) \otimes_A A'$ 的唯一一个支承素理想, 这是因为, A' 是平坦 A 模, 故由 (3.3.1) 就可以得出结论, 因为 $\mathfrak{m}$ 是 $A/a^n A$ 的唯一一个支承素理想, 并且 $k \otimes_A A'$ 是整的. 这样一来, $a'^n A'$ 就是 $a'^n A'_{\mathfrak{p}'}$ 在 A' 中的逆像, 而根据前提条件, $y' \in \bar{A}'_{\mathfrak{p}'}$, 故知 x' 在 $A'_{\mathfrak{p}'}$ 中的像落在 $a'^n A'_{\mathfrak{p}'}$ 中, 从而 $x' \in a'^n A'$ 且 $y' \in A'$, 这就证明了引理.

在此基础上, 我们回到 II) 的结尾处所归结到的情形, 则 B' 在 A' 上是紧贴的 (**I**, 3.5.7), 因而 B' 也是一个*局部环*. 进而, B' 在 A' 上是整型的, 从而若 $\mathfrak{q}'$ 是 B' 的那个位于 $\mathfrak{p}'$ 之上的唯一素理想, 则 $\mathfrak{q}' B'_{\mathfrak{p}'}$ 就是 $B'_{\mathfrak{p}'}$ 的唯一极大理想 (Bourbaki,《交换代数学》, V, §2, ¥1, 命题 1), 从而 $B'_{\mathfrak{q}'} = B'_{\mathfrak{p}'} = B \otimes_A A'_{\mathfrak{p}'}$. 我们首先来证明 $B'_{\mathfrak{p}'}$ 是一个*正规 Noether 环*. 由于 B 包含了 A, 又包含在 K 之中, 并且 $A'_{\mathfrak{p}'}$ 是一个平坦 A 模, 故知 $B'_{\mathfrak{p}'}$ 包含了 $A'_{\mathfrak{p}'}$, 又包含在 $K'_{\mathfrak{p}'}$ 之中, 从而包含在指标 j 满足 $\mathfrak{q}'_j \subseteq \mathfrak{p}'$ 的那些域 L'_j 的乘积 L_1 之中. 对于每个这样的指标 j, 设 $\mathfrak{a}'_j$ 是那些 L'_h $(h \neq j)$ 的乘积, 则有 $\mathfrak{a}'_j \cap A' = \mathfrak{q}'_j$. 由于 $A' \smallsetminus \mathfrak{p}'$ 的任何元素在 L_1 中都是正则的, 故我们也有

$$\mathfrak{a}'_j \cap A'_{\mathfrak{p}'} = \mathfrak{q}'_j A'_{\mathfrak{p}'} .$$

设 $\mathfrak{r}'_j = B'_{\mathfrak{p}'} \cap \mathfrak{a}'_j$, 则 $B'_{\mathfrak{p}'}/\mathfrak{r}'_j$ 同构于 $B'_{\mathfrak{p}'}$ 在 L'_j 中的投影. 从而 $B'_{\mathfrak{p}'}/\mathfrak{r}'_j$ 包含了 1 维整局部环 $A'_{\mathfrak{p}'}/\mathfrak{q}'_j A'_{\mathfrak{p}'}$, 并且包含在它的分式域 L'_j 之中. 从而依照 Krull-Akizuki 定理, 它是一个 Noether 环 (Bourbaki,《交换代数学》, VII, §2, ¥5, 命题 5).

由于这些 $\mathfrak{r}'_j$ 的交集是 (0), 故我们利用下面这个古典引理就可以推出, $B'_{\mathfrak{p}'}$ 本身也是 Noether 环.

引理 (6.14.1.4) — *设 R 是一个环, $\mathfrak{a}$ 和 $\mathfrak{b}$ 是 R 的两个理想. 若 $R/\mathfrak{a}$ 和 $R/\mathfrak{b}$ 都是 Noether 环, 则 $R/(\mathfrak{a} \cap \mathfrak{b})$ 也是如此.*

事实上, 设 $\mathfrak{c}$ 是 R 的一个满足 $\mathfrak{a} \cap \mathfrak{b} \subseteq \mathfrak{c}$ 的理想, 则我们有 $\mathfrak{a} \cap \mathfrak{b} \subseteq \mathfrak{a} \cap \mathfrak{c} \subseteq \mathfrak{c}$. 现在 $\mathfrak{c}/(\mathfrak{a} \cap \mathfrak{c})$ 是一个同构于 $(\mathfrak{a} + \mathfrak{c})/\mathfrak{a}$ (它是 $R/\mathfrak{a}$ 的理想) 的 R 模, 因而是有限型的. 另一方面, $(\mathfrak{a} \cap \mathfrak{c})/(\mathfrak{a} \cap \mathfrak{b})$ 是 $\mathfrak{a}/(\mathfrak{a} \cap \mathfrak{b})$ 的一个 R 子模, 后者又同构于 $(\mathfrak{a} + \mathfrak{b})/\mathfrak{b}$ (它是 $R/\mathfrak{b}$ 的理想), 从而是有限型的. 这就表明 $(\mathfrak{a} \cap \mathfrak{c})/(\mathfrak{a} \cap \mathfrak{b})$ 也是有限型 R 模, 最终 $\mathfrak{c}/(\mathfrak{a} \cap \mathfrak{b})$ 就是有限型 R 模.

另一方面, 注意到 $\operatorname{Spec} A$ 是由闭点 $\mathfrak{m}$ 和一般点 (0) 所组成的, 剩余类域分别是 k 和 K. 由于在我们所处的情形中, B 的分式域和剩余类域分别同构于 K 和 k, 故

知态射 $u:\operatorname{Spec} B'_{\mathfrak{p}'}\to\operatorname{Spec} B$ 在 $\operatorname{Spec} B$ 的闭点和一般点处的纤维分别同构于态射 $\operatorname{Spec} A'_{\mathfrak{p}'}\to\operatorname{Spec} A$ 在 $\operatorname{Spec} A$ 的闭点和一般点处的纤维 (**I**, 3.6.4), 从而根据前提条件, 它们都是几何正规的. 另一方面, 态射 u 是平坦的, 故我们得知它是全盘正规的 (6.8.1). 然而 B 和 $B'_{\mathfrak{p}'}$ 都是 Noether 的, 并且 B 是正规的, 故由 (6.5.4) 就可以推出 $B'_{\mathfrak{p}'}$ 是正规的.

在此基础上, 我们把 B 写成它的有限 A 子代数 A_α 的递增滤相族的并集, 则根据平坦性, B' 就是递增滤相族 $A'_\alpha=A_\alpha\otimes_A A'$ 的并集. 若我们令 $\mathfrak{p}'_\alpha=\mathfrak{q}'\cap A'_\alpha$, 则 $B'_{\mathfrak{q}}$ 也是递增滤相族 $(A'_\alpha)_{\mathfrak{p}'_\alpha}$ 的并集 (5.13.3). 现在我们用 L'' 来记那些指标 j 满足 $\mathfrak{q}'_j\not\subseteq\mathfrak{p}'$ 的域 L'_j 的直合, 则对任意 α, $(A'_\alpha)_{\mathfrak{p}'_\alpha}$ 都包含在 $K'_{\mathfrak{p}'}$ 中, 从而环 $\bar{B}'_{\mathfrak{q}'}=L''\times B'_{\mathfrak{q}'}$ 就是这些环 $L''\times(A'_\alpha)_{\mathfrak{p}'_\alpha}=(\bar{A}'_\alpha)_{\mathfrak{p}'_\alpha}$ 的并集. 然而每个 A_α 都是 1 维 Noether 整局部环, 并且态射 $\operatorname{Spec} A'_\alpha\to\operatorname{Spec} A_\alpha$ 都是全盘正规的 (6.8.2), 从而可以对它们使用引理 (6.14.1.2), 于是对任意 α, 我们都有

$$A'_\alpha \;=\; K'\cap(\bar{A}'_\alpha)_{\mathfrak{p}'_\alpha}\,,$$

再对两边取归纳极限, 就得到了

$$B' \;=\; K'\cap\bar{B}'_{\mathfrak{q}'}\,.$$

然而 $\bar{B}'_{\mathfrak{q}'}$ 是正规环 L'' 和 $B'_{\mathfrak{q}'}$ 的直合, 故也是正规的, 并且 K' 也是如此, 从而引理 (6.14.1.1) 就表明, B' 是正规的. 证明完毕.

推论 (6.14.2) — *设 k 是一个域, X 是一个正规 k 概形 (未必是局部 Noether 的). 则对于 k 的任意可分扩张 k', $X_{(k')}=X\otimes_k k'$ 都是正规的.*

事实上, 此时我们知道 (6.7.6) 态射 $\operatorname{Spec} k'\to\operatorname{Spec} k$ 是全盘正规的.

推论 (6.14.3) — *设 k 是一个域, X,Y 是两个正规整 k 概形, 并且它们的有理函数域 $K=\mathrm{R}(X)$, $L=\mathrm{R}(Y)$ 都是 k 的可分扩张. 则概形 $X\times_k Y$ 是正规的.*

问题在 X 和 Y 上是局部性的, 故可假设 $X=\operatorname{Spec} A$, $Y=\operatorname{Spec} B$, 其中 A 和 B 是两个整闭整环, 分式域分别是 K 和 L. 我们首先假设 A 是一个有限型 k 代数, 从而 K 是 k 的有限型扩张. 根据平坦性, $A\otimes_k B$ 是 $K\otimes_k L$ 的一个 k 子代数, 现在 $K\otimes_k L$ 是正规 Noether 环 (这是基于 (6.7.4.1) 和 (6.14.2)), 从而是有限个整环 C_i 的直合, 于是若 E_i 是 C_i 的分式域, 则这些 E_i 的直合 E 就是 $K\otimes_k L$ 的全分式环, 此外它也是 $A\otimes_k B$ 的全分式环, 因为 $K\otimes_k L$ 是 $A\otimes_k B$ 的分式环. 在此基础上, 我们有 $A\otimes_k B=(A\otimes_k L)\cap(K\otimes_k B)$, 且由 (6.14.2) 知, $A\otimes_k L$ 和 $K\otimes_k B$ 都是正规的, 从而 $A\otimes_k B$ 也是正规的 (6.14.1.1).

现在我们来考虑一般情形, 此时 A 是它的全体有限型 k 子代数 A_α 的递增滤相族的并集, 故 $A\otimes_k B$ 就是这些 $A_\alpha\otimes_k B$ 的归纳极限. 从而为了证明 $A\otimes_k B$ 是正

规的, 只需 (5.13.6) 证明当 $A_\alpha \subseteq A_\beta$ 时 $\operatorname{Spec}(A_\beta \otimes_k B)$ 的每个不可约分支都笼罩了 $\operatorname{Spec}(A_\alpha \otimes_k B)$ 的某个不可约分支即可, 这可由 B 是平坦 k 模以及 A_α 和 A_β 都是整环的事实连同 (2.3.7, (ii)) 立得.

命题 (6.14.4) — *设 A 是一个 Noether 环, A' 是一个 Noether A 代数, 并且态射 $\operatorname{Spec} A' \to \operatorname{Spec} A$ 是全盘正规的. 设 B 是一个 A 代数, C 是 A 在 B 中的整闭包. 我们令 $B' = B \otimes_A A'$, $C' = C \otimes_A A'$, 并把 C' 等同于 B' 的一个子环, 则 C' 就是 A' 在 B' 中的整闭包.*

证明分为下面几个步骤.

I) *归结到 B 是既约环的情形.* — 我们令 $B_0 = B_{\mathrm{red}} = B/\mathfrak{N}$, 其中 $\mathfrak{N}$ 是 B 的诣零根, 并设 C_0 是 A 在 B_0 中的整闭包. 则有下面的引理:

引理 (6.14.4.1) — *设 A 是一个环, B 是一个 A 代数, $B_0 = B/\mathfrak{n}$ 是 B 除以某个诣零理想 $\mathfrak{n}$ 后的商代数. 若 C_0 是 A 在 B_0 中的整闭包, 则 C_0 在典范同态 $\varphi : B \to B_0$ 下的逆像 C 就是 A 在 B 中的整闭包.*

事实上, 设 $x \in B$, 并且 $\varphi(x)$ 满足一个 A 系数的整型方程, 则我们得知 x 满足一个关系式 $x^n + a_1 x^{n-1} + \cdots + a_n \in \mathfrak{n}$, 其中 $a_i \in A$, 从而升到足够高的方幂以后, 就得到 x 所满足的一个 A 系数的整型方程.

现在我们有 A 模的一个正合序列

$$0 \longrightarrow C \longrightarrow B \longrightarrow B_0/C_0 ,$$

利用平坦性又得到一个正合序列

$$0 \longrightarrow C' \longrightarrow B' \longrightarrow B'_0/C'_0 ,$$

其中 $B'_0 = B_0 \otimes_A A'$, $C'_0 = C_0 \otimes_A A'$. 如果已经证明了 C'_0 是 A' 在 B'_0 中的整闭包, 那么利用引理 (6.14.4.1) 就可以推出 C' 是 A' 在 B' 中的整闭包.

II) *归结到 B 是一个包含 A 的有限型整 A 代数的情形.* — 设 (B_α) 是由 B 的全体有限型 A 子代数所组成的递增滤相族, 并设 C_α 是 A 在 B_α 中的整闭包. 则由整闭包的定义立知, C 就是这些 C_α 的并集. 若我们令 $B'_\alpha = B_\alpha \otimes_A A'$, $C'_\alpha = C_\alpha \otimes_A A'$, 则根据平坦性, C'_α 包含在 B'_α 中, 且同理可知 B' 就是这些 B'_α 的递增滤相族的并集, 而 C' 就是这些 C'_α 的递增滤相族的并集. 如果已经证明了 C'_α 是 A' 在 B'_α 中的整闭包, 那就可以立即得知 C' 是 A' 在 B' 中的整闭包. 从而我们可以限于考虑 B 是有限型 A 代数的情形, 从而它是 Noether 环. 设 $\mathfrak{q}_i$ $(1 \leqslant i \leqslant n)$ 是 B 的全体极小素理想, 由于我们假设了 B 是既约的, 故它可以等同于这些 $B/\mathfrak{q}_i$ 的乘积 B_0 的一个子环, 若 C_0 是 A 在 B_0 中的整闭包, 则有 $C = B \cap C_0$. 现在令 $B'_0 = B_0 \otimes_A A'$, $C'_0 = C_0 \otimes_A A'$, 根据平坦性, $C' = B' \cap C'_0$ $(\mathbf{0_I}, 6.1.3)$, 从而只需证明 C'_0 就是 A' 在 B'_0 中的整闭包

即可. 然而 C_0 是这些 C_i 的直合, 其中 C_i 是 A 在 $B_i = B/\mathfrak{q}_i$ 中的整闭包, 因而 C_0' 是这些 $C_i' = C_i \otimes_A A'$ 的直合, 故我们只需证明 C_i' 是 A' 在 $B_i' = B_i \otimes_A A'$ 中的整闭包. 这样问题就归结到了 B 是有限型整 A 代数的情形. 若 $\mathfrak{p}$ 是同态 $A \to B$ 的核, 则我们也有 $B' = B \otimes_{A/\mathfrak{p}} (A'/\mathfrak{p}A')$, 由于态射 $\operatorname{Spec}(A'/\mathfrak{p}A') \to \operatorname{Spec}(A/\mathfrak{p})$ 是全盘正规的, 故我们可以把 A 换成 $A/\mathfrak{p}$ 并把 A' 换成 $A'/\mathfrak{p}A'$. 因而可以假设 $A \subseteq B$.

III) *A 是域, B 是 A 的有限型扩张, 并且 A 在 B 中代数闭的情形.* — 此时 $C = A$, 并且 A' 是一个几何正规的 Noether A 代数, 从而是一些整闭整环 A_i' 的直合, 并且每个 A_i' 的分式域 K_i' 都是 A 的可分扩张 (4.6.1). 从而 A' 代数 B' 就是这些 $B \otimes_A A_i' = B_i'$ 的直合, 故可限于考虑 A' 是整环并且其分式域是 A 的可分扩张的情形. 现在 B 是一个平坦 A 模, 故 $B \otimes_A A' = B'$ 可以等同于 $B \otimes_A K'$ 的一个子环, 由于 K' 是 A 的可分扩张, 故知 $B \otimes_A K'$ 是既约的 (4.3.7), 且由于 B 是 A 的一个纯质扩张, 故知 $B \otimes_A K'$ 是整的 (4.3.2), 因而 B' 也是如此. 设 L' 是 $B \otimes_A K'$ 的分式域 (它也是 B' 的分式域), 它显然是子域 B 和 K' 的一个合成域 $B(K')$. 由于 A 在 B 中是代数闭的, K' 是 A 的一个可分扩张, 并且 B 和 K' 在 A 上是线性隔绝的, 故知 K' 在 $B(K') = L'$ 中是代数闭的 (Bourbaki,《代数学》, V, §9, 习题 2), 自然 A' (整闭) 在 L' 中就是整闭的, 从而在 B' 中也是如此, 这就完成了此情形的证明.

* **(追加 $_{\text{IV}}$, 24)** 上面倒数第二行的引用是不恰当的, 应按照下面的方式来证明: 首先, 设 M 是 K' 在 A 上的一个超越基底, 则 $A(M)$ 在 $B(A(M))$ 中是代数闭的 (Bourbaki,《代数学》, V, §6, 习题 8 c)). 从而可以限于考虑 K' 是 A 的可分代数扩张的情形. 设 p 是 A 的指数特征, 则由 Bourbaki, 前引, §9, 习题 2 知, K' 在 $B(K')$ 中的代数闭包在 K' 上是紧贴的. 我们来证明任何满足 $x^{p^r} \in K'$ 的元素 $x \in B(K')$ 都落在 K' 中. 为此考虑 K' 在 A 上的一个基底 (e_λ), 由于 K' 是 A 的一个可分代数扩张, 故这些 $e_\lambda^{p^r}$ 也构成 K' 在 A 上的一个基底 (Bourbaki, 前引, §8, ¥3, 命题 4 的推论). 我们有 $x = \sum\limits_\lambda e_\lambda b_\lambda$, 其中 $b_\lambda \in B$, 且根据前提条件, 可以找到元素 $a_\lambda \in A$, 使得 $\sum\limits_\lambda e_\lambda^{p^r} b_\lambda^{p^r} = \sum\limits_\lambda e_\lambda^{p^r} a_\lambda$, 这就表明对任意 λ 均有 $b_\lambda^{p^r} = a_\lambda$. 从而由于 A 在 B 中是代数闭的 (根据前提条件), 故对任意 λ, 均有 $b_\lambda \in A$, 因而 $x \in K'$. *

IV) *A 是整环, B 是 A 的分式域 K 的有限扩张的情形.* — 此时 $B' = (A' \otimes_A K)_K B$ 是一个几何正规的 Noether B 代数, 因而 B' 是一些整环的直合, 故 B' 的全分式环 L' 是有限个域的直合. 在此基础上, 由于 B 是 C 的分式域, 故知 B' 是 C' 的一个分式环, 从而 L' 也是 C' 的全分式环. 现在 (6.14.1) C 是一个正规环, 并且 $\operatorname{Spec} A' \to \operatorname{Spec} A$ 是 Noether 概形之间的一个全盘正规态射, 故知 C' 是一个正规环. 然而由 (6.14.1.1) 知, C' 在 L' 中是整闭的, 自然在 B' 中也是如此, 因而它就是 A' 在 B' 中的整闭包.

V) 证明的完成. — 根据 II), 我们可以假设 B 是一个有限型整 A 代数, 且包含 A. 设 K 是 A 的分式域, L 是 B 的分式域, 则它是 K 的有限型扩张. 设 M 是 K 在 L 中的代数闭包, 它是 K 的一个有限代数扩张, 设 C_0 是 A 在 M 中的整闭包, 它也是 A 在 L 中的整闭包, 从而我们有 $C = B \cap C_0$. 于是若令 $C'_0 = C \otimes_A A'$, 则根据平坦性, $C' = B' \cap C'_0$ ($\mathbf{0_I}$, 6.1.3). 现在由 IV) 知, C'_0 是 A' 在 $M' = M \otimes_A A'$ 中的整闭包. 进而, M' 是一个 Noether 环, 并且态射 $\operatorname{Spec} M' \to \operatorname{Spec} M$ 是全盘正规的 (证明已经包含在 IV) 中). 现在把 III) 应用到 M, M', L (分别取代 A, A', B) 上就可以推出 M' 在 $L' = L \otimes_A A'$ 中是整闭的, 从而 C'_0 是 A' 在 L' 中的整闭包, 且 $C' = C'_0 \cap B'$ 是 A' 在 B' 中的整闭包. 证明完毕.

推论 (6.14.5) — 设 A 是一个 *Noether* 环, A' 是一个 *Noether* A 代数, 并假设态射 $\operatorname{Spec} A' \to \operatorname{Spec} A$ 是全盘正规的. 设 B, C 是两个 A 代数, $\varphi : B \to C$ 是一个 A 同态, 它使 C 成为一个 B 代数, 再设 D 是 B 在 C 中的整闭包. 若我们令 $B' = B \otimes_A A'$, $C' = C \otimes_A A'$, $D' = D \otimes_A A'$, 则 D' 就是 B' 在 C' 中的整闭包.

设 (B_λ) 是 B 的全体有限型 A 子代数的递增滤相族, 并且令 $B'_\lambda = B_\lambda \otimes_A A'$, 则 B' 是它的这些有限型 A' 子代数 B'_λ 的递增滤相族的并集. 设 D_λ 是 B_λ 在 C 中的整闭包, 并且令 $D'_\lambda = D_\lambda \otimes_A A'$, 则 D 是这些 D_λ 的并集, 而 D' 是这些 D'_λ 的并集. 如果我们能证明 D'_λ 是 B'_λ 在 C' 中的整闭包, 那么就可以推出 D' 是 B' 在 C' 中的整闭包. 现在 B_λ 和 B'_λ 都是 Noether 的, 并且态射 $\operatorname{Spec} B'_\lambda \to \operatorname{Spec} B_\lambda$ 是全盘正规的 (6.8.2), 从而我们可以应用 (6.14.4) (把 A, A', B 分别换成 B_λ, B'_λ, C), 这就推出了结论.

我们可以把 (6.14.5) 应用到比如说 A 是一个优等局部环并且 A' 是它的完备化 $\widehat{A}$ 的情形, 因为在这种情况下, $\operatorname{Spec} A' \to \operatorname{Spec} A$ 是一个全盘正则态射 (7.8.2).

6.15 逐点几何式独枝的概形

(6.15.1) 所谓一个概形 X 在点 x 处是独枝的 (切转: 几何式独枝的), 或者说点 x 在 X 中是独枝的 (切转: 几何式独枝的), 是指局部环 $\mathscr{O}_{X,x}$ 是独枝的 (切转: 几何式独枝的) ($\mathbf{0}$, 23.2.1). 所谓 X 是逐点独枝的 (切转: 逐点几何式独枝的), 是指它在所有点处都是独枝的 (切转: 几何式独枝的). 根据这个定义, 为了使 X 在一点处是独枝的 (切转: 几何式独枝的), 必须且只需 X_{red} 在该点处是独枝的 (切转: 几何式独枝的).

(6.15.2) 需要小心的是, 按照 (6.15.1) 的定义, 一个局部环 A 是独枝的 (切转: 几何式独枝的) 并不意味着 $\operatorname{Spec} A$ 就是逐点独枝的 (切转: 逐点几何式独枝的). 换句话说, 此时完全有可能找到 A 的一个素理想 $\mathfrak{p}$, 使得 $A_\mathfrak{p}$ 不是独枝的, 这也相当于说, 在概形上, 几何式独枝这个概念在一般化下不是稳定的. 从下面这个例子中我们就能看到这一点.

设 K 是一个特征 0 的代数闭域, B 是整环 $K[U,V,W]/(U^2(U-W)-V^2(U+W))$ (其中 U, V, W 是未定元), 则 $Y=\operatorname{Spec}B$ 是一个 "以原点为顶点的锥, 且具有一条二重直母线". 我们用 u, v, w 来表示 U, V, W 在 B 中的像. 设 R 是 B 的分式域, 并考虑 R 中的元素 $t=v(u+w)/u$, 它没有落在 B 中. 首先来证明 $C=B[t]$ 就是 B 的整闭包. 事实上, 我们有 $t^2=u^2-w^2$, 从而 t 在 B 上是整型的, 并且 $v=tu/(u+w)$. 环 $C_1=K[t,u,w]$ 是整闭的, 因为它同构于 $K[T,U,W]/(T^2-U^2+W^2)$ 从而是整闭整环 $K[U,W]$ 在它的分式域的二次扩张 $K(U,W)(\sqrt{U^2-W^2})$ 中的整闭包 (Bourbaki,《交换代数学》, V, §1, ※6, 命题 18). 于是 C_1 的分式环 $K[t,u,w,1/(u+w)]$ 也是整闭的. 同理可以得知, 环 $C_2=K[t,v,w]$ 是整闭的, 因为从 t 是方程 $t(t-v)^2-w^2(2v-t)=0$ 的根就能看出, $K[t,v,w,1/(t-v)]=K[t,\frac{tu}{u+w},w,\frac{u+w}{tw}]$ 是整闭的. 最后, 有见于 u 和 w 在 K 上是代数无关的, 我们很容易证明 $C=K[t,u,v,w]=K[t,u,w,1/(u+w)]\cap K[t,v,w,1/(t-v)]$, 这就证明了 C 是 B 的整闭包. 若 $\mathfrak{m}_0$ 是 B 的那个由 u,v,w 所生成的极大理想 ("锥的顶点"), 则易见 C 只有唯一一个位于 $\mathfrak{m}_0$ 之上的极大理想 $\mathfrak{n}_0$, 这就是由 t,u,v,w 所生成的理想. 若我们令 $A=B_{\mathfrak{m}_0}$, 则由此立即导出 $A'=C_{\mathfrak{n}_0}$ 就是 A 的整闭包, 从而它是独枝的, 因而也是几何式独枝的, 因为它的剩余类域 K 是代数闭的. 然而对于 A 的那个由 u 和 v 所生成的素理想 $\mathfrak{p}$ 来说, $A_{\mathfrak{p}}$ 的整闭包 $A_{\mathfrak{p}}[t]$ 就不是一个局部环.

尽管如此, 我们将在后面 (9.7.10) 看到, 如果 X 是一个局部 Noether 概形, 并假设从 X_{red} 的正规化 X' 到 X 的典范态射 $X'\to X$ 是有限的 (比如当 X 的所有仿射开集的环都是广泛日本型环 (**0**, 23.1.1) 的时候), 则由那些使得 X 几何式独枝的点 $x\in X$ 所组成的集合是局部可构的.

(6.15.3) 为了简单起见, 我们定义所谓一个态射 $f:X\to Y$ 在一点 $y\in Y$ 处是紧贴的, 是指要么 $f^{-1}(y)$ 是空的, 要么 $f^{-1}(y)$ 只含一个点 x, 并且 $\boldsymbol{k}(x)$ 是 $\boldsymbol{k}(y)$ 的紧贴扩张. 从而一个态射 f 是紧贴的 (**I**, 3.5.8) 就等价于它在 Y 的所有点处都是紧贴的. 若 $g:f^{-1}(y)\to\operatorname{Spec}\boldsymbol{k}(y)$ 是 f 在基变换 $\operatorname{Spec}\boldsymbol{k}(y)\to Y$ 下的逆像态射, 则 f 在点 $y\in Y$ 处是紧贴的就等价于 g 是紧贴的.

引理 (6.15.3.1) — (i) 设 $f:X\to Y$, $g:Y\to Z$ 是两个态射. 若 f 在点 y 处是紧贴的, 并且 g 在点 $z=g(y)$ 处是紧贴的, 则 $g\circ f$ 在点 $g(y)$ 处是紧贴的. 当 f 是映满态射时, 则逆命题也是对的.

(ii) 设 $f:X\to Y$, $h:Y'\to Y$ 是两个态射, 并设 $f'=f_{(Y')}:X\times_Y Y'\to Y'$. 对于 $y'\in Y'$ 和 $y=h(y')$, 为了使 f 在点 y 处是紧贴的, 必须且只需 f' 在点 y' 处是紧贴的.

(i) 若 f 在点 y 处是紧贴的, 且 g 在点 z 处是紧贴的, 则 $g^{-1}(z)$ 在点 y 处是既

约的, 并且 $f^{-1}(g^{-1}(z)) = f^{-1}(y)$ 要么是空的, 要么只含一点 x. 进而 $\boldsymbol{k}(x)$ 是 $\boldsymbol{k}(y)$ 的紧贴扩张, 并且 $\boldsymbol{k}(y)$ 是 $\boldsymbol{k}(z)$ 的紧贴扩张, 从而 $\boldsymbol{k}(x)$ 是 $\boldsymbol{k}(z)$ 的紧贴扩张. 反之, 假设 f 是映满的, 若 $g \circ f$ 在点 $z = g(y)$ 处是紧贴的, 则 $g^{-1}(z)$ 只含一点 y, 否则 $f^{-1}(g^{-1}(z))$ 将至少含有两个不同的点. 进而, $f^{-1}(y) = f^{-1}(g^{-1}(z))$ 也就只含一点 x, 并且根据前提条件, 我们有 $\boldsymbol{k}(z) \subseteq \boldsymbol{k}(y) \subseteq \boldsymbol{k}(x)$, 且 $\boldsymbol{k}(x)$ 在 $\boldsymbol{k}(z)$ 上是紧贴的, 从而 $\boldsymbol{k}(y)$ 在 $\boldsymbol{k}(z)$ 上是紧贴的, 且 $\boldsymbol{k}(x)$ 在 $\boldsymbol{k}(y)$ 上是紧贴的.

(ii) 设 $g : f^{-1}(y) \to \operatorname{Spec} \boldsymbol{k}(y)$ 和 $g' : f'^{-1}(y') \to \operatorname{Spec} \boldsymbol{k}(y')$ 分别是 f 和 f' 的逆像态射, 则由于 $f'^{-1}(y') = f^{-1}(y) \otimes_{\boldsymbol{k}(y)} \boldsymbol{k}(y')$ (**I**, 3.6.4), 故知 g' 是 g 的逆像, 从而问题归结为 (2.6.1, (v)).

设 X 是一个既约概形, 并且只有有限个不可约分支, 再设 X' 是它的正规化 (**II**, 6.3.8), 我们知道 (前引), 典范态射 $f : X' \to X$ 是映满的. 于是定义 (6.15.1) 表明, 为了使 X 在点 x 处是几何式独枝的, 必须且只需 f *在该点处是紧贴的*. 从而为了使 X 是逐点几何式独枝的, 必须且只需 f *是紧贴的*.

(6.15.4) 现在我们要把 (**I**, 2.2.9) 中的定义略作推广, 对于两个*既约*概形 X, Y, 所谓一个态射 $f : X \to Y$ 是*双有理的*, 是指 f 在 X 的极大点集合上的限制是一个从该集合到 Y 的极大点集合的一一映射, 并且对于 Y 的任意极大点 y, 由 f 所导出的态射 $X \times_Y \operatorname{Spec} \mathscr{O}_y \to \operatorname{Spec} \mathscr{O}_y$ 都是同构 (换句话说, 纤维 $f^{-1}(y)$ 只含一点 x (它在 X 中是极大的), 并且由 f 所导出的同态 $\boldsymbol{k}(y) \to \boldsymbol{k}(x)$ 是一一的). 如果 X 和 Y 都只有*有限*个不可约分支, 那么这个定义就与 (**I**, 2.2.9) 中的定义是一致的.

引理 (6.15.4.1) — *设 $f : X \to Y$ 是任意态射, $g : Y' \to Y$ 是一个平坦态射, $X' = X \times_Y Y'$, $f' = f_{(Y')} : X' \to Y'$. 于是若 f_{red} 是双有理的, 则 f'_{red} 也是如此.*

事实上, 若 y' 是 Y' 的一个极大点, 则我们知道 (2.3.4, (ii)), $y = g(y')$ 是 Y 的一个极大点, 根据前提条件, $f^{-1}(y)$ 只含一个点 $x \in X$, 进而 x 在 X 中还是极大的, 并且 $\boldsymbol{k}(x) = \boldsymbol{k}(y)$. 从而由 (**I**, 3.4.9) 知, $f'^{-1}(y')$ 也只含一个点 x', 并且 $\boldsymbol{k}(x') = \boldsymbol{k}(y')$. 再注意到根据 (2.3.7, (ii)), X' 的每个不可约分支都笼罩了 Y' 的某个不可约分支, 这就完成了证明.

命题 (6.15.5) — *设 $f : X \to Y$ 是一个态射, 并假设 f_{red} 是整型且双有理的 (6.15.4), 从而是映满的.*

(i) 为了使 Y 在点 y 处是几何式独枝的, 必须且只需 f 在点 y 处是紧贴的, 并且 X 在 $f^{-1}(y)$ 的唯一点 x 处是几何式独枝的.

(ii) 为了使 Y 是逐点几何式独枝的, 必须且只需 X 是逐点几何式独枝的, 并且 f 是紧贴的.

显然可以限于考虑 X 和 Y 都是既约概形的情形, 此时由 f 是闭态射 (**II**, 6.1.10)

并且 $f(X)$ 包含了 Y 的所有极大点的事实就可以推出 f 是映满的. 这就立即表明 (i) 蕴涵 (ii). 为了证明 (i), 我们可以使用 (**I**, 3.6.5) 和 (**II**, 6.1.5), 从而可以假设 $Y = \operatorname{Spec}\mathscr{O}_{Y,y}$, 换句话说 $Y = \operatorname{Spec}A$, 其中 A 是局部环. 由于 f 是仿射的, 故我们也有 $X = \operatorname{Spec}B$. 若 A 是几何式独枝的, 则它是整的, 从而 B 也是如此, 因为 f 是双有理的. 反之, 若 f 在点 y 处是紧贴的, 并且 X 在点 x 处是几何式独枝的, 则 B 只有一个极大理想 (因为它在 A 上是整型的, 从而 B 的任何极大理想都位于 A 的极大理想之上), 换句话说, B 是局部环, 并且 X 在点 x 处是几何式独枝的就意味着 B 是几何式独枝的, 从而是整的. 根据前提条件, f 是笼罩性的, 并且 A 是既约的, 故我们得知 $A \subseteq B$ (**I**, 1.2.7), 从而 A 也是整的. 这样一来, 为了证明 (i), 可以限于考虑 A 和 B 都是整局部环, A 包含在 B 中, 并且它们还具有相同的分式域这个情形, 此时由于 B 在 A 上是整型的, 故它们也具有相同的整闭包 C. 于是只要把 (6.15.3.1, (i)) 应用到态射 $\operatorname{Spec}C \to \operatorname{Spec}B$ 和 $\operatorname{Spec}B \to \operatorname{Spec}A$ 上就可以推出结论 (利用 (6.15.3) 中所给出的对于在一点处几何式独枝这个性质的特征描述).

命题 (6.15.6) — *设 k 是一个域, X 是一个 k 概形. 若 X 是正规的, 则对于 k 的任意扩张 k', $X' = X \otimes_k k'$ 都是逐点几何式独枝的.*

我们知道 k' 是 k 的某个平凡或纯超越扩张 k_0 上的代数扩张, 若 k'' 是 k_0 在 k' 中的最大可分扩张, 则 k' 是 k'' 的紧贴扩张, 并且 k'' 是 k 的可分扩张. 由 (6.14.2) 知, $X'' = X \otimes_k k''$ 是正规的, 由于 $X \otimes_k k' = X'' \otimes_{k''} k'$, 故我们可以限于考虑 k' 是 k 的紧贴扩张的情形. 进而 (**I**, 3.6.5) 我们可以假设 $X = \operatorname{Spec}A$, 其中 A 是一个整闭整局部环 (因为 X 是正规的). 现在投影态射 $f : X' \to X$ 是同胚, 因为 $\operatorname{Spec}k' \to \operatorname{Spec}k$ 是广泛同胚的 (2.4.5), 从而由于 $X' = \operatorname{Spec}A'$, 其中 $A' = A \otimes_k k'$, 故知 A' 是一个局部环, 并且它的诣零根 $\mathfrak{N}'$ 是唯一的极小素理想, 这就表明 $X'_{\mathrm{red}} = \operatorname{Spec}A'_0$, 其中 $A'_0 = A'/\mathfrak{N}'$ 是一个整局部环. 进而, 若 K 是 A 的分式域, 则 A'_0 的分式域 K'_0 在 K 上是紧贴的, 因为态射 f 是紧贴的. 由于 A'_0 在 A 上是整型的, 故它的整闭包 B 也是 A 在 K'_0 中的整闭包. 而由于 A 是整闭的, 故我们知道 (Bourbaki,《交换代数学》, V, §2, ¥3, 引理 3) B 就是由那些满足下述条件的 $x \in K'_0$ 所组成的集: x 的某个 p^m 次方 (m 充分大) 落在 A 中 (p 是 K 的指数特征). 进而对于 A 的每个素理想, B 中都只有一个素理想位于其上. 特别地, B 是一个局部环, 并且它的剩余类域是 A 的剩余类域的紧贴扩张, 从而也是 A'_0 的剩余类域的紧贴扩张, 这就证明了 A'_0 是几何式独枝的, 从而 X' 是逐点几何式独枝的.

命题 (6.15.7) — *设 k 是一个域, X 是一个 k 概形, k' 是 k 的一个扩张, $X' = X \otimes_k k'$. 设 x' 是 X' 的一点, x 是它在 X 上的投影. 则为了使 X 在点 x 处是几何式独枝的, 必须且只需 X' 在点 x' 处是几何式独枝的. 为了使 X 是逐点几何式独枝的, 必须且只需 X' 是如此.*

第二句话可由第一句话以及投影 $f : X' \to X$ 是映满态射的事实推出. 下面我

们来证明第一句话, 依照 (**I**, 5.1.8), 可以限于考虑 X 是既约概形的情形, 再依照 (**I**, 3.6.5), 还可以假设 $X = \operatorname{Spec} A$ (其中 $A = \mathscr{O}_{X,x}$) 是一个局部概形. 注意到根据前提条件, $A' = \mathscr{O}_{X',x'}$ 是一个忠实平坦 A 模, 从而包含了 A, 因而 X 在点 x 处几何式独枝与 X' 在点 x' 处几何式独枝这两个条件都蕴涵着 A 是一个整局部环 (因为 A 是既约的, 故同构于 A'_{red} 的一个子环). 设 K 是 A 的分式域, B 是 A 的整闭包, 我们令 $Y = \operatorname{Spec} B$, 则 X 在点 x 处几何式独枝就等价于态射 $g: Y \to X$ 在点 x 处是紧贴的 (6.15.3). 设 $Y' = Y \otimes_k k' = Y \times_X X'$, 则我们有交换图表

$$\begin{array}{ccc} Y & \xleftarrow{h} & Y' \\ {\scriptstyle g}\downarrow & & \downarrow{\scriptstyle g'} \\ X & \xleftarrow[f]{} & X' \end{array} .$$

注意到 f 是一个平坦态射, 从而 (6.15.4.1) 整型态射 g'_{red} 是双有理的. 另一方面, 由于 Y 是正规的, 故知 Y' 是逐点几何式独枝的 (6.15.6). 从而为了使 X' 在点 x' 处是几何式独枝的, 必须且只需 g' 在点 x' 处是紧贴的 (6.15.5). 现在 x' 在 X 中的投影是 x, 从而 g 在点 x 处是紧贴的就等价于 g' 在点 x' 处是紧贴的 (6.15.3.1), 最后, 为了使 X 在点 x 处是几何式独枝的, 必须且只需 g 在该点处是紧贴的, 这就证明了结论.

引理 (6.15.8) — *设 k 是一个可分闭域 (换句话说, k 的代数闭包在 k 上是紧贴的), X 是一个局部有限型 k 概形, x 是 X 的一个***闭***点. 若 X 在点 x 处是独枝的, 则它在该点处是几何式独枝的.*

事实上, 我们知道 (**I**, 6.4.2) $\boldsymbol{k}(x)$ 是 k 的一个代数扩张, 由于 $(\mathscr{O}_x)_{\text{red}}$ 的整闭包的剩余类域 (根据前提条件, 这个整闭包是一个局部环) 是 $\boldsymbol{k}(x)$ 的代数扩张, 故由前提条件知, 它是 k 的紧贴扩张, 从而也是 $\boldsymbol{k}(x)$ 的紧贴扩张.

推论 (6.15.9) — *设 k 是一个域, X 是一个局部有限型 k 概形, k' 是 k 的一个可分闭扩张 (换句话说, k' 的代数闭包在 k' 上是紧贴的), 则为了使 X 是逐点几何式独枝的, 必须且只需 $X' = X \otimes_k k'$ 是逐点独枝的.*

有见于 (6.15.7), 问题归结为证明, 若 X 是逐点独枝的, 并且 k 是可分闭的, 则 X 是逐点几何式独枝的. 现在 X 在它的闭点处都是几何式独枝的 (6.15.8), 我们将在 (10.4.9) 中看到, 这就表明 X 在所有点处都是几何式独枝的, 这是基于下面的事实 (在 (6.15.2) 的末尾已经提到): 由那些使 X 几何式独枝的点所组成的集合是可构的 (当然, 在证明这些结果之前我们不会用到 (6.15.9)).

这个结果也解释了 “几何式独枝” 这个名称的来历.

命题 (6.15.10) — *设 Y, Y' 是两个局部 Noether 概形, $g: Y' \to Y$ 是一个全盘*

正规态射 (6.8.1), $f : X \to Y$ 是任意态射. 我们令 $X' = X \times_Y Y'$, 并设 $p : X' \to X$ 是典范投影, x' 是 X' 的一点. 于是若 X 在点 $x = p(x')$ 处是既约的 (切转: 几何式独枝的, 整且几何式独枝的), 则 X' 在点 x' 处是既约的 (切转: 几何式独枝的, 整且几何式独枝的),

依照 (**I**, 3.6.5), 可以限于考虑 $Y = \operatorname{Spec} A$, $Y' = \operatorname{Spec} A'$, $X = \operatorname{Spec} B$ 的情形, 其中 A, A', B 都是局部环, 同态 $A \to A'$ 和 $A \to B$ 都是局部同态, A, A' 都是 Noether 环, 并且 x 是 X 的一个闭点. 问题是要证明, 若 B 是既约的 (切转: 几何式独枝的, 整且几何式独枝的), 则 $B' = B \otimes_A A'$ 是既约的 (切转: $\operatorname{Spec} B'$ 在 $p^{-1}(x)$ 的各点处都是几何式独枝的, $\operatorname{Spec} B'$ 是整的, 并且在它的各点处都是几何式独枝的). 我们首先只假设 B 是既约的, 由于 B 是它的全体有限型 A 子代数 B_λ 的递增滤相族的并集, 故根据平坦性, B' 就是它的这些 A' 子代数 $B'_\lambda = B_\lambda \otimes_A A'$ 的递增滤相族的并集. 现在态射 $\operatorname{Spec} B'_\lambda \to \operatorname{Spec} B_\lambda$ 是全盘正规的 (6.8.2), 自然也是全盘既约的, 从而由 (3.3.5) 就可以推出 B'_λ 是既约的, 因而根据 (5.13.2), B' 本身就是既约的.

现在我们假设 B 是几何式独枝的, 有见于 (**I**, 5.1.8), 可以进而假设 B 是既约的, 从而是整的. 设 C 是它的整闭包, 根据前提条件, 这是一个局部环. 我们令 $Z = \operatorname{Spec} C$, $C' = C \otimes_A A'$, $Z' = \operatorname{Spec} C' = Z \times_X X'$, 则有下面的交换图表

$$\begin{array}{ccc} Z & \longleftarrow & Z' \\ {\scriptstyle f}\downarrow & & \downarrow{\scriptstyle f'} \\ X & \underset{p}{\longleftarrow} & X' \end{array} .$$

证明的第一部分已经表明, X' 是既约的. 另一方面, 由于 $Z' = Z \times_Y Y'$, 故由 (6.14.1) 知, Z' 是正规的 (自然也是逐点几何式独枝的). 由于 f 是整型且双有理的, 故根据 (6.15.4.1), f' 也是如此, 因为 p 是平坦的. 最后, 由 X 在点 x 处是几何式独枝的这个条件可以推出, f 在该点处是紧贴的 (6.15.5), 从而由 (6.15.3.1) 得知, f' 在每个点 $x' \in p^{-1}(x)$ 处都是紧贴的, 再根据 (6.15.5), X' 在这些点处就是几何式独枝的 (从而也是整的, 因为它是既约的).

注解 (6.15.11) — (i) 在 (6.15.10) 的证明中, 我们没有办法绕开 (6.14.1), 即使是在 $X = Y$ 的情况下, 因为我们需要考虑环 B 的整闭包, 它未必是 Noether 环, 即使 B 是 Noether 环.

(ii) 例子 (6.5.5, (ii)) 表明, 在 (6.15.10) 中我们不能把 "几何式独枝" 换成 "整", 即使假设了剩余类域 $\boldsymbol{k}(x)$ 是代数闭的, 并且态射 g 是平展的.

我们也不能把 "几何式独枝" 换成 "独枝". 事实上, 设 A 是完备整局部环 $\mathbb{R}[U, V]]/(U^2 + V^2)$, 若 u, v 分别是 U, V 在 A 中的像, 则 A 的极大理想是 $Au + Av$.

很容易验证, A 的整闭包就是环 $A[t]$, 其中 $t = u/v$ 满足方程 $t^2 = -1$, 从而 $A[t]$ 同构于局部环 $\mathbb{C}[[U]]$. 由于 $\mathbb{C}[[U]]$ 的剩余类域是 $\mathbb{C}$, 故知 A 是独枝的, 但不是几何式独枝的. 然而 $A \otimes_{\mathbb{R}} \mathbb{C}$ 不是一个整环, 因为它同构于 $\mathbb{C}[[U, V]]/(U - iV)(U + iV)$.

§7. Noether 局部环和它的完备化之间的关系. 优等环

本节主要考察 Noether 环的某些特殊的性质, 它们在取有限型代数和取局部化的操作下是封闭的, 我们经常遇到的环 (比如 $\mathbb{Z}$ (或者, 域、完备 Noether 局部环) 上的有限型代数) 都具有这些性质, 但并不是所有的 Noether 环都具有这些性质. 其中一类特殊性质是与维数理论有关的, 比如链条件等, 这将在第 1, 2 小节中讨论. 正则 Noether 环的商环具有我们这里所提到的所有性质, 证明都很容易, 也是熟知的 [30], 第 1, 2 小节中的内容对于这种环来说就显得多余了.

第 3, 4, 5 小节 (与 1, 2 小节相互独立) 中要考察的性质则不是这样, 它们的证明即使是在域或 $\mathbb{Z}$ 的有限型代数的局部化上都是相当复杂的 (主要是 Zariski 和 Nagata 的工作). 经典的例子是证明 A 是正规的 $\Leftrightarrow \widehat{A}$ 是正规的, 以及证明 A 是既约的 $\Leftrightarrow \widehat{A}$ 是既约的. 我们将发展一套系统的方法来陈述和证明这些性质, 基本做法是使用典范态射 $\operatorname{Spec} \widehat{A} \to \operatorname{Spec} A$ 的诸纤维的性质, 并且也要用到 §6 中的一些概念和结果. 这个方法的成功完全是基于完备局部环以及它的局部化和有限型代数所具有的一些良好的性质. 在这个方面, Nagata 的定理 (6.12.7) (对这类环来说, $\operatorname{Spec} A$ 的奇异谷是闭的) 起着关键的作用, 此外正则性判别法 ($\mathbf{0}$, 22.3.4) 在技术上也十分重要 (尤其是涉及与各种性质在不同操作下的保持情况相关的讨论).

最后在第 6, 7 小节中, 我们要使用已经得到的结果来研究 Noether 整环的整闭包的有限性.

§7 中的一些比较精细的结果在第四章及以后各章中基本上不会被用到.

7.1 解析均维与分层解析均维

定义 (7.1.1) — *所谓一个 Noether 局部环 A 是解析均维的, 是指它的完备化 $\widehat{A}$ 是均维的* ($\mathbf{0}$, 16.1.4).

命题 (7.1.2) — *设 A 是一个 Noether 局部环, $\mathfrak{p}_i$ $(1 \leqslant i \leqslant n)$ 是它的所有极小素理想. 则为了使 A 是解析均维的, 必须且只需这些 $A/\mathfrak{p}_i$ 都是解析均维的, 并且 A 是均维的* (换句话说, 这些 $A/\mathfrak{p}_i$ 具有相同的维数).

事实上, 对于 $\widehat{A}$ 的任何素理想 $\mathfrak{p}'$ 来说, $\mathfrak{p}' \cap A$ 都包含了某个 $\mathfrak{p}_i$, 从而 $\mathfrak{p}'$ 包含了某个 $\mathfrak{p}_i\widehat{A}$, 并且 $\widehat{A}/\mathfrak{p}_i\widehat{A} = (A/\mathfrak{p}_i) \otimes_A \widehat{A}$ 就是局部环 $A/\mathfrak{p}_i$ 的完备化 ($\mathbf{0_I}$, 7.3.3), 从而它

们具有相同的维数. 于是 $\widehat{A}$ 的任何极大素理想链都可以典范等同于某个 $\widehat{A}/\mathfrak{p}_i\widehat{A}$ 的极大素理想链, 且反之亦然, 由此立得结论.

命题 (7.1.3) — 设 A, A' 是两个 *Noether* 局部环, $\mathfrak{m}$ 是 A 的极大理想, $\varphi : A \to A'$ 是一个局部同态. 假设 A' 是平坦 A 模, 并且 A' 是均维且匀垂的. 则有:

(i) A 是均维且匀垂的.

(ii) 进而假设 $\mathfrak{m}A'$ 是 A' 的一个定义理想. 于是若 $\mathfrak{a}$ 是 A 的一个理想, 则为了使 $A'/\mathfrak{a}A'$ 是均维的, 必须且只需 $A/\mathfrak{a}A$ 是均维的. 特别地, 对于 A 的任何素理想 $\mathfrak{p}$ 来说, $A'/\mathfrak{p}A'$ 都是均维的.

我们首先来证明 (ii) 的第二句话. 令 $X = \operatorname{Spec} A$, $X' = \operatorname{Spec} A'$, $Y = V(\mathfrak{p}) = \operatorname{Spec}(A/\mathfrak{p})$, $Y' = V(\mathfrak{p}A') = \operatorname{Spec}(A'/\mathfrak{p}A')$, 若 $f : X' \to X$ 是 φ 所对应的态射, 则 Y' 也是 X' 的闭子概形 $f^{-1}(Y)$. 由于 $\mathfrak{m}A'$ 是 A' 的一个定义理想, 故依照 (6.1.3), 我们有

(7.1.3.1) $$\dim X \;=\; \dim X'\,.$$

进而 $\mathfrak{m}A'/\mathfrak{p}A'$ 是 $A'/\mathfrak{p}A'$ 的一个定义理想, 并且 Y' 在 Y 上是平坦的 (2.1.4), 从而 (6.1.3)

(7.1.3.2) $$\dim Y \;=\; \dim Y'\,.$$

设 y 是 Y 的一般点, Y'_i $(1 \leqslant i \leqslant r)$ 是 Y' 的所有不可约分支, y'_i 是 Y'_i $(1 \leqslant i \leqslant r)$ 的一般点, 则对任意 i, 均有 $f(y'_i) = y$ (2.3.4). 另一方面, y'_i 是纤维 $f^{-1}(y)$ 的极大点 ($\mathbf{0_I}$, 2.1.8), 从而 $\mathscr{O}_{X',y'_i} \otimes_{\mathscr{O}_{X,y}} \boldsymbol{k}(y) = \mathscr{O}_{X',y'_i}/\mathfrak{m}_y\mathscr{O}_{X',y'_i}$ 是 0 维的, 换句话说, $\mathfrak{m}_y\mathscr{O}_{X',y'_i}$ 是 $\mathscr{O}_{X',y'_i}$ 的一个定义理想, 再次使用 (6.1.3), 就得到了

(7.1.3.3) $$\dim \mathscr{O}_{X',y'_i} \;=\; \dim \mathscr{O}_{Y,y}\,,$$

也就是说 (5.1.2), 对任意 i, 均有

(7.1.3.4) $$\operatorname{codim}(Y'_i, X') \;=\; \operatorname{codim}(Y, X)\,.$$

由于 A' 是均维且匀垂的, 故依照 ($\mathbf{0}$, 14.3.5), 对任意 i, 我们都有

(7.1.3.5) $$\dim X' \;=\; \dim Y'_i + \operatorname{codim}(Y'_i, X')\,.$$

再利用 (7.1.3.1), (7.1.3.2), (7.1.3.4) 以及不等式 $\dim Y'_i \leqslant \dim Y'$, 就可以导出

(7.1.3.6) $$\dim X \;\leqslant\; \dim Y + \operatorname{codim}(Y, X)\,,$$

从而根据 ($\mathbf{0}$, 14.2.2.2), 上式的左右两端就是相等的. 进而由这个等式得知, 对任意 i, 均有

(7.1.3.7) $$\dim Y'_i \;=\; \dim Y' \;=\; \dim Y\,,$$

这就证明了 (ii) 的第二句话.

下面来证明 (ii) 的第一句话. 设 $\mathfrak{p}_j$ $(1 \leqslant j \leqslant n)$ 是 A 的那些包含 $\mathfrak{a}$ 的素理想中的极小者, 再设 $\mathfrak{p}'_{jh}$ $(1 \leqslant h \leqslant m_j)$ 是 A' 的那些包含 $\mathfrak{p}_jA'$ 的素理想中的极小者, 则由 (2.3.4) 知, 这些 $\mathfrak{p}'_{jh}$ $(1 \leqslant j \leqslant n, 1 \leqslant j \leqslant m_j)$ 也是 A' 的所有包含 $\mathfrak{a}A'$ 的素理想中的极小者. 根据上面所述, 对每个 j, 这些环 $A'/\mathfrak{p}'_{jh}$ $(1 \leqslant h \leqslant m_j)$ 的维数都相等, 从而它们都等于 $\dim(A'/\mathfrak{p}_jA')$, 根据 (7.1.3.2), 它们也等于 $\dim(A/\mathfrak{p}_j)$. 于是 $A'/\mathfrak{a}A'$ 是均维的就等价于这些 $A/\mathfrak{p}_j$ 的维数都相等, 也就是说, 等价于 $A/\mathfrak{a}$ 是均维的.

最后来证明 (i). 设 $\mathfrak{r}'$ 是 A' 的那些包含 $\mathfrak{m}A'$ 的素理想中的一个极小元, 并设 $A'' = A'_{\mathfrak{r}'}$, 由于 A'' 是平坦 A' 模, 从而也是平坦 A 模, 进而 A'' 是均维且匀垂的 (**0**, 16.1.4), 并且 $\mathfrak{m}A''$ 是 A'' 的一个定义理想. 从而我们可以限于考虑 $\mathfrak{m}A'$ 是 A' 的一个定义理想的情形. 此时若 $\mathfrak{p}$ 和 $\mathfrak{q} \subseteq \mathfrak{p}$ 是 A 的两个素理想, 则可以把 (ii) 应用到 $A/\mathfrak{q}$ 和 $A'/\mathfrak{q}A'$ 上, 后者是均维的, 并且在 $A/\mathfrak{q}$ 上是平坦的. 从而对于 $Z = \operatorname{Spec}(A/\mathfrak{q})$ 和 $Y = \operatorname{Spec}(A/\mathfrak{p})$ 来说, 我们有 $\dim Z = \dim Y + \operatorname{codim}(Y, Z)$, 进而可以应用 (7.1.3.6), 它表明 $\operatorname{codim}(Y, X) = \dim X - \dim Y$. 由于 X 是均维的, 故依照 (**0**, 14.3.3), 这些关系式就证明了它是均链的.

推论 (7.1.4) — *设 A 是一个解析均维的 Noether 局部环. 则有*

(i) A 是均维且匀垂的 (换句话说, A 是均链的).

(ii) 设 $\mathfrak{a}$ 是 A 的一个理想, 则为了使 $A/\mathfrak{a}$ 是均维的, 必须且只需 $A/\mathfrak{a}$ 是解析均维的. 特别地, 对于 A 的任何素理想 $\mathfrak{p}$, $A/\mathfrak{p}$ 都是解析均维的.

设 $\mathfrak{m}$ 是 A 的极大理想, 则 $\mathfrak{m}\widehat{A}$ 是 $\widehat{A}$ 的定义理想. 根据前提条件, $\widehat{A}$ 是均维的, 另一方面, 我们知道它也是匀垂的 (5.6.4), 从而只需把 (7.1.3) 应用到 $A' = \widehat{A}$ 上即可.

推论 (7.1.5) — *设 A 是一个 Noether 局部环, 假设可以找到一个有限型 Cohen-Macaulay A 模 M, 使得 $\operatorname{Supp} M = \operatorname{Spec} A$* (比如当 A 是 Cohen-Macaulay 局部环的时候). *则 A 是解析均维的, 从而 (7.1.4) 为了使 A 的一个商环 B 是解析均维的, 必须且只需它是均维的.*

事实上, $\widehat{M} = M \otimes_A \widehat{A}$ 是一个 Cohen-Macaulay $\widehat{A}$ 模 (**0**, 16.5.2), 并且它的支集就等于 $\operatorname{Spec} \widehat{A}$, 因而 (**0**, 16.5.4) $\widehat{A}$ 是均维的.

注解 (7.1.6) — 我们在 (6.3.8) 中已经看到, 在 (7.1.5) 的前提条件下, 对于 A 的任何商环 B, 典范态射 $\operatorname{Spec} \widehat{B} \to \operatorname{Spec} B$ 的各个纤维都是 Cohen-Macaulay 概形, 因而由 ((6.4.3) 和 (5.7.5)) 知, *为了使 B 没有内嵌支承素轮圈, 必须且只需 $\widehat{B}$ 没有内嵌支承素轮圈.*

引理 (7.1.7) — *设 A 是一个 Noether 局部环, $\mathfrak{p}_i$ $(1 \leqslant i \leqslant r)$ 是它的全体极小*

素理想. 假设每个局部环 $A/\mathfrak{p}_i$ 都是解析均维的. 则对于 A 的任何素理想 $\mathfrak{q}$ 和任何满足 $\mathfrak{p}_i \subseteq \mathfrak{q}$ 的指标 i, 环 $A_{\mathfrak{q}}/\mathfrak{p}_i A_{\mathfrak{q}}$ 都是解析均维的.

由于 $A_{\mathfrak{q}}/\mathfrak{p}_i A_{\mathfrak{q}}$ 就是 $A/\mathfrak{p}_i$ 在素理想 $\mathfrak{q}/\mathfrak{p}_i$ 处的局部环, 故我们可以限于考虑 A 是解析均维的 Noether 整局部环的情形. 令 $A' = \widehat{A}$, 并设 $\mathfrak{q}'$ 是 A' 的那些包含 $\mathfrak{q}A'$ 的素理想中的一个极小元, 再令 $B = A_{\mathfrak{q}}$, 则 $B' = A'_{\mathfrak{q}'}$ 是一个平坦 B 模 ($\mathbf{0_I}$, 6.3.2). 我们令 $C = \widehat{B}$, $C' = \widehat{B'}$, 由于 B' 是平坦 B 模, 故知 C' 是一个平坦 C 模 (Bourbaki,《交换代数学》, III, §5, ¥4, 命题 4). 根据前提条件, A' 是匀垂 (5.6.4) 且均维的, 故 $B' = A'_{\mathfrak{q}'}$ 也是如此 ($\mathbf{0}$, 16.1.4), 进而依照 Cohen 定理 ($\mathbf{0}$, 19.8.8), A' 同构于某个正则环的商环, 从而 B' 也是如此 ($\mathbf{0}$, 17.3.9), 故由 (7.1.5) 得知, C' 是均维的. 另一方面, C' 是匀垂的 (5.6.4), 从而依照 (7.1.3, (i)), C 是均维的.

定理 (7.1.8) — 设 A 是一个 *Noether* 局部环. 则以下诸条件是等价的:

a) A 的任何整商环都是解析均维的.

b) A 除以它的任何一个极小素理想后的商环都是解析均维的.

c) 任何在 A 上本质有限型 (1.3.8) 的均维局部环 B 都是解析均维的.

c) 显然蕴涵 a), 并且 a) 显然蕴涵 b). 另一方面, 由于 A 的任何素理想都包含着一个极小素理想, 故依照 (7.1.4, (ii)), b) 蕴涵 a), 只需再证明 a) 蕴涵 c).

为此只需证明 B 除以任何极小素理想后的商环都是解析均维的即可 (7.1.2). 由于 B 的任何商环也都是本质有限型 A 代数 (1.3.9), 故我们可以假设 B 是整的. 若 $\mathfrak{q}$ 是 B 的极大理想在 A 中的逆像, 则 B 也是本质有限型 $A_{\mathfrak{q}}$ 代数 (1.3.10), 且由 a) 和 (7.1.7) 可以推出 $A_{\mathfrak{q}}$ 的任何整商环都是解析均维的, 从而我们可以假设同态 $A \to B$ 是一个局部同态. 现在这个同态的核 $\mathfrak{r}$ 是 A 的一个素理想, 且依照 a), $A/\mathfrak{r}$ 的任何整商环都是解析均维的; 由于 B 是一个本质有限型 $A/\mathfrak{r}$ 代数, 故我们还可以假设 A 是整的, 并且是 B 的一个子环. 此时我们知道 (1.3.11) B 就是某个形如 $C_{\mathfrak{p}}$ 的局部环的商环, 其中 $C = A[T_1, \cdots, T_n]$ 是一个多项式代数, 且 $\mathfrak{p}$ 是 C 的一个位于 A 的极大理想 $\mathfrak{m}$ 之上的素理想. 依照 (7.1.7), 我们只需证明 $C_{\mathfrak{p}}$ 是解析均维的, 换句话说, 可以限于考虑 $B = C_{\mathfrak{p}}$ 的情形.

令 $A' = \widehat{A}$, $C' = A'[T_1, \cdots, T_n] = C \otimes_A A'$, 则 C' 只有一个位于 A' 的极大理想 $\mathfrak{m}A'$ 之上的素理想 $\mathfrak{p}'$, 从而它也是唯一一个位于 $\mathfrak{p}$ 之上的素理想, 我们令 $B' = C'_{\mathfrak{p}'}$. 同态 $B \to B'$ 是一个局部同态, 并使 B' 成为一个平坦 B 模, 此时我们知道 $\widehat{B'}$ 是一个平坦 $\widehat{B}$ 模 (Bourbaki,《交换代数学》, III, §5, ¥4, 命题 4). 由于 $\widehat{B'}$ 是匀垂的 (5.6.4), 故只要能证明 $\widehat{B'}$ 是均维的, 就可以推出 $\widehat{B}$ 也是如此 (7.1.3, (i)), 从而也完成了证明.

现在根据 Cohen 定理 ($\mathbf{0}$, 19.8.8), A' 是某个正则环的商环, 从而 B' 也是如此 ($\mathbf{0}$, 17.3.9). 依照 (7.1.5), 为了证明 B' 是解析均维的, 只需证明 B' 是均维的, 为此又

只需证明 C' 是均维的, 因为 C' 是某个正则环的商环, 从而总是匀垂的 (5.6.4). 现在 C' 的极小素理想就是这样一些理想 $\mathfrak{q}'C'$, 其中 $\mathfrak{q}'$ 跑遍了 A' 的极小素理想 (5.5.3), 并且我们有 $C'/\mathfrak{q}'C' = (A'/\mathfrak{q}')[T_1, \cdots, T_n]$. 根据前提条件, A' 是均维的 (因为 A 是整的), 从而由 (5.5.4) 知, C' 也是均维的. 证明完毕.

定义 (7.1.9) — *如果 (7.1.8) 中的等价条件得到满足, 则我们说 A 是分层解析均维的.*

于是对于 Noether 局部环来说, 依照 (7.1.2), 解析均维就等价于均维且分层解析均维.

命题 (7.1.10) — *Cohen-Macaulay 局部环的商环 A 都是分层解析均维的.*

这可由 (7.1.8) 和 (7.1.5) (应用到 A 的整商环上) 立得.

命题 (7.1.11) — (i) *分层解析均维的 Noether 局部环都是广泛匀垂的.*

(ii) *若 A 是一个分层解析均维的 Noether 局部环, 则任何在 A 上本质有限型的局部环 B 都是分层解析均维的.*

条目 (ii) 可由 (7.1.8) 的条件 c) 和下面的事实立得: 若一个局部环 C 是本质有限型 B 代数, 则它也是本质有限型 A 代数 (1.3.9). 下面来证明 (i), 首先注意到, 依照 (7.1.8) 的条件 b), 分层解析均维的 Noether 局部环 A 总是匀垂的, 因为 A 除以它的各个极小素理想后的商环都是如此 (7.1.4). 现在若 E 是一个有限型 A 代数, 则由上面所述和 (ii) 可知, E 在任何素理想处的局部环都是匀垂的, 从而 E 是匀垂的. 这就表明 A 是广泛匀垂的.

注解 (7.1.12) — (i) 我们不知道反过来是否广泛匀垂的 Noether 局部环都是分层解析均维的.

(ii) 1 维 Noether 局部环 A 必然是均维的, 因为它的极大理想不可能是极小的 (否则 A 就是 0 维的). 由于 $\dim \widehat{A} = 1$, 这表明 A 甚至也是解析均维的, 自然也是分层解析均维的 (从而是广泛匀垂的). 但是, (5.6.11) 中所定义的那个 2 维局部环就是匀垂而非广泛匀垂的, 自然也不是分层解析均维的.

推论 (7.1.13) — *设 Y 是一个 1 维不可约局部 Noether 概形, X 是一个不可约概形, $f : X \to Y$ 是一个有限型的笼罩性态射, ξ, η 分别是 X 和 Y 的一般点. 则对任意 $y \in f(X)$, $f^{-1}(y)$ 的不可约分支的维数都等于 $\{\boldsymbol{k}(\xi) : \boldsymbol{k}(\eta)\}$.*

根据前提条件, $f^{-1}(\eta)$ 是不可约的, 一般点为 ξ, 并且维数等于 $\{\boldsymbol{k}(\xi) : \boldsymbol{k}(\eta)\}$ (5.2.1). 由于 Y 是不可约的, 且维数是 1, 故对任意 $y \neq \eta$, 我们都有 $\dim \mathscr{O}_y = 1$, 依照 (7.1.12, (ii)), $\mathscr{O}_y$ 是广泛匀垂的. 从而若 $y \in f(X)$ 并且 z 是 $f^{-1}(y)$ 的某个不可约分支 Z 的一般点, 则根据 (5.6.5), 我们有

$$\dim Z \;=\; 1+\dim f^{-1}(\eta)-\dim \mathscr{O}_{X,z}\,.$$

然而 $\dim \mathscr{O}_{X,z} \leqslant \dim \mathscr{O}_y$ ($\mathbf{0}$, 16.3.9), 且由于 z 不是 X 的一般点, 故有 $\dim \mathscr{O}_{X,z} > 0$, 从而 $\dim \mathscr{O}_{X,z} = 1$ 且 $\dim Z = \dim f^{-1}(\eta)$.

7.2 分层严格解析均维环

记号 (7.2.1) — 对于一个 *Noether* 整环 A, 我们用 $A^{(1)}$ 来记这样一些局部环 $A_{\mathfrak{p}}$ 的交集, 其中 $\mathfrak{p}$ 跑遍 A 的高度为 1 的素理想的集合 (5.10.17). 若 A 是 Noether 整局部环, 则我们用 $A^{(\omega)}$ 来记这样一些 $A_{\mathfrak{p}}$ 的交集, 其中 $\mathfrak{p}$ 跑遍 A 的所有不等于极大理想的素理想的集合.

所谓一个 Noether 局部环 A 是严格均维的, 是指对任意 $\mathfrak{p} \in \operatorname{Ass}(A)$, 均有 $\dim(A/\mathfrak{p}) = \dim A$. 这相当于说 A 不仅是均维的, 而且没有内嵌支承素理想.

例子 (7.2.1.1) — 设 A 是一个 Noether 局部环, 维数是 1. 则以下诸条件是等价的:

a) A 没有内嵌支承素理想.

a′) $\widehat{A}$ 没有内嵌支承素理想.

b) A 是严格均维的.

b′) $\widehat{A}$ 是严格均维的.

c) A 是 Cohen-Macaulay 环.

事实上, a) 意味着 A 的极大理想 $\mathfrak{m}$ 不是 A 的支承素理想, 从而 A 的支承素理想都是 A 的极小素理想, 它们都不等于 $\mathfrak{m}$, 并且对于这样一个素理想 $\mathfrak{p}$ 来说, 我们必有 $\dim(A/\mathfrak{p}) = 1$, 从而 a) 蕴涵 b). 反之, b) 表明任何素理想 $\mathfrak{p} \in \operatorname{Ass}(A)$ 都不等于 $\mathfrak{m}$, 从而都是极小的, 因而 b) 蕴涵 a). 我们已经知道对于 1 维局部环来说, a) 和 c) 是等价的 (5.7.8). 最后, 由于 A 是 Cohen-Macaulay 环就等价于 $\widehat{A}$ 是 Cohen-Macaulay 环 ($\mathbf{0}$, 16.5.2), 并且此时也有 $\dim \widehat{A} = 1$, 从而我们看到 a′) 和 b′) 都等价于 c).

命题 (7.2.2) — 设 A 是一个 *Noether* 整局部环, 我们令 $A' = \widehat{A}$, $X = \operatorname{Spec} A$, $X' = \operatorname{Spec} A'$, 并且用 $f : X' \to X$ 来记典范态射. 设 a 是 X 的闭点, $j : X \smallsetminus \{a\} \to X$ 是典范含入. 设 $\mathscr{F}$ 是一个凝聚 $\mathscr{O}_X$ 模层, $\mathscr{F}' = f^*\mathscr{F} = \mathscr{F} \otimes_{\mathscr{O}_X} \mathscr{O}_{X'}$, 则以下诸条件是等价的:

a) $\mathscr{O}_X$ 模层 $j_*(\mathscr{F}|_{X\smallsetminus\{a\}})$ 是凝聚的.

b) 对任意 $x' \in \operatorname{Ass}\mathscr{F}'$, 均有 $\dim \overline{\{x'\}} \geqslant 2$.

事实上, 设 a' 是 X' 的闭点, 它是纤维 $f^{-1}(a)$ 中的唯一一点, 再设 $j' : X' \smallsetminus \{a'\} \to X'$ 是典范含入. 由于态射 f 是拟紧忠实平坦的, 故知 $j_*(\mathscr{F}|_{X\smallsetminus\{a\}})$ 是凝聚的就等价于 $j'_*(\mathscr{F}'|_{X'\smallsetminus\{a'\}})$ 是凝聚的 (5.9.5). 另一方面, 根据 Cohen 定理 ($\mathbf{0}$, 19.8.8),

A' 同构于某个正则局部环的商环, 从而由 (5.11.4) 知, 条件 b) 等价于 $j'_*(\mathscr{F}'|_{X'\smallsetminus\{a'\}})$ 是凝聚的. 这就证明了命题.

上述证明方法是在 Cohen 定理的基础上使用了 (5.11.4), 从而 (通过 (5.11.2)) 也间接地使用了第三章的上同调理论, 如果不想使用 (5.11.4), 也可以利用 A' 是广泛匀垂的 (5.6.4) 和广泛日本型的 (基于 (7.6.5)) 这个事实来完成证明 ((7.6.5) 的证明并不需要用到 (7.2.2)).

命题 (7.2.3) — *设 A 是一个 Noether 整局部环. 则在 (7.2.2) 的记号下, 以下诸条件是等价的:*

a) $A^{(1)}$ 是一个有限 A 代数.

b) 对于 X 的任何一个余维数 $\geqslant 2$ 的闭子集 T, $i_*\mathscr{O}_{X\smallsetminus T}$ 都是凝聚 $\mathscr{O}_X$ 模层, 其中 $i: X\smallsetminus T\to X$ 是典范含入.

c) 对任意 $x'\in \operatorname{Ass}(\mathscr{O}_{X'})$ 和 X 的任意余维数 $\geqslant 2$ 的闭子集 T, 均有 $\operatorname{codim}(f^{-1}(T)\cap\overline{\{x'\}},\overline{\{x'\}})\geqslant 2$.

我们令 $Z=Z^{(2)}(X)$ (5.10.13) 和 $Z'=f^{-1}(Z)$, 它们在特殊化下都是稳定的. 条件 a) 和 b) 分别等价于下面两个性质: a_1) $\mathscr{H}^0_{X/Z}(\mathscr{O}_X)$ 是凝聚的, b_1) 对于 X 的任何一个余维数 $\geqslant 2$ 的闭子集 T, $\mathscr{H}^0_{X/T}(\mathscr{O}_X)$ 都是凝聚的. 有见于 (5.9.5), 后面这两个性质又分别等价于: a'_1) $\mathscr{H}^0_{X'/Z'}(\mathscr{O}_{X'})$ 是凝聚的, b'_1) 对于 X 的任何一个余维数 $\geqslant 2$ 的闭子集 T, $\mathscr{H}^0_{X'/T'}(\mathscr{O}_{X'})$ 都是凝聚的, 其中 $T'=f^{-1}(T)$. 现在 $\operatorname{Ass}(\mathscr{O}_{X'})$ 的每个点都投影到了 X 的一般点上, 因为 f 是平坦态射 (3.3.2), 而根据定义, 这个一般点没有落在 Z 中, 故知 $\operatorname{Ass}(\mathscr{O}_{X'})$ 与 Z' 没有交点, 从而 a'_1) 和 b'_1) 的等价性就缘自 (5.11.5), 因为依照 Cohen 定理 (**0**, 19.8.8) (或者由于 A' 是广泛日本型的 (7.6.5)), A' 同构于某个正则环的商环. 而依照 (5.11.4), 这件事也能表明条件 b'_1) 和 c) 是等价的.

命题 (7.2.4) — *设 A 是一个 Noether 局部环, $X=\operatorname{Spec} A$. 则以下诸条件是等价的:*

a) 对于 A 的任何整商环 B, 环 $B^{(1)}$ 都是有限 B 代数.

b) 对任何凝聚 $\mathscr{O}_X$ 模层 $\mathscr{F}$ 和任何在特殊化下稳定的子集 $Z\subseteq X$, 只要对任何 $x\in\operatorname{Ass}\mathscr{F}\cap(X\smallsetminus Z)$, 均有 $\operatorname{codim}(\overline{\{x\}}\cap Z,\overline{\{x\}})\geqslant 2$, 那么 $\mathscr{O}_X$ 模层 $\mathscr{H}^0_{X/Z}(\mathscr{F})$ 就是凝聚的.

c) 对于 X 的任何闭子集 T 和任何凝聚 $\mathscr{O}_U$ 模层 $\mathscr{G}$ (其中 $U=X\smallsetminus T$), 只要对任何 $x\in\operatorname{Ass}\mathscr{G}$, 均有 $\operatorname{codim}(\overline{\{x\}}\cap T,\overline{\{x\}})\geqslant 2$, 那么 $i_*\mathscr{G}$ 就是凝聚 $\mathscr{O}_X$ 模层 (其中 $i: U\to X$ 典范含入).

d) 对于 A 的任何整商环 B 以及 B 的任何高度 $\geqslant 2$ 的理想 $\mathfrak{J}$, 环 $\bigcap_{\mathfrak{p}\not\supseteq\mathfrak{J}} B_{\mathfrak{p}}$ 都是有限 B 代数.

e) 对于 A 的任何整商环 B 以及 B 在任何素理想 $\mathfrak{q}$ 处的局部环 $C=B_{\mathfrak{q}}$, 只要

$\dim C \geqslant 2$, 环 $C^{(\omega)}$ 就是有限 C 代数 (这也相当于说, 若 $Y = \operatorname{Spec} C$, 并且 U 是 Y 的闭点的补集, 再令 $j: U \to Y$ 是典范含入, 则 $j_*\mathscr{O}_U$ 是凝聚 $\mathscr{O}_Y$ 模层).

f) 对于 A 的任何整商环 B 以及 B 在任何素理想 $\mathfrak{q}$ 处的局部环 $C = B_{\mathfrak{q}}$, 只要 $\dim C \geqslant 2$, 就有下面的结果: 对所有素理想 $\mathfrak{r} \in \operatorname{Ass}(\widehat{C})$, 均有 $\dim(\widehat{C}/\mathfrak{r}) \geqslant 2$.

我们已经知道 (5.11.6) a) 和 b) 是等价的, c) 和 d) 是等价的, 并且 a) 蕴涵 d). 把 (7.2.3) 应用到 A 的整商环 B 上又可以推出 a) 和 d) 的等价性, 因为依照 (5.9.3.1), 条件 d) 就是 (7.2.3, b)) 的一个等价形式. e) 和 f) 的等价性是 (7.2.2) 的一个推论 (应用到 $\mathscr{O}_Y$ 模 $\mathscr{O}_Y$ 上). 我们在 (5.11.7, (ii)) 中已经看到, 若 A 满足条件 a), 则任何有限 A 代数以及 A 的任何分式环都满足条件 a). 从而由 A 满足条件 a) (在 e) 的记号下) 就能推出环 C 也满足条件 a), 这就推出了 c). 而由于 C 是整的, 并且 $\dim C \geqslant 2$, 故我们可以把条件 c) 应用到 C 和 $Y = \operatorname{Spec} C$ 的闭点集 T 上, 这就证明了 a) 蕴涵 e). 只需再证明 e) 蕴涵 a) 即可, 我们显然可以限于考虑 A 是整环并且 $B = A$ 的情形, 问题是要证明条件 e) 蕴涵了条件 (7.2.3, c)). 在 (7.2.3, c)) 的记号下, 考虑 $y' \in f^{-1}(T) \cap \overline{\{x'\}}$, 并设 $y = f(y')$, $C = \mathscr{O}_{X,y}$, 则由于 $y \in T$, 故根据前提条件, $\dim C \geqslant 2$, 因而 (在 e) 的记号下) $j_*\mathscr{O}_U$ 是一个凝聚 $\mathscr{O}_Y$ 模层. 现在我们令 $Y' = X' \times_X Y$, 则由于态射 $f: X' \to X$ 是平坦的, 故知 $g = f_{(Y)}: Y' \to Y$ 也是如此. 此外 Y' 的底空间可以等同于 $f^{-1}(Y)$ (**I**, 3.6.5), 且由于 A 是整的, 而 f 是平坦的, 故知 $\operatorname{Ass}(\mathscr{O}_{X'})$ 包含在 X 的一般点的纤维中 (3.3.2), 后者又包含在 Y 中, 故我们有 $x' \in Y'$. 设 $U' = g^{-1}(U)$, 并设 j' 是典范含入 $U' \to Y'$, 由于 $j_*\mathscr{O}_U$ 是一个凝聚 $\mathscr{O}_Y$ 模层, 并且 g 是平坦的, 故由 (5.9.4) 知, $j'_*(\mathscr{O}_{U'})$ 是一个凝聚 $\mathscr{O}_{Y'}$ 模层. 现在我们有 $x' \in \operatorname{Ass}(\mathscr{O}_{U'})$, 从而由 (5.10.10) 就可以得知, 在 Y' 中有 $\operatorname{codim}(\overline{\{y'\}} \cap \overline{\{x'\}}, \overline{\{x'\}}) \geqslant 2$. 由于 y' 在 $f^{-1}(T) \cap \overline{\{x'\}}$ 中是任取的, 故知在 X' 中有 $\operatorname{codim}(f^{-1}(T) \cap \overline{\{x'\}}, \overline{\{x'\}}) \geqslant 2$. 证明完毕.

定理 (7.2.5) — 设 A 是一个 *Noether* 局部环. 则以下诸条件是等价的:

a) 对于 A 的任何整商环 B, 完备化 $\widehat{B}$ 都是严格均维的 (7.2.1).

b) A 是分层解析均维的 (7.1.9), 并且典范态射 $\operatorname{Spec} \widehat{A} \to \operatorname{Spec} A$ 的各个纤维都具有 (S_1) 性质 (换句话说, 它们都没有内嵌支承素轮圈).

c) A 是广泛匀垂的 (5.6.2), 并且对于 A 的任何整商环 B, 环 $B^{(1)}$ 都是有限 B 代数 (参考 (7.2.4)).

d) A 是广泛匀垂的, 并且对于 A 的任何整商环 B 以及 B 在任何素理想 $\mathfrak{q}$ 处的局部环 $C = B_{\mathfrak{q}}$, 只要 $\dim C \geqslant 2$, 环 $C^{(\omega)}$ 就是有限 C 代数.

e) A 是广泛匀垂的, 并且对于 A 的任何整商环 B 以及 B 在任何素理想 $\mathfrak{q}$ 处的局部环 $C = B_{\mathfrak{q}}$, 只要 $\dim C \geqslant 2$, 完备化环 $\widehat{C}$ 的谱空间 $\operatorname{Spec} \widehat{C}$ 就没有 1 维的支承素轮圈.

进而若这些条件得到满足, 则对于 A 的任何严格均维的商环 B, 完备化环 $\widehat{B}$ 都是严格均维的.

我们在 (7.2.4) 中已经证明了 c), d), e) 的等价性. 下面来证明 a) 和 b) 是等价的, 还记得 (7.1.9) A 是分层解析均维的就意味着对于 A 的任何整商环 B 来说, $\widehat{B}$ 都是均维的. 另一方面, 对于 $x \in \operatorname{Spec} A$, 我们令 $B = A/\mathfrak{j}_x$, 则态射 $\operatorname{Spec} \widehat{A} \to \operatorname{Spec} A$ 在点 x 处的纤维就是态射 $\operatorname{Spec} \widehat{B} \to \operatorname{Spec} B$ 在一般点 x 处的纤维, 且依照 (3.3.3), 后面这个纤维没有内嵌支承素轮圈就等价于 $\widehat{B}$ 没有内嵌支承素理想, 这就证明了 a) 和 b) 的等价性. 同样的论证过程还表明, 若 a) 得到满足, 则对于 A 的任何没有内嵌支承素理想的整商环 B 来说, 完备化 $\widehat{B}$ 也没有内嵌支承素理想, 另一方面, A 是分层解析均维的这个条件表明, 若 B 是均维的, 则 $\widehat{B}$ 也是如此 (7.1.8), 这就证明了定理的最后一句话.

现在我们来证明 a) 蕴涵 c). 条件 a) 表明 A 是广泛匀垂的 (7.1.11), 另一方面, 我们来证明对于 A 的任何整商环 B 来说, $B^{(1)}$ 都是有限 B 代数. 把 (7.2.3) 应用到 B 上, 则问题归结为证明, 若 $X = \operatorname{Spec} B$, 且 T 是 X 的一个余维数 $\geqslant 2$ 的闭子集, 再令 $X' = \operatorname{Spec} \widehat{B}$, 且 $g : X' \to X$ 是典范态射, 则对任意 $x' \in \operatorname{Ass}(\mathscr{O}_{X'})$, 均有 $\operatorname{codim}(g^{-1}(T) \cap \overline{\{x'\}}, \overline{\{x'\}}) \geqslant 2$. 根据前提条件, X' 没有内嵌支承素轮圈, 从而 $\inf\limits_{x' \in \operatorname{Ass}(\mathscr{O}_{X'})} (\operatorname{codim}(g^{-1}(T) \cap \overline{\{x'\}}, \overline{\{x'\}}))$ 就等于 $\operatorname{codim}(g^{-1}(T), X')$. 由于 g 是一个忠实平坦态射, 故我们有 (6.1.4)

$$\operatorname{codim}(g^{-1}(T), X') = \operatorname{codim}(T, X) \geqslant 2 .$$

只需再证明 c) 蕴涵 a). 我们对 $n = \dim A$ 进行归纳, 当 $n = 0$ 时定理是显然的, 进而我们可以限于考虑 $A = B$ 是整环的情形. 下面设 $n \geqslant 1$, 且分为两个步骤.

I) 首先假设 A 具有 (S_2) 性质 — 我们令 $X = \operatorname{Spec} A$, $A' = \widehat{A}$, $X' = \operatorname{Spec} A'$, 并设 $u : X' \to X$ 是典范态射, 问题是要证明, 对任意元素 $x' \in \operatorname{Ass}(\mathscr{O}_{X'})$, 均有 $\dim \overline{\{x'\}} = n$. 设 $f \neq 0$ 是 A 的极大理想中的一个元素, 并且令 $C = A/fA$, 我们知道 (5.7.6) A/fA 具有 (S_1) 性质, 而依照 Krull 主理想定理, A 的那些包含 f 的素理想中的极小者都是高度为 1 的, 并且 C 是匀垂的, 故知 $C = A/fA$ 是严格均维的, 并且 $\dim C = n - 1$. 我们有 $\widehat{C} = C \otimes_A A' = A'/fA'$, 并且根据平坦性, f 是 A' 正则的 $(\mathbf{0_I}$, 6.3.4). 现在令 $Y' = V(fA') = \operatorname{Spec} \widehat{C}$, 则依照 (3.4.3), 对于 $Y' \cap \overline{\{x'\}}$ 的任何极大点 y', 均有 $y' \in \operatorname{Ass}(\mathscr{O}_{Y'})$, 另一方面, 我们有 $y' \neq x'$, 因为 $u(x')$ 是 X 的一般点 (3.3.2), 并且 $u(y') \in V(fA)$. 由此得知 (5.1.8)

$$\dim \overline{\{y'\}} = \dim \overline{\{x'\}} - 1 . \tag{7.2.5.1}$$

然而商环 $C = A/fA$ 也满足条件 c) (5.6.1 和 5.11.7, (ii)), 故依照归纳假设, $\dim(\overline{\{y'\}}) = \dim C = n - 1$, 从而由 (7.2.5.1) 就可以推出 $\dim \overline{\{x'\}} = n$.

II) 一般情形 — 根据前提条件, 环 $A^{(1)}$ 是一个有限 A 代数, 并且依照 (5.10.17 (i)), 它具有 (S_2) 性质, 从而它在每个极大理想 $\mathfrak{n}$ 处的局部环 $(A^{(1)})_{\mathfrak{n}}$ 也是如此, 并且由于 A 是广泛匀垂的, 故知这些环 $(A^{(1)})_{\mathfrak{n}}$ (个数有限) 都是 n 维的 (5.6.10), 进而, 这些环都满足条件 c) (5.6.1 和 5.11.7, (ii)). 我们知道 $A^{(1)}$ 的完备化 (等于 $\widehat{A}\otimes_A A^{(1)}$) 就是这些局部环 $(A^{(1)})_{\mathfrak{n}}$ 的完备化的直合. 现在令 $X_1=\operatorname{Spec}A^{(1)}$, $X_1'=\operatorname{Spec}(A^{(1)})^{\wedge}=X'\times_X X_1$, 则由上面所述和情形 I) 的结果可知, 对任意 $x_1'\in\operatorname{Ass}(\mathscr{O}_{X_1'})$, 均有 $\dim\overline{\{x_1'\}}=n$. 设 $u_1=u_{(X_1)}:X_1'\to X_1$ 是典范态射, 由于 A 和 $A^{(1)}$ 具有相同的分式域, 故知 X 的一般点 x 在投影 $X_1\to X$ 下的逆像只含有 X_1 的一般点 x_1, 且纤维 $u^{-1}(x)$ 在投影 $X_1'\to X'$ 下的逆像就是纤维 $u_1^{-1}(x_1)$, 进而这个投影诱导了概形 $u_1^{-1}(x_1)$ 到 $u^{-1}(x)$ 的一个同构. 在此基础上, $\operatorname{Ass}(\mathscr{O}_{X'})$ (切转: $\operatorname{Ass}(\mathscr{O}_{X_1'})$) 中的点就是 $u^{-1}(x)$ (切转: $u_1^{-1}(x_1)$) 的那些支承素轮圈的一般点 (3.3.1). 从而对任意 $x'\in\operatorname{Ass}(\mathscr{O}_{X'})$, 我们都可以找到一个位于 x' 之上的点 $x_1'\in\operatorname{Ass}(\mathscr{O}_{X_1'})$, 并且若 Z' (切转: Z_1') 是 X' (切转: X_1') 的那个以 $\overline{\{x'\}}$ (切转: $\overline{\{x_1'\}}$) 为底空间的既约闭子概形, 则投影 $Z_1'\to Z'$ 是有限映满态射, 从而由 (5.4.2) 得知, $\dim\overline{\{x'\}}=\dim\overline{\{x_1'\}}=n$. 证明完毕.

定义 (7.2.6) — *如果一个 Noether 局部环 A 满足 (7.2.5) 中的等价条件, 则我们说 A 是分层严格解析均维的.*

推论 (7.2.7) — *设 A 是一个 Noether 局部环, 并假设可以找到一个 Cohen-Macaulay 的有限型 A 模 M, 使得 $\operatorname{Supp}M=\operatorname{Spec}A$, 则 A 是分层严格解析均维的.*

事实上, A 是分层解析均维的 (7.1.5 和 7.1.9), 另一方面典范态射 $\operatorname{Spec}\widehat{A}\to\operatorname{Spec}A$ 的各个纤维都是 Cohen-Macaulay 概形 (6.3.8), 从而自然具有 (S_1) 性质.

推论 (7.2.8) — *设 A 是一个分层严格解析均维的 Noether 局部环, 则任何在 A 上本质有限型的局部环 B 都是分层严格解析均维的.*

事实上, B 是分层解析均维的 (7.1.11), 并且由 (7.4.4)① 知, $\operatorname{Spec}\widehat{B}\to\operatorname{Spec}B$ 的各个纤维都具有 (S_1) 性质, 故得结论.

推论 (7.2.9) — *1 维 Noether 局部环都是分层严格解析均维的.*

事实上, 这种环 A 的任何整商环 B 都是 0 维或者 1 维的, 从而它们的完备化都是严格均维的 (7.2.1.1).

注解 (7.2.10) — (i) 由 (7.2.7) 和 (7.2.8) 知, Cohen-Macaulay 局部环的任何商环都是分层严格解析均维的.

具有 (S_2) 性质的 2 维 Noether 局部环总是分层严格解析均维的, 因为它是 Cohen-Macaulay 的. 但是还记得我们能找到非广泛匀垂的 2 维 Noether 整局部环, 自然这种环就不可能是分层严格解析均维的 (5.6.11).

①推论 (7.2.8) 在 (7.4.4) 的证明中并没有被用到过.

(ii) 我们不知道分层解析均维的局部环 (7.1.9) 是否都是分层严格解析均维的, 这是因为我们不知道对于一个 Noether 整局部环 B 来说, $\widehat{B}$ 是否没有内嵌支承素理想 (6.4.3). 我们同样不知道在 (7.2.5) 的等价条件 c), d), e) 中, 是否可以把 A 是广泛匀垂的这个条件换成 A 是匀垂的这个条件. 可以证明, 当 A 是 Hensel 环时这是对的 (18.9.6).

7.3 Noether 局部环的形式纤维

(7.3.1) 在这一小节和下面两个小节中, 我们将考虑下述形状的性质 $\boldsymbol{P}(Z,k)$:

"Z 是域 k 上的局部 Noether 概形, 并且对任意 $z\in Z$, 均有 $\boldsymbol{Q}(\mathscr{O}_z,k)$"

其中 $\boldsymbol{Q}(A,k)$ 是 Noether 局部 k 代数 A 的一个性质. 我们再假设, 如果 k' 是一个与 k 同构的域, A' 是一个 k' 代数, 并且它作为 k' 代数双重同构于 A, 那么 $\boldsymbol{Q}(A,k)$ 和 $\boldsymbol{Q}(A',k')$ 就是等价的.

设 X,Y 是两个局部 Noether 概形, 所谓一个态射 $f:X\to Y$ 是 $\boldsymbol{P}$ 态射, 是指:

1° f 是平坦的,

2° 对任意 $y\in Y$, 性质 $\boldsymbol{P}(f^{-1}(y),\boldsymbol{k}(y))$ 都成立.

引理 (7.3.2) — *设 X,Y 是两个局部 Noether 概形, $f:X\to Y$ 是一个态射. 则以下诸条件是等价的:*

a) f 是 $\boldsymbol{P}$ 态射.

b) 对任意 $x\in X$ 和 $y=f(x)$, $\mathscr{O}_x$ 都是平坦 $\mathscr{O}_y$ 模, 并且 $\boldsymbol{Q}(\mathscr{O}_x\otimes_{\mathscr{O}_y}\boldsymbol{k}(y),\boldsymbol{k}(y))$ 都成立.

c) 对任意 $x\in X$ 和 $y=f(x)$, 同态 $\mathscr{O}_y\to\mathscr{O}_x$ 所对应的态射 $\operatorname{Spec}\mathscr{O}_x\to\operatorname{Spec}\mathscr{O}_y$ 都是 $\boldsymbol{P}$ 态射.

c′) 对任意闭点 $x\in X$, 态射 $\operatorname{Spec}\mathscr{O}_x\to\operatorname{Spec}\mathscr{O}_y$ 都是 $\boldsymbol{P}$ 态射.

事实上, a) 和 b) 的等价性缘自定义, b) 和 c) 的等价性可由定义和 (**I**, 2.4.2) 推出, 最后, b) 和 c′) 的等价性是基于下面的事实: 对任意 $x\in X$, $\overline{\{x\}}$ 中都包含着闭点 (5.1.11).

推论 (7.3.3) — *设 A, B 是两个 Noether 环, $\varphi:A\to B$ 是一个同态, 且它所对应的态射 $\operatorname{Spec}B\to\operatorname{Spec}A$ 是一个 $\boldsymbol{P}$ 态射. 则对于 A 的任何乘性子集 S, 态射 $\operatorname{Spec}S^{-1}B\to\operatorname{Spec}S^{-1}A$ 都是 $\boldsymbol{P}$ 态射.*

这可由 (7.3.2) 和 (**I**, 1.6.2) 立得.

(7.3.4) 以下我们总假设性质 $\boldsymbol{Q}$ 还满足下面三个条件:

($\mathrm{P_I}$) (可传递) — 若 $f:X\to Y$ 是一个全盘正则态射 (6.8.1), 且 $g:Y\to Z$ 是一

个 $\boldsymbol{P}$ 态射, 则 $g\circ f$ 是 $\boldsymbol{P}$ 态射.

($\mathrm{P_{II}}$) (可下降) — 若 $f:X\to Y$ 和 $g:Y\to Z$ 是局部 Noether 概形之间的两个态射, 其中 f 是忠实平坦的, 并且 $g\circ f$ 是 $\boldsymbol{P}$ 态射, 则 g 是 $\boldsymbol{P}$ 态射.

($\mathrm{P_{III}}$) — 对任何域 k, $\boldsymbol{P}(\operatorname{Spec}k,k)$ 都成立.

注解 (7.3.5) — (i) 条件 ($\mathrm{P_I}$) 和 ($\mathrm{P_{III}}$) 表明, 任何全盘正则态射都是 $\boldsymbol{P}$ 态射.

(ii) 注意到由 ($\mathrm{P_I}$) (切转: ($\mathrm{P_{II}}$)) 的前提条件可以推出 $h=g\circ f$ (切转: g) 是平坦的 (2.2.13), 另一方面, 由 ($\mathrm{P_I}$) 或 ($\mathrm{P_{II}}$) 的前提条件还可以推出: 对任意 $z\in Z$, $f_z:h^{-1}(z)\to g^{-1}(z)$ 都是平坦的 (2.1.4). 由于对任意 $y\in g^{-1}(z)$, $f_z^{-1}(y)$ 都同构于 $f^{-1}(y)$ (**I**, 3.6.4), 从而为了验证条件 ($\mathrm{P_I}$) 和 ($\mathrm{P_{II}}$), 只需取 Z 是域的谱即可.

(iii) 在某些情况下, 性质 $\boldsymbol{Q}$ 还满足下面这个条件:

($\mathrm{P'_I}$) — 若 $f:X\to Y$ 和 $g:Y\to Z$ 是两个 $\boldsymbol{P}$ 态射, 则 $g\circ f$ 也是 $\boldsymbol{P}$ 态射.

(7.3.6) 所谓性质 $\boldsymbol{P}$ 是几何性的, 是指它 (除了 ($\mathrm{P_I}$), ($\mathrm{P_{II}}$) 和 ($\mathrm{P_{III}}$) 之外) 还满足下面的条件:

($\mathrm{P_{IV}}$) (对基域的有限型扩张封闭) — 若 $\boldsymbol{P}(Z,k)$ 成立, 则对于 k 的任何有限型扩张 k', $\boldsymbol{P}(Z\otimes_k k',k')$ 也成立.

引理 (7.3.7) — *设 $f:X\to Y$ 是局部 Noether 概形之间的一个 $\boldsymbol{P}$ 态射, $g:Y'\to Y$ 是一个局部有限型态射. 于是若 $\boldsymbol{P}$ 满足条件 ($\mathrm{P_{IV}}$), 则态射 $f'=f_{(Y')}:X\times_Y Y'\to Y'$ 也是 $\boldsymbol{P}$ 态射.*

事实上, 对任意 $y'\in Y'$ 和 $y=g(y')$, 域 $\boldsymbol{k}(y')$ 都是 $\boldsymbol{k}(y)$ 的有限型扩张 (**I**, 6.4.11), 并且 $f'^{-1}(y')=f^{-1}(y)\otimes_{\boldsymbol{k}(y)}\boldsymbol{k}(y')$ (**I**, 3.6.4), 从而只需使用 ($\mathrm{P_{IV}}$) 即可.

例子 (7.3.8) — 下面这些性质 $\boldsymbol{P}(Z,k)$ 都满足条件 ($\mathrm{P_I}$), ($\mathrm{P_{II}}$) 和 ($\mathrm{P_{III}}$):

(i) (也可记作 (i_n)) Z 的余深度 $\leqslant n$.

(ii) Z 是 Cohen-Macaulay 概形.

(iii) (也可记作 (iii_n)) Z 具有 (S_n) 性质.

(iv) Z 是正则的.

(v) (也可记作 (v_n)) Z 具有 (R_n) 性质.

(vi) Z 是既约的.

(vii) Z 是正规的.

对于性质 (ii) 到 (vii), 这是缘自 (6.6.1), 它实际上可以推出更强的条件 ($\mathrm{P'_I}$). 至于 (i), 性质 ($\mathrm{P_{II}}$) 是缘自 (6.6.2), 性质 ($\mathrm{P_I}$) 则缘自 (6.3.2) 以及正则概形的余深度是 0 这个事实 (利用 (6.6.1, (i)) 的证明方法).

进而, 由 (6.7.1) 知, 性质 (i), (ii), (iii) 都是几何性的, 而依照 (6.7.8), 下面这些

性质也是几何性的:

(iv′) Z 是几何正则的.

(v′) (也可记作 (v′$_n$)) Z 具有几何 (R_n) 性质.

(vi′) Z 是几何既约的.

(vii′) Z 是几何正规的.

注解 (7.3.9) — (i) 性质 (iv′), (v′$_n$), (vi′), (vii′) 分别蕴涵了对应的性质 (iv), (v$_n$), (vi), (vii). 性质 (iv) 蕴涵了 (i) 到 (vii) 的所有性质, 而性质 (iv′) 则蕴涵了 (7.3.8) 中所列举的所有性质. 此外, 我们知道 (i$_0$) 等价于 (ii), 而 (iii$_1$) 加 (v$_0$) (切转: (iii$_1$) 加 (v′$_0$)) 则等价于 (vi) (切转: (vi′)) (5.8.5), 最后, (iii$_2$) 加 (v$_1$) (切转: (iii$_2$) 加 (v′$_1$)) 等价于 (vii) (切转: (vii′)) (5.8.6).

(ii) 在 (7.3.8) 的所有例子中, 定义 $\boldsymbol{P}$ 的那个性质 $\boldsymbol{Q}(\mathscr{O}_z, k)$ 都满足下面的条件: 对于 z 在 Z 中的任何一般化 z', $\boldsymbol{Q}(\mathscr{O}_z, k)$ 都蕴涵着 $\boldsymbol{Q}(\mathscr{O}_{z'}, k)$. 事实上, 依照 (2.3.4), 只需对 (i) 到 (vii) 这几条性质进行验证即可 (甚至只需对 (i) 到 (v) 进行验证即可, 参考注解 (7.3.9, (i))). 对于 (iii) 和 (v), 这可由定义立得 (5.7.2 和 5.8.2), 对于 (i), 这是缘自 (6.3.9), 最后, 对于 (ii) 和 (iv), 这是缘自 (**0**, 16.5.10 和 17.3.2).

(7.3.10) 所谓一个性质 $\boldsymbol{P}(Z, k)$ 是第一型的, 是指定义 $\boldsymbol{P}$ 所用的那个性质 $\boldsymbol{Q}(A, k)$ 是一个形如 $\boldsymbol{R}(A)$ 的性质, 即不依赖于 k, 并且当 A 是域时它总是成立的. 所谓 $\boldsymbol{P}(Z, k)$ 是第二型的, 是指性质 $\boldsymbol{Q}(A, k)$ 具有下面的形状:

"对于 k 的每个有限型扩张 k' 以及 $\operatorname{Spec}(A \otimes_k k')$ 的
任何一个位于 $\operatorname{Spec} A$ 的闭点之上的点 z', 均有 $\boldsymbol{R}(\mathscr{O}_{z'})$"

其中 $\boldsymbol{R}(A)$ 仍然是某个在 A 是域时总成立的性质. 易见在 (7.3.8) 的那些例子中, 性质 (i) 到 (vii) 是第一型的, 而性质 (iv′) 到 (vii′) 则是第二型的.

在此基础上, 重新考察 (6.6.1) 和 (6.8.3) 的证明过程, 我们看到当 $\boldsymbol{P}$ 是由某个性质 $\boldsymbol{R}(A)$ 所给出的第一型或第二型性质时, 只要 $\boldsymbol{R}$ 满足下面的条件, 条件 $(\mathrm{P_I})$ 和 $(\mathrm{P_{II}})$ 就是成立的:

$(\mathrm{R_I})$ 设 X, Y 是两个局部 Noether 概形, $f : X \to Y$ 是一个全盘正则态射, 则对任意 $x \in X$, $\boldsymbol{R}(\mathscr{O}_{f(x)})$ 都蕴涵着 $\boldsymbol{R}(\mathscr{O}_x)$.

$(\mathrm{R_{II}})$ 设 $\varphi : A \to B$ 是 Noether 局部环之间的一个局部同态, 并使 B 成为一个平坦 A 模, 则 $\boldsymbol{R}(B)$ 蕴涵着 $\boldsymbol{R}(A)$.

进而, 性质 $(\mathrm{P_{III}})$ 可由 $\boldsymbol{R}(k)$ 对于任何域 k 都成立这个前提条件推出. 最后, 如果 $\boldsymbol{P}$ 是第二型的, 那么条件 $(\mathrm{P_{IV}})$ 可由 $\boldsymbol{P}$ 的定义以及有限型扩张的传递性推出.

注解 (7.3.11) — 请读者自己给出与 (7.3.8) 中的每个例子相对应的那个性质 $\boldsymbol{R}$, 并且验证条件 $(\mathrm{R_I})$ 和 $(\mathrm{R_{II}})$ 都是成立的 (借助 §6 中的结果). 事实上, 除了 (7.3.8) 中

的例子 (i) 之外, 其他例子中的性质 $\boldsymbol{R}$ 都满足下面的条件:

(R'_{I}) 设 X, Y 是两个局部 Noether 概形, $f : X \to Y$ 是一个 $\boldsymbol{P}$ 态射 (其中 $\boldsymbol{P}$ 是由 $\boldsymbol{R}$ 所定义的第一型或第二型性质), 则对任意 $x \in X$, 性质 $\boldsymbol{R}(\mathscr{O}_{f(x)})$ 都蕴涵着性质 $\boldsymbol{R}(\mathscr{O}_x)$.

使用 (6.6.1) 和 (6.8.3) 的方法还可以证明, 若 $\boldsymbol{R}$ 满足条件 (R'_{I}) 和 (R_{II}), 则 $\boldsymbol{P}$ 满足条件 (P'_{I}) (7.3.4, (iii)) 和 (P_{II}).

命题 (7.3.12) — 设 $\boldsymbol{P}$ 是由某个满足条件 (R_{I}) 和 (R_{II}) (切转: (R'_{I}) 和 (R_{II})) 的性质 $\boldsymbol{R}$ 所定义的第一型或第二型性质. 对任何局部 *Noether* 概形 X, 我们用 $U_{\boldsymbol{R}}(X)$ 来记由那些使 $\boldsymbol{R}(\mathscr{O}_x)$ 成立的点 $x \in X$ 所组成的集合, 则对于局部 *Noether* 概形之间的任何全盘正则态射 (切转: 任何 $\boldsymbol{P}$ 态射) $f : X \to Y$, 均有

$$U_{\boldsymbol{R}}(X) \ = \ f^{-1}(U_{\boldsymbol{R}}(Y)) \,. \tag{7.3.12.1}$$

这可由定义立得.

(7.3.13) 给了一个 Noether 半局部环 A, 所谓 A 的形式纤维, 是指典范态射 $f : \operatorname{Spec} \widehat{A} \to \operatorname{Spec} A$ 的那些纤维. 于是对于 A 的一个素理想 $\mathfrak{p}$ 来说, A 在 $\mathfrak{p}$ 处的形式纤维就是概形 $\operatorname{Spec}(\widehat{A} \otimes_A \boldsymbol{k}(\mathfrak{p}))$, 由于商环 $A/\mathfrak{p}$ 的完备化就是 $\widehat{A}/\mathfrak{p}\widehat{A} = (A/\mathfrak{p}) \otimes_A \widehat{A}$, 故知 A 在 $\mathfrak{p}$ 处的形式纤维也是 $A/\mathfrak{p}$ 在 $\operatorname{Spec}(A/\mathfrak{p})$ 的一般点 (0) 处的形式纤维.

对于由 (7.3.1) 所定义的那种 $\boldsymbol{P}$ 性质来说, 所谓 A 的形式纤维都具有 $\boldsymbol{P}$ 性质, 或者说 A 是 $\boldsymbol{P}$ 通透的, 是指对任意 $x \in \operatorname{Spec} A$, $\boldsymbol{P}(f^{-1}(x), \boldsymbol{k}(x))$ 都成立. 由于 f 是平坦的, 从而这也相当于说 f 是一个 $\boldsymbol{P}$ 态射.

命题 (7.3.14) — 设 A 是一个 *Noether* 半局部环, $\mathfrak{m}_i$ $(1 \leqslant i \leqslant r)$ 是它的全部极大理想, 并且令 $A_i = A_{\mathfrak{m}_i}$, 则为了使 A 是 $\boldsymbol{P}$ 通透的, 必须且只需每个 A_i 都是如此.

事实上, $\widehat{A}$ 就是这些 $\widehat{A}_i$ 的直合, 从而 A 在点 $x \in \operatorname{Spec} A$ 处的形式纤维就是满足 $x \in \operatorname{Spec} A_i$ 的那些 A_i 在 x 处的形式纤维的和.

命题 (7.3.15) — 设 A 是一个 *Noether* 半局部环.
(i) 若 A 是 $\boldsymbol{P}$ 通透的, 则 A 的任何商环也都是 $\boldsymbol{P}$ 通透的.
(ii) 进而若 $\boldsymbol{P}$ 满足条件 (P_{IV}) (7.3.6), 则任何有限 A 代数也都是 $\boldsymbol{P}$ 通透的.

对于 A 的任何理想 $\mathfrak{a}$, 商环 $A/\mathfrak{a}$ 的完备化都等于 $\widehat{A} \otimes_A (A/\mathfrak{a})$, 从而 $A/\mathfrak{a}$ 的形式纤维就是 A 的那些在 $V(\mathfrak{a})$ 的各点处的形式纤维, 故得 (i). 另一方面, 若 B 是一个有限 A 代数, 则它是半局部环, 故我们有 $\widehat{B} = B \otimes_A \widehat{A}$, 从而由 (7.3.7) 就可以推出 (ii).

命题 (7.3.16) — 假设 $\boldsymbol{P}$ 是由某个性质 $\boldsymbol{R}$ 所定义的第一型性质 (切转: 第二型性质) (7.3.10). 在 $\boldsymbol{P}$ 是第二型性质的时候, 我们进而假设由下述条件

"对于 k 的任何有限扩张 k' 以及任何 $z' \in Z \otimes_k k'$, $\boldsymbol{R}(\mathscr{O}_{z'})$ 都成立"

可以推出 $\boldsymbol{P}(Z,k)$ (这对于 (7.3.8) 中的例子 (iv′) 到 (vii′) 都是对的, 可利用 (6.7.7) 和 (4.6.1) 来证明).

设 A 是一个 *Noether* 半局部环. 若性质 $\boldsymbol{R}$ 满足条件 $(\mathrm{R_I})$ 和 $(\mathrm{R_{II}})$, 则以下诸性质是等价的:

a) A 是 $\boldsymbol{P}$ 通透的.

b) 对于 A 的任何整商环 B (切转: 任何有限整 A 代数 B) 以及 $\widehat{B}$ 的任何在 B 中的逆像为 (0) 的素理想 $\mathfrak{q}$, $\boldsymbol{R}(\widehat{B}_{\mathfrak{q}})$ 都成立.

进而若 $\boldsymbol{R}$ 还满足条件 $(\mathrm{R_I'})$, 则性质 a) 和 b) 也等价于下面的性质:

c) 对于 A 的任何商环 B (切转: 任何有限 A 代数 B), 令 $Y = \operatorname{Spec} B$, $Y' = \operatorname{Spec} \widehat{B}$, 并设 $g: Y' \to Y$ 是典范态射, 则 (在 (7.3.12) 的记号下) 我们总有

$$U_{\boldsymbol{R}}(Y') = g^{-1}(U_{\boldsymbol{R}}(Y)). \tag{7.3.16.1}$$

若 $\boldsymbol{P}$ 是第一型的, 则很容易证明 a) 和 b) 的等价性. 事实上, 对于 A 的任何素理想 $\mathfrak{p}$, 我们看到 $B = A/\mathfrak{p}$ 在 $\operatorname{Spec} B$ 的一般点 (0) 处的形式纤维恰好就是 A 在点 $\mathfrak{p} \in \operatorname{Spec} A$ 处的形式纤维 (7.3.13).

若 $\boldsymbol{P}$ 是第二型的, 则 a) 和 b) 的等价性缘自下面这个更一般的引理:

引理 (7.3.16.2) — 设 A, A' 是两个环, $\varphi: A \to A'$ 是一个同态, $f: \operatorname{Spec} A' \to \operatorname{Spec} A$ 是对应的态射. 为了能对任意 $x \in \operatorname{Spec} A$ 和 $\boldsymbol{k}(x)$ 的任意有限扩张 k, 以及任意点 $z \in Z = f^{-1}(x) \otimes_{\boldsymbol{k}(x)} k$, 性质 $\boldsymbol{R}(\mathscr{O}_{Z,z})$ 都成立, 必须且只需下面的条件得到满足: 对任何有限整 A 代数 B, 令 $g: \operatorname{Spec}(A' \otimes_A B) \to \operatorname{Spec} B$ 是由 f 通过基环的扩张而导出的态射, 并设 $T = g^{-1}(\xi)$ 是 g 在 $\operatorname{Spec} B$ 的一般点 ξ 处的纤维, 则对每个 $t \in T$, $\boldsymbol{R}(\mathscr{O}_{T,t})$ 都成立.

条件显然是必要的, 因为若 x 是 $\operatorname{Spec} A$ 的那个位于 ξ 之下的点, 则 $\boldsymbol{k}(\xi)$ 就是 $\boldsymbol{k}(x)$ 的一个有限扩张. 反之, 对任意点 $x \in \operatorname{Spec} A$, 设 k 是 $\boldsymbol{k}(x)$ 的一个有限扩张. 我们令 $\mathfrak{p} = \mathfrak{j}_x$, 则 $\boldsymbol{k}(x)$ 就是 $A/\mathfrak{p}$ 的分式域, 并且可以找到 k 在 $\boldsymbol{k}(x)$ 上的一个由在 $A/\mathfrak{p}$ 上整型的元素所组成的基底. 设 B 是这些元素在 k 中所生成的那个子环, 则 B 是一个有限整 A 代数, 并且 k 就是 $\operatorname{Spec} B$ 在一般点 ξ 处的剩余类域 $\boldsymbol{k}(\xi)$. 由于 x 是 ξ 在 $\operatorname{Spec} A$ 中的像, 故知纤维 $g^{-1}(\xi)$ 恰好就是 $f^{-1}(x) \otimes_{\boldsymbol{k}(x)} k$, 这就证明了引理.

a) 蕴涵 c) 这件事可由 (7.3.15) 和 (7.3.12) 立得. 另一方面, 若我们在 c) 中取 B 是整环, 并且用 y 来记 $Y = \operatorname{Spec} B$ 的一般点, 则有 $\mathscr{O}_{Y,y} = \boldsymbol{k}(y)$, 从而 $y \in U_{\boldsymbol{R}}(Y)$, 因为 $\boldsymbol{R}(k)$ 对任何域 k 都成立. 根据条件 c), 任何 $y' \in g^{-1}(y)$ 都落在 $U_{\boldsymbol{R}}(Y')$ 中, 这就得到了 b), 从而 c) 蕴涵 b). 证明完毕.

命题 (7.3.17) — 假设性质 $\boldsymbol{R}$ 满足条件 $(\mathrm{R_I'})$ 和 $(\mathrm{R_{II}})$, 并且 $\boldsymbol{P}$ 是由 $\boldsymbol{R}$ 所定义

的第一型性质 (切转: 第二型性质) (7.3.10). 于是若 A 是一个 $\boldsymbol{P}$ 通透的 *Noether* 半局部环, 则 $\boldsymbol{R}(A)$ 和 $\boldsymbol{R}(\widehat{A})$ 是等价的.

把 (7.3.12.1) 应用到 $Y = \operatorname{Spec} A$ 和 $X = \operatorname{Spec} \widehat{A}$ 上即可.

命题 (7.3.18) — 假设 $\boldsymbol{P}$ 是由某个满足条件 (R_I') 和 (R_II) 的性质 $\boldsymbol{R}$ 所定义的第一型性质 (切转: 第二型性质), 进而假设 $\boldsymbol{R}$ 满足下面的条件:

$(\mathrm{R}_\mathrm{III})$ 对任意**完备** *Noether* 局部环 C, 令 $Z = \operatorname{Spec} C$, 则集合 $U_{\boldsymbol{R}}(Z)$ (7.3.12)在 Z 中总是开的.

于是若 A 是一个 $\boldsymbol{P}$ 通透的 *Noether* 半局部环, 且 $X = \operatorname{Spec} A$, 则集合 $U_{\boldsymbol{R}}(X)$ 在 X 中是开的.

事实上, 若 $X' = \operatorname{Spec} \widehat{A}$, 并且 $f : X' \to X$ 是典范态射, 则我们有 $U_{\boldsymbol{R}}(X') = f^{-1}(U_{\boldsymbol{R}}(X))$ (7.3.12). 由于 f 是拟紧忠实平坦的, 并且根据前提条件, $U_{\boldsymbol{R}}(X')$ 在 X' 中是开的, 故由 (2.3.12) 就可以推出结论.

(7.3.19) — (i) 在 (7.3.8) 中的所有例子里, 定义 $\boldsymbol{P}$ 的那个性质 $\boldsymbol{R}$ 都满足条件 $(\mathrm{R}_\mathrm{III})$. 对于 (i), (ii), (iii), 这是缘自 (6.11.2) 和 Cohen 定理 (**0**, 19.8.8), 对于 (iv), (iv′), (v), (v′), 这是缘自 (6.12.7) 和 (6.12.9), 而对于 (vii) 和 (vii′), 这是缘自 (6.12.7) 和 (6.13.4), 最后, 对于 (vi) 和 (vi′), (7.3.18) 中的陈述是显然的, 因为它对任何局部 Noether 概形都成立.

(ii) 我们在 (6.4.3) 中曾提到, 如果 $\boldsymbol{P}$ 是 (7.3.8) 中的性质 (ii) 或 (iii_1), 那么我们不知道是否任何 Noether 局部环都是 $\boldsymbol{P}$ 通透的. 尽管如此, 还记得当 A 是某个 Cohen-Macaulay 环的商环时, A 的形式纤维都是 *Cohen-Macaulay* 概形 (6.3.8).

(iii) $\boldsymbol{P}$ 通透这个概念中最重要的情况就是与 (7.3.8) 中的最强性质 (iv′) 相对应的那一类环. 也就是说, 它是这样一种 Noether 半局部环, 其形式纤维都是几何正则的. 域显然具有这个性质, 更一般地, 完备 Noether 局部环都具有这个性质.

(iv) 设 A 是一个 1 维 Noether 局部环, 则 $\operatorname{Spec} A$ 是由一个闭点 a (对应着极大理想 $\mathfrak{m}$) 和一些极大点 b_i $(1 \leqslant i \leqslant r)$ (对应着 A 的各个极小素理想) 所组成的. 我们有 $\dim \widehat{A} = 1$, 并且 $\widehat{A}$ 的极大理想就是 $\mathfrak{m}\widehat{A}$, 从而 A 在点 a 处的形式纤维就是 $\operatorname{Spec} k$, 其中 $k = A/\mathfrak{m}$ 是 A 的剩余类域, 而 A 在点 b_i 处的形式纤维则是某个 Artin 环的谱, 该环的各个剩余类域就是 $\operatorname{Spec} \widehat{A}$ 在那些位于 b_i 之上的极大点 b_{ij} 处的剩余类域 L_{ij}. 由于 Artin 环都是 Cohen-Macaulay 环, 故我们看到, 若 $\boldsymbol{P}$ 是 (7.3.8) 中的性质 (ii), 则 A 是 $\boldsymbol{P}$ 通透的. 进而, 由于既约 Artin 环都是域的直合, 故知以下诸性质是等价的 (6.7.7):

a) A 的形式纤维都是几何既约的,

b) A 的形式纤维都是几何正规的,

c) A 的形式纤维都是几何正则的.

进而, 若 A 是既约的, 则它们还等价于下面这个性质:

d) $\widehat{A}$ 是既约的, 并且对任意一组 (i,j), L_{ij} 都是 K_i 的可分扩张 (4.6.1).

特别地, 若 A 是离散赋值环, K 是它的分式域, 并设 $\widehat{K}$ 是 K 关于 A 的赋值的完备化 (即 $\widehat{A}$ 的分式域), 则为了使 A 的形式纤维都是几何正则的, 必须且只需 $\widehat{K}$ 是 K 的可分扩张. 当 K 是特征 0 的域时, 这件事总是成立的.

7.4 形式纤维的各种性质的保持情况

(7.4.1) 在这一小节中, 我们总假设性质 $\boldsymbol{P}$ 具有 (7.3.1) 中所说的那种形状, 并且满足 (7.3.4) 中的条件 $(\mathrm{P_I})$, $(\mathrm{P_{II}})$, $(\mathrm{P_{III}})$. 进而假设定义 $\boldsymbol{P}$ 时所使用的那个性质 $\boldsymbol{Q}$ 满足下面的条件: 对于 z 在 Z 中的任何一般化 z', $\boldsymbol{Q}(\mathscr{O}_z,k)$ 都蕴涵着 $\boldsymbol{Q}(\mathscr{O}_{z'},k)$.

引理 (7.4.2) — *设 A,A' 是两个 Noether 局部环, $\varphi:A\to A'$ 是一个局部同态, 并使得 $f={}^{\mathrm{a}}\varphi:\operatorname{Spec}A'\to\operatorname{Spec}A$ 成为一个 $\boldsymbol{P}$ 态射. 于是若 A' 的形式纤维都是几何正则的, 则 A 是 $\boldsymbol{P}$ 通透的.*

考虑完备化同态 $\widehat{\varphi}:\widehat{A}\to\widehat{A}'$ 和对应的态射 $\widehat{f}={}^{\mathrm{a}}\widehat{\varphi}$, 我们有交换图表

$$\begin{array}{ccc}\operatorname{Spec}\widehat{A} & \xleftarrow{\ \widehat{f}\ } & \operatorname{Spec}\widehat{A}' \\ {\scriptstyle g}\downarrow & & \downarrow{\scriptstyle g'} \\ \operatorname{Spec}A & \xleftarrow[\ f\ ]{} & \operatorname{Spec}A'\ ,\end{array}$$

其中 g 和 g' 都是典范态射. 根据前提条件, f 是 $\boldsymbol{P}$ 态射, 并且 g' 是全盘正则态射, 故由 $(\mathrm{P_I})$ 知, $f\circ g'=g\circ\widehat{f}$ 是一个 $\boldsymbol{P}$ 态射. 另一方面, f 是 $\boldsymbol{P}$ 态射的条件表明, f 是平坦的, 从而 $\widehat{f}$ 也是平坦的 (Bourbaki,《交换代数学》, III, §5, ¥4, 命题 3 的推论), 但它还是一个局部同态, 从而又是忠实平坦的 ($\mathbf{0_I}$, 6.6.2), 于是由 $(\mathrm{P_{II}})$ 知, g 是一个 $\boldsymbol{P}$ 态射.

推论 (7.4.3) — *(i) 设 A 是一个 $\boldsymbol{P}$ 通透的 Noether 局部环, A' 是它的完备化 (即 $\widehat{A}$). 假设对于 A' 的任何素理想 $\mathfrak{p}'$, $A'_{\mathfrak{p}'}$ 的形式纤维都是几何正则的, 则对于 A 的任何素理想 $\mathfrak{p}$, $A_{\mathfrak{p}}$ 都是 $\boldsymbol{P}$ 通透的.*

(ii) 假设 $\boldsymbol{P}$ 满足条件 $(\mathrm{P_{IV}})$ (7.3.6). 设 A 是一个 $\boldsymbol{P}$ 通透的 Noether 局部环, B 是一个本质有限型的局部 A 代数, 并且结构同态 $A\to B$ 是局部同态. 我们令 $A'=\widehat{A}$, 并设 $\mathfrak{n}'$ 是 $B'=B\otimes_A A'$ 的那个位于 B 的极大理想和 A' 的极大理想之上的唯一素理想. 于是若 $B'_{\mathfrak{n}'}$ 的形式纤维都是几何正则的, 则 B 是 $\boldsymbol{P}$ 通透的.

(i) 根据前提条件, $\operatorname{Spec}A'\to\operatorname{Spec}A$ 是 $\boldsymbol{P}$ 态射, 故依照 (7.3.2, b)), 对于 A 的任何素理想 $\mathfrak{p}$ 以及 A' 的任何位于 $\mathfrak{p}$ 之上的素理想 $\mathfrak{p}'$, 态射 $\operatorname{Spec}A'_{\mathfrak{p}'}\to\operatorname{Spec}A_{\mathfrak{p}}$ 也是如此.

从而我们只需把引理 (7.4.2) 应用到这个态射上即可 (注意到态射 $\operatorname{Spec} A' \to \operatorname{Spec} A$ 是映满的).

(ii) 依照 (7.4.2), 只需证明态射 $\operatorname{Spec} B'_{\mathfrak{n}'} \to \operatorname{Spec} B$ 是一个 $\boldsymbol{P}$ 态射. 现在我们有 $B = C_{\mathfrak{n}}$, 其中 C 是一个有限型 A 代数, 并且 $\mathfrak{n}$ 是 C 的一个位于 A 的极大理想之上的素理想. 令 $C' = C \otimes_A A'$, 则由前提条件和 (7.3.7) 知, $\operatorname{Spec} C' \to \operatorname{Spec} C$ 是一个 $\boldsymbol{P}$ 态射. 由于 $B'_{\mathfrak{n}'}$ 是 C' 在某个位于 $\mathfrak{n}$ 之上的素理想处的局部环, 故由 (7.3.2, b)) 就可以推出结论.

定理 (7.4.4) — *$\boldsymbol{P}$ 上的前提条件与 (7.4.1) 相同, 设 A 是一个 $\boldsymbol{P}$ 通透的 Noether 局部环.*

(i) 对于 A 的任何素理想 $\mathfrak{p}$, $A_{\mathfrak{p}}$ 都是 $\boldsymbol{P}$ 通透的.

(ii) 进而假设 $\boldsymbol{P}$ 满足条件 ($\mathrm{P_{IV}}$). 则任何本质有限型的局部 A 代数都是 $\boldsymbol{P}$ 通透的.

(i) 利用 (7.4.3, (i)) 可以把问题归结为证明: 对于 $A' = \widehat{A}$ 的任何素理想 $\mathfrak{p}'$, $A'_{\mathfrak{p}'}$ 的形式纤维都是几何正则的. 但这已经在 (**0**, 22.3.3 和 22.5.8) 中得到了证明.

(ii) 设 B 是一个本质有限型 A 代数, 并且是局部环. 若 $\mathfrak{p}$ 是 A 的那个位于 B 的极大理想之下的素理想, 则 B 也是本质有限型 $A_{\mathfrak{p}}$ 代数 (1.3.8), 故依照 (i), 可以假设 $\mathfrak{p}$ 就是 A 的极大理想 $\mathfrak{m}$. 从而我们有 $B = C_{\mathfrak{q}}$, 其中 C 是一个有限型 A 代数, $\mathfrak{q}$ 是 C 的一个位于 $\mathfrak{m}$ 之上的素理想. 设 $\mathfrak{n} \supseteq \mathfrak{q}$ 是 C 的一个极大理想 (必然也位于 $\mathfrak{m}$ 之上), 且令 $k = A/\mathfrak{m}$, 则 $C/\mathfrak{m}C$ 是一个有限型 k 代数, 从而 C 在极大理想 $\mathfrak{n}$ 处的剩余类域 k' 是 k 的一个有限扩张 (**I**, 6.4.2). 依照 (i), 只需证明 $C_{\mathfrak{n}}$ 是 $\boldsymbol{P}$ 通透的即可, 因为 $C_{\mathfrak{q}}$ 就是 $C_{\mathfrak{n}}$ 在某个素理想处的局部环. 于是问题归结为证明下面的引理:

引理 (7.4.4.1) — *设 A 是一个 $\boldsymbol{P}$ 通透的 Noether 局部环, k 是它的剩余类域, C 是一个有限型 A 代数, B 是 C 在某个素理想 $\mathfrak{n}$ 处的局部环, 且满足: 1° 同态 $A \to B$ 是局部同态, 2° B 的剩余类域 k' 是 k 的有限扩张. 于是若 $\boldsymbol{P}$ 满足 ($\mathrm{P_{IV}}$), 则 B 是 $\boldsymbol{P}$ 通透的.*

设 $(x_i)_{1 \leqslant i \leqslant m}$ 是 A 代数 C 的一个生成元组, 我们首先说明, 可以对 m 使用归纳法. 设 C' 是 C 的那个由 $x_1, \cdots, x_{m-1}$ 所生成的子代数, 并设 $\mathfrak{n}' = \mathfrak{n} \cap C'$. 则同态 $A \to C_{\mathfrak{n}}$ 可以分解为 $A \to C'_{\mathfrak{n}'} \to C_{\mathfrak{n}}$, 且易见 $A \to C'_{\mathfrak{n}'}$ 和 $C'_{\mathfrak{n}'} \to C_{\mathfrak{n}}$ 都是局部同态. 若 k'' 是 $C'_{\mathfrak{n}'}$ 的剩余类域, 则 $k \to k'$ 同样可以分解为 $k \to k'' \to k'$, 从而 k'' 是 k 的有限扩张, 且 k' 是 k'' 的有限扩张. 归纳假设表明, $C'_{\mathfrak{n}'}$ 是 $\boldsymbol{P}$ 通透的, 进而, 若 $S' = C' \smallsetminus \mathfrak{n}'$, 则 $C_{\mathfrak{n}}$ 是 $S'^{-1}C$ 的一个局部环. 由于 $C = C'[x_m]$, 故我们有 $S'^{-1}C = C'_{\mathfrak{n}'}[x_m/1]$, 且归纳假设又表明, $C_{\mathfrak{n}}$ 是 $\boldsymbol{P}$ 通透的. 这样一来, 问题就归结到了 C 是由单个元素 t 所生成的 A 代数这个情形.

我们要使用 (7.4.3, (ii)), 设 $A' = \widehat{A}$, 则 $B' = B \otimes_A A'$ 是 $C \otimes_A A'$ 在它的某个位于 $\mathfrak{n}$ 之上的素理想处的局部环. 由于 A 和 A' 具有相同的剩余类域 k, 故知 $C \otimes_A A'$ 在该素理想处的剩余类域就等于 k'. 此外 $C \otimes_A A'$ 是由单个元素所生成的 A' 代数, 从而由 (7.4.3, (ii)) 知, 我们只需对下面这个情形来证明 (7.4.4.1) 即可: $\boldsymbol{P}$ 是 (7.3.8) 中的性质 (iv$'$), A 是完备的, 并且 C 是由单个元素 t 所生成的.

现在为了证明 $B = C_{\mathfrak{n}}$ 的形式纤维都是几何正则的, 我们可以使用判别法 (7.3.16, b)). 设 B_1 是一个有限整 B 代数, 从而可由有限个在 B 上整型的元素所生成. 把这些元素同时乘以 $S = B \smallsetminus \mathfrak{n}$ 中的某个元素, 我们可以假设它们在 C 上都是整型的, 从而可设 $B_1 = S^{-1}C_1$, 其中 C_1 是 B_1 的一个 C 子代数, 且是由有限个在 C 上整型的元素所生成的, 从而是一个有限整 C 代数. 另一方面, B_1 是一个半局部环, 并且 B_1 在任何极大理想处的局部环 B_2 都是 C_1 在某个素理想处的局部环, 并且 $A \to B_2$ 是一个局部同态, 进而, B_2 的剩余类域是 k' 的有限扩张, 从而也是 k 的有限扩张. 故我们看到 (有见于 (7.3.14) 和 (i)) 问题归结为证明: 设 C 是一个 Noether 整环, 它包含了这样一个子环 C_0, 这个 C_0 是由单个元素 t 所生成的 A 代数, 并且 C 是有限 C_0 代数, 若 $\mathfrak{n}$ 是 C 的一个位于 A 的极大理想之上的极大理想, 且 $B = C_{\mathfrak{n}}$, 则对于 $\widehat{B}$ 的任何一个在 B 中的逆像是 (0) 的素理想 $\mathfrak{q}$ 来说, 环 $\widehat{B}_{\mathfrak{q}}$ 都是正则的. 我们还可以把 A 换成它在 C 中的像, 这仍然是一个完备局部环 (作为 A 的商环), 并且是整的. 于是由下面这个看起来更一般的引理就可以推出我们的结论:

引理 (7.4.4.2) — *设 A 是一个完备 Noether 整局部环, k 是它的剩余类域, C 是一个包含 A 的整环, 且可以找到 $t \in C$, 使得 C 是有限 $A[t]$ 代数. 设 $\mathfrak{n}$ 是 C 的一个位于 A 的极大理想 $\mathfrak{m}$ 之上的极大理想, 我们令 $B = C_{\mathfrak{n}}$, $X = \operatorname{Spec} B$, $B' = \widehat{B}$, $X' = \operatorname{Spec} B'$. 于是若 $U = \operatorname{Reg}(X)$, $U' = \operatorname{Reg}(X')$, 并且 $f : X' \to X$ 是典范态射, 则有 $f^{-1}(U) \subseteq U'$.*

为了完成 (7.4.4.1) 的证明, 只需使用引理 (7.4.4.2) 和下面的事实即可: 由于 B 是整的, 故 X 的一般点落在 U 中.

下面来证明 (7.4.4.2), 注意到由于 C 是一个有限型 A 代数, 且 $\mathfrak{n}$ 是 C 的一个极大理想, 故 $C_{\mathfrak{n}} = B$ 的剩余类域 (它也是 B' 的剩余类域) 是 k 的一个有限扩张, 这是根据 (**I**, 6.4.11 和 6.4.2).

我们令 $Y = \operatorname{Spec} C$, 由 (6.12.8) 知, $\operatorname{Reg}(Y)$ 在 Y 中是开的. 由于 X 的局部环都是 Y 的局部环 (**I**, 2.4.2), 故有 $U = X \cap \operatorname{Reg}(Y)$, 从而 U 在 X 中是开的, 另一方面 (6.12.7), U' 在 X' 中是开的, 从而 $S' = X' \smallsetminus U'$ 是闭的, 因而 $S' \cap f^{-1}(U)$ 在 X' 中是局部闭的, 且我们只需证明这个集合是空的. 我们知道 (5.1.10), 假如它不是空的, 那么在 $S' \cap f^{-1}(U)$ 中就能找到一个素理想 $\mathfrak{p}'$, 使得 $\dim(B'/\mathfrak{p}') \leqslant 1$. 首先注意到 $\mathfrak{p}'$ 不可能是 B' 的极大理想 $\mathfrak{m}B'$ (其中 $\mathfrak{m}$ 是 B 的极大理想), 否则 $B = B_{\mathfrak{m}}$ 就是

正则的, 从而 $B' = \widehat{B}$ 也是正则的 ($\mathbf{0}$, 17.1.5), 因而就会有 $\mathfrak{m}B' \in U'$, 这与前提条件矛盾. 从而我们必有 $\dim(B'/\mathfrak{p}') = 1$. 现在令 $\mathfrak{p} = B \cap \mathfrak{p}'$, 根据前提条件, $B_{\mathfrak{p}}$ 是正则的, 但 $B'_{\mathfrak{p}'}$ 不是正则的. 由于 $B'_{\mathfrak{p}'}$ 是一个平坦 $B_{\mathfrak{p}}$ 模, 故由 (6.5.2) 知, f 在点 $\mathfrak{p}$ 处的纤维 Z 在点 $\mathfrak{p}'$ 处不是正则的. 我们来说明, 问题可以归结到 $\mathfrak{p} = (0)$ 的情形. 事实上, 在一般情况下, 令 $\mathfrak{q} = \mathfrak{p} \cap C$, $\mathfrak{r} = \mathfrak{p} \cap A$, 则 $C/\mathfrak{q}$ 是一个有限 $(A/\mathfrak{r})[\bar{t}]$ 代数 (其中 $\bar{t}$ 是 t 的模 $\mathfrak{q}$ 剩余类), 由于 $\mathfrak{p} = \mathfrak{q}B$, 故知 $B/\mathfrak{p}$ 就等于 $(C/\mathfrak{q})_{\mathfrak{n}/\mathfrak{q}}$, 并且 $\mathfrak{n}/\mathfrak{q}$ 是 $C/\mathfrak{q}$ 的一个位于 $A/\mathfrak{r}$ 的极大理想 $\mathfrak{m}/\mathfrak{r}$ 之上的极大理想, 从而我们看到 (7.4.4.2) 的前提条件对于 $A/\mathfrak{r}$, $C/\mathfrak{q}$ 和 $B/\mathfrak{p}$ 也是成立的, 并且 $B/\mathfrak{p}$ 的完备化就是 $B'/\mathfrak{p}B'$, 这就证明了上述阐言. 以下假设 $\mathfrak{p} = (0)$, 从而 Z 是一般纤维, 并且同态 $B \to B'/\mathfrak{p}'$ 是单的. 我们令 $V = B'/\mathfrak{p}'$, 且分别来考虑下面两种情况:

I) V 是有限 A 代数 — 由于 $B \subseteq V$, 故 B 自然也是有限 A 代数, 又因为 A 是完备的, 故知 B 也是如此 (Bourbaki,《交换代数学》, IV, §2, ¥5, 命题 9 的推论 3), 这就表明 $B' = B$, $\mathfrak{p}' = (0)$, 从而 $B'_{\mathfrak{p}'}$ 是一个域, 当然就是正则环, 这与前提条件矛盾.

II) V 不是有限 A 代数 — 由于局部环 A 是完备的, 这就表明 V 不是拟有限的 A 代数 ($\mathbf{0_I}$, 7.4.1 和 7.4.2), 但根据前提条件, V 的剩余类域 k' 是 A 的剩余类域 k 的有限扩张, 从而 ($\mathbf{0_I}$, 7.4.4) 理想 $\mathfrak{m}V$ 不是 V 的定义理想. 由于 V 是一个 1 维 Noether 整局部环, 故 (0) 是 V 的唯一一个不是定义理想的真理想, 从而 $\mathfrak{m}V = (0)$. 然而我们有 $A \subseteq V$, 并且 V 是整的, 故得 $\mathfrak{m} = (0)$, 因而 $A = k$ 是一个域. 由此首先得知 $\dim C \leqslant 1$ ($\mathbf{0}$, 16.1.5), 又因为 $\dim V = 1$, 故由关系式 $\dim V \leqslant \dim B' = \dim B \leqslant \dim C$ 就可以推出 $\dim C = \dim B = \dim B' = \dim(B'/\mathfrak{p}') = 1$, 因而 $\mathfrak{p}'$ 必然是 B' 的一个极小素理想. 于是只要我们能证明 $B'_{\mathfrak{p}'}$ 是一个域, 或者说, 只要能证明环 B' 是既约的, 就可以导出一个矛盾. 现在 C 是一个有限型 k 代数, 故知 C 的整闭包 C_1 是一个有限 C 代数 (Bourbaki,《交换代数学》, V, §3, ¥2, 定理 2). 我们令 $S = C \setminus \mathfrak{n}$, 则 $B_1 = S^{-1}C_1$ 是 B 的整闭包, 从而 B_1 是一个有限 B 代数, 因而是整且整闭的 1 维 Noether 半局部环 ($\mathbf{0}$, 16.1.5), 若 $\mathfrak{m}_j$ $(1 \leqslant j \leqslant h)$ 是它的所有极大理想, 则这些 $(B_1)_{\mathfrak{m}_j}$ 都是离散赋值环 (**II**, 7.1.6), 并且 B_1 的完备化 B'_1 就是这些 $(B_1)_{\mathfrak{m}_j}$ 的完备化离散赋值环的直合 (Bourbaki,《交换代数学》, III, §2, ¥13, 命题 18), 从而 B'_1 是既约的, 又因为 B 的完备化 B' 是 B'_1 的一个子环 (Bourbaki,《交换代数学》, IV, §2, ¥5, 命题 9 的推论 3), 故知它也是既约的. 证明完毕.

推论 (7.4.5) — 假设性质 $\boldsymbol{P}$ 满足条件 ($\mathrm{P_I}$), ($\mathrm{P_{II}}$), ($\mathrm{P_{III}}$). 设 A 是一个 *Noether* 环. 则以下诸条件是等价的:

a) 对于 A 的任何素理想 $\mathfrak{p}$, $A_{\mathfrak{p}}$ 都是 $\boldsymbol{P}$ 通透的.

b) 对于 A 的任何极大理想 $\mathfrak{m}$, $A_{\mathfrak{m}}$ 都是 $\boldsymbol{P}$ 通透的.

进而若 $\boldsymbol{P}$ 满足条件 ($\mathrm{P_{IV}}$), 则性质a), b) 还等价于:

c) 对每个有限型 A 代数 B 以及 B 的任何素理想 $\mathfrak{q}$, $B_{\mathfrak{q}}$ 都是 $\boldsymbol{P}$ 通透的.

a) 和 b) 的等价性缘自 (7.4.4, (i)), a) 和 c) 的等价性缘自 (7.4.4, (ii)).

当 (7.4.5) 的条件 a) 得到满足时, 我们就说 A 是 $\boldsymbol{P}$ 通透的. 对于 Noether 半局部环来说, 这个定义与 (7.3.13) 中的定义是一致的, 只要条件 ($\mathrm{P_I}$), ($\mathrm{P_{II}}$), ($\mathrm{P_{III}}$) 都得到了满足. 整数环 $\mathbb{Z}$ 总是 $\boldsymbol{P}$ 通透的 (7.3.19, (iv)), 任何完备 Noether 局部环都是 $\boldsymbol{P}$ 通透的.

命题 (7.4.6) — *假设性质 $\boldsymbol{P}$ 满足条件 ($\mathrm{P_I}$), ($\mathrm{P_{II}}$), ($\mathrm{P_{III}}$). 设 A 是一个 Noether 环, $\mathfrak{J}$ 是 A 的一个理想, $\widehat{A}$ 是 A 在 $\mathfrak{J}$ 预进拓扑下的分离完备化. 于是若 A 是 $\boldsymbol{P}$ 通透的 (7.4.5), 则典范态射 $\operatorname{Spec}\widehat{A}\to\operatorname{Spec}A$ 是 $\boldsymbol{P}$ 态射.*

利用 (7.3.2, c′)), 则只需证明对于 $\widehat{A}$ 的任何极大理想 $\mathfrak{n}$ 和它在 A 中的逆像 $\mathfrak{m}$, 态射 $\operatorname{Spec}(\widehat{A})_{\mathfrak{n}}\to\operatorname{Spec}A_{\mathfrak{m}}$ 都是 $\boldsymbol{P}$ 态射. 我们知道 (Bourbaki,《交换代数学》, III, §3, ¥4, 命题 8) 典范同态 $A_{\mathfrak{m}}\to(\widehat{A})_{\mathfrak{n}}$ 是单的, $A_{\mathfrak{m}}$ 上的 $\mathfrak{m}A_{\mathfrak{m}}$ 预进拓扑就等于由 $\mathfrak{n}(\widehat{A})_{\mathfrak{n}}$ 预进拓扑所诱导的拓扑, 并且在这样的拓扑下, $A_{\mathfrak{m}}$ 在 $(\widehat{A})_{\mathfrak{n}}$ 中是稠密的, 从而 $A_{\mathfrak{m}}$ 在 $\mathfrak{m}A_{\mathfrak{m}}$ 预进拓扑下的完备化可以等同于 $(\widehat{A})_{\mathfrak{n}}$ 连同它上面的 $\mathfrak{n}(\widehat{A})_{\mathfrak{n}}$ 预进拓扑. 从而我们有两个态射

$$\operatorname{Spec}(A_{\mathfrak{m}})^{\wedge}\xrightarrow{f}\operatorname{Spec}(\widehat{A})_{\mathfrak{m}}\xrightarrow{g}\operatorname{Spec}A_{\mathfrak{m}},$$

并且 f 是忠实平坦的, 根据前提条件, $g\circ f$ 是 $\boldsymbol{P}$ 态射, 从而依照 ($\mathrm{P_{II}}$), g 也是如此.

推论 (7.4.7) — *假设性质 $\boldsymbol{P}$ 满足条件 ($\mathrm{P_I}$), ($\mathrm{P'_I}$), ($\mathrm{P_{II}}$), ($\mathrm{P_{III}}$) 和 ($\mathrm{P_{IV}}$). 于是若 A 是 $\boldsymbol{P}$ 通透的 (7.4.5), 则典范态射 $\operatorname{Spec}A[[T_1,\cdots,T_r]]\to\operatorname{Spec}A$ 是一个 $\boldsymbol{P}$ 态射. 特别地, 若 A 还是整环, K 是它的分式域, 并且 $\mathfrak{p}$ 是 $B=A[[T_1,\cdots,T_r]]$ 的一个满足 $\mathfrak{p}\cap A=0$ 的素理想, 则性质 $\boldsymbol{P}(B_{\mathfrak{p}},K)$ 是成立的.*

事实上, 典范态射 $\operatorname{Spec}B\to\operatorname{Spec}A$ 可以分解为

$$\operatorname{Spec}A[[T_1,\cdots,T_r]]\xrightarrow{f}\operatorname{Spec}A[T_1,\cdots,T_r]\xrightarrow{g}\operatorname{Spec}A.$$

易见态射 g 是全盘正则的 (**0**, 17.3.7), 依照 (7.4.5), $A[T_1,\cdots,T_r]$ 是 $\boldsymbol{P}$ 通透的, 从而由 (7.4.6) 知, f 是一个 $\boldsymbol{P}$ 态射. 由于 g 是全盘正则的, 从而也是 $\boldsymbol{P}$ 态射 (7.3.5, (i)), 故依照 ($\mathrm{P'_I}$), $g\circ f$ 也是如此.

注意到若我们把 $\boldsymbol{P}$ 满足 ($\mathrm{P'_I}$) 以及全盘正则态射都是 $\boldsymbol{P}$ 态射的条件换成下面这个条件, 则上述结论仍然是对的:

若 g 是全盘正则的, 并且 f 是 $\boldsymbol{P}$ 态射, 则合成态射 $g\circ f$ 是 $\boldsymbol{P}$ 态射 (这个条件比 ($\mathrm{P'_I}$) 更为对称).

注解 (7.4.8) — 上面这些结果引出了下面几个问题:

A) 设 A 是一个完备 Zariski 环, $\mathfrak{J}$ 是 A 的一个定义理想, 若环 $A/\mathfrak{J}$ 是 $\boldsymbol{P}$ 通透的, 则 A 是不是 $\boldsymbol{P}$ 通透的? 如果这是对的, 那么对任意 $\boldsymbol{P}$ 通透的 Noether 环 A 和

任意理想 $\mathfrak{I}$, A 在 $\mathfrak{I}$ 预进拓扑下的分离完备化 $\widehat{A}$ 就也是 $\boldsymbol{P}$ 通透的.

B) 设 k 是一个完备非离散授值域, 我们定义 k 上的设限形式幂级数环 $k\{T_1, \cdots, T_n\}$ 就是由 $k[[T_1, \cdots, T_n]]$ 中的那些系数趋于 0 的形式幂级数所组成的子环. 它是不是 $\boldsymbol{P}$ 通透的?

* **(追加 $_{\mathrm{IV}}$, 25)** — 这个问题已经被 R. Kiehl 解决, 答案是肯定的, 见 Ausgezeichnete Ringe in der nichtarchimedischen analytischen Geometrie, *Journ. für die Reine und Ange. Math.*, (234) 1969, p. 89-98. *

C) 设 A 是一个 $\boldsymbol{P}$ 通透的线性拓扑环, S 是 A 的一个乘性子集, 环 $A\{S^{-1}\}$ ($\mathbf{0}_{\mathbf{I}}$, 7.6.1) 和环 $A_{\{S\}}$ ($\mathbf{0}_{\mathbf{I}}$, 7.6.15) 是不是 $\boldsymbol{P}$ 通透的?

7.5 P 态射的一个判别法

(7.5.0) 这一小节中的结果在第四章此后的内容里不会被用到, 因此在第一次阅读时可以跳过. 此外, 我们将在后面 (7.9.8) 看到, 如果引入 "奇异点可解消" 的条件, 那么这一小节的结果可以获得显著的改善.

在下面的内容中, 我们设 $\boldsymbol{R}(A)$ 是 Noether 局部环上的一个性质, 并且用 $\boldsymbol{P}(Z, k)$ 来记下面这个性质:

"Z 是域 k 上的一个局部 Noether 概形, 对于 k 的任意有限扩张 k',
若令 $Z' = Z \otimes_k k'$, 则对任意 $z' \in Z'$, 性质 $\boldsymbol{R}(\mathscr{O}_{Z', z'})$ 都成立".

定理 (7.5.1) — *设 A, B 是两个*完备 *Noether 局部环, $\mathfrak{m}$ 是 A 的极大理想, $k = A/\mathfrak{m}$ 是剩余类域, $\varphi : A \to B$ 是一个局部同态, 且满足:*

(i) *B 的剩余类域是 k 的有限扩张.*

(ii) *B 是平坦 A 模.*

另一方面, 设 $\boldsymbol{R}(C)$ 是一个满足条件 ($\mathrm{R_{III}}$) (7.3.18) *以及下述条件的性质:*

($\mathrm{R_{IV}}$) *对于完备 Noether 局部环在任何素理想处的局部环 C 以及 C 的极大理想中的任何 C 正则元 t, $\boldsymbol{R}(C/tC)$ 都蕴涵着 $\boldsymbol{R}(C)$.*

在此基础上, 设 $f = {}^{\mathrm{a}}\varphi : \operatorname{Spec} B \to \operatorname{Spec} A$, 并假设性质 $\boldsymbol{P}(\operatorname{Spec}(B \otimes_A k), k)$ 是成立的. 则对任意 $x \in \operatorname{Spec} A$, 性质 $\boldsymbol{P}(f^{-1}(x), \boldsymbol{k}(x))$ 都是成立的.

换句话说, 只要性质 $\boldsymbol{P}$ 对于 $\operatorname{Spec} A$ 的闭点处的纤维是成立的, 那么它就对于态射 f 的所有纤维都是成立的 (也就是说, f 是一个 $\boldsymbol{P}$ 态射 (7.3.1)).

证明分为下面几个步骤:

I) *归结为考察局部环的一般纤维* — 我们使用引理 (7.3.16.2), 则只需证明对任意有限整 A 代数 A' 及其分式域 K', 若令 $B' = B \otimes_A A'$, 则 $\operatorname{Spec}(B' \otimes_{A'} K')$ 的所有局部环都具有 $\boldsymbol{R}$ 性质. 现在环 A' (切转: B') 是完备半局部环 (因为 B' 是有限 B 代数), 从而是一些完备局部环的乘积, 由于我们假设了 A' 是整的, 故它是局部环. 另外, B' 的任何极大理想 $\mathfrak{n}'$ 都位于 B 的极大理想 $\mathfrak{n}$

之上, 从而也位于 $\mathfrak{m}$ 之上, 故它在 A' 中的逆像就是 A' 的极大理想 $\mathfrak{m}'$. 而由于 $\operatorname{Spec}(B' \otimes_{A'} K')$ 的任何局部环都是 $\operatorname{Spec} B'$ 的局部环, 从而也是某个 $\operatorname{Spec} B'_{\mathfrak{n}'}$ 的局部环 (且位于 A' 的一般点之上), 故我们只需证明 $\operatorname{Spec}(B'_{\mathfrak{n}'} \otimes_{A'} K')$ 的每个局部环都具有 $\boldsymbol{R}$ 性质即可. 现在 A' 和 $B'_{\mathfrak{n}'}$ 都是完备 Noether 局部环, 并且 $B'_{\mathfrak{n}'}$ 的剩余类域是 B 的剩余类域的有限扩张, 从而也是 k 的有限扩张, 自然就是 A' 的剩余类域 k' 的有限扩张. 这件事和 (2.1.4) 就表明, A' 和 $B'_{\mathfrak{n}'}$ 都满足条件 (i) 和 (ii). 另一方面, 若 k'' 是 k' 的一个有限扩张, 则 k'' 也是 k 的有限扩张, 并且 $\operatorname{Spec}(B'_{\mathfrak{n}'} \otimes_{A'} k'')$ 的任何局部环也都是 $\operatorname{Spec}(B \otimes_A k'')$ 的局部环, 从而由 $\boldsymbol{P}(\operatorname{Spec}(B \otimes_A k), k)$ 成立就可以推出 $\boldsymbol{P}(\operatorname{Spec}(B'_{\mathfrak{n}'} \otimes_{A'} k'), k')$ 也成立.

这样一来, 问题就归结为在 A 是整环且分式域为 K 的情形下来证明 $\operatorname{Spec}(B \otimes_A K)$ 的每个局部环都具有 $\boldsymbol{R}$ 性质.

II) $\dim A = 1$ 的情形 — 设 A' 是 A 的整闭包, 我们知道 ($\mathbf{0}$, 23.1.6) A' 是一个有限 A 代数, 并且是完备局部环. 现在令 $B' = B \otimes_A A'$, 则有 $B \otimes_A K = B' \otimes_{A'} K$. 利用 I) 中的方法可以说明, 我们只需对于 B' 的每个极大理想 $\mathfrak{n}'$ 来证明, $B'_{\mathfrak{n}'} \otimes_{A'} K$ 的每个局部环都具有 $\boldsymbol{R}$ 性质, 另外, 上面的方法还表明, A' 和 $B'_{\mathfrak{n}'}$ 都满足条件 (i) 和 (ii), 并且 $\boldsymbol{P}(\operatorname{Spec}(B'_{\mathfrak{n}'} \otimes_{A'} k'), k')$ 是成立的 (其中 k' 是 A' 的剩余类域). 进而, 由于 $\dim A' = 1$ ($\mathbf{0}$, 16.1.5), 并且 A' 是整且整闭的, 故知它是一个完备离散赋值环. 从而我们可以限于考虑 A 本身已经是完备离散赋值环的情形. 现在若 u 是 A 的一个合一化子, 则由于 u 是 A 正则元, 并且 B 是平坦 A 模, 故知 $t = \varphi(u)$ 是一个 B 正则元, 并且落在 B 的极大理想之中. $\boldsymbol{P}(\operatorname{Spec}(B \otimes_A k), k)$ 成立首先蕴涵着 $\boldsymbol{R}(B/tB)$ 成立, 从而依照 ($\mathrm{R_{IV}}$), $\boldsymbol{R}(B)$ 就是成立的. 换句话说, $U_{\boldsymbol{R}}(\operatorname{Spec} B)$ 包含了 $\operatorname{Spec} B$ 的闭点. 但依照 ($\mathrm{R_{III}}$), $U_{\boldsymbol{R}}(\operatorname{Spec} B)$ 是开的, 并且 $\operatorname{Spec} B$ 就是包含闭点的唯一开集, 故知 $\operatorname{Spec} B$ 的每个局部环都具有 $\boldsymbol{R}$ 性质, 特别地, $\operatorname{Spec}(B \otimes_A K)$ 的每个局部环都具有 $\boldsymbol{R}$ 性质.

III) 一般情形 — $\dim A = 0$ 的情形是显然的, 因为此时 $A = k$. 以下我们限于考虑 $\dim A \geqslant 1$ 的情形. 根据 (6.12.7), $\operatorname{Spec} A$ 的正则点构成了一个非空开集 V, 由于 $\dim A \geqslant 1$, 故知 V 与 $\operatorname{Spec} A \smallsetminus \{\mathfrak{m}\}$ 的交集 V' 是一个非空开集, 从而它包含了 $\operatorname{Spec} A$ 的一般点. 若我们能证明 $f^{-1}(V') \subseteq U_{\boldsymbol{R}}(\operatorname{Spec} B)$, 那就可以推出命题的结论. 换句话说, 我们只需证明 $f^{-1}(V')$ 与 $U_{\boldsymbol{R}}(\operatorname{Spec} B)$ 的补集的交集 Z 是空的. 使用反证法, 依照 ($\mathrm{R_{III}}$), $U_{\boldsymbol{R}}(\operatorname{Spec} B)$ 在 $\operatorname{Spec} B$ 中是开的, 故 Z 在 $\operatorname{Spec} B$ 中是局部闭的, 假如它不是空的, 那么它就会包含这样一个点 x, 其闭包满足 $\dim \overline{\{x\}} \leqslant 1$ (5.1.10), 由于 $f(x) \in V'$ 并不是 $\operatorname{Spec} A$ 的闭点, 故知 x 不是 $\operatorname{Spec} B$ 的闭点, 换句话说, $\dim \overline{\{x\}} = 1$. 我们来证明这是不可能的, 换句话说, 若 $\dim \overline{\{x\}} = 1$ 并且 $f(x) \in V'$, 则必有 $\boldsymbol{R}(\mathscr{O}_x)$. 这也相当于说, 若 $\mathfrak{q}$ 是 B 的一个满足 $\dim(B/\mathfrak{q}) = 1$ 的素理想, 并且 $\mathfrak{p} = \varphi^{-1}(\mathfrak{q})$ 不是 $\mathfrak{m}$, 进而 $A_{\mathfrak{p}}$ 还是正则的, 则必有 $\boldsymbol{R}(B_{\mathfrak{q}})$. 由于 $\mathfrak{p} \neq \mathfrak{m}$, 故知 $\mathfrak{m}(B/\mathfrak{q})$ 不等于 (0), 从而它是 1 维整局部环 $B/\mathfrak{q}$ 的一个定义理想. 另一方面, 依照 (i), $B/\mathfrak{q}$ 的剩余类域是 $A/\mathfrak{p}$ 的剩余类域 k 的有限扩张, 从而 $B/\mathfrak{q}$ 是一个拟有限的 $(A/\mathfrak{p})$ 代数 ($\mathbf{0_I}$, 7.4.4). 但 $A/\mathfrak{p}$ 是完备的, 并且 $B/\mathfrak{q}$ 在 $\mathfrak{m}$ 预进拓扑 (这与局部环的自然拓扑是相同的) 下是分离的, 从而 ($\mathbf{0_I}$, 7.4.1) $B/\mathfrak{q}$ 是一个有限 $A/\mathfrak{p}$ 代数. 进而, 根据定义, 同态 $A/\mathfrak{p} \to B/\mathfrak{q}$ 是单的, 从而 ($\mathbf{0}$, 16.1.5) 我们有 $\dim(A/\mathfrak{p}) = \dim(B/\mathfrak{q}) = 1$. 因而可以把 II) 的结果应用到环 $A/\mathfrak{p}$ 和 $B/\mathfrak{p}B$ 上, 因为这些局部环的剩余类域分别就是 A 和 B 的剩余类域, 并且 $B/\mathfrak{p}B$ 是平坦 $A/\mathfrak{p}$ 模. 进而, 我们有 $(B/\mathfrak{p}B) \otimes_{A/\mathfrak{p}} k = B \otimes_A k = B/\mathfrak{m}B$. 由此可知, $\operatorname{Spec}(B/\mathfrak{p}B) \otimes_{A/\mathfrak{p}} \boldsymbol{k}(\mathfrak{p})$ 的每个局部环都具有 $\boldsymbol{R}$ 性质. 现在 $B_{\mathfrak{q}}/\mathfrak{p}B_{\mathfrak{q}}$ 是 $\operatorname{Spec}(B/\mathfrak{p}B) \otimes_{A/\mathfrak{p}} \boldsymbol{k}(\mathfrak{p})$

的局部环之一. 进而 $B_{\mathfrak{q}}$ 是一个平坦 $A_{\mathfrak{p}}$ 模, 并且 $A_{\mathfrak{p}}$ 是正则的. 接下来我们要使用下面的引理:

引理 (7.5.1.1) — 设 $\boldsymbol{C}$ 是 *Noether* 局部环范畴的一个完全子范畴, 并且 $\boldsymbol{C}$ 中的任何环的任何商环仍然落在 $\boldsymbol{C}$ 中. 设 $\boldsymbol{R}(C)$ 是一个关于环 C 的性质, 且满足条件: 若 $C \in \boldsymbol{C}$, 且 t 是 C 的极大理想中的一个正则元, 则当 $\boldsymbol{R}(C/tC)$ 成立时, $\boldsymbol{R}(C)$ 也成立.

在此基础上, 设 C 是一个正则局部环, k 是它的剩余类域, D 是范畴 $\boldsymbol{C}$ 中的一个局部环, $\varphi: C \to D$ 是一个局部同态, 并使 D 成为平坦 C 模. 于是若 $\boldsymbol{R}(D \otimes_C k)$ 成立, 则 $\boldsymbol{R}(D)$ 也成立.

我们对 $n = \dim C$ 进行归纳, 根据前提条件, $n = 0$ 时这是对的, 因为此时 $C = k$. 设 t 是 C 的极大理想 $\mathfrak{m}$ 里的一个没有落在 $\mathfrak{m}^2$ 中的元素, 则我们知道 C/tC 是正则的, 并且 $\dim(C/tC) = n - 1$ ((**0**, 17.1.8) 和 (**0**, 16.3.4)). 由于 $(D/tD) \otimes_{C/tC} k = D \otimes_C k$, 并且 $D/tD \in \boldsymbol{C}$, 故归纳假设表明, $\boldsymbol{R}(D/tD)$ 是成立的. 进而, t 是 C 正则的, 故根据平坦性, 它也是 D 正则的 ($\mathbf{0}_{\mathrm{I}}$, 6.3.4), 从而由 $\boldsymbol{R}$ 所满足的条件就可以推出 $\boldsymbol{R}(D)$ 是成立的.

现在为了证明 (7.5.1), 我们就只需把引理 (7.5.1.1) 应用到 $\boldsymbol{C}$ 是由出现在完备局部环的谱中的那些局部环所组成的范畴以及 $C = A_{\mathfrak{p}}$ 和 $D = B_{\mathfrak{q}}$ 上即可 (利用条件 ($\mathrm{R_{IV}}$)).

推论 (7.5.2) — 设 A 是一个 *Noether* 局部环, $\mathfrak{m}$ 是 A 的极大理想, $k = A/\mathfrak{m}$ 是剩余类域, B 是一个 *Noether* 局部环, $\varphi: A \to B$ 是一个局部同态, 并满足:

(i) B 的剩余类域是 k 的有限扩张.

(ii) B 是平坦 A 模.

另一方面, 设 $\boldsymbol{R}(C)$ 是一个关于环 C 的性质, 且满足条件 ($\mathrm{R_{II}}$) (7.3.10), ($\mathrm{R_{III}}$) (7.3.18), ($\mathrm{R_{IV}}$) (7.5.1).

最后, 设 $\boldsymbol{R}'(C)$ 是一个满足下述条件的性质:

($\mathrm{R_V}$) 若 C, D 是两个 *Noether* 局部环, $\psi: C \to D$ 是一个局部同态, 并且

$$g = {}^{\mathrm{a}}\psi \ : \ \operatorname{Spec} D \longrightarrow \operatorname{Spec} C$$

是一个 $\boldsymbol{P}$ 态射, 则性质 $\boldsymbol{R}'(C)$ 蕴涵着 $\boldsymbol{R}(D)$.

假设典范态射 $\operatorname{Spec} \widehat{A} \to \operatorname{Spec} A$ 是一个 $\boldsymbol{P}'$ 态射, 其中 $\boldsymbol{P}'$ 是由 $\boldsymbol{R}'$ 定义的那个性质, 其定义方法与从 $\boldsymbol{R}$ 定义 $\boldsymbol{P}$ 的方法相同 (7.5.0).

在此基础上, 设 $f = {}^{\mathrm{a}}\varphi : \operatorname{Spec} B \to \operatorname{Spec} A$, 并假设性质 $\boldsymbol{P}(\operatorname{Spec}(\widehat{B} \otimes_{\widehat{A}} k), k)$ 成立. 则对任意 $x \in \operatorname{Spec} A$, 性质 $\boldsymbol{P}(f^{-1}(x), \boldsymbol{k}(x))$ 都成立 (换句话说, f 是一个 $\boldsymbol{P}$ 态射).

证明仍然要分为几个步骤:

I) *归结为考察局部环的一般纤维* — 我们仍要使用引理 (7.3.16.2), 与 (7.5.1) 中的步骤 I) 的唯一差别是, 这里的环 A' 只是一个半局部的整环, 未必是局部环. 此时 B' 的任何极大理想 $\mathfrak{n}'$ 都位于 A' 的某个极大理想 $\mathfrak{m}'$ 之上, 由于 $\operatorname{Spec}(B' \otimes_{A'} K')$ 的任何局部环都是 $\operatorname{Spec} B'$ 的局部环, 从而也是某个 $\operatorname{Spec} B'_{\mathfrak{n}'}$ 的局部环 (位于 $\operatorname{Spec} A'_{\mathfrak{m}'}$ 的一般点之上), 故问题归结为证明, $\operatorname{Spec}(B'_{\mathfrak{n}'} \otimes_{A'_{\mathfrak{m}'}} K')$ 的每个局部环都具有 $\boldsymbol{R}$ 性质. 现在 $\boldsymbol{P}'$ 的定义表明, 若 $\boldsymbol{P}'(Z, k)$ 是成立的, 则对于 k 的任何有限扩张 k', $\boldsymbol{P}'(Z \otimes_k k', k')$ 也是成立的. 利用 (7.3.7) 的方法可以证明, $A'_{\mathfrak{m}'}$ 的形式纤维都具有 $\boldsymbol{P}'$ 性质. 故我们看到, (7.5.1) 中的步骤 I) 的方法也表明, $A'_{\mathfrak{m}'}$ 和 $B'_{\mathfrak{n}'}$ 都满足 (7.5.2) 的条件 (i) 和 (ii). 另一方面, 若 k' 是 $A'_{\mathfrak{m}'}$ 的剩余类域, 则性质 $\boldsymbol{P}(\operatorname{Spec}(\widehat{B}'_{\mathfrak{n}'} \otimes_{\widehat{A}'_{\mathfrak{m}'}} k'), k')$ 是成立的, 事实上, $A'_{\mathfrak{m}'}$ 的

完备化是 $\widehat{A}' = \widehat{A}\otimes_A A'$ 的某个局部分量, 而 $B'_{\mathfrak{n}'}$ 的完备化是 $\widehat{B}' = \widehat{B}\otimes_B B' = \widehat{B}\otimes_A A' = \widehat{B}\otimes_{\widehat{A}}\widehat{A}'$ 的某个局部分量, 从而利用 (7.5.1) 中的步骤 I) 的方法就可以证明上述阐言.

于是我们可以限于考虑 A 是整环的情形, 并且只需证明, 若 K 是 A 的分式域, 则 $\mathrm{Spec}(B\otimes_A K)$ 的每个局部环都具有 $\boldsymbol{R}$ 性质.

II) *归结到 A 和 B 都完备的情形* — 设 ξ 是 $\mathrm{Spec}\, A$ 的一般点, y 是 $f^{-1}(\xi)$ 的任何一点, 问题是要证明 $\boldsymbol{R}(\mathscr{O}_y)$ 是成立的. 有见于条件 ($\mathrm{R_{II}}$), 只需找到 $\mathrm{Spec}\,\widehat{B}$ 的一个位于 y 之上的点 z, 使得 $\boldsymbol{R}(\mathscr{O}_z)$ 成立即可. 现在由 $\mathrm{Spec}(\widehat{B}\otimes_{\widehat{A}} k)$ 上的前提条件和 (7.5.1) 得知, 态射 ${}^{\mathrm{a}}\widehat{\varphi} : \mathrm{Spec}\,\widehat{B} \to \mathrm{Spec}\,\widehat{A}$ 是一个 $\boldsymbol{P}$ 态射. 另一方面, 对任意位于 y 之上的点 $z \in \mathrm{Spec}\,\widehat{B}$ (这样的点是存在的, 因为 $\widehat{B}$ 是忠实平坦 B 模), z 在 $\mathrm{Spec}\,\widehat{A}$ 中的像 x 都落在典范态射 $h : \mathrm{Spec}\,\widehat{A} \to \mathrm{Spec}\, A$ 的纤维 $h^{-1}(\xi)$ 之中. 依照 A 上的前提条件, 性质 $\boldsymbol{R}'(\mathscr{O}_x)$ 是成立的, 从而根据 ($\mathrm{R_V}$), $\boldsymbol{R}(\mathscr{O}_z)$ 是成立的. 证明完毕.

例子 (7.5.3) — 考虑下面一些性质 $\boldsymbol{R}(C)$ (其中 C 是一个 *Noether 局部环*) :

(i) (也可记作 (i_n)) $\mathrm{codp}\, C \leqslant n$.

(ii) (也可记作 (ii_n)) C 具有 (S_n) 性质.

(iii) C 是 Cohen-Macaulay 环.

(iv) C 是正则环.

(v) (也可记作 (v_n)) C 是整且整闭的, 并且具有 (R_n) 性质.

(vi) C 是整且整闭的.

(vii) C 是整的.

(viii) C 是既约的.

所有这些性质都满足 ($\mathrm{R_{III}}$), 我们在 (7.3.19, (i)) 中已经看到了这一点. 它们也满足 ($\mathrm{R_{IV}}$), 事实上, 对于 (i), 这是缘自 (**0**, 16.4.10, (ii)), 对于 (ii) 和 (iii), 这是缘自 (5.12.4) 和下述事实: 完备 Noether 局部环都是匀垂的 (5.6.4). 对于 (iv), 这是 (**0**, 17.1.8) 的一个特殊情形, 对于 (vii), 这可由 (3.4.5) 得出, 对于 (viii), 这可由 (3.4.6) 推出, 对于 (vi), 这可由 (5.12.7) 以及完备 Noether 局部环都是匀垂的 (5.6.4) 这个事实推出. 最后, 对于 (v), 这可由上面所述以及 (5.12.5) 推出.

从而我们可以把定理 (7.5.1) 应用到 $\boldsymbol{R}$ 是上述任何一个性质的情形. 另一方面, 我们在 (7.3.11) 中已经看到, 性质 (i) 到 (viii) 都满足 ($\mathrm{R_{II}}$) (对于性质 (vii) 来说, ($\mathrm{R_{II}}$) 则是 (2.1.14) 的推论). 至于 ($\mathrm{R_V}$), 注意到如果取 $\boldsymbol{R}' = \boldsymbol{R}$, 那么条件 ($\mathrm{R_V}$) 就化为 (7.3.11) 中的条件 ($\mathrm{R'_I}$), 并且我们已经看到性质 (ii) 到 (vi) 以及 (viii) 都满足 ($\mathrm{R'_I}$) (7.3.11). 对于性质 (i), 依照 (6.3.2), 我们可以取 $\boldsymbol{R}'$ 是 "Cohen-Macaulay" 性质. 最后, 对于性质 (vii), 条件 ($\mathrm{R'_I}$) 不再成立 (($\mathrm{R_I}$) 也不成立), 比如 (6.15.11, (ii)) 或 (6.5.5, (ii)) 中的例子就能说明这一点. 但是 ($\mathrm{R_V}$) 是成立的, 只要我们取 $\boldsymbol{R}'$ 是 "*正则*" 这个性质. 事实上, 只需把引理 (7.5.1.1) 应用到 $\boldsymbol{C}$ 是 Noether 局部环的范畴并且 $\boldsymbol{R}(C)$ 是 "整" 这个性质上即可 (依照 (3.4.5), 这是可行的).

特别地, 我们看到若 $\boldsymbol{R}$ 是 (i) 到 (viii) 的任何一个性质, 则当 *A 的每个形式纤维都几何正则*时, 推论 (7.5.2) 的结论就是成立的 (参考 (7.8.2)).

注解 (7.5.4) — (i) 我们想知道, 如果去掉 B 的剩余类域上的有限性条件 (i), 那么定理 (7.5.1) 的结论是否还能成立. 若 A 的剩余类域 k 是特征 0 的, 则答案是肯定的, 这可以通过应用 Hironaka 关于奇异点解消的结果来得到 (参考 (7.9.8)). 此问题起源于下面这个特殊情形: 设 A 和 B 是两个完备 Noether 局部环, k 是 A 的剩余类域, $\varphi : A \to B$ 是一个局部同态, 并使 B 成为形式平滑 A 代数 $(\mathbf{0}, 19.3.1)$ (这等价于说, B 是平坦 A 模, 并且 $B \otimes_A k$ 在 k 上是几何正则的 $(\mathbf{0}, 19.7.1)$), 则态射 ${}^a\varphi : \operatorname{Spec} B \to \operatorname{Spec} A$ 的纤维都是几何正则的吗? 根据 (7.5.1), 若 B 的剩余类域 k' 是 k 的有限扩张, 则答案是肯定的, 我们还可以证明, 若 k' 是 k 的有限型扩张, 则答案也是肯定的. 但我们不知道当 $B \otimes_A k$ 是 k 的可分闭包时答案是怎样的.

(ii) 对于有限型 A 模 M 和有限型 B 模 N, 我们可以给出一个类似于 (7.5.1) 的结果, 即从 M_x 和 N_y (其中 y 跑遍 $\operatorname{Spec} B$ 而 $x = f(y)$) 具有某种性质来推出 $(M \otimes_A N)_y \otimes_{\mathscr{O}_x} \boldsymbol{k}(y)$ 也具有该性质.

(iii) 如果性质 $\boldsymbol{R}$ 满足条件 $(\mathrm{R}'_{\mathrm{I}})$, $(\mathrm{R}_{\mathrm{II}})$, $(\mathrm{R}_{\mathrm{III}})$ 和 $(\mathrm{R}_{\mathrm{IV}})$, 并且 (7.5.2) 中的条件 (i) 和 (ii) 也得到满足, 那么由性质 $\boldsymbol{R}(A)$ 和 $\boldsymbol{P}(\operatorname{Spec}(\widehat{B} \otimes_{\widehat{A}} k), k)$ 就可以推出 $\boldsymbol{R}(B)$. 我们在 (7.5.3) 中已经看到, 对于 (7.5.3) 中的那些除了 (i) 和 (vii) 之外的性质, 这个结论都是成立的. 对于 (vii) 来说, 下面这个问题的解答似乎是肯定的: 设 $\varphi : A \to B$ 是 Noether 局部环之间的一个局部同态, 并使 B 成为平坦 A 模, 假设 A 是完备局部环, 并且是整的与几何式独枝的, 进而纤维 $\operatorname{Spec}(B \otimes_A k)$ (其中 k 是 A 的剩余类域) 是几何局部整的, 则 B 是整的吗? 若 k 是特征 0 的, 则我们可以使用 Hironaka 的奇异点解消 (7.9.8) 来导出这个结果, 还可以证明当 B 是本质有限型 A 代数 (1.3.8) 或者 $\operatorname{Spec}(B \otimes_A k)$ 几何正规时这个结果也是对的 (前者参考 (11.3.10) 和 (11.3.11), 后者是由于态射 $\operatorname{Spec} B \to \operatorname{Spec} A$ 是全盘正规的 (7.5.3), 从而可以从 (6.15.10) 推出结论). 然而在一般情况下, 即使假设 B 和 A 的剩余类域是相等的, 并且 B 也是完备的, 我们仍然不知道问题的答案是怎样的.

(iv) 考虑下面这个性质 $\boldsymbol{R}(C)$: C 是既约且均维的, 并具有 (R_n) 性质. 依照 (5.12.5), 它满足 $(\mathrm{R}_{\mathrm{IV}})$, 但我们不知道它是否满足 $(\mathrm{R}'_{\mathrm{I}})$, $(\mathrm{R}_{\mathrm{II}})$ 或 $(\mathrm{R}_{\mathrm{III}})$, 困难主要来自均维性的验证.

以下我们将使用 (7.5.1) 来考察域 k 上的两个 Noether 局部环的完备张量积 $A \widehat{\otimes}_k B$.

引理 (7.5.5) — *设 k 是一个域, A, B 是两个包含 k 的完备 Noether 局部环, 并且 A 的剩余类域是 k 的有限扩张. 设 C 是完备张量积 $A \widehat{\otimes}_k B$ $(\mathbf{0}_{\mathbf{I}}, 7.7.5)$. 则有:*

(i) C 是完备 Noether 半局部环.

(ii) C 是平坦 A 模, 也是平坦 B 模.

(iii) 若 $\mathfrak{m}$ 是 A 的极大理想, 则 $\mathfrak{m}C$ 包含在 C 的根之中, 并且 $C/\mathfrak{m}C$ 同构于 $(A/\mathfrak{m}) \otimes_k B$.

(iv) C 的各个局部分量的剩余类域都是 B 的剩余类域的有限扩张.

性质 (i) 和 (iii) 以及 (ii) 的第一部分都是 $(\mathbf{0}, 19.7.1.2)$ 的特殊情形. 为了证明 C 是平坦 B 模, 对任意 $h > 0$, $C/\mathfrak{m}^h C = (A/\mathfrak{m}^h) \otimes_k B$ 都是平坦 B 模, 因为 k 是一个域. 从而只需把 $(\mathbf{0}_{\mathbf{III}}, 10.2.6)$ 应用到 C 的每个局部分量上即可 (C 是它们的直合). 最后, 若 $\mathfrak{n}$ 是 B 的极大理想, 则 C 的局部分量的剩余类域也是 Artin 环 $(A/\mathfrak{m}) \otimes_k (B/\mathfrak{n})$ 的局部分量的剩余类域, 而根据前提条件, 后者都是 $B/\mathfrak{n}$ 的有限扩张.

命题 (7.5.6) — *设 k 是一个域, A, B 是两个包含 k 的完备 Noether 局部环, 并且它们的剩余类域都是 k 的有限扩张. 另一方面, 设 $\boldsymbol{R}$ 是一个满足条件 $(\mathrm{R}'_{\mathrm{I}})$, $(\mathrm{R}_{\mathrm{III}})$, $(\mathrm{R}_{\mathrm{IV}})$ 的性质, 再由 $\boldsymbol{R}$*

通过 (7.5.0) 定义出性质 $\boldsymbol{P}$. 假设 $\boldsymbol{R}(A)$ 是成立的, 并且 $\boldsymbol{P}(\operatorname{Spec} B, k)$ 也是成立的 (这就意味着对于 k 的任意有限扩张 k' 以及 $B \otimes_k k'$ 的每个完备局部分量 B'_i, $\boldsymbol{R}(B'_i)$ 都是成立的). 则对于 $A \widehat{\otimes}_k B$ 的每个完备局部分量 C_j, $\boldsymbol{R}(C_j)$ 都是成立的.

由 (7.5.5, (iii)) 知, 每个同态 $A \to C_j$ 都是局部同态, 并且由 (7.5.5, (ii)) 知, 每个 C_j 都是平坦 A 模, 最后, 由 (7.5.5, (iv)) 知, 这些 C_j 的剩余类域都是 $A/\mathfrak{m}$ 的有限扩张. 另一方面, 性质 $\boldsymbol{P}(\operatorname{Spec}(C \otimes_A (A/\mathfrak{m})), A/\mathfrak{m})$ 是成立的, 因为 $C/\mathfrak{m}C = (A/\mathfrak{m}) \otimes_k B$, 再利用 $\boldsymbol{P}$ 的定义以及 $A/\mathfrak{m}$ 是 k 的有限扩张的事实即可. 从而局部同态 $A \to C_j$ 满足 (7.5.1) 中的所有条件, 由此得知, 对应的态射 $\operatorname{Spec} C_j \to \operatorname{Spec} A$ 是一个 $\boldsymbol{P}$ 态射, 再由 $(\mathrm{R}'_{\mathrm{I}})$ 以及 $\boldsymbol{R}(A)$ 成立这个条件就可以推出结论.

推论 (7.5.7) (Chevalley) — 设 k 是一个完满域 (切转: 代数闭域), A, B 是两个包含 k 的完备 *Noether* 局部环, 并且它们的剩余类域都是 k 的有限扩张. 于是若 A 和 B 都是既约的 (切转: 整的), 则完备张量积 $A \widehat{\otimes}_k B$ 也是既约的 (切转: 整的).

I) 假设 k 是完满的, 并且 A 和 B 都是既约的. 设 A_i (切转: B_j) 是 A (切转: B) 除以它的各个极小素理想后的商环 ($1 \leqslant i \leqslant r$, $1 \leqslant j \leqslant s$), 它们都是完备的. 前提条件表明, A (切转: B) 可以等同于这些 A_i (切转: B_j) 的直合的一个子环, 并且可以立即验证, $A \otimes_k B$ 上的张量积拓扑就是由这些 $A_i \otimes_k B_j$ 上的张量积拓扑的乘积所诱导的. 由此得知, $A \widehat{\otimes}_k B$ 可以等同于这些 $A_i \widehat{\otimes}_k B_j$ 的直合的一个子环, 从而问题就归结到了 A 和 B 都是整环的情形. 现在设 A' 和 B' 分别是 A 和 B 的整闭包, 我们知道根据 Nagata 有限性定理 (**0**, 23.1.6), A' (切转: B') 是有限型 A 模 (切转: B 模), 并且是完备局部环. 进而, $A \widehat{\otimes}_k B$ 可以等同于 $A' \widehat{\otimes}_k B'$ 的一个子环, 事实上, 只需证明 $A \widehat{\otimes}_k B$ 可以等同于 $A' \widehat{\otimes}_k B$ 的一个子环并且 $A' \widehat{\otimes}_k B$ 可以等同于 $A' \widehat{\otimes}_k B'$ 的一个子环即可. 这可由下面的引理推出:

引理 (7.5.7.1) — 设 A, B 是两个包含域 k 的完备 *Noether* 局部环, 并且它们的剩余类域都是 k 的有限扩张. 设 $\mathfrak{m}$ 是 A 的极大理想. 则对每个有限型 A 模 M (带有 $\mathfrak{m}$ 进拓扑), 完备张量积 $M \widehat{\otimes}_k B$ ($\mathbf{0_I}$, 7.7.1) 都可以等同于 $M \otimes_A (A \widehat{\otimes}_k B)$.

事实上, 我们有典范同构 $M \otimes_k B \xrightarrow{\sim} M \otimes_A (A \otimes_k B)$, 从而有典范的合成同态

$$\varphi : M \otimes_k B \xrightarrow{\sim} M \otimes_A (A \otimes_k B) \longrightarrow M \otimes_A (A \widehat{\otimes}_k B),$$

且易见这个同态在张量积拓扑下是连续的. 进而, $M \otimes_A (A \widehat{\otimes}_k B)$ 是分离且完备的 ((7.5.5) 和 ($\mathbf{0_I}$, 7.7.8)), 从而通过取完备化可以得到一个连续同态

$$\widehat{\varphi} : M \widehat{\otimes}_k B \longrightarrow M \otimes_A (A \widehat{\otimes}_k B).$$

若 M 是有限型且自由的, 则易见这个同态是一一的. 在一般情况下, 我们有正合序列 $L' \to L \to M \to 0$, 其中 L 和 L' 都是有限型自由 A 模, 由此就导出了一个交换图表

$$\begin{array}{ccccccc}
L' \widehat{\otimes}_k B & \longrightarrow & L \widehat{\otimes}_k B & \longrightarrow & M \widehat{\otimes}_k B & \longrightarrow & 0 \\
\downarrow & & \downarrow & & \downarrow & & \\
L' \otimes_A (A \widehat{\otimes}_k B) & \longrightarrow & L \otimes_A (A \widehat{\otimes}_k B) & \longrightarrow & M \otimes_A (A \widehat{\otimes}_k B) & \longrightarrow & 0,
\end{array}$$

其中的两行都是正合的 (第一行的正合性是基于完备张量积的定义以及 ($\mathbf{0}_{\mathrm{III}}$, 13.2.2)). 由于前两个竖直箭头都是一一的, 故知第三个也是如此.

现在由 A 是 A' 的子环并且 $A\widehat{\otimes}_k B$ 是平坦 A 模 (7.5.5) 就可以推出, $A\widehat{\otimes}_k B$ 可以等同于 $A' \otimes_A (A\widehat{\otimes}_k B)$ 的一个子环. 于是我们可以进而假设 A 和 B 都是整闭的, 由于 k 还是完满的, 故依照 (6.7.7, b)), $\operatorname{Spec} A$ 和 $\operatorname{Spec} B$ 在 k 上都是几何正规的, 从而可以把 (7.5.6) 应用到 $\boldsymbol{R}$ 是 (7.5.3) 中的性质 (vi) 的情形.

II) 假设 k 是代数闭的, 并且 A 和 B 都是整的. 利用 I) 的方法仍然可以把问题归结到 A 和 B 都整闭的情形. 现在由 (7.5.6) 知, $\operatorname{Spec}(A\widehat{\otimes}_k B)$ 是正规的, 从而 $A\widehat{\otimes}_k B$ 是一些整闭的完备局部环的直合, 且问题归结为证明 $A\widehat{\otimes}_k B$ 是一个局部环. 设 $\mathfrak{m}$ 和 $\mathfrak{n}$ 分别是 A 和 B 的极大理想, 则我们只需证明 $(A/\mathfrak{m}) \otimes_k (B/\mathfrak{n})$ 是局部环即可 (参考 (**0**, 19.7.1.2) 的证明), 然而 $A/\mathfrak{m}$ 和 $B/\mathfrak{n}$ 都是 k 的有限扩张, 从而都等于 k, 这就推出了结论.

注解 (7.5.8) — 我们想知道, 在 (7.5.7) 中能不能把 k 是完满域或代数闭域这个条件换成 $\operatorname{Spec} A$ 或 $\operatorname{Spec} B$ 在 k 上是几何整的, 或至少换成 (比如说) A 是整的, 且包含一个同构于形式幂级数环 $k[[T_1, \cdots, T_n]]$ 的子环 A_0, 进而 A 的分式域 K 在 A_0 的分式域 K_0 上是可分的 (可以证明, 这个条件蕴涵着 A 在 k 上是几何整的, 并且当 $[k : k^p]$ 有限时 (其中 p 是 k 的指数特征) 这两个条件是等价的)? 同样地, 在 (7.5.6) 和 (7.5.7) 中, 能不能把 A 和 B 的剩余类域上的有限性条件减弱为 (比如说) 其中一个是 k 的有限扩张而另一个是任意扩张?

7.6 应用: I. 日本型的整局部环

命题 (7.6.1) — *设 A 是一个既约 Noether 局部环, 并且它的形式纤维都是几何正规的. 则 A 的完备化 $\widehat{A}$ 是既约的, A 在其全分式环中的整闭包 A' 是一个有限 A 代数 (从而是 Noether 半局部环), 并且它的完备化 $\widehat{A'}$ 同构于 $\widehat{A}$ 在其全分式环中的整闭包.*

A 的形式纤维自然也是几何既约的, 从而依照 (7.3.17), A 是既约的这个条件就表明 $\widehat{A}$ 也是既约的. 设 $\mathfrak{p}_i$ $(1 \leqslant i \leqslant n)$ 是 A 的所有极小素理想, 并设 $B_i = A/\mathfrak{p}_i$, 则局部环 B_i 的形式纤维也都是几何正规的 (7.3.15), 从而这些 $\widehat{B}_i$ 都是既约的, 并且由 (**0**, 23.1.7, (i)) 知, B_i 在其分式域中的整闭包 B_i' 是一个有限型 B_i 模, 从而是有限型 A 模. 由于 A' 就是这些 B_i' 的直合 (**II**, 6.3.8), 故我们看到 A' 是有限型 A 模. 设 $\mathfrak{m}_j$ $(1 \leqslant j \leqslant r)$ 是半局部环 A' 的各个极大理想, 我们知道 A' 的完备化 $\widehat{A'}$ 可以等同于这些 $A'_{\mathfrak{m}_j}$ 的完备化 $\widehat{A'}_{\mathfrak{m}_j}$ 的直合 (Bourbaki, 《交换代数学》, III, §2, ¥13, 命题 19 的推论). 现在由前提条件和 (7.3.15) 知, $A'_{\mathfrak{m}_j}$ 的形式纤维都是几何正规的, 而由于 $\operatorname{Spec} A'$ 是正规的 (根据定义), 故知 $\operatorname{Spec} A'_{\mathfrak{m}_j}$ 都是正规的, 从而由 (7.3.17) 得知, $\operatorname{Spec} \widehat{A'}_{\mathfrak{m}_j}$ 都是正规的, 于是 $\operatorname{Spec} \widehat{A'}$ 也是如此. 另一方面 (Bourbaki, 《交换代数学》, IV, §2, ¥5, 命题 9 的推论 3 和 III, §3, ¥4, 定理 3), $\widehat{A'}$ 可以等同于 $A' \otimes_A \widehat{A}$, 因为 A' 是一个有限型 A 模. 由于 A' 包含了 A, 且包含在 A 的全分式环 R 之中, 并且

$\widehat{A}$ 是平坦 A 模, 故知 $\widehat{A}'$ 包含了 $\widehat{A}$, 且包含在 $R' = R \otimes_A \widehat{A}$ 之中. 最后, 由于 $\widehat{A}$ 是平坦 A 模, 故知 A 的任何正则元也是 $\widehat{A}$ 正则的 ($\mathbf{0_I}$, 6.3.4), 从而 R' 可以典范等同于 $\widehat{A}$ 的全分式环 R'' 的一个子环 (Bourbaki,《交换代数学》, II, §2, ¥1, 注解 7). 现在 $\operatorname{Spec}\widehat{A}'$ 是正规的, 并且 $\widehat{A}'$ 是有限型 $\widehat{A}$ 模, 因而 $\widehat{A}'$ 就是 $\widehat{A}$ 在 R'' 中的整闭包.

推论 (7.6.2) — 在 (7.6.1) 的前提条件下, A' 的极大理想 $\mathfrak{m}_j$ (换句话说, $\operatorname{Spec} A'$ 的位于 $\operatorname{Spec} A$ 的闭点之上的点) 与 $\widehat{A}$ 的极小素理想 $\mathfrak{q}_j$ (换句话说, $\operatorname{Spec}\widehat{A}$ 的极大点) 之间有一个一一对应, 并且在这个对应下, $A'_{\mathfrak{m}_j}$ 的完备化 $\widehat{A}'_{\mathfrak{m}_j}$ 同构于 $\widehat{A}/\mathfrak{q}_j$ 的整闭包.

事实上, 我们知道 $\widehat{A}$ 在它的全分式环中的整闭包就是这些 $\widehat{A}/\mathfrak{q}_j$ 的整闭包的直合, 而后者都是一些完备局部环 ($\mathbf{0}$, 23.1.6).

推论 (7.6.3) — 在 (7.6.1) 的前提条件下, 为了使 $\widehat{A}$ 是整的, 必须且只需 A 是独枝的; 为了使 $\widehat{A}$ 是几何式独枝的, 必须且只需 A 是如此.

这是 (7.6.2) 的一个特殊情形.

定理 (7.6.4) (Zariski-Nagata) — 设 A 是一个 *Noether* 半局部环. 则以下诸条件是等价的:

a) 对于任何既约有限 A 代数 C, 它的完备化 $\widehat{C}$ 都是既约环.

a$'$) 对于 A 的任何整商环 B, 设它的分式域为 K, 则它的完备化 $\widehat{B}$ 总是既约的, 并且 $\widehat{B}$ 的全分式环的各个域分支 L_i 都是 K 的可分扩张.

a$''$) A 的形式纤维都是几何既约的 (换句话说, 对于 A 的任何整商环 B, 设它的分式域为 K, 则 K 代数 $\widehat{B} \otimes_B K$ 总是可分的 (4.6.2)).

b) A 的任何整商环 B 都是日本型的.

为了证明 a) 蕴涵 a$'$), 只需验证各个 L_i 都是 K 的可分扩张, 或者 (4.6.1) 只需证明对于 K 的每个有限扩张 K', 环 $\widehat{B} \otimes_B K'$ 都是既约的. 现在 K' 可由有限个在 B 上整型的元素所生成, 并且这些元素在 B 上生成了 K' 的一个有限 B 子代数, 它的分式域就是 K'. 我们有 $\widehat{B}' = \widehat{B} \otimes_B B'$ (($\mathbf{0_I}$, 7.3.3) 和 Bourbaki,《交换代数学》, IV, §2, ¥5, 命题 9 的推论 3), 从而根据张量积的结合性, $\widehat{B} \otimes_B K' = \widehat{B}' \otimes_{B'} K'$. 然而 B' 是一个有限整 A 代数, 从而依照 a), $\widehat{B}'$ 是既约环, 又因为 $\widehat{B}'$ 是平坦 B' 模, 故知 B' 的非零元都是 $\widehat{B}'$ 正则的, 这就表明 $\widehat{B}' \otimes_{B'} K'$ 可以等同于 $\widehat{B}'$ 的全分式环的一个子环, 自然也是既约的.

下面证明 a$'$) 蕴涵 a$''$). 对于 $X = \operatorname{Spec} A$ 的任何一点 x, 设 Y 是 X 的那个以 $\overline{\{x\}}$ 为底空间的整的闭子概形, 则我们有 $Y = \operatorname{Spec} B$, 其中 B 是 A 的一个整商环, 并且 $\operatorname{Spec}\widehat{B} = Y \times_X \operatorname{Spec}\widehat{A}$, 从而 A 在点 x 处的形式纤维与 B 在该点处的形式纤维是相同的, 因而就等于 $\operatorname{Spec}(\widehat{B} \otimes_B K)$. 由于 $\operatorname{Spec}(\widehat{B} \otimes_B K)$ 的各个局部环就是

Spec $\widehat{B}$ 在 x 的纤维上的那些点处的局部环, 故前提条件表明, $\widehat{B}\otimes_B K$ 是既约的, 从而 a′) 中的条件就表明, $\widehat{B}\otimes_B K$ 是一个可分 K 代数 (4.6.1).

条件 a″) 蕴涵 a), 这是因为, 由 (7.3.15) 知, C 的形式纤维都是几何既约的, 从而若 C 是既约的, 则 $\widehat{C}$ 也是既约的 (这是 (7.3.17) 的特殊情形).

a′) 蕴涵 b) 是 (**0**, 23.1.7) 的一个特殊情形. 从而我们只需再证明 b) 蕴涵 a) 即可. 注意到若 C 是一个有限 A 代数, 则对于 C 的任何素理想 $\mathfrak{q}$, 它在 A 中的逆像 $\mathfrak{p}$ 都是 A 的素理想, 并且 $C/\mathfrak{q}$ 是一个有限 $A/\mathfrak{p}$ 代数, 从而条件 b) 表明, C 的任何整商环都是日本型的. 这样一来, 问题就归结为证明, 在条件 b) 下, A 的任何整商环的完备化都是既约的. 我们对 $n=\dim A$ 进行归纳, 当 $n=0$ 时这是明显的, 把 A 换成它除以各个极小素理想 $\mathfrak{p}_i$ 后的商环, 则可以限于考虑 A 是整环的情形 (A 的任何整商环都是某个 $A/\mathfrak{p}_i$ 的商环). 此时对任意素理想 $\mathfrak{p}\neq(0)$, 归纳假设已经表明 $A/\mathfrak{p}$ 的完备化都是既约的, 从而我们只需证明 $\widehat{A}$ 是既约的. 进而, 根据前提条件, A 的整闭包 A' 是一个有限型 A 模, 故它是一个 Noether 半局部环, 且 $\widehat{A}$ 可以等同于 $\widehat{A'}$ 的一个子环 ((**0**$_{\mathbf{I}}$, 7.3.3) 和 Bourbaki,《交换代数学》, IV, §2, ¥5, 命题 9 的推论 3), 从而只需证明 $\widehat{A'}$ 是既约的即可. 我们在上面已经看到, 条件 b) 对于 A' 也是成立的, 并且它同样是 n 维的 (**0**, 16.1.5), 从而可以限于考虑 A 是整闭整环的情形. 设 $t\neq 0$ 是 A 的根中的一个元素, 并设 $\mathfrak{q}_j$ $(1\leqslant j\leqslant n)$ 是那些包含 tA 的素理想中的极小者, 则我们有下面一些性质:

(i) t 是正则的.

(ii) A/tA 没有内嵌支承素理想.

(iii) 这些 $A_{\mathfrak{q}_j}$ 都是离散赋值环.

(iv) 这些 $A/\mathfrak{q}_j$ 的完备化都是既约的.

事实上, (i) 是显然的, 因为 A 是整的, 并且 $t\neq 0$. 由于 A 是整闭的, 故知 A/tA 具有 (S_1) 性质, 也就是说 (5.7.5), 它没有内嵌支承素理想 (Bourbaki,《交换代数学》, VII, §1, ¥4, 命题 8). 由 A 的整闭性还可以得知, 这些 $A_{\mathfrak{q}_j}$ 也是整闭的, 并且 (前引) 它们都是 1 维的, 从而它们都是离散赋值环, 故得 (iii). 最后, (iv) 可由归纳假设推出. 于是只要我们能够证明下面的引理, 就可以完成定理的证明.

引理 (7.6.4.1) (Zariski) — 设 A 是一个 *Noether* 半局部环, t 是它的根中的一个元素, 并且满足上面的条件 (i) 到 (iv), 则 $\widehat{A}$ 是既约的.

为了简单起见, 我们令 $A'=\widehat{A}$, 并把 t 也看作 A' 的元素, 则有 $A'/tA=(A/tA)\otimes_A A'$, 且由于 A' 是平坦 A 模, 故由 (3.3.1) 知, A' 模 A'/tA' 的支承素理想就是 k_j 模 $(A'/tA')\otimes_A k_j$ 的那些位于 $\mathfrak{q}_j$ 之上的支承素理想 $\mathfrak{q}'_{jh}$, 其中 k_j 是指 $A/\mathfrak{q}_j$ 的分式域. 现在 $\operatorname{Spec}((A'/tA')\otimes_A k_j)$ 就是 A 在点 $\mathfrak{q}_j$ 处的形式纤维, 或者说, 就是 $A/\mathfrak{q}_j$ 在点 $\mathfrak{q}_j$ (即 $\operatorname{Spec}(A/\mathfrak{q}_j)$ 的一般点) 处的形式纤维. 依照 (iv), $A/\mathfrak{q}_j$ 的完备化

$A'/\mathfrak{q}_jA'$ 都是既约的, 故 $A/\mathfrak{q}_j$ 在 $\operatorname{Spec}(A/\mathfrak{q}_j)$ 的一般点处的形式纤维也是既约的, 从而这些形式纤维都没有内嵌支承素理想, 并且它们在各个不可约分支的一般点 $\mathfrak{q}'_{jh}$ 处的局部环都是域 (3.2.1). 从而根据 (3.3.3) 和条件 (ii), A'/tA' 没有内嵌支承素理想, 且另一方面, 对任意 h, $\mathfrak{q}_jA'_{\mathfrak{q}'_{jh}}$ 都是 $A'_{\mathfrak{q}'_{jh}}$ 的极大理想. 由于 $A_{\mathfrak{q}_j}$ 是一个离散赋值环, 故它的极大理想 $\mathfrak{q}_jA_{\mathfrak{q}_j}$ 是主理想, 从而 Noether 局部环 $A'_{\mathfrak{q}'_{jh}}$ 的极大理想也是主理想, 这就表明这个环是一个离散赋值环 (Bourbaki,《交换代数学》, VI, §3, ¥6, 命题 9). 这样我们就验证了对于完备局部环 A' 来说, 条件 (i) 到 (iv) 是成立的. 从而只需再证明, 若 A 是完备的, 且满足条件 (i) 到 (iii) (条件 (iv) 自动成立), 则 A 是既约的. 现在条件 (i) 和 (ii) 表明, 若 $\varphi : A \to \prod_{j=1}^{n} A_{\mathfrak{q}_j}$ 是典范同态, 则有 $t^nA = \varphi^{-1}(\varphi(t^nA))$ (3.4.9). 由于 tA 在离散赋值环 $A_{\mathfrak{q}_j}$ 中的典范像是极大理想的一个方幂 $\mathfrak{q}_j^hA_{\mathfrak{q}_j}$, 故我们看到 A 上的 tA 预进拓扑就是 $\prod_{j=1}^{n} A_{\mathfrak{q}_j}$ 上的乘积拓扑在 φ 下的逆像. 由于 t 落在 A 的根之中, 故知 tA 预进拓扑是分离的, 从而 φ 是单的. 但依照条件 (iii), 这些 $A_{\mathfrak{q}_j}$ 都是整的, 从而 $\prod_{j=1}^{n} A_{\mathfrak{q}_j}$ 是既约的, 自然 A 也就是既约的. 证明完毕.

推论 (7.6.5) — 设 A 是一个 *Noether* 半局部环, 且满足 (7.6.4) 中的等价条件, 则任何本质有限型的半局部 A 代数都满足 (7.6.4) 中的条件.

事实上, (7.6.4) 的条件 a″) 相当于说 A 是 $\boldsymbol{P}$ 通透的, 其中 $\boldsymbol{P}(Z,k)$ 是下面这个性质: Z 在 k 上是几何既约的. 从而由一般定理 (7.4.4) 就可以推出结论.

推论 (7.6.6) — 设 A 是一个整的 1 维 *Noether* 半局部环, K 是它的分式域. 则为了使 A 是日本型的, 必须且只需 A 的完备化 $\widehat{A}$ 是既约的, 并且对于 $\widehat{A}$ 的各个极小素理想 $\mathfrak{q}_j$ $(1 \leqslant j \leqslant n)$ 来说, 整环 $\widehat{A}/\mathfrak{q}_j$ 的分式域都是 K 的可分扩张.

事实上, A 的整商环要么是 A 本身, 要么是域, 从而 (7.6.4) 的条件 b) 就等价于 A 是日本型的这个条件, 条件 a′) 则等价于 $\widehat{A}$ 上的那些条件, 故得结论.

注解 (7.6.7) — (i) (7.6.6) 中的两个等价条件也相当于说 A 的形式纤维都是几何正则的 (7.3.19, (iv)). 我们已经观察到 (前引), 若 A 是一个具有特征 0 的分式域的离散赋值环, 则这个条件能够成立.

(ii) 使用 (7.6.4) 的证明中的第一部分里的方法还可以证明: 对于一个 Noether 半局部环 A 来说, 以下诸条件是等价的:

a) 对于 A 的任何整商环 B, 完备化 $\widehat{B}$ 都是既约的.

a′) A 的形式纤维都是既约的.

有见于 (**0**, 23.1.7, (i)), 这两个条件还蕴涵着下面这个条件:

b) 对于 A 的任何整商环 B, B 的整闭包都是有限 B 代数.

若 A 是一个广泛匀垂的环, 则我们可以证明, 从条件 b) 也能推出条件 a), 我们将不会使用这个结果.

7.7 应用: II. 广泛日本型环

(7.7.1) 还记得 (**0**, 23.1.1) 所谓一个环 A 是广泛日本型的, 是指任何有限型整 A 代数都是日本型的. 这也相当于说, 任何有限型整 A 代数 B 的整闭包都是有限 B 代数.

定理 (7.7.2) (Nagata) — *设 A 是一个 Noether 环. 则以下诸条件是等价的:*

a) A 是广泛日本型的.

b) A 的任何整商环都是日本型的.

c) 对于 A 的每个极大理想 $\mathfrak{m}$, $A_{\mathfrak{m}}$ 的任何整商环都是日本型的, 并且对于 A 的任何整商环 B 和它的分式域 K 的任何有限紧贴扩张 K' 以及 K' 的任何以 K' 为分式域的有限 B 子代数 B', 都可以找到 B' 的一个非零元 f', 使得 $B'_{f'}$ 是整闭的 (参考 (6.13.7)).

进而如果 A 满足这些条件, 那么 A 的任何分式环 $S^{-1}A$ 以及任何有限型 A 代数都满足这些条件.

我们首先来证明 b) 蕴涵 c), $A_{\mathfrak{m}}$ 的任何整商环都是 A 的某个整商环的分式环, 从而也是日本型的 (**0**, 23.1.1). 另一方面, A 除以它的任何素理想后的商环 B 都是日本型的, 从而 B' 也是如此 (**0**, 23.1.1). 由此得知, 集合 $\operatorname{Nor}(\operatorname{Spec} B')$ 是开的 (6.13.3), 从而它包含了一个非空开集 $D(f') = \operatorname{Spec} B'_{f'}$.

下面我们来证明, 若 A 满足 c), 则任何有限型 A 代数 B 也满足 c). 一方面, 对于 B 的任何一个素理想 $\mathfrak{q}$, 设 $\mathfrak{p}$ 是 $\mathfrak{q}$ 在 A 中的逆像, $S = A \smallsetminus \mathfrak{p}$, 则 $B_{\mathfrak{q}}$ 是 $S^{-1}B$ 的一个局部环, 根据前提条件, $A_{\mathfrak{p}}$ 的任何整商环都是日本型的, 从而 $B_{\mathfrak{q}}$ 的任何整商环也是如此, 因为 $S^{-1}B$ 是一个有限型 $A_{\mathfrak{p}}$ 代数 (7.6.5). 另一方面, 若 C 是 B 的一个整商环, 分式域为 K, K' 是 K 的一个有限紧贴扩张, C' 是 K' 的一个有限整 C 子代数, 并以 K' 为它的分式域, 则 C' 是一个有限型整 A 代数, 并且依照 (6.13.7), 当 A 满足条件 c) 时, C' 的谱空间包含了一个由正规点所组成的非空开集, 换句话说, 在 C' 中可以找到一个非零元 g', 使得 $C'_{g'}$ 是整闭的, 这就证明了上述阐言.

这个结果说明, 为了证明 a), b), c) 的等价性, 只需证明 c) 蕴涵 b) 即可, 甚至只需证明, 对于 A 的任何整商环 B 及其分式域 K, 它的整闭包 B' (在 K 中) 都是有限型 B 模. 现在条件 c) 表明, 可以在 B 中找到一个非零元 f, 使得 B_f 是整闭的, 这就证明了 B 满足 (6.13.6) 中的条件 (i). 另一方面, B 也满足 (6.13.6) 中的条件 (ii). 事实上, 对于 B 的任何极大理想 $\mathfrak{q}$, $B_{\mathfrak{q}}$ 都是某个局部环 $A_{\mathfrak{p}}$ 的商环, 其中 $\mathfrak{p}$ 是 A 的一个极大理想. 由于 $A_{\mathfrak{p}}$ 是日本型的 (根据前提条件), 故知 $B_{\mathfrak{q}}$ 也是如此, 进而, 对于 B 的任何素理想 $\mathfrak{r}$, $B_{\mathfrak{r}}$ 都是某个 $B_{\mathfrak{q}}$ 的分式环, 其中 $\mathfrak{q}$ 是 B 的一个极大理想, 从而

$B_{\mathfrak{r}}$ 是日本型的, 这就证明了上述阐言.

而且我们在上面已经看到, 若 A 满足等价条件 a), b), c), 则任何有限型 A 代数也是如此. 另一方面, 若 A 满足 b), 则任何分式环 $S^{-1}A$ 也是如此, 因为 $S^{-1}A$ 的任何整商环都具有 $S^{-1}A/S^{-1}\mathfrak{p}$ 的形状, 其中 $\mathfrak{p}$ 是 A 的一个素理想, 且根据前提条件, $A/\mathfrak{p}$ 是日本型的, 故知 $S^{-1}(A/\mathfrak{p})$ 也是如此 (**0**, 23.1.1). 这就完成了最后一句话的证明.

推论 (7.7.3) — 设 A 是一个 *Noether* 环, 并满足以下条件:
(i) 对于 A 的任意极大理想 $\mathfrak{m}$, $A_{\mathfrak{m}}$ 的形式纤维都是几何既约的.
(ii) (6.12.4) 中的等价条件都成立.
则 A 是广泛日本型的.

事实上, 此时由 (7.6.4) 知 $A_{\mathfrak{m}}$ 的任何整商环都是日本型的, 从而利用 (7.7.2) 就可以推出结论.

推论 (7.7.4) — 如果一个 *Dedekind* 整环的分式域是特征 0 的 (比如 $\mathbb{Z}$), 那么它就是广泛日本型的. 如果一个 *Noether* 局部环的形式纤维都是几何既约的 (比如完备 *Noether* 局部环), 那么它就是广泛日本型的.

第一句话缘自 (7.7.3), (7.6.7, (i)) 和 (6.12.6). 第二句则缘自 (7.6.4) 和 (7.7.2).

7.8 优等环

(7.8.1) 前面几个小节 (与 (6.11), (6.12), (6.13) 一样) 讨论了一些我们在使用 *Noether* 环和 *Noether* 概形时经常会遇到的问题, 它们可以分成以下几个类型:

A) 对于一个 Noether 局部环 A 来说, A 的性质是否能在它的完备化 $\widehat{A}$ 上得到保持? 例如, 若 A 是既约的 (切转: 整的, 整且整闭的), 则 $\widehat{A}$ 是否也是如此? 这些问题往往都与 A 的形式纤维 (复习一下, 这是指典范态射 $\operatorname{Spec}\widehat{A} \to \operatorname{Spec} A$ 的那些纤维) 的局部性质有关. 与维数相关的性质是一个例外, 比如均维性, 在这里是各种形式的 "链条件" 起着关键的作用.

B) 对于一个局部 Noether 概形 X 来说 (特别地, 对于 Noether 仿射概形 $\operatorname{Spec} A$ 来说), 由那些使局部环 $\mathscr{O}_x$ 具有某种性质 (比如整闭, 或者 Cohen-Macaulay, 或者正则) 的点 $x \in X$ 所组成的集合是不是开的?

C) 对于一个整环 A 来说, A 在它的分式域的有限扩张里的整闭包是不是有限型 A 模? 我们知道, 这个问题也可以转化为 Noether 概形上的问题 (**II**, 6.3).

B) 型和 C) 型问题也可以限制到局部环上来考察, 但是即使它对于一个环 A 的所有局部环 $A_{\mathfrak{p}}$ 都是对的, 也不能保证它对于 A 就是对的 (参考 (6.13.6)).

需要特别指出的是, 我们在研究这些问题的时候, 系统地考察了它们在交换代数的两种最重要的操作下是否保持稳定, 即取局部化和取有限型代数.

从研究这些问题所得到的那些结果出发, 我们可以定义出这样一类 Noether 环, 对它们来说, 上面所提到的那些事项都具有较为良好的表现.

定义 (7.8.2) — 所谓一个 *Noether* 环 A 是**优等**的, 是指它满足以下诸条件:

(i) A 是广泛匀垂的 (这也相当于说 (5.6.3, (i)), 对于 A 的任何素理想 $\mathfrak{p}$, $A_{\mathfrak{p}}$ 都是广泛匀垂的).

(ii) 对于 A 的任何素理想 $\mathfrak{p}$, $A_{\mathfrak{p}}$ 的形式纤维都是几何正则的.

(iii) 对于 A 的任何整商环 B 以及 B 的分式域 K 的任何有限紧贴扩张 K', 均可找到 K' 的一个包含 B 的有限 B 子代数 B', 它以 K' 为分式域, 并且 $\operatorname{Spec} B'$ 的正则点的集合包含了一个非空开集.

利用这个概念, 我们可以把 §7 的主要内容和 §6 的一部分内容改写为:

添注 (7.8.3) — (i) 定义 (7.8.2) 中的条件 (i), (ii) 可以只对 A 的极大理想 $\mathfrak{p}$ 来进行验证. 为了使一个 *Noether* **局部**环是优等的, 必须且只需它是广泛匀垂的, 并且它的形式纤维都是几何正则的.

(ii) 若 A 是一个优等环, 则任何分式环 $S^{-1}A$ 和任何有限型 A 代数都是优等的.

(iii) 完备局部环 (比如域) 总是优等的. 具有特征 0 的分式域的 *Dedekind* 整环 (比如 $\mathbb{Z}$) 总是优等的.

(iv) 设 A 是一个优等环, $X = \operatorname{Spec} A$, 则 X 的正则点 (切转: 正规点, 具有 (R_n) 性质的点) 的集合 $\operatorname{Reg}(X)$ (切转: $\operatorname{Nor}(X)$, $U_{R_n}(X)$) 在 X 中是开的. 对任意凝聚 $\mathscr{O}_X$ 模层 $\mathscr{F}$, 由那些使得 $\operatorname{codp}\mathscr{F}_x \leqslant n$ (切转: 使得 $\mathscr{F}$ 具有 (S_n) 性质, 使得 $\mathscr{F}_x$ 成为 *Cohen-Macaulay* $\mathscr{O}_x$ 模) 的点 $x \in X$ 所组成的集合在 X 中都是开的.

(v) 设 A 是一个优等环, $\mathfrak{J}$ 是 A 的一个理想, $\widehat{A}$ 是 A 在 $\mathfrak{J}$ 预进拓扑下的分离完备化. 则典范态射 $f : \operatorname{Spec}\widehat{A} \to \operatorname{Spec} A$ 是全盘正则的 (换句话说, 它是平坦的, 并且具有几何正则的纤维). 若我们令 $X = \operatorname{Spec} A$, $X' = \operatorname{Spec}\widehat{A}$, $\mathscr{F}' = \mathscr{F} \otimes_{\mathscr{O}_X} \mathscr{O}_{X'}$, 则 (在 (iv) 的记号下) 有

$$\begin{gathered}\operatorname{Reg}(X') = f^{-1}(\operatorname{Reg}(X)), \quad \operatorname{Nor}(X') = f^{-1}(\operatorname{Nor}(X)), \\ U_{R_n}(X') = f^{-1}(U_{R_n}(X)), \quad U_{C_n}(\mathscr{F}') = f^{-1}(U_{C_n}(\mathscr{F})), \\ U_{S_n}(\mathscr{F}') = f^{-1}(U_{S_n}(\mathscr{F})), \quad CM(\mathscr{F}') = f^{-1}(CM(\mathscr{F})).\end{gathered} \tag{7.8.3.1}$$

特别地, 若 $\mathfrak{J}$ 包含在 A 的根之中 (比如 A 是局部环且 $\mathfrak{J}$ 是极大理想), 则为了使 A 是正则的 (切转: 是正规的, 是既约的, 具有 (R_n) 性质, 具有余深度 $\leqslant n$, 具有 (S_n) 性质, 是 *Cohen-Macaulay* 的), 必须且只需 $\widehat{A}$ 是如此. 特别地, 为了使 A 没有内嵌支承素理想, 必须且只需 $\widehat{A}$ 是如此.

(vi) 优等环总是广泛日本型的. 特别地, 若 A 是一个优等整环, 则它在其分式域的任何有限扩张中的整闭包都是有限 A 代数.

(vii) 设 A 是一个既约优等**局部**环. 则它的完备化 $\widehat{A}$ 是既约的, A 在它的全分式环中的整闭包 A' 是有限 A 代数 (从而是半局部环), 并且 $\widehat{A}$ 在其全分式环中的整闭包同构于 A' 的完备化 $\widehat{A'}$. 进而, 在 $\operatorname{Spec}\widehat{A}$ 的极大点 (换句话说, $\widehat{A}$ 的极小素理想) 与 $\operatorname{Spec}A'$ 的闭点 (换句话说, A' 的极大理想) 之间有一个典范的一一对应. 为了使 A 是几何式独枝的, 必须且只需 $\widehat{A}$ 是如此.

(viii) 设 A 是一个优等整环, 则 A 的整闭包就是这样一些 $A_{\mathfrak{p}}$ 的整闭包的交集, 其中 $\mathfrak{p}$ 跑遍 A 的高度为 1 的素理想的集合.

(ix) 设 A 是一个优等环, $X = \operatorname{Spec}A$, Z 是 X 的一个闭子集, $U = X \smallsetminus Z$, $i : U \to X$ 是典范含入, $\mathscr{F}$ 是一个凝聚 $\mathscr{O}_U$ 模层. 则为了使 $\mathscr{O}_X$ 模层 $i_*\mathscr{F}$ 是凝聚的, 必须且只需对任意 $x \in \operatorname{Ass}\mathscr{F}$, 均有 $\operatorname{codim}(\overline{\{x\}} \cap Z, \overline{\{x\}}) \geqslant 2$. 特别地, 若 A 是整的, 并且 $\mathscr{F}$ 是无挠的, 则为了使 $i_*\mathscr{F}$ 是凝聚的, 必须且只需 $\operatorname{codim}(Z, X) \geqslant 2$.

(x) 设 A 是一个优等局部环. 则对于 A 的任何整商环 B 来说, $\widehat{B}$ 都是均维的. 为了使 A 是均维的, 必须且只需 $\widehat{A}$ 是如此.

这里的大部分结果都已经得到了证明.

(i) 第一句话缘自 (5.6.3, (i)) 和 (7.4.4, (i)). 第二句话则缘自 (7.4.4), (7.3.18), (6.12.7) 和 (6.12.4).

(ii) 这是缘自 (5.6.1), (5.6.3, (i)), (7.4.4) 和 (6.12.4).

(iii) 第一句话已经出现在 (5.6.4) 和 (7.4.4) 中, 并利用 (i). 第二句话则出现在 (5.6.4) 和 (7.3.19, (iv)) 中, 并利用 (i).

(iv) 这是缘自 (6.12.4), (6.13.5), (6.12.9) 和 (6.11.8) (有见于 (ii)).

(v) 第一句话缘自 (7.4.6). 关系式 (7.8.3.1) 也能够由此得到, 分别利用 (6.5.1), (6.5.4), (6.5.3), (6.3.5) 和 (6.4.2). 最后一句话是 (S_n) 性质在 $n = 1$ 时的特殊情形 (5.7.5).

(vi) 这是缘自 (7.7.3).

(vii) 这是缘自 (7.6.1), (7.6.2) 和 (7.6.3).

(viii) 首先注意到, 由 (vi) 以及 (7.8.2, (i)) 和 (5.11.2) 得知, A 的那些在高度为 1 的素理想 $\mathfrak{p}$ 处的局部环 $A_{\mathfrak{p}}$ 的交集 $A^{(1)}$ 是一个有限 A 代数. 由于 A 的整闭包 A' 是有限 A 代数, 故知 A' 的高度为 1 的素理想恰好就是那些位于 A 的高度为 1 的素理想之上的素理想 (5.10.17, (iv)), 从而由 (**0**, 23.2.9) 就可以推出结论.

(ix) 第一句话缘自 (vi) 和 (5.11.4). 第二句话是第一句话的特殊情形, 因为如果

$\mathscr{F}$ 是无挠的, 那么 $\operatorname{Ass}\mathscr{F}$ 就只含一点, 即 $\operatorname{Spec} A$ 的一般点.

(x) 只需注意到, 根据 (ii), B 是一个优等局部环, 依照 (vi), B 是广泛匀垂且广泛日本型的, 故知 $B^{(1)}$ 是一个有限 B 代数 (5.11.2), 而根据 (7.2.5, c)), 这就表明 A 是分层严格解析均维的, 因而也完成了 (x) 的证明.

注解 (7.8.4) — (i) 若我们只假设 Noether 环 A 满足定义 (7.8.2) 中的条件 (ii) 和 (iii) (这样的 Noether 环将被称为拟优等环), 则由上面的证明过程可以发现, 其中的 (ii), (iii), (iv), (v), (vi), (vii) 仍然是成立的, 不过要把 "优等" 都换成 "拟优等".

(ii) (5.6.11) 中所构造的那个匀垂局部环 A 就是拟优等的 (但不满足条件 (i)). 事实上, A 在极大理想 $\mathfrak{n}C_{\mathfrak{n}}$ 处的形式纤维显然是几何正则的, 并且 A 在其他素理想 $\mathfrak{p}$ 处的形式纤维可以等同于环 E 在这些素理想处的形式纤维. 现在 E 是有限型 V 代数, 并且 V 是离散赋值环, 因而若域 k_0 是特征 0 的, 则 V 是优等环 (7.8.3, (iii)), 从而 E 是优等环 (7.8.3, (ii)), 这就证明了 A 满足条件 (7.8.2, (ii)). 另一方面, $\operatorname{Spec} A$ 去掉闭点后的开集同构于 $\operatorname{Spec} E$ 的一个开集, 故它的某个仿射开集是优等环的谱, 从而依照 (7.8.3, (v)), 它满足条件 (6.12.4, a)). 这就证明了 A 本身也满足条件 (6.12.4, a)), 从而还满足 (6.12.4, c)), 这恰好就是条件 (7.8.2, (iii)). 但是 A 并不满足条件 (7.8.2, (i)), 因为我们在 (5.6.11) 中已经看到, 它不是广泛匀垂的.

(iii) 可以把 (7.8.2) 中的条件 (i) 换成下面这个条件 (表面上显得比较弱, 参照 (5.6.10)):

(i′) 对于 A 的每个极小素理想 $\mathfrak{p}_i$ $(1 \leqslant i \leqslant r)$, 令 A'_i 是整环 $A_i = A/\mathfrak{p}_i$ 的整闭包, 则对于 A'_i 的任意极大理想 $\mathfrak{m}'$, 均有

(7.8.4.1) $$\dim A_{\mathfrak{m}} = \dim (A'_i)_{\mathfrak{m}'},$$

其中 $\mathfrak{m}$ 是 $\mathfrak{m}'$ 在 A 中的逆像.

事实上, 我们在注解 (i) 中已经看到, 对于拟优等环来说, (7.8.3) 中的 (ii), (v), (vi) 和 (vii) 仍然是对的. 从而由 (vi) 和 (ii) 首先可以导出, 这些 A'_i 都是拟优等环, 再由 (v) 得知, 这些完备化 $((A'_i)_{\mathfrak{m}'})^\wedge$ 都是整的 (并且是整闭的). 现在设 $\mathfrak{m}$ 是 A 的任意一个极大理想, 根据 (vi), 对于满足 $\mathfrak{p}_i \subseteq \mathfrak{m}$ 的每个指标 i, $A_{\mathfrak{m}}/\mathfrak{p}_i A_{\mathfrak{m}}$ 的整闭包都是有限 $(A_{\mathfrak{m}}/\mathfrak{p}_i A_{\mathfrak{m}})$ 代数, 从而是半局部环, 并且它的局部分量都具有 $(A'_i)_{\mathfrak{m}'}$ 的形状, 其中 $\mathfrak{m}'$ 是 A'_i 的一个位于 $\mathfrak{m}/\mathfrak{p}_i$ 之上的素理想 (且必然是极大的). 于是由 (vii) 和上面所述以及 (7.8.4.1) 知, 完备化 $(A_{\mathfrak{m}}/\mathfrak{p}_i A_{\mathfrak{m}})^\wedge$ 除以它的各个极小素理想后的商环都具有相同的维数, 并且这个公共维数就等于 $\dim A_{\mathfrak{m}}$. 因而 (7.1.9 和 7.1.8, b)) $A_{\mathfrak{m}}$ 是分层解析均维的, 自然 (7.1.11) 也是广泛匀垂的, 这就表明对于 A 的任何素理想 $\mathfrak{p}$ 来说, $A_{\mathfrak{p}}$ 都是如此, 从而 A 也是如此.

特别地, 若 A 是正规的, 或者更一般地, 若对于 A 的任意极大理想 $\mathfrak{m}$, $A_{\mathfrak{m}}$ 都是

独枝的, 则条件 (i′) 总能得到满足, 因为 $\mathfrak{m}$ 只能包含唯一一个素理想 $\mathfrak{p}_i$ (**0**, 16.1.5), 从而在这种情形下我们可以在定义 (7.8.2) 中略去条件 (i). 更特别地, 若 A 是一个 Noether 独枝局部环, 则为了使它是优等的, 必须且只需它的形式纤维都是几何正则的.

(iv) 还记得依照 (7.2.7), Cohen-Macaulay 局部环的商环 (这包括正则局部环的商环) 也具有性质 (7.8.3, (ix) 和 (x)), 但正则环的商环还具有更好的上同调性质 (第三章第 3 部分).

(v) R. Kiehl 已经证明 (见 (7.4.8, B)) 所列的论文), 若 k 是一个完备非离散授值域, 则设限形式幂级数环 $k\{\{T_1,\cdots,T_n\}\}$ (这是由那些在 k^n 中的原点 0 的邻域上收敛的幂级数所组成的环) 是优等环.

* **(追加 $_{\mathbf{IV}}$, 27)** — (vi) 设 A 是一个 1 维 Noether 整局部环, 则它是广泛匀垂的 (7.2.9), 并且依照 (7.3.19), 为了使它是优等环, 必须且只需它的形式纤维都是几何既约的, 或等价地, 它的完备化 $\widehat{A}$ 是既约的, 并且 $\widehat{A}$ 的全分式环的每个域分量都是 A 的分式域 K 的可分扩张. 根据 (7.6.4) 和 (7.7.2), 这也相当于说, A 是广泛日本型的. 如果 A 是离散赋值环, 那么 $\widehat{A}$ 也是如此, 此时为了使 A 是优等环, 必须且只需 $\widehat{A}$ 的分式域是 K 的一个可分扩张, 这个条件在 K 是特征 0 的域时总是成立的. *

(7.8.5) 所谓一个局部 Noether 概形 X 是优等的 (切转: 拟优等的), 是指对于 X 的某个仿射开覆盖 (U_α) 来说, 每个 U_α 的环 A_α 都是优等的 (切转: 拟优等的). 这个性质对于 X 的任意仿射开覆盖 (U_α) 都是成立的.

命题 (7.8.6) — *设 X 是一个优等概形.*

(i) 若 $f: X' \to X$ 是一个局部有限型态射, 则 X' 是优等的.

*(ii) 若 X 是既约的, 则它的正规化 X' (**II**, 6.3.8) 在 X 上是有限的.*

(iii) 集合 $\mathrm{Reg}(X)$, $\mathrm{Nor}(X)$, $U_{R_n}(X)$ 在 X 中都是开的, 并且对任意凝聚 $\mathscr{O}_X$ 模层 $\mathscr{F}$, 集合 $U_{C_n}(\mathscr{F})$, $U_{S_n}(\mathscr{F})$ 和 $CM(\mathscr{F})$ 也都是开的.

这可由 (7.8.3, (ii), (vi) 和 (iv)) 立得. 注意到性质 (7.8.3, (ix)) 对于优等概形 X 仍然是成立的 (不需要作任何改动).

7.9 优等环与奇异点解消

(7.9.1) 给了一个既约局部 *Noether* 概形 X, 所谓 X 的一个奇异点解消, 是指这样一个紧合双有理态射 $f: X' \to X$, 其中 X' 是正则的. 如果这样的解消态射 f 确实存在, 那么我们说 X 的奇异点是可解消的, 简称 X 是可解消的. 比如说, 如果 A 是一个 1 维日本型整环, 那么 $X = \operatorname{Spec} A$ 就是可解消的, 因为态射 $X' \to X$ (其中 X' 是 X 的正规化) 是有限 (从而紧合) 且双有理的, 并且 X' 的局部环都是 1 维整闭整环, 从而是离散赋值环, 因而是正则的.

(7.9.2) 易见若 X 是可解消的, 则 X 的任何开子概形都是可解消的, 并且 X 的任何局部概形 $\operatorname{Spec}\mathscr{O}_x$ 也是如此 (**II**, 5.4.2). 另一方面, 若 X 是可解消的, 则易见 X 有一个处处稠密且包含在 $\operatorname{Reg}(X)$ 中的开集. 由此立知, 若对于 X 的任何一个整的闭子概形 Y 以及任何一个在 Y 上有限紧贴的整 Y 概形 Y' 来说, Y' 都是可解消的, 则 X 的所有仿射开集都满足 (7.8.2) 中的条件 (iii).

另一方面, 对于局部概形, 我们有下面的命题:

命题 (7.9.3) — *设 A 是一个既约 Noether 局部环, 并假设 $\operatorname{Spec}A$ 是可解消的. 则典范态射 $\operatorname{Spec}\widehat{A}\to\operatorname{Spec}A$ 在 $\operatorname{Spec}A$ 的极大点处的纤维都是正则的.*

我们令 $X=\operatorname{Spec}A$, $X'=\operatorname{Spec}\widehat{A}$, 并设 $g:X'\to X$ 是典范态射. 设 $f:Y\to X$ 是一个解消态射. 我们再令 $Y'=X'\times_X Y$, 并设 $f':Y'\to X'$ 和 $g':Y'\to Y$ 是典范投影, 故有交换图表

$$\begin{array}{ccc} X' & \xleftarrow{f'} & Y' \\ {\scriptstyle g}\downarrow & & \downarrow{\scriptstyle g'} \\ X & \xleftarrow[f]{} & Y \end{array}\ .$$

我们只需证明概形 Y' 是正则的即可, 这是因为, f 是有限型且双有理的, 故可找到 X 的一个稠密开集 U, 使得 f 的限制 $f^{-1}(U)\to U$ 是同构, 并且 $f^{-1}(U)$ 在 Y 中是处处稠密的 (**I**, 6.5.5), 从而 X' 在 $g^{-1}(U)$ 上所诱导的概形与 Y' 在 $g'^{-1}(f^{-1}(U))$ 上所诱导的概形是同构的. 这就证明了 $g^{-1}(U)$ 是正则的, 自然 g 在 X 的各个极大点 (它们都包含在 U 之中) 处的纤维也都是正则的.

注意到态射 f' 是紧合的 (**II**, 5.4.2), 故它是有限型的, 从而 Y' 是 Noether 的, 因为 X' 是如此. 设 a' 是 X' 的闭点, 为了证明 Y' 是正则的, 我们只需证明对任意 $y'\in f'^{-1}(a')$, 局部环 $\mathscr{O}_{Y',y'}$ 都是正则的. 事实上, 此时我们就有 $f'^{-1}(a')\subseteq\operatorname{Reg}(Y')$. 而由于 X' 是一个完备局部环的谱, 并且 f' 是有限型的, 故知 $\operatorname{Reg}(Y')$ 在 Y' 中是开的 (6.12.8), 又因为态射 f' 是闭的, 并且 $f'^{-1}(a')\subseteq\operatorname{Reg}(Y')$, 故可找到 a' 在 X' 中的一个开邻域 V', 使得 $f'^{-1}(V')\subseteq\operatorname{Reg}(Y')$. 但 $\widehat{A}$ 是一个局部环, 故我们必有 $V'=X'$, 从而 $\operatorname{Reg}(Y')=Y'$, 这就能够完成证明.

现在设 a 是 X 的闭点, 我们有 $g^{-1}(a)=\{a'\}$, 并且剩余类域 $\boldsymbol{k}(a)$ 与 $\boldsymbol{k}(a')$ 是同构的, 从而 $g'^{-1}(f^{-1}(a))=f'^{-1}(a')$, 并且 g' 的限制 $f'^{-1}(a')\to f^{-1}(a)$ 是这两个纤维之间的同构. 设 $y=g'(y')$, 并且令 $B=\mathscr{O}_{Y,y}$, 若 $\mathfrak{n}=\mathfrak{m}_y$ 是 B 的极大理想, 则由上面所述知, 在 (Noether) 环 $B'=B\otimes_A\widehat{A}$ 中有唯一一个位于 $\mathfrak{n}$ 之上的极大理想 $\mathfrak{n}'$, 并且我们有 $\mathscr{O}_{Y',y'}=B'_{\mathfrak{n}'}$. 而为了证明局部环 $B'_{\mathfrak{n}'}$ 是正则的, 只需证明它的完备化 (**0**,

17.1.5) 是正则的即可. 根据前提条件, B 是正则的, 从而它的完备化 $\widehat{B}$ 也是正则的, 于是下面的引理就可以给出结论.

引理 (7.9.3.1) — 设 A, B 是两个 *Noether* 局部环, $\rho: A \to B$ 是一个局部同态, 并假设环 $B' = B \otimes_A \widehat{A}$ 也是 *Noether* 的. 则对于 B' 的任何一个位于 B 的极大理想 $\mathfrak{n}$ 和 $\widehat{A}$ 的极大理想之上的极大理想 $\mathfrak{n}'$ 来说, B 的完备化都同构于 $B'_{\mathfrak{n}'}$ 的完备化.

设 $\mathfrak{m}$ 是 A 的极大理想, 并且令 $B'' = B'_{\mathfrak{n}'}$. 对任意正整数 h, 我们都有 $B'/\mathfrak{m}^h B' = B \otimes_A (\widehat{A}/\mathfrak{m}^h \widehat{A})$, 然而 $\widehat{A}/\mathfrak{m}^h \widehat{A}$ 同构于 $A/\mathfrak{m}^h$, 从而 $B'/\mathfrak{m}^h B'$ 同构于 $B/\mathfrak{m}^h B$, 特别地, 它是一个局部环, 且其极大理想就是 $\mathfrak{n}'/\mathfrak{m}^h B'$. 因而 $B''/\mathfrak{m}^h B''$ (它同构于 $(B'/\mathfrak{m}^h B')_{\mathfrak{n}'}$) 可以 B 同构于 $B'\mathfrak{m}^h B'$, 最终同构于 $B/\mathfrak{m}^h B$. 特别地, B'' 的极大理想就等于 $\mathfrak{n}B''$, 并且根据上面所述, $B''/\mathfrak{n}^h B''$ 同构于 $B/\mathfrak{n}^h$. 由于 $B'' = \varprojlim_h (B''/\mathfrak{n}^h B'')$, 故利用 (7.9.3) 中的方法就可以完成引理的证明.

推论 (7.9.4) — 设 A 是一个 *Noether* 局部环.

(i) 若对于 A 的任何整商环 B 来说, $\operatorname{Spec} B$ 都是可解消的, 则 A 的形式纤维都是正则的.

(ii) 假设对于 A 的任何整商环 B 以及任何包含 B 且分式域在 B 的分式域上紧贴的有限整 B 代数 B' 来说, $\operatorname{Spec} B'$ 都是可解消的, 则 A 的形式纤维都是几何正则的.

A 的任何形式纤维都是 A 的某个整商环在它的谱的一般点处的形式纤维, 故易见 (i) 可由 (7.9.3) 立得, (ii) 则是缘自 (i) 和 (6.7.7).

命题 (7.9.5) — 设 X 是一个局部 *Noether* 概形, 并假设任何整的有限 X 概形 Y 都是可解消的. 则 X 是拟优等概形, 进而若 X 还是广泛匀垂的 (5.6.3) (特别地, 比如说 X 是局部良栖的 (5.6.4)), 则 X 是优等概形 (7.8.5).

这可由 (7.9.4) 和 (7.9.2) 立得.

注解 (7.9.6) — 我们猜想 (7.9.5) 的逆命题也是成立的, 也就是说, 如果 X 是既约的, 并且是拟优等的, 那么 X 就是可解消的 (因而依照 (7.4.4) 和 (6.12.4), 任何既约局部有限型 X 概形都是可解消的). Hironaka [35] 的结果表明, 若我们只考虑既约 *Noether* 概形, 并假设它的剩余类域都是特征 0 的, 则上述猜想就是对的 (Hironaka 的原文是在更强的限制条件下得到这个结果的, 但他的证明方法实际上对于拟优等概形也是适用的, 只要剩余类域都是特征 0 的). 这是我们对优等环或优等概形感兴趣的原因之一.

Hironaka (上文) 的方法还表明, 若我们去掉剩余类域上的限制条件, 仅假设概形 X 的所有局部环都是拟优等的, 则可以把 X 的奇异点解消问题归结到 $X = \operatorname{Spec} A$ 且 A 是完备 Noether 整局部环的情形. 从而如果上面所说的猜想不成立, 我们需要引入新的限制条件时, 也只需对完备局部环进行讨论即可 (剩余类域上的条件很可能是 $[k:k^p]<+\infty$, 其中 p 是 k 的指数特征).

(7.9.7) 我们来考虑局部 Noether 概形范畴的一个完全子范畴 $\boldsymbol{C}$ 以及一个性质 $\boldsymbol{R}(A)$, 且假设它们满足下面的条件:

1° 当 $X\in\boldsymbol{C}$ 时, 任何局部有限型 X 概形都落在 $\boldsymbol{C}$ 中. 设 A 是一个 Noether 环, 并且 $\operatorname{Spec}A\in\boldsymbol{C}$, 则对于 A 的任何乘性子集 S, 均有 $\operatorname{Spec}S^{-1}A\in\boldsymbol{C}$.

2° 当 $X\in\boldsymbol{C}$ 时, 由那些使得 $\boldsymbol{R}(\mathscr{O}_{X,x})$ 成立的点 $x\in X$ 所组成的集合 $U_{\boldsymbol{R}}(X)$ 在 X 中是开的.

3° 设 A 是一个 Noether 局部环, 并且 $\operatorname{Spec}A\in\boldsymbol{C}$, 则对于 A 的极大理想中的任何正则元 t, $\boldsymbol{R}(A/tA)$ 都蕴涵着 $\boldsymbol{R}(A)$.

现在像 (7.5.0) 那样, 设 $\boldsymbol{P}(Z,k)$ 是关于域 k 以及 k 概形 $Z\in\boldsymbol{C}$ 的下述性质:

"对于 k 的任意有限扩张 k', $Z\otimes_k k'$ 的所有局部环都具有 $\boldsymbol{R}$ 性质".

我们再假设 $\boldsymbol{R}$ 满足下面的条件:

4° 若 $\boldsymbol{P}(Z,k)$ 成立, 则对于 k 的任意有限型扩张 k'', $Z\otimes_k k''$ 的所有局部环都具有 $\boldsymbol{R}$ 性质.

注意到若我们取 $\boldsymbol{C}$ 是优等概形的范畴, 并取 $\boldsymbol{R}$ 是 (7.5.3) 中的性质 (i) 到 (viii) 之一, 则上面这些条件都是成立的. 对于条件 1°, 这可由 (7.8.3, (ii)) 得出, 对于条件 2° 和 3°, 证明方法与 (7.5.3) 相同, 并注意到优等环都是匀垂的即可. 最后, 条件 4° 在 (i), (ii), (iii) 时缘自 (6.7.1), 在 (iv), (v), (vi) 时缘自 (6.7.7), 在 (viii) 时缘自 (4.6.1). 至于 (7.5.3) 中的性质 (vii), 对应的性质 $\boldsymbol{P}(Z,k)$ 表明, Z 是局部整的 (同时也是局部 Noether 的), 并且 Z 的概形和分解中的每个整子概形都是几何整的 (这是基于 (4.5.9) 和 (4.6.1)), 从而条件 4° 在这个情形下也是成立的.

在这些记号和前提条件下:

命题 (7.9.8) — *设 A 是一个 Noether 局部环, k 是它的剩余类域, B 是一个满足 $\operatorname{Spec}B\in\boldsymbol{C}$ 的 Noether 局部环, $\varphi:A\to B$ 是一个局部同态, 并使 B 成为平坦 A 模. 我们令 $Y=\operatorname{Spec}A$, $X=\operatorname{Spec}B$, 并设 $f:X\to Y$ 是对应于 φ 的态射. 再假设:*

1° 性质 $\boldsymbol{P}(B\otimes_A k,k)$ 是成立的;

2° 对任何有限态射 $Y_1\to Y$, $(Y_1)_{\mathrm{red}}$ 都是可解消的.

则对任何 $y\in Y$, 性质 $\boldsymbol{P}(f^{-1}(y),\boldsymbol{k}(y))$ 都是成立的.

注意到若我们把 2° 中的 Y 换成一个有限 A 代数 A' 在它的某个极大理想处的局部环的谱, 则条件 2° 仍然是成立的 (7.9.2). 另一方面, 根据 (7.9.7) 中的条件 1°, $B\otimes_A A'$ 的任何分式环的谱也都落在 $\boldsymbol{C}$ 中. 故由引理 (7.3.16.2) 得知 (方法与 (7.5.2)

的证明中的第 I) 部分相同), 我们只需证明若 Y 是整的, 并且 y 是 Y 的一般点, 则纤维 $f^{-1}(y)$ 的每个局部环都具有 $\boldsymbol{R}$ 性质.

在此基础上, 根据前提条件, 我们有一个正则概形 Y' 和一个紧合双有理态射 $g: Y' \to Y$. 由于 Y' 是 Noether 且局部整的, 故 g 是双有理态射的条件表明, Y' 是整的, 设 $X' = X \times_Y Y'$, 则有交换图表

(7.9.8.1)
$$\begin{array}{ccc} X & \xleftarrow{g'} & X' \\ {\scriptstyle f}\downarrow & & \downarrow{\scriptstyle f'} \\ Y & \xleftarrow[g]{} & Y' \end{array},$$

其中 f' 和 g' 是典范投影. 有见于 (7.9.7) 中的条件 2°, 利用 (7.9.3) 的开头部分的论证方法可以得知, 我们只需证明 $U_{\boldsymbol{R}}(X') = X'$ 以及 ${g'}^{-1}(a) \subseteq U_{\boldsymbol{R}}(X')$ (其中 a 是 X 的闭点) 即可. 现在设 $x' \in {g'}^{-1}(a)$, 并且令 $z' = f'(x')$, 则 $b = g(z')$ 就是 Y 的闭点. 从而我们有 ${f'}^{-1}(z') = f^{-1}(b) \otimes_k \boldsymbol{k}(z')$, 又因为 $\boldsymbol{k}(z')$ 是 k 的一个有限型扩张 (因为 g 是紧合的, 从而是有限型的), 故依照 (7.9.7) 中的条件 4°, $\boldsymbol{P}(f^{-1}(b), k)$ 成立就蕴涵着 $\boldsymbol{P}({f'}^{-1}(z'), \boldsymbol{k}(z'))$ 成立. 然而 $\mathscr{O}_{z'}$ 是正则环, 并且依照 (7.9.7) 中的条件 1°, 我们有 $\operatorname{Spec} \mathscr{O}_{z'} \in \boldsymbol{C}$, 故由引理 (7.5.1.1) 得知, $\boldsymbol{R}(\mathscr{O}_{X',x'})$ 是成立的, 这就完成了证明.

推论 (7.9.9) — *设 A, B 是两个 Noether 局部环, $\varphi: A \to B$ 是一个局部同态, 并使 B 成为平坦 A 模. 假设 A 是整且几何式独枝的, 并且对任何有限整 A 代数 A', $\operatorname{Spec} A'$ 都是可解消的 (比如当 A 的形式纤维都几何正则并且 A 的剩余类域是特征 0 的时候, 参考 Hironaka [35] 中的结果). 设 k 是 A 的剩余类域, 并假设 $\operatorname{Spec}(B \otimes_A k)$ 是几何逐点整的 (4.6.9). 则 B 是整的.*

我们要使用 (7.9.8), 并取 $\boldsymbol{C}$ 是全体局部 Noether 概形的范畴, $\boldsymbol{R}$ 是 "整" 这个性质, 此时 (7.5.3) 和 (7.9.7) 中的方法表明, (7.9.7) 中的条件 1°, 2°, 3° 和 4° 都得到了满足. 从而命题 (7.9.8) 以及 $B \otimes_A k$ 上的前提条件表明 (在 (7.9.8) 的记号下), 对于 $y \in Y$, 这些纤维 $f^{-1}(y)$ 都是几何逐点整的, 自然就是既约概形, 又因为 A 是整的 (自然就是既约的), 故我们看到 B 是既约的 (3.3.5). 只需再证明 $X = \operatorname{Spec} B$ 是不可约的即可. 现在 (7.9.8) 的证明过程已经表明, X' 是局部整的 (因为它是局部 Noether 的). 从而由于态射 $g': X' \to X$ 是映满的, 故我们只需证明 X' 是不可约的, 或者 (因为 X' 是局部整的) 只需证明 X' 是连通的. 而为此只需证明纤维 ${g'}^{-1}(a)$ 是连通的即可. 事实上, 如果这件事已经得到证明, 那么 X' 就不可能是两个非空开子概形 X'_1, X'_2 的和, 否则就会有 ${g'}^{-1}(a) \cap X'_2 = \varnothing$, 但 g' 的限制 $X'_2 \to X$ 是紧合的 (因为 X'_2 是 X' 的一个闭子概形), 从而 $g'(X'_2)$ 就会是 X 的一个非空闭子集, 并且没有包含闭点 a, 这显然是不合理的. 现在我们有 ${g'}^{-1}(a) = g^{-1}(b) \otimes_k \boldsymbol{k}(a)$, 但 $g: Y' \to Y$ 是紧合双有理的, 从而在态射 g 的 Stein 分解 $Y' \xrightarrow{v} Y'' \xrightarrow{u} Y$ (**III**, 4.3.3) 中, 有限

态射 u 也是双有理的, 因而 Y' 是整的. 由于 A 是几何式独枝的 (根据前提条件), 故由 (**III**, 4.3.4) 知, $g^{-1}(b)$ 是几何连通的, 这就完成了证明.

注解 (7.9.10) — (i) 我们将在后面 (18.8.11) 证明, 为了使一个既约局部环 B 是几何式独枝的, 必须且只需对任意平展态射 $h: X' \to X = \operatorname{Spec} B$ 以及位于 X 的闭点之上的任意一点 $x' \in X'$, $\mathscr{O}_{X',x'}$ 都是整的. 由此得知, 若我们在 (7.9.9) 中不仅假设 $\operatorname{Spec}(B \otimes_A k)$ 是几何逐点整的, 而且假设它是逐点几何式独枝的, 则可以推出 B 是几何式独枝的.

(ii) 设 X, Y 是两个优等概形, $f: X \to Y$ 是一个平坦态射, 并假设对每个有限态射 $Y_1 \to Y$ 来说, $(Y_1)_{\mathrm{red}}$ 都是可解消的. 现在取 $\boldsymbol{R}$ 是 "正则" 这个性质, 则由 (7.9.8) 知, 由那些使得态射

$$\operatorname{Spec}(\mathscr{O}_x \otimes_{\mathscr{O}_{f(x)}} \boldsymbol{k}(f(x))) \longrightarrow \operatorname{Spec} \boldsymbol{k}(f(x))$$

在点 $f(x)$ 处具有几何正则纤维的点 $x \in X$ 所组成的集合 U 在一般化下是稳定的. 我们还不知道这个集合是不是开的 (或等价的 ($\mathbf{0}_{\mathbf{III}}$, 9.2.5), 它是不是可构的), 即使在 Y 是 $\mathbb{Z}$ 的谱或者域 k 上的一元多项式环 $k[T]$ 的谱这种情况下, 此时 Y 上的 "可解消" 条件已经自动得到了满足.

(待续)

参考文献

(编者注: 遵照法文原书, 参考文献序号接《代数几何学原理 IV. 概形与态射的局部性质 (第一部分)》编排.)

[33] M. Nagata, Note on a chian condition for prime ideals, *Mem. Coll. Sci. Kyoto*, t. 32 (1959), p. 85-90.

[34] H. Hironaka, article à paraître sur Les morphismes projectifs.

[35] H. Hironaka, Resolution of singularities of an algebraic variety over a field of characteristic zero, *Ann. of Math.*, t. 79 (1964), p. 109-326.

[36] S. Abhyankhar, Local uniformization of algebraic surfaces over ground fields of characteristic $p \neq 0$, *Annals of Math.*, t. 63 (1956), p. 491-526.

[37] H. Cartan, Séminaire de l'École Normale Supérieure, 13e année (1960-61).

[38] J.-P. Serre, *Groupes algébriques et corps de classes*, Paris (Hermann), 1959.

记号

$\mathfrak{S}(X)$ (其中 X 是概形): **IV**, 2.2.15 和 4.8.1.

$\mathrm{Ass}(\mathscr{F})$ (其中 $\mathscr{F}$ 是 $\mathscr{O}_X$ 模层): **IV**, 3.1.1.

$\{L:K\}$ (其中 L 是域 K 的扩张): **IV**, 4.1.

$\lambda_x(\mathscr{F})$ (其中 $\mathscr{F}$ 是 $\mathscr{O}_X$ 模层, x 是 $\mathrm{Supp}(\mathscr{F})$ 的极大点): **IV**, 4.7.5.

$\Phi(\mathscr{F})$ (其中 $\mathscr{F}$ 是 $\mathscr{O}_X$ 模层): **IV**, 4.8.1.

$\mathrm{codim}(Y,X)$ (其中 Y 是概形 X 的任意子集): **IV**, 5.1.3.

$\dim(\mathscr{F})$ (其中 $\mathscr{F}$ 是 $\mathscr{O}_X$ 模层): **IV**, 5.1.12.

$\mathrm{codp}(\mathscr{F})$, $\mathrm{codp}(X)$ (其中 X 是概形, $\mathscr{F}$ 是 $\mathscr{O}_X$ 模层): **IV**, 5.7.1.

$\mathrm{codp}_A(M)$ (其中 A 是 Noether 环, M 是有限型 A 模): **IV**, 5.7.12.

$\mathscr{H}^0_{X/Z}(\mathscr{F})$ (其中 X 是概形, Z 是 X 的子集, 且在特殊化下稳定, $\mathscr{F}$ 是 $\mathscr{O}_X$ 模层): **IV**, 5.9.1.

$\rho_{X/Z}$ (其中 X 是概形, Z 是 X 的子集, 且在特殊化下稳定): **IV**, 5.9.7.

$\mathrm{dp}_T(\mathscr{F})$ (其中 T 是概形 X 的子集, $\mathscr{F}$ 是 $\mathscr{O}_X$ 模层): **IV**, 5.10.1.

$Z^{(n)}(X)$ (其中 X 是概形, n 是非负整数): **IV**, 5.10.13.

$A^{(1)}$ (A 是 Noether 整环): **IV**, 5.10.17 和 7.2.1.

$\mathrm{gr}^\bullet_{\mathscr{J}}(\mathscr{F})$ (其中 $\mathscr{F}$ 是 $\mathscr{O}_X$ 模层, $\mathscr{J}$ 是 $\mathscr{O}_X$ 的理想层): **IV**, 6.10.1.

$U_{S_n}(\mathscr{F})$, $U_{C_n}(\mathscr{F})$ (其中 $\mathscr{F}$ 是 $\mathscr{O}_X$ 模层): **IV**, 6.11.2.

$CM(\mathscr{F})$ (其中 $\mathscr{F}$ 是 $\mathscr{O}_X$ 模层): **IV**, 6.11.3.

$U_{S_n}(X)$, $U_{C_n}(X)$, $CM(X)$ (其中 X 是概形): **IV**, 6.11.4.

$\mathrm{Reg}(X)$, $\mathrm{Sing}(X)$ (其中 X 是概形): **IV**, 6.12.1.

$U_{R_n}(X)$ (其中 X 是概形): **IV**, 6.12.9.

$\mathrm{Nor}(X)$ (其中 X 是概形): **IV**, 6.13.1.

$k\{T_1,\cdots,T_n\}$: **IV**, 7.4.8.

索引

C

D

J

K

M

Z